铅硼复合核辐射防护材料

Lead-Boron Composite Nuclear Radiation Protection Materials

段永华 著

扫二维码看彩图

北 京

冶 金 工 业 出 版 社

2023

内 容 提 要

本书主要介绍具有一定力学承载能力且能屏蔽 X 射线、γ 射线和中子的多功能屏蔽效果的铅硼复合核辐射防护材料,并对其相关性能开展的一系列研究。具体内容包括铅硼复合核辐射防护材料显微组织演变规律及其组织对力学、腐蚀和核辐射屏蔽性能影响的研究;材料的强化机制和腐蚀机理的第一性原理理论计算与屏蔽机理分析;材料的高温力学行为分析与最佳热加工工艺参数范围确定;稀土元素对铅硼复合核辐射防护材料力学、腐蚀与高温性能的影响等。

本书可供从事核辐射防护材料技术开发和科研的专业人员阅读,也可供从事金属材料研究和第一性原理理论计算的科研院所师生参考。

图书在版编目(CIP)数据

铅硼复合核辐射防护材料/段永华著. —北京:冶金工业出版社,2022.5
(2023.11 重印)
ISBN 978-7-5024-9091-1

Ⅰ. ①铅… Ⅱ. ①段… Ⅲ. ①铅—辐射防护—复合材料—功能材料 ②硼—辐射防护—复合材料—功能材料 Ⅳ. ①TB34

中国版本图书馆 CIP 数据核字(2022)第 046535 号

铅硼复合核辐射防护材料

出版发行	冶金工业出版社	电 话	(010)64027926
地 址	北京市东城区嵩祝院北巷 39 号	邮 编	100009
网 址	www.mip1953.com	电子信箱	service@ mip1953.com

责任编辑 卢 敏 姜恺宁 美术编辑 吕欣童 版式设计 郑小利
责任校对 梁江凤 责任印制 禹 蕊
北京建宏印刷有限公司印刷
2022 年 5 月第 1 版,2023 年 11 月第 2 次印刷
710mm×1000mm 1/16;22.5 印张;438 千字;347 页
定价 98.00 元

投稿电话 (010)64027932 投稿信箱 tougao@cnmip.com.cn
营销中心电话 (010)64044283
冶金工业出版社天猫旗舰店 yjgycbs.tmall.com
(本书如有印装质量问题,本社营销中心负责退换)

前　言

核能以其诸多优点获得了广泛关注。发展核能利用事关国计民生，加速核电发展是我国的重要能源战略。由于核反应堆运行、核燃料循环、核设施退役等环节中产生的核废料有强放射性，因此，具有 X 射线、γ 射线和中子辐射综合屏蔽效果的核辐射防护材料的研制一直被作为重要科研课题备受重视。尽管人们对此类核辐射防护材料已进行了大量的研究，但现有的屏蔽材料仍存在吸收效果不理想，重量重、体积大、屏蔽结构复杂，力学性能较差，不宜作结构材料等缺点。硼具有优越的屏蔽中子和俘获射线的核特性，铅对 X、β、γ 射线的吸收和散射最为强烈，可以认为，硼与铅是制备核辐射防护材料的最佳组元。因此，将硼与铅复合成兼具 X、γ 射线及中子防护功能和力学承载能力的一体化核辐射防护材料，在提高核辐射防护性能的同时实现核辐射防护设施的简化和轻量化，对移动式核堆辐射防护系统实现结构简约化、重量轻量化、组合多样化，并且高可靠、高稳定、高安全地运行极为重要，对开发核能综合利用亦有重大经济价值。

本书首先从铅、硼对射线的防护特性出发，通过第三组元选择以改善铅与硼的相容性，并对铅硼复合核辐射防护材料进行组分设计，研究组成元素对材料显微组织、力学性能、腐蚀性能与屏蔽性能的影响。基于密度泛函理论的第一原理，对铅硼复合核辐射防护材料中所含化合物进行电子结构（能带、态密度、电荷密度、热力学性质和稳定性等）计算，从理论角度研究材料组成物相及其界面的键合特征，探讨材料的强化机制与腐蚀机理，分析 X、γ 射线和中子与屏蔽材料铅硼复合核辐射防护材料的相互作用机制，结合材料的屏蔽效果，分析屏蔽材料的屏蔽机理。

其次，由于铅硼复合核辐射防护材料中含有大量的以共价键形式键合的金属间化合物，致使材料塑性较差，加工性能受影响较大，阻碍了材料的进一步应用，本书采用合金化方法研究了合金元素对铅硼复合核辐射防护材料力学和腐蚀性能的影响；为了获得铅硼复合核辐射防护材料的热加工工艺，研究了材料的高温力学行为，确定了材料的最佳热加工工艺参数范围；基于流变应力本构模型，采用有限元数值模拟技术，模拟了铅硼复合核辐射防护材料热挤压过程中的应力分布、应变分布和温度分布，并分析了挤压条件对挤压过程的影响。

安全、可靠、高效、集功能结构一体化的新型核屏蔽材料的开发与应用研究是推动核工业发展的重要技术保障。高强度低密度的铅硼复合核辐射防护材料性能优良、成本适中、工艺成熟，在核电设施及核废料储运等领域有较大应用前景，在医用辐射源防护、石油勘探等方面也可获得使用，它对开发清洁核能资源、保护大气环境、发展经济具有重大意义；对改善和补充我国能源结构，更好地支持国内经济建设亦具有重大而深远的战略意义。

本书内容涉及的研究课题包括云南省万人计划“青年拔尖人才”项目（项目编号：YNWRQNBJ-2018-044）、国家自然科学基金项目“冷却水中卤族元素与溶解氧对铅-镁-铝-硼屏蔽材料腐蚀的影响机理”（项目编号：51201079）、国家自然科学基金项目“铅-硼-X 化合物核屏蔽材料强化机制"（项目编号：50871049）、云南省教育厅科学研究基金重点项目"Pb-Mg-Al-B核屏蔽材料的热压缩流变行为研究"（项目编号：2015Z038）、云南省教育厅科学研究基金重点项目"卤族元素与溶解氧对Pb-Mg-Al-B核屏蔽材料腐蚀的影响机理"（项目编号：2012Z099）。

本书的出版得到了国家自然科学基金委员会、云南省科技厅、云南省教育厅、昆明理工大学的大力支持。在编写过程中，昆明理工大学材料科学与工程学院孙勇教授、彭明军副教授、鲁俐硕士、陈帅硕士、白苗硕士、何建洪硕士、李润岳硕士、包伟宗硕士、包龙科硕士给予了充分支持和帮助。在此，向支持本书出版的单位和个人表示由衷的感谢。

由于作者水平有限，书中欠妥之处恳请各位读者不吝赐教。

作　者
2021 年 8 月

目　　录

1　绪论 ·· 1

1.1　引言 ··· 1

1.2　核辐射防护材料的研究现状 ·· 3

 1.2.1　X射线防护材料的研究现状 ·· 3

 1.2.2　γ射线防护材料的研究现状 ·· 5

 1.2.3　中子辐射防护材料的研究现状 ·· 7

1.3　核辐射防护材料存在的问题以及发展趋势 ·································· 11

1.4　铅、硼的屏蔽效果及应用 ··· 12

 1.4.1　铅元素的屏蔽效果及应用 ··· 12

 1.4.2　硼元素的屏蔽效果及应用 ··· 13

1.5　核辐射防护材料的腐蚀性能研究 ··· 15

 1.5.1　核辐射防护材料的腐蚀性能研究现状 ································· 15

 1.5.2　核辐射防护材料的电化学性能测试 ···································· 16

1.6　铅硼复合核辐射防护材料的塑性变形行为研究的理论基础 ······· 17

 1.6.1　金属材料的高温热压缩行为研究现状 ································· 17

 1.6.2　本构模型 ··· 17

 1.6.3　热加工图 ··· 19

 1.6.4　动态再结晶 ··· 20

 1.6.5　再结晶晶粒细化 ·· 22

1.7　有限元数值模拟技术 ··· 22

 1.7.1　有限元模拟技术的概述 ··· 23

 1.7.2　有限元数值模拟技术在塑性加工中的应用 ························· 23

 1.7.3　有限元软件介绍 ·· 24

 1.7.4　MSC. Marc有限元方法求解过程 ·· 26

1.8　第一性原理计算的相关理论 ·· 27

 1.8.1　第一性原理计算基础 ·· 27

 1.8.2　密度泛函理论 ·· 29

1.9　铅硼复合核辐射防护材料的研究目的及意义 ····························· 33

1.10　本章小结 ……………………………………………………… 34

参考文献 …………………………………………………………… 34

2　铅硼复合核辐射防护材料制备与研究方法 …………………… 43

2.1　原材料与制备方法 ………………………………………… 43

2.1.1　铅与硼相容性的解决方案 ……………………… 43

2.1.2　原材料 ……………………………………………… 45

2.2　铅硼复合核辐射防护材料的制备工艺 ………………… 45

2.3　显微组织分析技术 ………………………………………… 48

2.4　力学性能测试方法 ………………………………………… 49

2.4.1　硬度测试 …………………………………………… 49

2.4.2　拉伸性能 …………………………………………… 50

2.5　热压缩行为研究方法 ……………………………………… 50

2.5.1　热压缩实验 ………………………………………… 50

2.5.2　本构模型与热加工图 ……………………………… 51

2.6　屏蔽性能测试方法 ………………………………………… 51

2.7　腐蚀性能测试方法 ………………………………………… 52

2.7.1　析氢法 ……………………………………………… 52

2.7.2　电化学腐蚀 ………………………………………… 53

2.7.3　浸泡试验 …………………………………………… 53

2.7.4　盐雾试验 …………………………………………… 54

2.7.5　腐蚀形貌观察 ……………………………………… 55

2.8　计算分析及应用软件 ……………………………………… 55

2.8.1　密度泛函理论中的性质计算 ……………………… 55

2.8.2　计算所用软件简介 ………………………………… 58

参考文献 …………………………………………………………… 59

3　铅硼复合核辐射防护材料的组织与性能研究 ………………… 61

3.1　铅硼复合核辐射防护材料的物相结构分析 …………… 61

3.1.1　铅硼复合核辐射防护材料的 XRD 分析 ………… 61

3.1.2　铅硼复合核辐射防护材料的 XPS 分析 ………… 63

3.2　铅硼复合核辐射防护材料微观组织分析 ……………… 65

3.2.1　Al 的存在形式以及对组织的影响 ……………… 65

3.2.2　Ce 的存在形式以及对组织的影响 ……………… 69

3.2.3　B 的存在形式以及对显微组织的影响 …………… 69

3.2.4 高分辨透射电镜观察与分析 ················· 72
3.3 铅硼复合核辐射防护材料力学性能分析 ············· 81
3.3.1 不同成分铅硼复合核辐射防护材料的硬度 ······· 82
3.3.2 核辐射防护材料的抗拉强度 ··············· 85
3.3.3 核辐射防护材料的显微断口分析 ············ 89
3.3.4 铅硼复合核辐射防护材料强化机制的第一性原理分析 ··· 91
3.3.5 铅硼复合核辐射防护材料强化机制探讨 ········· 108
3.4 铅硼复合核辐射防护材料屏蔽性能分析 ············· 110
3.4.1 屏蔽性能测试与分析 ·················· 110
3.4.2 核辐射防护材料与现有的射线中子屏蔽材料屏蔽性能对比 ··· 119
3.4.3 铅硼复合核辐射防护材料屏蔽机理研究 ········· 124
3.5 铅硼复合核辐射防护材料腐蚀性能分析 ············· 128
3.5.1 核辐射防护材料的腐蚀性能测试与分析 ········· 129
3.5.2 铅硼复合核辐射防护材料腐蚀产物的相关性质 ····· 137
3.5.3 铅硼复合核辐射防护材料在 NaCl 和 NaF 溶液中的腐蚀机制
第一性原理研究 ····················· 139
3.5.4 铅硼复合核辐射防护材料的腐蚀机理讨论 ······· 151
3.5.5 铅硼复合核辐射防护材料的腐蚀模型 ·········· 154
3.6 本章小结 ··························· 155
3.6.1 Pb-Mg-Al-B 核辐射防护材料的显微组织和相结构 ··· 156
3.6.2 Pb-Mg-Al-B 核辐射防护材料的力学性能与强化机制 ··· 156
3.6.3 Pb-Mg-Al-B 核辐射防护材料的屏蔽性能与屏蔽机理 ··· 157
3.6.4 Pb-Mg-Al-B 核辐射防护材料的腐蚀性能与腐蚀机理 ··· 157
参考文献 ······························ 157

4 合金化对铅硼复合核辐射防护材料组织与性能的影响 ········· 161

4.1 合金元素 Y 对铅硼复合核辐射防护材料显微组织的影响 ····· 162
4.1.1 Pb-Mg-10Al-1B 合金的显微组织 ··········· 162
4.1.2 合金元素 Y 对 Pb-Mg-10Al-1B 合金显微组织的影响 ··· 164
4.2 合金元素 Y 对铅硼复合核辐射防护材料力学性能的影响 ····· 166
4.2.1 拉伸实验与抗拉强度 ·················· 166
4.2.2 压缩强度与抗压强度 ·················· 169
4.3 最佳合金元素 Y 含量的 Pb-Mg-10Al-1B 合金组织分析 ····· 170
4.4 合金元素 Y 对铅硼复合核辐射防护材料腐蚀性能的影响 ····· 172
4.4.1 电化学性能 ······················ 172

　　　4.4.2　浸泡实验 ……………………………………………… 183

　　　4.4.3　腐蚀产物分析 …………………………………………… 187

　4.5　合金元素 Sc 对 Pb-Mg-10Al-1B 合金显微组织的影响 ……… 189

　4.6　合金元素 Sc 对 Pb-Mg-10Al-1B 合金抗拉强度与硬度的影响 …… 191

　4.7　合金元素 Sc 对 Pb-Mg-10Al-1B 合金腐蚀性能的影响 ……… 195

　　　4.7.1　电化学腐蚀 ……………………………………………… 195

　　　4.7.2　腐蚀形貌和腐蚀机制 …………………………………… 200

　4.8　合金元素 Sc 掺杂 Mg$_2$Pb 力学性能的第一性原理计算 ……… 202

　　　4.8.1　结构性质和缺陷形成能 ………………………………… 202

　　　4.8.2　Sc 对 Mg$_2$Pb 力学性能的影响 ……………………… 204

　4.9　Mg$_2$Pb 低指数表面计算 ……………………………………… 210

　　　4.9.1　表面原子模型 …………………………………………… 210

　　　4.9.2　表面弛豫 ………………………………………………… 210

　　　4.9.3　表面能 …………………………………………………… 213

　　　4.9.4　表面电子性能 …………………………………………… 216

　4.10　Mg/Mg$_2$Pb 界面性质的第一性原理计算 ………………… 219

　　　4.10.1　界面模型 ……………………………………………… 219

　　　4.10.2　Mg/Mg$_2$Pb 界面的原子结构 ……………………… 220

　　　4.10.3　吸附功 ………………………………………………… 222

　　　4.10.4　界面能 ………………………………………………… 224

　　　4.10.5　界面电子性能 ………………………………………… 224

　4.11　本章小结 ……………………………………………………… 228

　参考文献 …………………………………………………………… 228

5　铅硼复合核辐射防护材料的热压缩行为研究 ……………………… 234

　5.1　Pb-Mg-10Al-0.5B 铅硼复合核辐射防护材料的热压缩行为研究 …… 234

　　　5.1.1　热压缩应力-应变曲线 ………………………………… 234

　　　5.1.2　本构模型 ………………………………………………… 236

　　　5.1.3　动态再结晶临界条件 …………………………………… 241

　　　5.1.4　热加工图 ………………………………………………… 246

　　　5.1.5　热压缩显微组织演变 …………………………………… 251

　　　5.1.6　热挤压数值模拟 ………………………………………… 254

　5.2　Pb-Mg-10Al-xB (x=0, 0.4, 0.8) 铅硼复合核辐射防护材料的
　　　热压缩行为研究 ……………………………………………… 262

　　　5.2.1　热压缩应力-应变曲线 ………………………………… 262

5.2.2 材料热变形特征本构方程 ……………………… 267

5.2.3 动态再结晶临界条件分析 ……………………… 277

5.2.4 热加工图分析 …………………………………… 284

5.2.5 变形组织分析 …………………………………… 284

5.3 Pb-Mg-10Al-1B 铅硼复合核辐射防护材料的热压缩行为研究 …… 288

5.3.1 热压缩应力-应变曲线 …………………………… 288

5.3.2 本构模型 ………………………………………… 290

5.3.3 热压缩显微组织演变 …………………………… 295

5.3.4 动态再结晶发生的临界条件 …………………… 298

5.3.5 热挤压数值模拟 ………………………………… 303

5.4 Pb-Mg-10Al-1B-0.4Y 铅硼复合核辐射防护材料的热压缩行为研究 … 313

5.4.1 热压缩应力-应变曲线 …………………………… 313

5.4.2 本构模型 ………………………………………… 316

5.4.3 热加工图 ………………………………………… 322

5.4.4 热压缩显微组织演变 …………………………… 324

5.5 Pb-Mg-10Al-1B-0.4Sc 铅硼复合核辐射防护材料的热压缩行为

研究 ………………………………………………………… 327

5.5.1 应力-应变曲线分析 ……………………………… 327

5.5.2 本构模型 ………………………………………… 330

5.5.3 热加工图研究 …………………………………… 337

5.5.4 显微组织特征 …………………………………… 339

5.6 本章小结 ………………………………………………… 342

参考文献 ………………………………………………………… 344

1 绪 论

1.1 引言

随着工业社会的发展，人类对能源的需求日益增加，虽然石油、天然气和煤炭等仍在现代的能源体系中具有重要的地位，但由于化石燃料是不可再生资源，因此发展清洁的可再生能源，如核能、风能和太阳能等新能源是非常有必要的。核能作为一种能量密度高、环保、高效的可再生能源受到越来越多的关注，被广泛应用于核电、军工和医疗等领域。核电与水电、火电被称为世界三大能源支柱，在世界能源结构中有着重要的地位。长期以来，中国的一次性能源以煤炭为主，其发电量占总发电量的 60% 以上（图 1.1），而核能发电占比仅有 5%。相对于发达国家而言，中国的核电所占比例较低，因此核电有较大的发展空间。随着经济发展对电力需求的不断增长，煤炭发电所产生的温室气体如 CO_2、SO_2 等对环境的影响也越来越严重，导致大气状况急剧恶化。20 世纪中叶发生在伦敦的烟雾事件造成了极为严重的危害，直接造成的死亡人数达到数千人之多。另外，虽然我国水资源丰富，但大多都集中在西南等偏远地区，能有效开发的水资源还不到可发电量的一半。从长远发展来看，核能发电是解决中国日益增长的能源需求，特别是东部沿海地区能源问题的最有效途径。核能是一种安全、清洁、可靠的能源，并且核电不排放二氧化硫、烟尘、氮氧化物和二氧化碳，以核电替代一部分煤电，不但可以减少煤炭的开采、运输和燃烧总量，而且是电力工业减排污染物、减少碳排放的有效途径，同时也是减缓地球温室效应的重要措施。

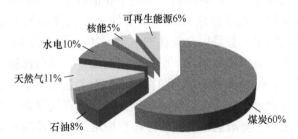

图 1.1 2020 年我国能源消费结构

根据国家核安全局和中国核能行业协会提供的数据，截至 2020 年，我国共有 17 座核电厂（分布图情况如图 1.2 所示），运行核电机组达 47 台，装机容量达 48759.16MW（额定装机容量）；同时，在建和拟建的反应堆数都高居世界第一，这是其他任何国家都无法相比的。由此可见核能发电在我国的应用越来越广泛。

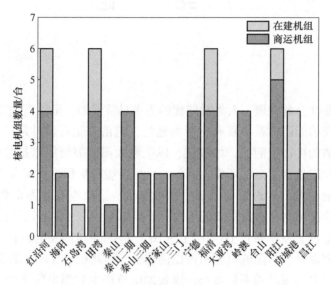

图 1.2 中国大陆核电厂分布情况 [1]

在核反应堆运行时，堆芯将产生 α、β、γ、X 等射线以及质子、中子、重氢核（d）、裂变产物等辐射，其中尤以 γ 射线和中子的穿透力较强，会对周边物体和人员产生辐照损伤。1979 年 3 月 28 日，美国宾州哈里斯堡的三英里岛核电厂发生辐射物泄漏，使当地的生态环境遭到极为严重的破坏。这是一次影响非常大的事故，是人类核电史上第一次严重事故，在当时社会造成了很大轰动。1986年 4 月 26 日，乌克兰切尔诺贝利核电厂第四号反应堆发生爆炸，所释放出的辐射线剂量是二战时期爆炸于广岛的原子弹的 400 倍以上，此次事故被认为是历史上最严重的核电事故，也是首例被国际核事件分级表评为第七级事件的特大事故。近年来，核电安全一直是民众关注的焦点，2011 年 3 月 11 日，日本福岛核电站发生事故，大量有害物质泄露，引起环境污染，大量居民被疏散。该事故引起我国民众的关注，但是核电安全问题在技术层面上是可以解决的。因此，为了核反应堆系统能安全运行，需要对核反应堆系统进行有效屏蔽。使用具有高可靠性的核屏蔽设施衰减、屏蔽射线，是保障核反应堆系统和环境安全、提高系统运行寿命的必备条件。可以预见，随着核能应用日趋扩大，对安全和环境的关注日趋密切，从核原料储运、反应堆运行到核废料的填埋处理等环节都对核辐射防护材料的屏蔽效果和综合性能提出了越来越高的要求。近年来，安全、可靠、高效、集功能结构一体化的新型核辐射防护材料的开发与应用研究是推动核工业发展的重要技术保障，开发多功能、高强度的核辐射防护材料对开发清洁核能资源、保护大气环境、发展经济有着重大意义。此外，在提高屏蔽性能的同时实现屏蔽设施的简约化和轻量化，尤其是对小型移动式核堆屏蔽系统实现结构简约化、重量轻量化，并使之高可靠、高稳定、高安全的运行亦极为重要，对提高舰艇机动性能，特别是潜艇等大型武器在战时的强大打击力及和平时期的战略威慑力具有现实而重要的意义；对改善和补充我国能源结构，更好地支持国内经济建设亦具有重大而深远的战略意义。

1.2 核辐射防护材料的研究现状

1.2.1 X射线防护材料的研究现状

X射线是一种光子辐射，本质上是一种电磁波，具有很强的穿透力[2]，其波长范围为0.001~1nm，主要是由原子内层轨道电子跃迁或高能电子减速时与物质的能量交换产生，而实验室常用具有高真空的X射线管来产生[3]。

物质对射线的吸收大体以能量吸收和粒子吸收两种方式进行。能量吸收以射线与物质粒子发生弹性和非弹性散射方式进行，如康普顿散射。当物质与高能射线作用时，能量吸收占主导地位。粒子吸收以射线粒子与物质的原子或原子核发生相互作用方式进行，如光电效应。决定物质粒子吸收能力的主要因素为该物质的K层吸收边（K absorption edge）位置，即取决于物质的K层吸收是否覆盖射线的能量或能谱。对低能X射线，物质的L层吸收也起一定作用。当物质与中能和低能X射线作用时，粒子吸收占有重要地位。

目前对低能X射线的防护一般采用铅玻璃、有机玻璃及橡胶等制品[4,5]。苏联科研人员最初以黏胶纤维织物为对象，通过对聚丙烯腈接枝，用硫酸钠溶液处理接枝共聚材料，最后用醋酸铅溶液处理被改性的织物来制成防护服，此防护服屏蔽效果较好，但工艺较复杂、制取难度大。日本和奥地利的研究人员分别将硫酸钡添加到黏胶纤维中制成防辐射纤维，用该纤维加工的织物经层压或在织物中添加含有屏蔽剂的黏合剂后热压制成层压织物，具有良好的X射线辐射防护效果；美国一家辐射公司通过对聚乙烯进行改性成功研制出一种叫Demron的防辐射织物，该聚合物基体的分子结构会使任何一种辐射均遭受到大量电子云作用，实现减慢和吸收核辐射。我国齐鲁等[6]研制成功的新型防X射线纤维材料主要是用聚丙烯及固体屏蔽剂复合材料制备而成，其成品纤维的纤度在2.0dtex以上，其断裂强度和伸长率能够满足纺织加工的要求，用这种纤维制成的织布，经测试，随着X射线仪管电压的增高，无纺布的屏蔽率有所下降，其对中、低能量X射线具有良好的屏蔽效果。

防X射线辐射有机玻璃主要是采用甲基丙烯酸甲酯（MMA）与铅、钡、锌、镉等金属氧化物反应制备甲基丙烯酸金属盐，再将该有机金属盐与 MMA 聚合制成防辐射有机玻璃[7,8]。目前使用最多的防辐射有机玻璃主要为含铅有机玻璃。美国、德国、日本等国家防辐射有机玻璃的研究工作开展较早，已形成批量生产，目前国内此类产品主要从上述国家进口。

目前新开发研制的 X 射线防护服是由防 X 射线纤维制成。防 X 射线纤维是指对 X 射线具有防护功能的纤维，是利用聚丙烯和固体 X 射线屏蔽材料复合制成的。以聚丙烯为基础制成的具有一定厚度的非织造布对中、低能量的 X 射线具有较好的屏蔽效果[9]。

杨程等[10]将丙烯酸钆［Gd(AA)$_3$］与天然橡胶（NR）通过机构共混–过氧化物交联成型制成复合材料，通过研究发现 Gd(AA)$_3$ 在橡胶中分散好、粒径小、界面作用强，随着 Gd(AA)$_3$ 添加量的增加，复合材料防 X 射线辐射性能提高，高填充下的材料力学性能满足应用要求。

对高能 X 射线的防护，现在比较常用的是树脂/纳米铅复合材料和树脂/纳米硫酸铅复合材料[11]。制备树脂/纳米铅复合材料时，利用带有均匀分布活性基团—SO$_3^-$ 的交联聚苯乙烯磺酸钠阳离子交换树脂作为模板，在一定条件下，将 Pb(NO$_3$)$_2$ 溶液缓慢加入上述树脂中，并在容器中熟化处理，静置一段时间后用去离子水洗至无 Pb^{2+} 为止，再放入 110℃ 烘箱中烘至恒重，得到树脂/纳米铅复合材料。其工艺流程如图 1.3 所示。

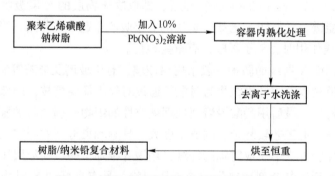

图 1.3 树脂/纳米铅复合材料制备工艺流程

上述树脂/纳米铅复合材料中的铅和硫酸铅纳米颗粒经 X 射线照射后趋于更稳定的状态，且纳米颗粒的小尺寸效应等特性没有降低。在铅或硫酸铅的质量分数、试样厚度相同的条件下，铅或硫酸铅颗粒越小、分布越均匀，对 X 射线的屏蔽性能越好；在铅或硫酸铅颗粒大小、分布均匀程度相同的条件下，试样中铅或硫酸铅的质量分数越大（即密度越高），对 X 射线的防护性能越好。

从粒子吸收特性看，铅对能量高于 88.0keV 和介于 13.0 ~ 40.0keV 之间的电离辐射有良好的吸收能力，但对能量介于 40.0 ~ 88.0keV 之间的电离辐射存在一个粒子吸收能力薄弱区域，即铅的"弱吸收区"。这是因为 Pb 的 K 层吸收边为 88keV，即它对能量等于和大于 88keV 的射线粒子有着良好的吸收能力；Pb 的 L 层吸收边为 13keV，即它对能量等于和大于 13keV 的光子有着良好的粒子吸收作用。但这一吸收能力随射线能量的增加而迅速减弱，当射线能量增至 40keV 时，Pb 的 L 层吸收能力已经十分微弱[12]。有文献同时表明[13]，当 X 射线的能量为 15.8keV 时，铅的 L 层吸收起主要作用，其衰减系数可达 159；随着 X 射线能量的增加，衰减系数逐渐降低，当射线能量为 40keV 时，衰减系数为 13.8；射线能量增至 88keV 时虽然铅的 L 层吸收的衰减系数降得更低，但 K 层吸收却发挥作用，使其衰减系数升至 7。

1.2.2 γ 射线防护材料的研究现状

γ 射线与 X 射线一样，也是一种比紫外线波长短得多的电磁波，通常由重核裂变、裂变产物衰变、辐射俘获、非弹性散射、活化产物衰变产生。其中裂变产生的 γ 射线由 ^{235}U 及类似重核裂变时产生，通常可以把裂变过程中释放的 γ 射线划分为 4 个时间间隔，各个时间间隔内的射线类型及能量见表 1.1。从表 1.1 中可以看出，第一和第四两个时间间隔的贡献占释放 γ 射线总能量的 90% 以上。

表 1.1 裂变 γ 射线分类及能量

名　称	时　间	能量/MeV
瞬发 γ 射线	$t \leqslant 0.05\mu s$	7.25
短寿命 γ 射线	$0.05\mu s \leqslant t \leqslant 1.0\mu s$	0.43
中等寿命 γ 射线	$1.0\mu s \leqslant t \leqslant 1.0s$	0.55
长寿命 γ 射线	$t > 1.0s$	6.65

γ 射线不带电，与物质相互作用的机制不同于带电粒子，主要以光电效应、康普顿效应和电子对效应为主，与物质发生一次相互作用会导致其损失大部分或全部能量。

可屏蔽 γ 射线的材料很多，如水、土壤、铁矿石、混凝土、铁、铅、铅玻璃、铀以及钨、铅硼聚乙烯[14~17]等。

人们曾经对含铅量较高并且含有氧化铈添加剂的无色磷酸盐玻璃（TFF）的光谱、辐射光学和辐射屏蔽特性进行过研究[18]。与氧化铅含量相同（摩尔分数为 40%）的硅酸盐强火石（TF100）类似的特性相比，其特点在于当辐射剂量高达 107R 时，耐辐射性能有所提高，屏蔽辐射的特性也有所改进，50% 内部透射 TFF 的界限位于 355nm。^{137}Cs（0.663MeV）和 ^{60}Co（1.25MeV）γ 量子的吸收系数 μ 可达到 0.39cm^{-1} 和 0.25cm^{-1}，强火石 TF110 的 μ 为 0.36cm^{-1} 和 0.21cm^{-1}。

铅的密度为 11.3g/cm^3，在空间有限的场所，一般用它作为 γ 射线屏蔽材料[19,20]。但是，因为铅非常软，室温下会发生动态再结晶，故不能将其单独用作结构体，这是它的缺点。另外，铅的熔点低（327.4℃），也容易被碱侵蚀，所以在使用上受到限制。

高密度合金（钨合金）材料是一类以钨为基体（W 含量70%~99%），并添加有 Ni、Cu、Co、Mo、Cr 等元素的合金，按合金组成特性及用途可分为 W–Ni、W–Ni–Cu、W–Co、W–Cu、W–Ag 等主要系列钨合金，由于密度高达 $16.5 \sim 19.0 \text{g/cm}^3$，因此被称为高密度合金。高密度合金（钨合金）具有一系列优异的特性，如密度大、强度高、吸收射线能力强、导热系数大、良好的导电性能、良好的可焊性和加工性。鉴于高密度合金有上述优异的功能，因此被广泛地运用在航天、航空、军事、石油钻井、电器仪表、医学等领域。其中的钨镍（W–Ni）合金薄片，在主要医疗器械（CE 机器 X 光机）、安全检测设备（奥运会安全检测）以及航天航空（导航系统）等有信号和辐射的地方得到了广泛应用。

W–Al 合金是最具代表性的钨合金。W–Al 合金兼具钨耐高温和铝轻质抗氧化的优点。在 W–Al 合金中加入 B 等元素，可以使其实现屏蔽 γ 射线和中子的作用[21]。高晓洒等人采用蒙特卡罗数值模拟了3%（体积分数）$B/W_{1-x}Al_x$ 在不同厚度下对^{60}Coγ 射线的透过率（图1.4），发现 W 含量大于33%（体积分数），B 含量超过3%（体积分数）时，钨合金可以有效屏蔽 γ 射线和中子[22]；同时通过第一性原理和相场计算确定了 W–Al 合金为体心四方的有序固溶体。通过对钨铝有序固溶体的晶体结构进行调整，并考虑其力学性能指标，模拟确认了 $W_{68.75}Al_{31.25}$ 与 $W_{43.75}Al_{56.25}$ 两种合金可作为硼/钨铝核辐射防护材料的基体合金；此外通过机械合金化制备结合理论模拟结果，确定了硼/钨铝核辐射防护材料的制备工艺。

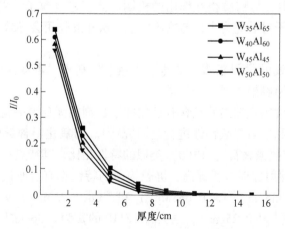

图 1.4 体积分数为3%的 $B/W_{1-x}Al_x$ 在不同厚度下对^{60}Coγ 射线的透过率[22]

1.2.3 中子辐射防护材料的研究现状

中子不带电，不与原子核外的电子相互作用，只与原子核相互作用，按能量可划分为慢中子（能量为 $0.5 \sim 1.0$ keV）、中能中子（能量为 1.0 keV ~ 0.5 MeV）和快中子（能量大于 0.5 MeV）。中子的质量与质子很接近，所以含氢量较高的石蜡、聚乙烯、聚丙烯和硼均是优秀的中子屏蔽材料。

对 γ 射线来说，含有高原子序数的物质的屏蔽效果好，所以常常用铁和铅[23]等做 γ 射线的防护材料。与此相反，对于中子来说，因为散射截面随元素种类和中子能量而变化复杂，所以不能像 γ 射线那样一概而论。原子序数小的元素通过弹性散射能使中子能量大幅度减小，并且很容易与中子发生辐射俘获反应之类的吸收反应，所以这样的元素，尤其是含有大量氢的物质，屏蔽中子的效果就好。

水是一种最容易获得而又廉价的材料，而且因为它含有大量的氢，所以是一种极有效的中子屏蔽材料[24]。水中的氢俘获中子后，仅放出少量的能量为 2.2 MeV 的次级 γ 射线。因而，可以说水是一种产生次级 γ 射线比较少的中子辐射防护材料。但是，因为水的密度低，所以对 γ 射线而言，却不能说是一种良好的核辐射防护材料。水的优点是绝对不产生微小间隙，化学性能稳定且是有效的冷却剂，但也有一些缺陷，比如，必须进行完全的防水施工，另外，如果长时间放置将会产生混沌现象。

石墨具有作中子慢化剂和反射剂的优良性质，而且高纯石墨在很高的温度下物理性能、化学性能和力学性能都稳定，所以广泛用作反应堆材料及核辐射防护材料[25]。在液体金属冷却的快中子反应堆中，通常用石墨作快中子屏蔽体的一次屏蔽体。为了改善石墨的中子屏蔽性能，有时混合一些硼化合物之类的热中子吸收剂。在用石墨作中子屏蔽体时，其最佳密度在 1.69 g/m^3 以上。

硼被用来做热中子吸收体，这是通过硼的同位素 ^{10}B（丰度比为 18.45% ~ 18.98%）的 ^{10}B$+^1$n$\rightarrow$7Li$+4\alpha+\gamma$ 反应来实现的，因为它的热中子吸收截面极大，约为 3840 靶恩。在该反应中所产生的 α 射线在屏蔽体中容易被吸收，但当入射的中子通量大的时候，这种 α 射线会生成氦气并发热。硼可直接使用或混入石墨和聚乙烯中使用，或者以氧化硼和碳化硼的形式与其他材料组合起来使用。Sercombe[26]利用硼等元素与不锈钢复合制备了含硼不锈钢，研究发现辐照对不锈钢的性能影响较小，不锈钢不仅能用于屏蔽材料也可充当结构材料。四硼化碳（B$_4$C）具有较高的中子吸收能力，是一种比较理想的控制材料[27~29]，国内外许多研究者尝试研发 B$_4$C/金属基复合材料用作热中子的吸收材料。文献［30］将 B$_4$C 陶瓷预制体制成连续骨架结构，用浸渗法制备出 B$_4$C/Al 复合材料。文献［31］采用高能球磨法制备了 B$_4$C/Al 复合粉末。B$_4$C 与 Al 的界面间能形成

Al$_3$BC，可增强 B$_4$C 与 Al 的界面结合。但是，由于以 B$_4$C 陶瓷为承载体，导致此类复合材料塑性较差；又由于 Pb 缺失，对射线的屏蔽效果也存在缺陷。改进的研究以 B$_4$C 骨架为承载体，用 Pb 替代 Al，制备 B$_4$C/Pb 复合材料，但其强度和塑性不理想。四川大学的李德安等[32]在国防科技工业委员会的资助下致力于研发超高强 B$_4$C/Pb 复合材料。他们将 Pb-Sb 合金粉体与 B$_4$C 粉体混合后热压复合成铅基 B$_4$C 屏蔽材料，克服了 Pb、B$_4$C 分布不均的问题，取得了较好的中子吸收和 γ 射线屏蔽效果，但复合材料的抗拉强度仅为 48.2MPa，布氏硬度也只有22.13HBS，不能满足作为结构工程材料使用的需要。H. Greuner 等[33]采用真空等离子喷涂法在不锈钢基体上制备了碳化硼涂层第一壁复合材料，兼有一定的结构性能和对中子、γ 射线的综合屏蔽效果。戴龙泽等[34]采用蒙特卡罗计算方法模拟了 B$_4$C/Al 复合材料在水和硼酸介质中材料的厚度对中子吸收效果的影响，结果如图 1.5 所示。由图 1.5 可知，B$_4$C/Al 复合材料在水和硼酸中对中子的透过率都随厚度的增加而显著降低；此外，在 20MeV 的辐射源作用下，B$_4$C/Al 复合材料在水介质中对中子的透过率比硼酸介质中的透过率低，表明 B$_4$C/Al 复合材料在水介质中能更好地发挥屏蔽作用。

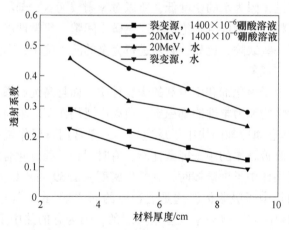

图 1.5 B$_4$C/Al 复合材料在硼酸和水介质中材料厚度与中子透过率的关系曲线[34]

聚乙烯（polyethylene，简称 PE，密度为 0.92g/cm^3）是乙烯经聚合制得的一种热塑性树脂，具有优良的耐低温性能（最低使用温度可达-100～-70℃），化学稳定性好，能耐大多数酸碱的侵蚀（不耐具有氧化性质的酸）。常温下不溶于一般溶剂，吸水性小，电绝缘性优良。每立方厘米体积中，水含有 6.7×10^{22}个氢原子，聚乙烯含约 8×10^{22} 个，且聚乙烯不产生活化，因此聚乙烯是可与水媲美的中子辐射防护材料，但却存在容易受到辐射损伤的缺点。目前主要是把聚乙烯作为基体，通过加入硼和锂的化合物增加中子吸收能力，或与铅粉混合以改

善对 γ 射线的吸收性能。含硼聚乙烯中硼含量小于 35% （质量分数）；含锂聚乙烯中锂含量小于 10% （质量分数），适于作探测器的屏蔽体；含铅聚乙烯中铅含量约为 80% （质量分数），可作为中子和 γ 射线的屏蔽体。日本曾用甲基丙烯酸铅与乙烯基酯共聚的方法制备了防 γ 射线透明材料，防护效果好，并申请了专利；美国迈阿密辐射屏蔽技术公司 （简称 RST） 开发成功一种改进聚乙烯 （PE） 和聚氯乙烯 （PVC） 性能的方法，以制造核辐射防护材料；为实现屏蔽系统结构简约化、重量轻量化的目的，中国核动力研究设计院第四研究所于 20 世纪 80 年代末开展了铅硼聚乙烯的物理、力学和屏蔽性能的研究[35]。铅硼聚乙烯因其中含有氢、硼和铅原子而具有其他核辐射防护材料不可比拟的对中子和 γ 射线优良的核辐射防护性能。其中铅原子具有较多的核外电子，γ 射线与 Pb 原子的核外电子发生非弹性散射被有效衰减；氢原子的原子核占原子体积的比例较大，可使快中子慢化；硼具有较大的中子屏蔽截面，可以有效屏蔽经过氢原子慢化后的热中子。李晓玲等[36]采用分子动力学方法，在综合考虑材料的核辐射防护性能、力学性能及耐辐照性能后，模拟出铅硼聚乙烯核辐射防护材料的最佳成分 （质量分数）：聚乙烯 （65%）、铅 （30%）、碳化硼 （5%）。表 1.2 为采用分子动力学模拟的铅硼聚乙烯核辐射防护材料的性能指标。

表 1.2　优化设计铅硼聚乙烯复合屏蔽材料各项性能检测结果[13]

	测试项目	测试结果	执行标准
屏蔽性能	快中子剂量减弱系数 （^{252}Cf，40mm）	0.417	GB/T 14055.1—2008
	γ 射线剂量减弱系数 （^{60}Co，40mm）	0.412	GBZ/T 147—2002
热性能	熔融温度/℃	143.3	GB/T 19466.2—2004
	氧指数/%	19.3	GB/T 2406.1—2008
力学性能	邵氏硬度 （H_D）	65	GB/T 2411—2008
	拉伸强度/MPa	21.4	GB/T 1040.1—2006
耐辐照性能	累积剂量 10^5Gy 辐照后拉伸强度/MPa	23.98	GB/T 1040.1—2006 GB/T 1040.2—2006

何潘婷等[37]采用机械共混的方法将聚乙烯改性成环烯烃聚乙烯，合成了功能粒子粒径大小不同的铅硼聚乙烯。较小的功能粒子粒径，可使材料的密度增大，孔隙率从 6.92% 降至 0.5%，并使铅硼聚乙烯复合材料的界面得到改善。图 1.6 （a）、（b） 所示分别为不同粒径的功能粒子和采用不同耦合剂对应的铅硼聚乙烯复合材料的应力应变曲线。由图 1.6 （a） 可以看出，添加 30μm 的功能粒子后，与基体相比，材料的强度和伸长率都显著下降；当功能粒子的粒径为 500nm 时，材料对应最高的抗拉强度 24.748MPa，但伸长率显著降低；功能粒子的粒径

为1μm时，铅硼聚乙烯的抗拉强度为23.7MPa，伸长比基体略微下降。图1.6
(b) 所示为不同偶联的铅硼聚乙烯复合材料的拉伸曲线，可以看出采用偶联处
理过的材料的强度和伸长率都有显著提升，其中KH-570偶联处理过的铅硼聚乙
烯与A-171处理后的铅硼聚乙烯相比强度略微下降，但伸长率显著提升。铅硼
聚乙烯虽然具有屏蔽中子与射线的综合效果，但由于耐热性较差且强度低，因此
不适宜应用于有温度要求的工作环境。

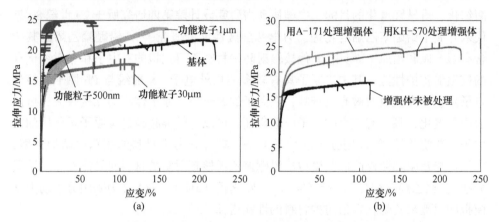

图1.6 不同粒径功能粒子的铅硼聚乙烯复合材料的拉伸曲线 (a) 及
不同偶联的铅硼聚乙烯复合材料的拉伸曲线 (b) [37]

因为铁的密度大、机械强度高，所以广泛用作反应堆结构材料、热屏蔽材料
和压力壳材料。但由于铁俘获热中子后将放出大量10MeV以下的二次γ射线，
因此，其并不是一种好的中子辐射防护材料。

不锈钢对γ射线及中子的屏蔽性能要比铁优越。而且因为不锈钢的非弹性散
射截面大，所以屏蔽快中子比铁更有效。但是，不锈钢中的铬、镍、锰等元素受
中子辐照后会活化，容易产生二次辐射，反应堆停堆后须限制人员接近。

为了增加对热中子的屏蔽效果，把硼加到铁中，制成加硼钢。硼钢[38~41]
是中子的吸收材料。由Fe-B二元相图可知，硼元素在铁中的溶解度较低，且铁
和硼的化合物Fe_2B呈网状分布在晶界，会降低高硼钢的强度和塑性。陈祥等[42]
采用合金化的方式在高硼钢中加入钛后，有效地改善了Fe_2B化合物的形态和分
布，使其弥散地分布在基体中，改善了高硼钢的力学性能；同时Ti的加入会析
出TiC相，改善高硼钢的冲击韧性。Li等[43]制备了原位TiB_2颗粒增强铁基复合
材料，探索了钨对高硼钢的组织和拉伸性能的影响，实验结果揭示，钨能溶解在
TiB_2颗粒中，降低TiB_2的偏析；同时，加入3.0%（质量分数）的钨使材料固
态强化，可获得最佳抗拉强度，材料的屈服强度、抗拉强度和断裂伸长率分别高
达360MPa、690MPa和18.5%。但硼钢中硼含量偏低，中子吸收效果不理想，

不得不增加硼钢的厚度，导致屏蔽系统总重增加，而提高硼含量会对硼钢合金的延展性和冲击抗力有不利影响[44]，限制了含硼不锈钢用作乏燃料储存和运输设备的结构材料[45]。

1.3 核辐射防护材料存在的问题以及发展趋势

分析现有核辐射防护材料可以看出，这些材料存在以下三个方面的问题：

（1）吸收效果不佳[46]。这些材料中铅当量最高的只有0.3mm左右。如继续增加各种材料中吸收物质的比例，虽然能提高吸收性能，但也会降低材料的机械物理性能。对核辐射防护材料而言，总希望防护性能、力学性能和使用性能均能满足需求。因此，依靠现有各种重金属氧化物作吸收物质，难以在保证材料机械性能和使用性能的条件下，吸收性能有较大的改观。如想达到提高材料性能的目的，必须研制新型吸收材料。

（2）从所选用的基质材料上看，现有材料的基质往往是依据对现有高分子材料的辐照效果，选取抗辐照性能较好的树脂在大多数境况下是可行的，但在空间环境中，航天器或卫星受到的高剂量辐射具有偶然性、多变性和不可预测性，这些材料难以应用。

（3）制备工艺和方法也存在问题。现有的制备技术都是简单地将吸收材料与基材熔融混合，或是采用非金属的B、B_4C以及其他硼化物与铅等结合，使得核辐射防护材料结构复杂、屏蔽体重量重且体积大，不利于材料的推广和应用；并且采用这些方法制备的核辐射防护材料力学性能较差，不适于用作结构材料。

实际上，适应复杂空间环境的新型材料应同时具有吸收效果好、基材力学性能好等性质，这给材料设计与制备提出了更高的要求。此外，空间环境对材料的力学性能、热疲劳性能也有较高的要求，这对基体的选择和材料加工工艺提出了更高的要求，增加了研制难度。

同时，随着移动式反应堆和可携带辐射源应用的增加，传统、单一的屏蔽材料已经不能满足现代防护的使用要求。混凝土的重量重，可移动性差，且成分比较复杂，其防护性能比不上铅、铁。铅硼聚乙烯具有屏蔽快中子、热中子的综合屏蔽效果，但它的推广和应用有待于屏蔽材料结构的简化、屏蔽体重量的减轻和体积的缩小。刘力等[47]的最新研究结果表明，硼/聚乙烯和硼/聚甲基丙烯酸甲酯复合材料具有良好的屏蔽中子的能力，因吸收中子后所形成的氦、锂不能进一步吸收中子，屏蔽性能随吸收的继续而递减。通过在聚丙烯中加入一定量的碳化硼及助纺剂，可以织成纤维状的屏蔽布、屏蔽衣等防护用具；但是，随着碳化硼含量的增加，体系的粒度增大，可纺性下降，纤维强度也有所下降，且聚乙烯属于高分子物质，软化点仅为130℃左右，因而导致该复合材料的力学强度和耐热性都很差，其抗拉强度通常只有10MPa左右，布氏硬度也仅为3~4HBS，严重制约了其应用[48]。

　　增强体颗粒分布均匀性和增强体与基体之间界面结合状况是制备颗粒增强复合材料需要解决的两个关键问题[49,50]。B_4C/Al 复合材料中 B_4C 属于非金属相增强体，它与金属 Al 的界面结合能较低。虽然可以通过采用高能球磨法，使铝粉末与 B_4C 颗粒之间形成具有机械合金化特点的界面结合，提高复合材料的力学性能，但仍存在 B_4C 均匀化以及它与铝基体的界面结合等问题。

　　目前用得最多的中子屏蔽材料是铅硼聚乙烯、含硼聚丙烯，是用铅与 B_4C 及聚合物制备而成。其使用原理是聚乙烯中碳氢化合物高的含氢量对快中子有良好的减弱能力，硼能吸收热中子，铅能屏蔽辐射混合场及中子与物质发生反应引起的次级 γ 射线，即铅硼聚乙烯具有屏蔽快中子、热中子的综合屏蔽效果。但它的推广和应用有待于屏蔽结构的简化、屏蔽体重量的减轻和体积的缩小。将 Pb-Sb 合金与 B_4C 直接热压复合成铅基屏蔽材料，其抗拉强度和布氏硬度分别为 48.2MPa 和 22.13HBS，虽然较传统的铅有所提高，但仍没有解决基体与 B_4C 浸润性差、铅强化难等问题，难以满足工程材料的需要。

　　含硼不锈钢最早用于反应堆的中子通量控制，现在它们也被用作乏燃料储存水池和运输容器的中子吸收材料。硼的添加可以增强中子衰减，但对合金的延展性和冲击抗力有着不利的影响，这一点限制了含硼不锈钢用作乏燃料储存和运输设备的结构材料。如果采用浓缩硼代替天然硼，虽然使硼钢的塑性得到一定程度的提高，但是由于硼不锈钢采用了昂贵的浓缩 ^{10}B 粉，使得其造价远远超过工程中常用的不锈钢，以致难以在核工程中广泛应用。

　　尽管目前有各式各样的核屏蔽材料，但都离不开硼与铅两个基本元素。硼具有优越的屏蔽中子和俘获射线的核特性[51]，铅对 X、β、γ 射线的吸收和散射最为强烈。可以认为，硼与铅是制备核辐射防护材料的最佳组元。但硼、铅两元素的物理和化学性质存在巨大差异，硼-铅属难混溶合金体系，很难将硼均匀分布于铅中。铅及其合金强度极低，室温下即能发生回复，不具备力学结构支撑功能。以往的研究均采用传统强化理论和复合方法，不可能使铅的强度产生数量级的提升，接近或达到普碳钢的强度；亦不可能解决 B 在 Pb 中的均质化问题，从技术层面看，铅的高强化远比让硼在铅中均匀化要困难得多。

1.4　铅、硼的屏蔽效果及应用

1.4.1　铅元素的屏蔽效果及应用

　　射线通过物质时遵循衰减定律[52]

$$J = J_0 e^{-\mu d} \tag{1.1}$$

式中，J/J_0 为射线透过的分数；d 为材料厚度；μ 为线吸收系数，μ 为真实吸收系数 τ 及散射系数 σ 之和，即

$$\mu = \tau + \sigma \tag{1.2}$$

其中

$$\tau = A\rho Z^3 \lambda^3 \tag{1.3}$$

式中，A 为常数；ρ 为材料厚度；Z 为原子序数；λ 为射线波长。

在一定情况下，散射系数 σ 的代表值为 0.2ρ，即为密度的函数。铅为周期表中第Ⅳ族元素，原子序数为82，密度 $11.336g/cm^3$，故与其他金属相比，对射线的吸收和散射更为强烈，有利于用作辐射线防护材料。

根据 γ 射线的特点和使用经验，可用来屏蔽 γ 射线的材料是很多的，如水、土壤、岩石、铁矿石、铀以及钨等。这些材料对 γ 射线的防护效果各不相同，其中重金属对 γ 射线防护最有效，而且具有体积小、总重量轻等优点；但是通常对 γ 射线具有良好减弱性能的材料也会因发生中子非弹性散射和辐射俘获而产生二次 γ 射线，此时次级辐射的产生也必须要考虑。在相应的核辐射防护材料中加入一定量的铅，能屏蔽掉一次和二次 γ 射线。需特别强调的是，铅不会成为第二次放射源；同时，铅具有高的耐蚀性，能抵抗空气的氧化和酸的腐蚀，熔点低（327.4℃），在高温（260℃以上）下可发生蠕变，容易熔化浇注。与铅相比，钨也是屏蔽 γ 射线的理想材料，但钨价格昂贵，使用成本较高。所以，实际工作中铅是使用频率最高、效果较理想的屏蔽 γ 射线的介质材料。日本曾用甲基丙烯酸铅与乙烯基酯共聚的方法制取了防 γ 射线透明材料，防护效果好，并申请了专利；国内蒋平平等[53]通过溶剂法、重结晶法合成了纯度较高，适合本体聚合的有机铅化合物，制备了透过率大于80%，有一定力学性能的防辐射有机材料，经实验，此聚合物对中子、低能 γ 射线具有明显的防护作用；徐希杰对含金属聚合材料屏蔽 γ 射线效果的测定实验结果表明，同一含铅聚合材料中铅含量的多少对 γ 射线屏蔽率的影响较大。

由于铅对能量介于 $40.0 \sim 88.0keV$ 之间的电离辐射存在一个粒子吸收能力薄弱区域（即铅的"弱吸收区"），因此将铅作为唯一吸收物质所制成的防辐射材料的缺陷是显而易见的[54]。有鉴于此，在材料中添加硼，以弥补铅弱吸收区，使这种复合材料在具有铅屏蔽能力的基础上，又具有屏蔽中子的优良综合屏蔽效果，从而进一步提高复合材料的屏蔽性能。

1.4.2　硼元素的屏蔽效果及应用

能够产生自由中子的中子源设备很多，常见的有核反应堆中子源、加速器及同位素中子源。如热式反应堆中有热中子引起的^{235}U裂变；某些情况下，放射性核衰变也会紧跟着发射一个中子，这种中子通常被称为活化中子；α 粒子与锂、铍、氧、硼、氟等元素的原子核发生相互作用也能产生中子。中子不带电，与物质相互作用主要有两种形式：快中子的散射和减速，慢中子的吸收及二次释放的

共化粒子或 γ 射线。中子的屏蔽本质上是将快中子减速和慢中子吸收。中子的质量与质子很接近，因此，含氢量较高的石蜡、聚乙烯、聚丙烯等材料是优良的快中子慢化材料[55]，含硼元素的氧化硼、硼酸和碳化硼等是优良的慢中子吸收物质[56]。

硼具有优越的屏蔽中子和俘获射线的核特性，钢铁材料也是辐射屏蔽中常用的材料。研究既具有优良核特性又有足够结构强度的硼钢，始终是人们追求的目标。在普碳钢中加入硼来制备新的核辐射防护材料，并采用添加钛的方法来减少硼相的析出，改善钢中硼的分布。

四硼化碳[57]具有较高的中子吸收能力，其中子俘获截面高，俘获能谱宽，^{10}B 的热截面高达 $347 \times 10^{-24} cm^2$，仅次于钆、钐、镉等少数几种元素；同时相对于纯元素 B 和 Gd 而言，B_4C 造价低，不产生放射性同位素，二次射线能量低，而且耐腐蚀，热稳定性好，因此在核反应堆用材料中越来越受到重视。同时，B_4C 也是一种比较理想的控制材料，这是因为 B_4C 具有许多优良的性能[58~60]：密度小（$2.51 g/cm^3$）、熔点高、化学稳定性好、与钠及不锈钢有良好的相容性。B_4C 的核性能与 ^{10}B 含量、B_4C 的晶粒大小、密度等因素有关[61]。张华等[62]研制出了中子辐射材料，即防中子辐射纤维。在该纤维中，B_4C、聚丙烯是重要的防中子辐射材料，但 B_4C 具有化学惰性，它和非极性化合物 PP 的相容性很差，而在利用钛酸酯偶联剂对 B_4C 表面处理后，改善了二者的相容性和界面黏合力，提高了材料性能。如在聚丙烯中加入 B_4C 的混体系成品纤维经输棉、针刺加工成两种不同厚度的非织造布（A 和 B），单位面积质量分别为 $580 g/m^2$ 和 $1300 g/m^2$，经原子能研究院测试后的结果见表 1.3。

表 1.3　防中子辐射非织造布的中子屏蔽率　　　　（%）

材料名称	热能	186eV	24.4keV	144eV
A_1	46~54	7.3~9.4	6.8~8.7	4.4~6.0
A_3	84	23	23	15
A_5	95	36	33	23
A_7	98	50	44	31
B_1	75~87	15~25	15~22	10~16
B_3	98	47	43	32
B_5	99.8	66	61	48
B_7	99.97	82	73	61

从表 1.3 中可以看出，聚丙烯/碳化硼共混材料制成的非织造布对热中子具有较强的屏蔽作用，对中能中子也有一定的屏蔽作用。

除此之外，目前用得较多的中子辐射防护铅硼聚乙烯、含硼聚丙烯都利用了硼能吸收热中子的特性，见表1.4。

表1.4 铅硼聚乙烯材料的热中子吸收系数

材料厚度/m	PB202	B201	B202	B203
0.003	—	—	—	24.0±1.6
0.005	—	—	—	39.5±5.3
0.010	5.61±0.5	—	20.5±1.5	72.3±25.5
0.020	13.8±1.3	15.8±1.0	36.9±7.2	153±110.0

1.5 核辐射防护材料的腐蚀性能研究

1.5.1 核辐射防护材料的腐蚀性能研究现状

反应堆对于核辐射防护材料的腐蚀主要来源于系统中的冷却水，温度范围为 $40 \sim 60 \, \text{℃}$，冷却水中所含的溶解氧和卤族元素 Cl、F 会与核辐射防护材料发生电化学反应，导致材料的腐蚀破坏。溶解氧对核辐射防护材料的损害表现在两个方面：一方面，直接与金属发生反应，使金属腐蚀；另一方面，作为其他元素侵蚀核辐射防护材料的催化剂，显著提高腐蚀速率。反应堆正常功率运行时，冷却水中溶解氧必须小于 $5 \, \mu \text{g/kg}$[63]。在卤素元素中，氟对核辐射防护材料的腐蚀作用最明显，诱发核辐射防护材料产生应力腐蚀，F 元素的加入会加快材料的腐蚀速率以及析氢速率，增大氢脆倾向[64]。而当冷却水中含有氯离子时，材料的点蚀、应力腐蚀和缝隙腐蚀的敏感性增大；有溶解氧存在时，更增大了氯离子的危害[65]。在防护材料正常工作过程中，氟化物、氯化物都不能超过 $0.15 \, \text{mg/kg}$。因此，必须严格控制反应堆冷却水中氟、氯等杂质离子和溶解氧的含量，否则过高的 F、Cl 元素的含量会使材料发生严重的腐蚀，导致反应堆结构破坏，造成严重的核灾难。

F^-、Cl^-、I^- 等活性阴离子容易使金属基复合核辐射防护材料发生点蚀，继而深入腐蚀到材料内部，通常在核电实际应用中会尽量减少冷却水中的溶氧量和卤族离子，但卤族离子并不能完全消除，因此提高核辐射防护材料卤族离子溶液中的耐蚀性是核电材料在应用前一项重要研究。在金属基核辐射防护材料表面镀锡、镀镍是近年来应用比较广泛的工艺，通过化学镀和电镀工艺制备的具有镀锡层和镀镍层的金属基核辐射防护材料耐蚀性已在应用中得到了检验。稀土元素 Dy、Y、Ce、La、Nd、Gd 和 Ho 等都对镁合金、铝合金以及不锈钢等金属材料耐蚀性具有一定的增强效果，国内外众多学者对此进行了研究与探讨。通常在金属基核辐射防护材料中加入适当的稀土元素会起到细化晶粒、净化晶界的作用，对材料耐蚀性的提高具有重要作用，同时部分稀土元素可以增强合金晶粒与基体结合性，稀土元素还可以与基体形成耐蚀性良好的结合相，这对材料耐蚀性也有一定的帮助。

1.5.2 核辐射防护材料的电化学性能测试

电化学腐蚀是金属材料工作中常见的一种腐蚀行为，核辐射防护材料的应用环境通常为海水中，海水溶液具有离子导体性质，该材料在海水中极为容易发生电化学腐蚀，故可通过电化学测试进行材料耐腐蚀性能的探究。在电化学腐蚀性能测试中，进行稳态测量的主要目的是获得被测电极的极化曲线[66,67]。稳态测量分为控制电流法和控制电位法。控制电流法通过控制流过每个被测电极的电流密度值，分别记录在不同电流密度下每个被测电极的稳定电势值。控制电位法分为恒电位法和电位扫描法，其中电位扫描法的应用较广。电位扫描法是将被测电极的电位在相同的速度下进行变化，测量不同电位下工作电极的电流密度。进行电位扫描的时候电位变化速度需要合适选择，速度过快和过慢都不能够确保极化曲线的稳定，容易导致工作电极表面发生很大变化。一般情况下，电位扫描速度选择为 $10 \sim 60$ mV/min。稳态极化对于研究材料腐蚀性能有着重要作用，通过分析极化曲线外形、不同时间的斜率和其在具体的坐标位置，可以研究材料在腐蚀过程中电极发生的氧化还原反应。根据金属及其合金的自腐蚀电流和自腐蚀电位可以判断它的易腐蚀程度和腐蚀速率的快慢，依据金属极化电流和极化电位寻找对材料进行阴极保护的电化学参数[68]。

交流阻抗测量是电化学测试中非常重要的暂态测量技术，是研究材料腐蚀性能的有效方法[69]。处于定常态（电势一定，当电流密度也呈稳定态，靠近电极的溶液以及电极表面达到稳定状态，并且不受时间推移的影响，这种状态通常称为定常态）的电极系统，采用频率不同和振幅一定的正弦波极化信号 $\Delta \psi$ 进行干扰，可以测量得到响应的电流密度 ΔI；或者通过频率不同和振幅一定的极化电流密度值信号 Δi 进行干扰，进而得到响应的电流密度 $\Delta \psi$。通常将阻抗谱测量系统等效为合理的电路图，通过电路图中电路元件分析阻抗系统的组成和材料腐蚀的动力学等。对交流阻抗图谱的分析主要有两种方式：第一种是已知交流阻抗图谱所对应的物理模型，通过所掌握知识对阻抗推导出合适的模型和电路；第二种是较为复杂的阻抗图谱，需要通过选择相应的等效电路来确定其物理模型。第一种情况分析方式比较简单，确定好图谱的等效电路后，对数据进行拟合，就可以得到每个电路元件的对应值。第二种较为复杂，首先根据所得到的数据求得对应元件的参数值，得到最有可能的等效电路图，而后通过该电路图对阻抗图谱进行拟合，再确定每个元件的参数值。目前，交流阻抗技术已经在金属和合金的腐蚀性能分析中得到了广泛应用[70]。

1.6　铅硼复合核辐射防护材料的塑性变形行为研究的理论基础

结构功能一体化的铅硼复合核辐射防护材料属于金属材料。铅硼复合核辐射防护材料不仅需要具有良好的屏蔽性能,而且力学性能也要优良,这样才可以作为结构材料使用。为了获得铅硼复合核辐射防护材料的热加工工艺参数,通过对铅硼复合核辐射防护材料的高温塑性变形行为进行研究,可以提出相应的改善材料加工性能的方法。对铅硼复合核辐射防护材料的热加工性能的研究,主要是考察金属材料在高温热压缩变形条件下显微组织的变化以及动态再结晶过程,改变材料的基本加工参数,如材料的变形程度、变形温度和材料的应变速率,寻找材料的成分和变形条件与材料的微观组织变化的相应关系,进而通过控制材料加工过程中的组织演化,从而达到改善材料加工性能的目的。目前,金属材料的高温热压缩行为研究方法已经基本成熟。

1.6.1　金属材料的高温热压缩行为研究现状

热模拟压缩试验是探究金属材料高温变形行为的常用方法,通过热模拟压缩试验可以获得材料热变形时的流变应力特征,根据相关参数得到所研究材料的本构方程以及加工参数,目前众多学者针对金属材料做了大量的研究。刘昆等[71]通过热压缩试验对 TC4 钛合金进行了分析,获得了 TC4 钛合金热变形过程中的相关材料参数。316L 奥氏体不锈钢是核电材料中常见的材料,程晓农等[72]通过实验数据对该材料建立了高温下的本构方程,成功预测了该不锈钢在高温下变形时的应变行为。王梦寒等[73]建立并修正了 Cu-Ag 合金的 Arrhenius 型本构模型,该模型对 Cu-6% Ag 合金高温变形行为预测较为可靠。陆军等通过双曲正弦模型对 AZ80 镁合金的高温变形行为进行了建模,石国辉等通过修正的 Arrhenius 模型对 Al-9.39Zn-1.92Mg-1.98Cu 合金应力的预测吻合度达到了 99.6%。基于上述学者对于金属材料的高温变形行为的研究,可以发现通过热压缩模拟实验分析对金属材料的热加工参数方法相对成熟,对于本构方程以及加工参数的求取方法也相对可靠。

1.6.2　本构模型

流变应力指的是材料在一定的变形条件下屈服极限,是研究金属基复合材料塑性变形能力最为基本的参数之一。在材料的热变形过程中,材料流变应力与其加工参数都会对应一个相应的函数关系,这个函数方程就是本构方程。在热加工过程中,本构方程可以用来表述材料的各种塑性变形特征。本构方程通常又称作流变方程,通过应力、应变和时间三者之间的对应关系来反映材料本身的特定性质。

合金热加工过程中的本构模型是指材料在热加工过程中流变应力与热加工工艺参数之间对应的方程模型，在材料的有限元模拟分析以及制定与改善材料的加工工艺参数范围过程中有着极为重要的作用。材料在加工过程中会发生塑性变形，对材料所施加动载荷的反应取决于本构关系或动力学的状态方程。下式为本构方程常见表达形式：

$$\sigma = \Phi(\varepsilon, \ \dot{\varepsilon}, \ T) \tag{1.4}$$

式中，σ 为材料变形过程中的流动应力；ε 为应变量；$\dot{\varepsilon}$ 为应变速率；T 为加工温度。

国内外许多学者通过线性回归法和人工神经网络法建立了不同材料的本构模型，主要用来预测和分析材料加工过程中的加工硬化以及动态软化。

根据材料的成分以及加工过程中的变形特征，从而构建材料的本构方程。到目前为止，唯象型和机理型是当前本构模型的两种主要思路。唯象型的本构模型主要反映材料在变形中的宏观应变、应力以及应变速率等物理量之间的对应关系，忽略了材料在加工过程里的微观组织发生的变化。Klepaczko 等提出通过幂指数的温度项反映材料流变应力与材料加工温度之间的关系；Sellars 以及 Tegart 等[74]通过双曲正弦 Arrhenius 方程描述材料变形参数与材料流变应力之间的关系。此类唯象型本构模型因其直观性强、形式简单，不考虑材料本身的复杂参数而得到广泛应用。

1944 年，Zener 和 Hollomon 等[75~77]在做钢的高速拉伸实验的研究时，提出了 Zener-Hollomon 参数（简称为 Z 参数），Z 参数表达式通常为：

$$Z = \dot{\varepsilon} \exp[Q/(RT)] = A[\sinh(\alpha\sigma)]^n \tag{1.5}$$

式中，Z 为 Zener-Hollomon 参数；$\dot{\varepsilon}$ 为应变速率；Q 为材料的热变形激活能；T 为变形温度；R 为气体常数。

材料的热加工过程同时也是一个热激活过程，Arrhenius 方程可以描述流变应力与加工参数。传统的 Arrhenius 型模型可以用来描述材料流变应力、应变率以及温度之间的关系[78~80]，材料常数正是由这些关系确定。流变应力和应变率应满足以下关系[81]。

在低应力水平下，即 $\alpha\sigma < 0.8$：

$$\dot{\varepsilon} = A_1 \sigma^{n_1} \exp[-Q/(RT)] \tag{1.6}$$

在高应力水平下，即 $\alpha\sigma > 1.2$：

$$\dot{\varepsilon} = A_2 \exp(\beta\sigma) \exp[-Q/(RT)] \tag{1.7}$$

以原有的 Garfalogo 公式为基础，通过大量实验数据的积累，Sellars 和 Tegart 等对以上公式做了简化，使之能够应用于所有应力范围下。

$$\dot{\varepsilon} = A[\sinh(\alpha\sigma)]^n \exp[-Q/(RT)] \tag{1.8}$$

式（1.6）~式（1.8）中，$\alpha = \beta/n_1$；A、A_1、A_2、n_1、n、α 和 β 都是与变形温度无关的材料常数；Q 为变形激活能；T 为材料的变形温度；R 为气体常数；σ 为流变应力。

该公式可以统一描述所有应力状态下各个参数之间的对应关系，是目前最广泛为大众所接受的。

1.6.3 热加工图

热加工图可以来描述材料自身加工性能的好坏，通常被用来寻找材料的加工工艺参数和改善材料的加工性能。通过热加工图可以分析材料加工过程中微观组织结构的变化规律，得到材料相应的变形机制。在实际生产中，通过热加工图可以寻找工件塑性失稳的原因，从而在加工过程中避免加工危险区以保证产品的质量。材料加工性是描述材料可加工性能好坏的参数，材料的加工性主要分为两个方面：一是材料本身固有的加工性，主要与材料自身成分和变形条件有关；二是应力状态所决定的加工性，应力状态包括外界的应力和材料变形区内的应力。

热加工图主要分为两大类，即 Raj（基于原子模型）加工图和 DMM（基于动态材料模型）加工图。提出 Raj 加工图依据的几种变形机制包括：三角晶界区域的楔形开裂；硬质点周围发生的空洞形核；变形过程中绝热剪切带的形成；热加工过程中发生的动态再结晶行为等。通过 Raj 加工图可以看出加工图中不同区域所对应的加工工艺参数范围材料的变形机理，但是这种加工图局限性也很大。首先，此加工图只适合于简单的合金，并不适用于复杂合金；其次，由于该加工图涉及较多的基础的原子运动理论知识，所以需要确定大量基本参数，作图复杂；该加工图只能建立几种较为简单的原子模型，并不能满足各种变形机制。尽管局限性很多，Raj 仍是开辟了通过理论模型研究材料加工性道路的第一人。

Gegel 和 Prasad 等依据材料大塑性变形连续介质力学、物理系统模拟和不可逆热力学等原理提出了基于动态材料模型（dynamic material model，DMM）加工图，该加工图的特点是将加工过程中外界给的能量（即力做的功）与消耗的能量结合到一起。DMM 热加工图原理是外界给的能量是通过材料塑性变形耗散的，将设备、模具和加工件看作一个封闭的整体，得到以下公式：

$$P = \sigma \times \dot{\varepsilon} = G + J = \int_0^{\dot{\varepsilon}} \sigma \mathrm{d}\dot{\varepsilon} + \int_0^{\sigma} \dot{\varepsilon} \mathrm{d}\sigma \tag{1.9}$$

式中，P 为输入能量；σ 为材料变形过程中的流变应力；$\dot{\varepsilon}$ 为应变速率；G 为耗散量；J 为耗散协量。

耗散量是材料塑性变形中用于阻止转变的能量。从原子层面解释，动能与原子运动即位错运动有关，动能转化以热能的形式耗散，与耗散量相互对应；势能与原子的相对位置变化即显微组织演变有关，故对应耗散协量。

热加工图是将功率耗散图和失稳图叠加而绘制的，功率耗散图是在 $\lg\dot{\varepsilon} - T$ 平面上功率耗散因子（η）的等高线图。从功率耗散图中不仅可以得到变形温度和应变率对功率耗散因子的影响，还可以得到不同变形条件下的变形机理[82]。功率耗散系数 η 可通过如下公式计算[83]：

$$\eta = \frac{2m}{m + 1} \tag{1.10}$$

式中，m 为应变敏感速率，表达式为[84]：

$$m = \left(\frac{\partial(\ln\sigma)}{\partial(\ln\dot{\varepsilon})} \right)_{T, \dot{\varepsilon}} \tag{1.11}$$

失稳参数 ξ 是描述不稳定标准的重要参数[85]：

$$\xi(\dot{\varepsilon}) = \frac{\partial\ln\left(\dfrac{m}{m + 1} \right)}{\partial\ln\dot{\varepsilon}} + m \tag{1.12}$$

当 $\xi < 0$ 时，代表加工不稳定区域。

1.6.4　动态再结晶

材料热加工过程中会发生加工硬化和流变软化两种现象。材料加工硬化主要是因为自身内部位错密度的剧增以及位错间的相互作用。材料热加工过程中当变形参数达到一定条件时会发生动态回复和动态再结晶现象，国内外众多学者对该现象做了更加深入的研究和探索。1969 年，Sellar 等率先对碳钢与纯铝高温变形时的动态再结晶行为做了研究，并首次提出用 $Z = \dot{\varepsilon}\exp[Q/(RT)]$ 来描述材料发生动态再结晶时各个参数之间对应的关系。自此以后，各国学者对动态再结晶机制进行了深入的研究，分析再结晶过程中的组织演变规律并建立了相应的模型来预测动态再结晶行为，期望以此来指导和解决实际生产中的问题。Derby 等通过计算机模拟技术建立了 Derby 模型以预测材料热加工时的动态再结晶行为，得到的实验值与预测值高度一致。随着材料科学的发展，人们对于材料高温变形的动态再结晶行为有了更进一步的认识[86,87]。

材料的动态再结晶主要可以分为以下三个阶段（图 1.7）：

第一阶段，在材料刚发生变形的时候，应变量持续增加，导致位错密度剧增，致使材料变形抗力增大，便产生了加工硬化。在应力-应变曲线上，应变量越大，达到峰值应力的时间越少，这一阶段称为微应变阶段。

第二阶段，随着应变量的继续增加，材料组织中继续发生动态再结晶行为，变形量超过一个临界点后，材料的软化机制逐渐超过了加工硬化，使材料的变形抗力减小，在应力-应变曲线上表现为曲线下降。

第三阶段，随着变形量的继续增加，材料的硬化作用和软化作用会达到一个平衡状态，这个阶段的应力会保持在一个基本稳定的状态下，这一阶段的应力-应变曲线接近于水平，称为稳态流变阶段。

当应变速率较低或加工温度较高时，材料的应力-应变曲线形状呈现波浪状，造成这种现象的原因是材料动态再结晶软化过程与变形加工硬化过程的交替发生，便产生软化→硬化→软化现象，这种现象被称作非连续动态再结晶。

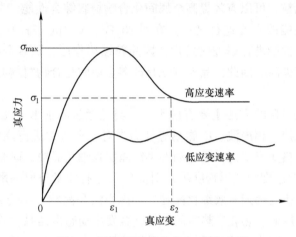

图 1.7　动态再结晶的应力-应变曲线

动态再结晶的主要类型有非连续动态再结晶、连续再结晶等。Luton 和 Sellars 研究了 Ni 及其合金的再结晶行为，发现动态再结晶的发生存在一临界应变量 ε_c，相应的存在临界位错密度 ρ_c，超过 ε_c 后发生大量再结晶所需的时间（发生再结晶位错密度的积累时间）由应变量决定[88]。金属间化合物材料之所以容易发生动态再结晶，一方面是由于该类材料滑移系少，位错滑移过程中很容易塞积，位错密度很快达到发生再结晶所需要的位错密度；另一方面是该类材料的层错能比 Al 低，扩展位错的生成比较困难[89]。孔凡涛等[90]在研究 Ti-46Al-2Cr-4Nb-Y 合金的高温变形行为时发现，在低应变速率（小于 $0.1s^{-1}$）下，均有动态再结晶发生，再结晶晶粒均为等轴的 γ 晶粒；当变形温度在 1200 ~ 1225℃，应变速率为 10^{-2} ~ $10^{-1}s^{-1}$ 的变形条件下，合金发生完全再结晶，等轴的 γ 晶粒的尺寸非常细小、均匀，其晶粒尺寸只有 5 ~ 10μm。李鑫等[91]研究了 β 型钛合金 Ti-6.5Al-3.5Mo-1.5Zr-0.3Si 的动态再结晶行为，发现应变速率过高或过低，均不易发生动态再结晶，合金易发生动态再结晶的变形温度为 1020 ~ 1080℃，应变速率为 0.01 ~ $0.1s^{-1}$。曾卫东等[92]研究了 Ti-Al-Zr-Sn-Mo-Si-Y 合金高温塑性变形行为，发现在一定的变形温度和低应变速率（$0.001s^{-1}$）下，合金就会发生动态再结晶。司家勇等[93]对 Ti-46.5Al-2.5V-1.0Cr-0.3Ni 合金在变形温度为 1000 ~ 1200℃，应变速率为 0.001 ~ $1.0s^{-1}$ 变形条件下的高温变形动态再结晶行为进行了研究，发现提高热变形温度有利于合金中的动态再结晶以及变形组织的均匀化，降低残余层片团的体积分数，较低的应变速率能促进变形时的动态再结晶，有利于提高变形组织的均匀性。

1.6.5　再结晶晶粒细化

通过细化晶粒，可以有效提高金属间化合物材料综合性能，是改善金属间化合物材料成型性能的主要途径之一。在对 Ni_3Fe、Ni_3Mn、Zr_3Al 等[94]金属间化合物材料的力学性能进行研究时发现，因晶粒强化作用，随着合金晶粒的细化，室温强度会迅速提高。因此，晶粒细化是改善金属间化合物材料必不可少的手段之一。

通常，细化晶粒的方法主要有两类。一类是通过添加 B、Ca、Cr、Mn 等化学元素或通过搅拌、超声波、电磁场等外力来对合金铸锭进行晶粒细化[95]；另一类是优化合金热变形工艺，通过动态再结晶实现细化晶粒。研究表明变形参数（变形温度、变形速度及变形程度等）对晶粒尺寸有非常重要的影响，降低变形温度或提高变形速度都能有效细化晶粒。动态再结晶晶粒大小受 Zener-Hollomon 参数控制。通过热锻、热轧、热挤压等使合金发生动态再结晶，或者变形后进行静态再结晶以实现细化晶粒。近年来，采用热塑性变形工艺也可使金属间化合物合金获得均匀细小的显微组织[96～105]。对 Ni-20Al-30Fe 合金在 750～980℃、$1.67×10^{-4}$～$3.34×10^{-4}s^{-1}$ 进行高温塑性变形，变形后的合金中 β 相和 γ/γ′相的晶粒度均为 10～30μm；NiAl-15Cr 合金在高温（760℃）超塑性变形后，可得到细小的等轴亚晶粒，平均晶粒尺寸为 20μm；多相 NiAl-15Cr 合金经在 1200℃ 热挤压变形后，合金内部组织为完全再结晶的细小等轴晶，晶粒大小约为 3～5μm；NiAl-9Mo 合金热挤压后，原始晶粒被细化为 3～5μm 的等轴细晶粒；Ni-40Al 和 Ni-45Al 合金在 1050℃ 高温塑性变形后，晶粒尺寸由 220μm、270μm 变为 25μm；Ti-46Al-2Cr-4Nb-Y 合金在 1100～1250℃ 热压缩变形后得到 5～10μm 的等轴 γ 晶粒；Ti-47Al-2Mn-2Nb-1B 合金在 1025℃ 高温塑性变形后的晶粒尺寸平均约为 10μm；大晶粒 Fe-36.5Al-2Ti 合金在 1100℃ 经热塑性变形后，其晶粒尺寸由约 500μm 细化为约 50μm；Fe-36.5Al、Fe-28Al-2Ti 及 Fe-36.5Al-1Ti 这三种金属间化合物材料经高温（1000℃）塑性变形后，合金中的大角度晶粒分别细化成 70μm、20μm 和 50μm 的细小晶粒。从以上分析可知，高温塑性变形过程中发生的动态再结晶是细化金属间化合物材料晶粒的重要手段之一。

1.7　有限元数值模拟技术

热变形是金属材料成形的重要手段之一。而热变形过程是非常复杂的非线性过程，涉及复杂的金属流变及热力学等，难以通过数学模型的解析解来准确描述该复杂过程。目前应用最广泛的方法是通过有限元模拟技术对金属材料的热塑性变形问题进行数值模拟，优化热变形工艺参数及工模具，该方法已在镁合金、铝合金、铜合金及钛合金等诸多合金上取得了大量研究成果。对于铅硼复合核辐射防护材料而言，采用有限元数值模拟技术对其热变形过程进行模拟研究，可为该材料后续热变形加工提供理论参考依据。

1.7.1 有限元模拟技术的概述

有限元法（finite element method，FEM）是以变分原理为基础发展起来的一种高效能、常用的计算方法，它广泛应用于以拉普拉斯方程和泊松方程描述的各类物理场中（这类场与泛函的极值问题有着紧密的联系）。其基本思路就是将连续体待求解区域分割、离散成有限个单元的结合，用有限个单元将连续体离散化，通过分片构造插值函数，根据能量方程或加权残量方程建立有限个待定参量的代数方程组，通过求解此离散方程组得到有限元法的数值解。

该方法最早可上溯到 20 世纪 40 年代。Courant 第一次应用定义在三角区域上的分片连续函数和最小位能原理来求解 St. Venant 扭转问题[106]。现代有限单元法第一个成功的尝试是在 1956 年，Turner、Clough 等在分析飞机结构时，将钢架位移法推广应用于弹性力学平面问题，给出了用三角形单元求平面应力问题的正确答案[107]。1960 年，Clough 进一步处理了平面弹性问题，并第一次提出了"有限单元法"，使人们认识到它的功效[108]。20 世纪 50 年代末 60 年代初，我国的冯康也独立提出了类似的方法[109]。在早期的有限元法的应用研究中，主要是用它来模拟小塑性应变问题，而对于大变形的理论基础研究开始于 R. Hill[110]。1973 年，S. Kobayashi 和 C. KLee 提出了大变形的刚塑性有限元法[111]。刚塑性有限元法主要用来模拟分析对应变速率不敏感的塑性成形问题，而对于应变速率比较敏感的材料来说，可以选用黏塑性本构关系来对其塑性加工过程进行模拟分析，这种有限元方法称为刚黏塑性有限元法[112]。

1.7.2 有限元数值模拟技术在塑性加工中的应用

对于材料塑性加工过程来说，工艺参数的确定和塑性加工工艺过程的优化是非常重要的。在数值模拟技术引入塑性加工领域之前，人们对塑性加工过程的工艺参数确定及优化，主要依靠大量的工艺实验和试错法，这些传统的工艺研究方法不但费时费钱，还影响到产品的研究开发。随着先进制造技术的快速发展以及市场竞争的加剧，传统的工艺研究方法已经不能满足市场发展的需要，因此，使用数值模拟技术确定及优化塑性加工工艺过程工艺参数，在制造业中变得越来越重要。就目前来说，数值模拟技术已经被广泛应用于挤压、轧制、锻压以及板料成形过程。因为，数值模拟技术不仅可以很方便形象地描述材料在塑性成形过程中的材料流动行为，还能提供工件变形体及模具在塑性成形过程中各种物理学场量的分布及其变化规律，尤其适合于各种复杂的边界以及非线性问题等，是现阶段分析和解决日益复杂多样化的塑性成形加工工艺的经济型有力工具[113, 114]。

材料体积成形（锻造、轧制、挤压和拉拔等）是材料塑性加工中一类十分重要的成形方法，它们的塑性加工成形过程一直是材料塑性有限元数值模拟的重点研究领域。而在对体积成形过程进行数值模拟计算时，其最佳的求解分析方法主要有两种有限元法，即刚塑性有限元法和刚黏塑性有限元法[115]。刚塑性有限元法的理论基础就是 Markov 变分原理，在模拟计算过程中通过对变形速度积分来获得工件变形体变形后的形状，避免了工件在变形过程中的非线性几何问题，对应力进行模拟计算时不会产生误差积累，计算时间较短，动态边界处理非常容易，而且对各种材料硬化模型都能够进行计算，因此，该种有限元法已经被广泛用来分析研究大变形材料塑性成形工艺问题。刚黏塑性有限元法的变分形式和刚塑性有限元法的变分形式非常类似，而且其程序的实现方式与刚塑性有限元法也非常类似，区别在于刚黏塑性有限元法考虑了时间因素，所以其常用来模拟分析材料在高温下的流动过程，或者是某些对应变速率敏感的材料在常温下的流动过程。O. C. Zienkiewicz 等[116]最先把刚黏塑性有限元用于求解材料的塑性成形过程；此后，D. Y. Yang 等[117]对大量的三维挤压、锻造过程进行了计算；H. W. Shin 等[118]分析了不同形状的三维挤压过程；Tang Juipeng 和 W. T. Wu 等[119]对三维轧制和无飞边桥十字轴三维锻造进行了模拟；H. Kim 等[120]对铝连杆的三维锻造和线材的三维压印过程进行了模拟；Volker Szentmihali 和 K. Lange 等[121]对斜齿轮的三维锻造进行了计算；陈军等[122]对连杆毛坯滚挤、径向挤压、方坯反挤压等成形过程进行了模拟；单德彬等[123]对闭塞式锻造过程及筒形机匣三维挤压成形规律进行了数值模拟研究；陈丽军[124]对半轴套管体镦粗-反挤压过程进行了数值模拟，分析镦粗-反挤压过程出现的"扩径"和"缩颈"现象，并提出了解决措施；张昌明等[125]对 2A12 铝合金锻造变形进行了模拟研究。近年来，刚黏塑性有限元法在材料塑性加工成形的一些过程中的应用及研究也取得了很大的进展[126]。

1.7.3 有限元软件介绍

1.7.3.1 DEFORM

DEFORM 是一套基于有限元分析方法的专业工艺仿真系统，用于分析金属成形及其相关的各种成形工艺和热处理工艺。二十多年来的工业实践证明了基于有限元法的 DEFORM 有着卓越的准确性和稳定性，模拟引擎在大流动、行程载荷和产品缺陷预测等方面同实际生产相符，保持着令人叹为观止的精度，被国际成形模拟领域公认为处于同类型模拟软件的领先地位。DEFORM 在一个集成环境内综合了建模、成形、热传导和成形设备特性，并在此基础上进行模拟仿真分析，适用于热、冷、温成形，可提供极有价值的工艺分析数据，如材料流动、模具填充、锻造负荷、模具应力、晶粒流动、金属微结构和缺陷产生发展情况等。图 1.8 所示为 DEFORM 软件模拟的型材轧制成形模拟和环件轧制过程。

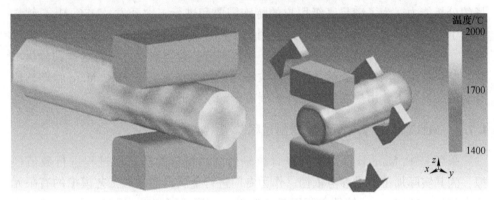

图 1.8　DEFORM 模型及其模拟结果[127]

(扫描书前二维码看彩图)

1.7.3.2　MSC. Marc

MSC. Marc 软件是功能齐全的高级非线性有限元软件，具有极强的结构分析能力，可以处理各种线性和非线性结构，包括线性/非线性静力分析、模态分析、简谐响应分析、频谱分析、随机振动分析、动力响应分析、自动的静/动力接触、屈曲/失稳、失效和破坏分析等。为满足工业界和学术界的各种需求，MCS. Marc 软件提供了层次丰富、适应性强、能够在多种硬件平台上运行的系列产品。

MSC. Marc 软件是近 30 年来有限元分析的理论方法和软件实践的完美结合。它提供了丰富的结构单元、连续单元和特殊单元的单元库，几乎每种单元都具有处理大变形几何非线性、材料非线性和包括接触在内的边界条件非线性以及组合的高度非线性的超强能力。MSC. Marc 软件的结构分析材料库提供了模拟金属、非金属、聚合物、岩土、复合材料等多种线性和非线复杂材料行为的材料模型。分析采用具有高数值稳定性、高精度和快速收敛的高度非线性问题求解技术。为了进一步提高计算精度和分析效率，MSC. Marc 软件提供了多种功能强大的加载步长自适应控制技术，自动确定分析屈曲、蠕变、热弹塑性和动力响应的加载步长。MSC. Marc 软件卓越的网格自适应技术，以多种误差准则自动调节网格疏密，不仅可以提高大型线性结构分析精度，而且能对局部非线性应变集中、移动边界或接触分析提供优化的网格密度，既保证计算精度，同时也使非线性分析的计算效率大大提高。此外，MSC.Marc 软件支持全自动二维网格和三维网格重划，用以纠正过度变形后产生的网格畸变，确保大变形分析的继续进行。对非结构的场问题如包含对流、辐射、相变潜热等复杂边界条件的非线性传热问题的温度场，以及流场、电场、磁场，也提供了相应的分析求解能力；并具有模拟流-热-固、土壤渗流、声-结构、耦合电-磁、电-热、电-热-结构以及热-结构等多种耦合场的分析能力。为了满足高级用户的特殊需要和进行二次开发，MSC.Marc 软件提供了方便的开放式用户环境。这些用户子程序入口几乎覆盖了 MSC.Marc 软件有限元分析的所有环节，从几何建模、网格划分、边界定义、材料选择到分析求解、结果输出，用户都能够访问并修改程序的缺省设置。在 MSC.Marc 软件的原有功能的框架下，用户能够极大地扩展有限元软件的分析能力。

1.7.4　MSC.Marc 有限元方法求解过程

采用 MSC.Marc 软件对铅硼复合核辐射防护材料的热挤压过程进行数值模拟，为其实际加工提供参考依据。作为专门进行金属塑性成形工艺模拟的有限元仿真软件，MSC.Marc 软件主要用于分析各种金属成形工艺（如挤压、锻造、轧制等多种塑性成形工艺）以及热处理过程。该软件与大多数有限元软件一样，分析过程分为前处理、求解和后处理。前处理包括建立几何模型，材料属性定义，网格划分，接触定义，工况定义；求解时确定单元类型，给定约束和载荷，选择求解方法；后处理包括设定输出结果，分析计算，将模拟分析的结果进行可视化显示。图 1.9 所示为 MSC.Marc 软件求解的实施步骤。

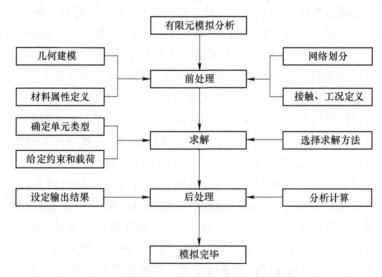

图 1.9　MSC.Marc 软件有限元模拟求解过程

1.8 第一性原理计算的相关理论

1.8.1 第一性原理计算基础

由于铅硼复合核辐射防护材料为多相合金，材料中存在着不同的物相，包括单质、固溶体、金属间化合物等。而金属间化合物中不同种类的原子间强键合和有序排列及可能由此导致的晶体结构的低对称性，导致原子和位错在高温下的可动性降低，晶体的结构更加稳定，使金属间化合物通常具有优良的高温强度和刚度。第一性原理可根据铅硼复合核辐射防护材料的组成元素的原子序数和给定晶体结构的晶胞中的位置，计算出金属间化合物的总能、成键特性、相对稳定性以及机械性能等；还可从原子层次对相关物相进行表面和界面计算，分析表面能、界面能、界面吸附功等表界面性质，从而从微观尺度揭示铅硼复合核辐射防护材料的强化机制、腐蚀机理与屏蔽机理。

第一性原理[128, 129]是一种量子力学方法，是建立在密度函数理论和局域密度近似框架下的自洽伪势模拟方法。从头计算[130]是利用第一性原理方法对材料的电子结构进行计算，可以获得材料中各原子之间的成键性质、材料的电子结构、相稳定性与结合、电荷分布以及力学行为等性质。利用第一原理分析研究核辐射防护材料中物相原子间的键合特征、成键性质以及电子结构等，对从电子-原子层次探讨核辐射防护材料的强化机制和腐蚀机理有着更为现实的意义。

对于微观体系，主要研究工具是相对性量子力学和非相对性量子力学，最重要的是薛定谔方程[131,132]：

$$H\Psi = E\Psi \tag{1.13}$$

式中，H 为哈密顿量；Ψ 为波函数；E 为粒子本征能量。

对于一个量子多体体系问题，哈密顿量 H 主要包含以下几个部分：

（1）粒子的动能（T）；（2）粒子间的相互作用能（W）；（3）粒子与外势场的作用（V）。

于是就有 $H = T + W + V$，通过求解薛定谔方程 $H\Psi = E\Psi$，得到多体体系问题的波函数 $\Psi = \Psi(r_1^{\omega}(t), r_2^{\omega}(t), \cdots)$。对于一个通常的量子多体体系，需要求解相互关联的微分方程组。由于能够严格求解的体系很少，因此要通过各种近似方法来求解多体体系[133]。一般采用以下三个近似步骤：

（1）Born-Oppenheimer（绝热）近似。

（2）简化薛定谔方程，如 Hartree-Fock 方法、密度泛函理论（DFT）+局域密度近似（LDA）+……等。

（3）数值求解薛定谔方程，如 LCAO、LMTO、APW 等。

Born-Oppenheimer 近似[134~137]：由于体系中原子核的质量比电子要大 10^3 ~

10^5 倍，因此电子运动速度比原子核快得多。当核间发生任一微小的运动时，迅速运动的电子能立即进行调整，建立与变化后核力场相应的运动状态。这就意味着在任一确定的核外排布下，电子都有相应的运动状态；同时核间的相对运动可以视为电子运动的平均作用结果。据此，Born 和 Oppenheimer 处理了体系的定态薛定谔方程，使核运动和电子运动分离开来。

采用 Born-Oppenheimer 近似后，$H = T + W + V$ 只是电子坐标的函数，$T =$ 电子的动能算符，$W =$ 电子间作用，$V =$ 核产生的势场。后来 Hohenberg 和 Kohn 又进一步提出了电子能量 E 仅和电子密度分布有关，同时也指出，不同势场给出的基态电子密度不可能相同，即 $V(r)$ 可由 $\rho(r)$ 唯一确定，而且 $\rho(r)$ 同时也确定了总粒子数 N，从而也就从原理上确定了这个体系的所有性质[76]。

轨道近似：对于多电子体系，应用上述简化后的定态薛定谔方程仍然不可能严格求解，原因是多电子势的函数中包含了电子间排斥作用算符，不能分离变量。近似求解多电子的薛定谔方程还需要引入分子轨道法的第三个基本近似，即轨道近似，也就是把 N 个电子体系的总波函数写成 N 个单电子波函数的乘积：

$$\Psi(x_1, x_2, \cdots, x_N) = \psi_1(x_1)\psi_2(x_2)\cdots\psi_N(x_N) \tag{1.14}$$

式中，每一个单电子函数只与一个电子的坐标相关。这个近似所隐含的物理模型是一种"独立电子模型"，有时也被称为"单电子近似"。采用式（1.14）乘积波函数描述多电子体系状态时，必须使其反对称化，写成 Slater 行列式，以满足电子的费米子特性，即：

$$\Psi(x_1, x_2, \cdots, x_N) = \psi_1(x_1)\psi_2(x_2)\cdots\psi_N(x_N), \tag{1.15}$$

$$\Psi(x_1, x_2, \cdots, x_N) = (N!)^{\frac{1}{2}} \begin{vmatrix} \psi_1(x_1) & \psi_2(x_2) & \cdots & \psi_N(x_1) \\ \psi_1(x_1) & \psi_2(x_2) & \cdots & \psi_N(x_2) \\ \vdots & \vdots & \ddots & \vdots \\ \psi_1(x_1) & \psi_2(x_2) & \cdots & \psi_N(x_N) \end{vmatrix} \tag{1.16}$$

根据数学完备集理论，体系状态波函数 Ψ 应该是无限个 Slater 行列式波函数的线性组合，即把式（1.16）中的单个行列式波函数记为 D_p，则：

$$\Psi = \sum c_p D_p \tag{1.17}$$

理论上，只要 Slater 行列式波函数个数取得足够多，就可以通过变分处理得到 Born-Oppenheimer 近似下任意精确的能级和波函数。此方法最大的优点就是计算结果的精确性，因此是严格意义上的从头计算方法。但这种方法对计算机的内存大小和中央处理器（CPU）的运算速度有着非常苛刻的要求，使得对具有较多电子数的计算成为不可能，如含有过渡元素或重金属体系的计算，这在很大程度上也是导致密度泛函理论产生的原因[138,139]。

1.8.2 密度泛函理论

1.8.2.1 Hohenberg-Kohn 定理

一个费米子体系可用非相对论的不含时哈密顿量描述为[132,140]

$$\hat{H} = \hat{T} + \hat{V} + \hat{W} \tag{1.18}$$

用二次量子化的描述就是

$$\hat{H} = -\frac{\eta^2}{2m}\sum_{\alpha}\int d^3 r \hat{\psi}_{\alpha}^{+}(r)\,\square^2\hat{\psi}_{\alpha}(r) + \sum_{\alpha}\int d^3 r \hat{\psi}_{\alpha}^{+}(r)\nu(r)\hat{\psi}_{\alpha}(r) +$$

$$\frac{1}{2}\sum_{\alpha\beta}\int d^3 r\int d^3 r' \hat{\psi}_{\beta}^{+}(r)\hat{\psi}^{+}(r')\omega(r,\,r')\psi_{\beta}(r')\psi_{\alpha}(r) \tag{1.19}$$

假设两粒子之间的相互作用（如库仑作用）是已知的，但是将体系置于不同的外场下时，Hohenberg-Kohn 定理表明体系的基态能量仅仅是电子密度 $n(r)$ 的泛函。在 Hartree-Fock 近似中体系的哈密顿量表示如下：

$$E_{\text{Total}} = \sum_i \varepsilon_i^{HF} - \sum_{j>i}\sum (J_{ij} - K_{ij}^{\uparrow\uparrow}) \tag{1.20}$$

式中，ε_i^{HF} 为第 i 个电子的 Hartree-Fock 的轨道能量；J_{ij} 为库仑积分，表示电子静电互斥能；$K_{ij}^{\uparrow\uparrow}$ 为交换积分。

交换积分所代表的交换能指电子由于自旋平行而引起的电子轨道库仑能量减少的部分。

1.8.2.2 K-S 方程

由 Hohenberg-Kohn 理论可知，体系基态能量可以由电子密度分布函数唯一确定，但体系能量的密度泛函具体表达式是未知的。Kohn 和 Sham 结合 Hohenberg-Kohn 理论得到系统的总能量与电子密度函数 $\rho(r)$ 之间的关系式如下：

$$E_r(r) = T[\rho(r)] + \frac{e^2}{8\pi\varepsilon_0}\int\frac{\rho(r)\rho(r')}{|r-r'|}drdr' + E_{\text{xc}}[\rho(r)] \tag{1.21}$$

式中，右侧第一项代表电子的动能，第二项代表电子相互之间的库仑势，第三项代表交换关联能。r 为电子位矢，$\rho(r)$ 为体系基态电子密度泛函，e 为质子电荷。由于并不知道精确的 $T[\rho(r)]$ 和 $E_{\text{xc}}[\rho(r)]$，故可暂时把这两个函数放在一边。

通过对总能量求变分，并增加电子数守恒的条件，即 $\int\delta\rho(r)dr = 0$，从而有

$$\int\delta\rho(r)\left[\frac{\delta T[\rho]}{\delta\rho(r)} + \nu(r) + \frac{e^2}{4\pi\varepsilon_0}\int\frac{\rho(r')}{|r-r'|}dr' + \frac{\delta E_{\text{xc}}[\rho]}{\delta\rho(r)} - \mu\right]dr = 0 \tag{1.22}$$

其中 μ 来源于 Lagrange 乘子，相对于化学势而言是恒定的，故

$$\frac{\delta T[\rho]}{\delta \rho(r)} + \nu(r) + \frac{e^2}{4\pi\varepsilon_0}\int \frac{\rho(r')}{|r - r'|}\mathrm{d}r' + \frac{\delta E_{xc}[\rho]}{\delta \rho(r)} = \mu \tag{1.23}$$

可以定义一个有效势场

$$\nu_{\mathrm{eff}}(r) = \nu(r) + \frac{e^2}{4\pi\varepsilon_0}\int \frac{\rho(r')}{|r - r'|}\mathrm{d}r' + \nu_{xc}(r) \tag{1.24}$$

其中交换关联势应为

$$\nu_{xc}(r) = \frac{\delta E_{xc}[\rho]}{\delta \rho(r)} \tag{1.25}$$

再用无相互作用电子系统的动能代替有相互作用电子系统的动能，同时假设这个含有 N 个电子的电子系统有 N 个单电子函数，则

$$\rho(r) = \sum_{i=1}^{N} |\psi_i(r)|^2 \tag{1.26}$$

因此，动能可以写为

$$T_s[\rho] = \frac{\eta^2}{2m}\sum_{i=1}^{N}\int \Box\psi_i^*(r) \cdot \Box\psi_i(r)\mathrm{d}r = \frac{\eta^2}{2m}\sum_{i=1}^{N}\int \psi_i^*(r) \cdot (-\Box^2)\psi_i(r)\mathrm{d}r$$

$$\tag{1.27}$$

可以认为式 (1.27) 是一个恰当的近似，尽管没有严格地证明 $T_s[\rho] = T[\rho]$。这种复杂性在形式上可以被忽略，$T_s[\rho]$ 和 $T[\rho]$ 的不同可以被吸收到 $E_{xc}[\rho]$ 中去，结果得到一个本征方程

$$\left[-\frac{\eta^2}{2m}\Box^2 + \nu_{\mathrm{eff}}(r)\right]\psi_i(r) = \varepsilon_i\psi_i(r) \tag{1.28}$$

式 (1.28) 是类似 Hartree 方程的单电子方程，其中有效势 $\nu_{\mathrm{eff}}(r)$ 和 $\rho(r)$ 由式 (1.25) 和式 (1.26) 给出，这些自洽方程首先由 Kohn 和沈九昌导出，即所谓的 Kohn-Sham（K-S）方程。

正如 Kohn 所指出的，K-S 理论可被看作是 Hartree 理论形式上的确切化。原则上所有的多体效应都可包含进待定的 E_{xc} 和 ν_{xc} 中。DFT 理论的特殊用途完全依赖于对函数 $E_{xc}[\rho]$ 的近似是否足够简单地给出，且保证其准确性。此外，如果实际的密度 $\rho(r)$ 是单独给出的，则 $\nu_{\mathrm{eff}}(r)$ 和 ν_{xc} 都能得到。

1.8.2.3　交换关联能

局域密度近似（LDA）是第零阶梯。它仅仅采用空间点 r 处的电子密度 $n(r)$ 来决定该点交换关联能的形式[141]。交换关联能密度由密度相同的均匀电子气完全确定。泛函的交换部分可准确地用均匀电子气的微分表达。交换关联能的局域密度近似（local density approximation）方法最早是由 Kohn 和沈吕九于 1965 年提出的，即 $E_{xc}^{\mathrm{LDA}}[\rho] = \int \rho(r)\varepsilon_{xc}(\rho)\mathrm{d}r$，$\varepsilon_{xc}(\rho)$ 指在 r 处电子气密度为 ρ 时平均每个

粒子的交换关联能大小，积分得到整个空间总的交换关联能，在 *LDA* 近似下，$\varepsilon_{xc}(\rho)$ 实际只与 r 处的电子密度有关。在 Kohn-Sham 方程中交换关联能是对上式的微分：

$$V_{xc}^{LDA}(r) = \frac{\delta E_{xc}^{LDA}[\rho]}{\delta\rho(r)} = \varepsilon_{xc}[\rho(r)] + \rho(r)\frac{\delta\varepsilon_{xc}(\rho)}{\delta\rho} \quad (1.29)$$

将式 (1.29) 代入 K-S 方程中得到局域密度泛函方程，将交换关联能分解为交换能和关联能两个部分：

$$\varepsilon_{xc}(\rho) = \varepsilon_x(\rho) + \varepsilon_c(\rho) \quad (1.30)$$

交换能部分可采用 Dirac 提出的计算方法：$\varepsilon_x(\rho) = -C_x\rho(r)^{1/2}$，$C_x = \frac{3}{4}(2/\pi)^{1/2}$；至于关联能部分 $\varepsilon_c(\rho)$ 精确值在 1980 年由 Ceperly 和 Alder 利用量子 Monte Carlo 方法通过对自由电子气总能量进行计算得到解决：

$$\varepsilon_c(\rho) = E(\rho) - T_s(\rho) - E_x(\rho) \quad (1.31)$$

广义梯度泛函（GGA）是 Jacob 阶梯的第一级，其将电子密度的梯度也作为一个独立的变量（$|\square\rho(r)|$），在描述交换关联能方面，梯度引入了非定域性（non-local）。在 LDA 中交换关联能是定域分布的，而 GGA 中是非定域的，因为在广义梯度近似中交换关联能是 r 处电子密度以及电子密度在该处空间梯度的函数，空间梯度校正的引入实际就是引入了非定域概念，在 1986 年 Perdew 和 Wang[142~145] 提出了最早的非定域 GGA 近似方法，他们通过对局域自旋密度近似交换能做校正得：

$$\varepsilon_x^{PW86} = \varepsilon_x^{LSDA}(1 + ax^2 + bx^4 + cx^6)^{1/5} \quad (1.32)$$

式中，x 为变量的维数，$x = \frac{|\square\rho|}{\rho^{4/3}}$；$a$、$b$ 和 c 是常数。

1991 年，Perdew 和 Wang 提出了第二代广义梯度计算方法，目前在各类第一原理计算中得到广泛应用，被称为 PW91，在 PW91 中交换关联能分别按照下式计算：

$$\begin{aligned} E_x^{PW91}[\rho\uparrow, \rho\downarrow] &= \frac{1}{2}E_x^{PW91}[2\rho\uparrow] + \frac{1}{2}E_x^{PW91}[2\rho\downarrow] \\ E_x^{PW91}[2\rho\uparrow] &= E_x^{PW91}[\rho\uparrow, \rho\downarrow] \\ E_x^{PW91}[2\rho\downarrow] &= E_x^{PW91}[\rho\uparrow, \rho\downarrow] \\ E_x^{PW91}[\rho] &= \int\rho\varepsilon_x(r_s, 0)F(s)\mathrm{d}^3r \\ \varepsilon_x(r_s, 0) &= -\frac{3k_F}{4\pi} \end{aligned} \quad (1.33)$$

式中，$E_x^{PW91}[2\rho\uparrow]$ 和 $E_x^{PW91}[2\rho\downarrow]$ 分别表示自旋量子数相同时得到的两个电子之间的关联能；上下箭头分别表示自旋本征矢为：$\left|S_z = +\frac{1}{2}\right> = |\uparrow>$ 和

$$\left| S_z = -\frac{1}{2} > = \right| \downarrow >。$$

PW91 在电子密度很高时忽略了较小的 $\Box \xi$ 项，因此最终在 PW91 中交换关联能的计算式为：

$$\Delta E_c[\rho\uparrow,\ \rho\downarrow] \approx C_c(0)\int \rho \left\{ \frac{-0.458\zeta\,\Box\zeta}{[\rho(1-\zeta^2)]^{1/3}}\left(\frac{\Box\rho}{\rho}\right) + \frac{(-0.037+0.10\zeta^2)\,|\Box\zeta|^2}{\rho^{1/3}(1-\zeta^2)} \right\} \mathrm{d}r$$

$$(1.34)$$

1.8.2.4　赝势

赝势是利用平面波基组计算体系总能量中一个关键的概念[146]。价电子与离子实之间强烈的库仑势用全势表示时，由于力的长程作用很难准确地用少量的 Fourier 变换组元来表示其库仑势。解决这个问题的另一种方法是从体系电子的波函数入手，将固体看作价电子和离子实的集合体。离子实部分由原子核和紧密结合的芯电子组成。由于价电子波函数与离子实波函数满足正交化条件，全电子 DFT 理论处理价电子和芯电子时采取等同对待，而在赝势中离子芯电子是被冻结的，因此采用赝势计算固体或分子性质时认为芯电子是不参与化学成键的，在体系结构进行调整时也不涉及离子的芯电子。正交化条件全电子波函数中的价电子波函数在芯区剧烈地振荡，这样的波函数很难采用一个合适的波矢来表达。全离子势的散射性质可以通过构筑赝势得到重现，价电子波函数相位变化与芯电子角动量成分有关，因此赝势的散射性质就与轨道角动量是相关的。赝势（V_{NL}）最普遍表达方式是：

$$V_{NL} = \sum \ |l_m > V_1 < l_m| \tag{1.35}$$

式中，$|l_m>$、$<l_m|$ 为球谐函数，V_1 为赝势的角动量。

不同角动量通道均采用同一个赝势值称为定域赝势，定域赝势计算效率更高，一些元素采用定域赝势就可以实现准确描述[147]。赝势的硬度在赝势的应用中是一个重要的概念，当一个赝势用很少的 Fourier 变换组元就可以准确描述时称为"软赝势"，反之则称为硬赝势。在超软赝势方法中，芯电子区的赝平面波函数可以尽可能地"软"，这样截止能量就可以大幅度减少。超软赝势与规范保守赝势相比除了"更软"以外还有其他的优点，在一系列预先设定的能量范围内遗传算法确保了良好的散射性质，从而使赝势获得更好变换性和准确性。超软赝势通常将外部芯区按照价层处理，每个角动量通道中的占据态都包含了复合矢，这样就增加了赝势的变换性和准确性，但同时是以消耗计算效率为代价的。可转移性是赝势的主要优点。赝势是通过孤立的原子或离子在特定的电子排布状态下构建的，因此可以准确描述原子在那些特定排布下芯区的散射性质。在相应条件下产生的赝势可用于各种原子电子排布状态以及各种各样的固体中，同样也确保了在不同的能量范围内具有正确的散射状态[148~153]。

1.8.2.5 DFT 计算的优点与不足

总结第一原理近年来成功的原因，虽然由于计算机的计算能力与以前相比有了本质飞跃，最根本的还是第一原理数值化算法方面有了巨大的进步。对结构进行几何优化，所得结果与相应物质的试验值相比，精度可以得到保证，尽管一般看法是采用 LDA 计算的晶格常数会偏小 1% 左右，而 GGA 则偏大 2% ~ 3%，但这只是一种统计概念，对具体体系不一定成立，不过总的来看计算晶格常数用 LDA 比较好，但在能带计算方面 LDA 对带隙偏差可以达到 60%，GGA 可能是 50% 左右[106]。计算针对的结构具有周期性，而且这些结构必须包含在 230 种空间点群中，否则计算很难收敛，或不收敛；对于带电体系，不能对某个原子施加电荷，应该注意到两点：首先根据量子力学原理，对计算体系中某个特定原子施加电荷是不可能的，电子不可能定域在某个原子上，而是弥散在整个结构中；其次由于赝势库中无带电原子（离子）的赝势表达，因此这种电荷的施加实际是刚性的，是一种外部的微扰，因为此时结构整体包含了一个电子，体系相当于处于一个电场中；而且由于周期性边界条件的引入，计算时完全忽略了这个电场的作用。当然尽管第一性原理取得了巨大的成功，但仍然存在需要改进的方面，主要包括：

（1）处理体系还相对较小，不能解决诸如位错、晶界等缺陷结构的计算，对一些过渡金属重原子难以解决电子的强关联问题；

（2）基于第一原理的分子动力学还有待于进一步开发和应用；

（3）在预测与总能相关的性质如分子生成热、内聚能方面精度还要提高；

（4）对弱相互作用，如氢键，Vander Waals 力计算方面还有很多工作要做；

（5）对固体物质晶格震动 IR、NMR 化学位移等性质计算需要加强；

（6）对能带带隙预测精度有待于进一步提高（与激发态相关）。

1.9 铅硼复合核辐射防护材料的研究目的及意义

核能资源以其诸多优点获得了广泛关注。扩大核能利用是关系国计民生的重要事业，加速核电发展是我国的重要能源战略。核反应堆运行、核燃料循环、核设施退役等环节中产生的核废料有强放射性，但现有的核辐射防护材料主要存在着吸收效果不理想；重量重、体积大、屏蔽结构复杂；力学性能较差，不宜作结构材料等缺点。将 B 与 Pb 复合成兼具 X、γ 射线及中子屏蔽功能和力学承载能力的一体化复合材料，在提高屏蔽性能的同时实现屏蔽设施的简化和轻量化，对移动式核堆屏蔽系统实现结构简约化、重量轻量化、组合多样化，并使之高可靠、高稳定、高安全运行极为重要；在提高舰艇机动性能方面，特别是潜艇等大型武器在战时的强大打击力及和平时期的战略威慑力具有现实而重要的意义；对提升我国的国防实力，改善周边国际环境，更好地支持国内经济建设，提高中国的国际影响力将产生深远的影响；对开发核能综合利用亦有重大经济价值。

铅硼复合核辐射防护材料是通过添加第三组元，利用金属间化合物的高强度的特点，实现铅与硼的均质化以及铅基材料强度的提升。鉴于目前计算机能力的巨大提升，有必要对其强化机制和腐蚀机理进行比较深入的理论研究，从原子-电子结构层次揭示其本质十分重要和迫切。从键合特征这一层面去理解金属间化合物的力学性能，分析金属间化合物材料形成的热力学、动力学特征、组元键合特征、化合物结构特征及晶界结合特征，不仅可为研究结构-功能一体化的铅硼复合核辐射防护材料提供理论指导，还为其他低熔点软金属的强化提供可供借鉴的科学理论。

此外，由于铅硼复合核辐射防护材料中含有大量的金属间化合物，这些化合物含有大量的共价键，致使铅硼复合核辐射防护材料塑性较差，加工性能受影响较大，阻碍铅硼复合核辐射防护材料的进一步应用。因此，开展稀土元素微合金化对铅硼复合核辐射防护材料力学和腐蚀性能影响研究十分重要。通过热压缩实验，建立铅硼复合核辐射防护材料的本构模型，绘制热加工图，确定材料的最佳热加工工艺参数，探讨其加工成形方法。通过热压缩行为研究，也可为结构-功能一体化的铅硼复合核辐射防护材料工业化成形加工提供理论指导；为低熔点金属间化合物材料的变形机理和韧化途径提供可供借鉴的科学理论。

1.10　本章小结

核电不仅能供应电力，而且其作为清洁能源对应对环境与气候问题提供了更多的选择方案。随着科技的进步，提高核电安全性是必须要关注的环节。此外，随着国防工业的发展，防护效果单一的核辐射防护材料完全不能满足今核辐射防护材料的严格要求。在设计新型核辐射防护材料时，不仅要考虑到防护性能，还要使其具有良好的力学性能。研究结构-功能一体化的新型核辐射防护材料，是促进中国核工业未来发展的一项重要保障。

通过分析核辐射防护材料的研究现状，对现有辐射防护材料提出了新的要求，即综合屏蔽效果优异、力学性能能满足结构材料的要求，以及耐蚀性能优良等。在此基础上，结合现有核辐射防护材料的优点，设计一种结构-功能一体化的铅硼复合核辐射防护材料，并对其涉及的研究手段和方法进行了分析比较，为后续该铅硼复合核辐射防护材料的性能检测、模拟分析等提供实验指导和理论依据。

参 考 文 献

[1] 雷润琴. 对我国《核电中长期发展规划（2005—2020 年）》的公共性解读 [C]. 2008 年全国博士生学术论坛，2008：217-277.

[2] 刘璞. 谈放射防护中的建筑措施 [J]. 设施与技术, 2005, 12 (3): 39.

[3] 刘粤惠, 刘平安. X 射线衍射分析原理与应用 [M]. 北京: 化学工业出版社, 2003.

[4] 张本动, 姚俊双, 吕勇, 等. 移动式 X 射线探伤防护车 [J]. 无损检测, 2005, 27 (9): 894.

[5] Hu Huasi, Xu Hu, Zhang Guoguang, et al. Optimized design of shielding materials for nuclear radiation [J]. Atomic Energy Science and Technology, 2005, 39 (4): 363.

[6] 齐鲁, 段谨源, 王学晨, 等. 防 X 射线纤维的力学性能及屏蔽效果 [J]. 纺织学报, 1995, 16 (2): 87.

[7] 周永来, 顾云智. 防放射线有机玻璃的研制 [J]. 化学世界, 1982, 8: 231-233.

[8] 张兴祥, 于俊林. 有机钆玻璃的研制与性能研究 [J]. 高分子材料科学与工程, 1995, 11 (4): 138-142.

[9] 彭清涛, 张康征. 辐射防护服 [J]. 中国个体防护装备, 2003, 2: 27-29.

[10] Yang Cheng, Liu Li. Study on X-ray shielding property and mechanical property of Gd(AA)_ 3/NR composites [J]. China Synthetic Rubber Industry, 2004, 27 (1): 49.

[11] 安骏, 吴海霞, 辛寅昌, 等. 防高能辐射的树脂/纳米铅复合材料的制备及研究 [J]. 工程塑料应用, 2004, 32 (12): 14.

[12] 刘力. 稀土/高分子复合材料制备及其亚微观结构与发光、射线屏蔽及磁性能的关系研究 [D]. 北京: 北京化工大学, 2004.

[13] 李文红, 魏宗源, 张立群, 等. 无铅屏蔽 X 射线材料的作用机理和技术优势 [J]. 中国医学装备, 2008, 5 (1): 13-15.

[14] 王学晨, 牛延津, 印瑞斌. 聚丙烯与碳化硼共混体系的纺丝与性能研究 [J]. 天津纺织工学院学报, 2000, 19 (2): 12.

[15] 徐希杰, 吕坤祥, 邹新农. 含金属聚合材料屏蔽 γ 射线效果的测定 [J]. 中国辐射卫生, 2001, 10 (1): 23.

[16] Mahmoud H M, Armia E. Attenuation and scattering of gamma-ray through andesite and felsite [J]. Journal of Radiation Research and Radiation Processing, 2001, 19 (2): 81.

[17] Schaeffer N M. 核反应堆屏蔽工程学 [M]. 北京: 原子能出版社, 1983.

[18] 顾恬. 新一代辐射屏蔽玻璃 [J]. 中国玻璃, 2009 (1): 45-47.

[19] 管伯康. 核屏蔽件和运输容器的灌铅工艺 [J]. 特种铸造及有色合金, 1998 (2): 58.

[20] 税举, 何彬, 王冬, 等. 铅玻璃对核材料操作人员 γ 射线屏蔽作用的 MC 模拟 [J]. 辐射防护, 2006, 26 (6): 367-370.

[21] Hada M, Kaneko H, Nakatsuji H. Relativistic study of nuclear magnetic shielding constants: Tungsten hexahalides and tetraoxide [J]. Chemical Physics Letters, 1996, 261 (1-2): 7-12.

[22] 高晓洒. 硼/钨铝核辐射屏蔽复合材料设计与制备 [D]. 哈尔滨: 哈尔滨工业大学, 2020.

[23] 欧向明, 赵士庵, 李明生. 辐射防护材料铅当量随 X 射线峰值管电压变化的研究 [J]. 中国医学装备, 2008, 5 (6): 4-6.

[24] Alkorta I, Elguero J. Ab Initio (GIAO) Calculations of absolusion nuclear shieldings for

representative compounds containing $^{1(2)}$H, $^{6(7)}$Li, ^{11}B, ^{13}C, $^{14(15)}$N, ^{17}O, ^{19}F, ^{29}Si, ^{31}P, ^{33}S, and ^{35}Cl Nuclei [J]. Structural Chemistry, 1998, 9: 187–202.

[25] 杨莉, 唐淑娟, 万雅波. 活性炭纤维的防护性能 [J]. 中国个体防护装备, 2006 (2): 48–50.

[26] Sercombe T B. Sintering of free formed maraging steel with boron additions [J]. Materials Science and Engineering A, 2003, 363 (1–2): 242–252.

[27] Dünner P, Heuvel H J, Hörle M. Absorber materials for control rod systems of fast breeder reactors [J]. Journal of Nuclear Materials, 1984, 124: 185–194.

[28] Shcherbak V I, Tarasikov V P, Bykov V N, et al. Radiation damage in neutron irradiated boron carbide [J]. Soviet Atomic Energy, 1986, 60: 227–230.

[29] Hollenberg G W. Crack propagation in irradiated B_4C induced by swelling and thermal gradients [J]. Journal of the American Ceramic Society, 1982, 4: 179.

[30] 李青, 华文君, 崔岩, 等. 无压浸渗法制备 B_4C/Al 复合材料研究 [J]. 材料工程, 2003, 4: 17–20.

[31] 樊建中, 张奎, 张永忠, 等. 高能球磨 $(B_4C)_p/6061Al$ 复合粉末特征 [J]. 粉末冶金技术, 1998, 16 (3): 192–194.

[32] 李德安, 刘颖, 杨文锋, 等. 新型铅基复合屏蔽材料组织结构与性能 [J]. 材料导报, 2006, 20 (10): 154–155.

[33] Greuner H, Balden M, Boeswirth B, et al. Evaluation of vacuum plasma-sprayed boron carbide protection for the stainless steel first wall of WENDELSTEIN 7-X [J]. Journal of Nuclear Materials, 2004, 329–333 (1): 849–854.

[34] 戴龙泽. B_4C/Al 中子吸收复合材料的制备、性能测试与蒙特卡罗模拟 [D]. 南京: 南京航空航天大学, 2014.

[35] 吕继新, 陈建廷. 高效能屏蔽材料铅硼聚乙烯 [J]. 核动力工程, 1994, 15 (4): 370–371.

[36] 李晓玲, 余方伟, 孙霖, 等. 铅硼聚乙烯复合屏蔽材料成分配比优化设计 [J]. 舰船科学技术, 2015, 37 (12): 148–154.

[37] 何潘婷. 铅硼聚乙烯复合材料的制备及性能研究 [D]. 哈尔滨: 哈尔滨工业大学, 2017.

[38] Loria E A, Isaacs H S. Type 304 stainless steel with 0.5% boron for storage of spent nuclear fuel [J]. Journal of Metal, 1980, 11 (1): 10–17.

[39] Acosta P, Jimenez J A, Frommeyer G, et al. Microstructure characterization of an ultrahigh carbon and boron tool steel processed by different routes [J]. Materials Science and Engineering A, 1996, 206 (2): 194–200.

[40] Seroombe T B, Sintering of free formed maraging steel with boron additions [J]. Materials Science and Engineering A, 2003, 363 (3): 242–252.

[41] Liu C S, He C L, Chen S Y, et al. Effect of boron on spot welding fatigue of cold rolled IF sheet steels [J]. Journal of Northeastern University (Natural Science), 2000, 21 (2): 187–190.

[42] 陈祥, 李言祥, 王志胜, 等. Ti 对高硼钢显微组织和高温力学性能的影响 [J]. 稀有金属材料与工程, 2018, 47 (3): 803–809.

[43] Li B, Liu Y, Li J, et al. Effect of tungsten addition on the microstructure and tensile properties of in situ TiB_2/Fe composite produced by vacuum induction melting [J]. Materials & Design, 2010, 31 (2): 877-883.

[44] 刘常升, 崔虹雯, 陈岁元, 等. 高硼钢的组织与性能 [J]. 东北大学学报（自然科学版）, 2004, 25 (3): 247-249.

[45] 罗伯特 S 布朗. A 级含硼不锈钢 [J]. 国外核动力, 1995, 6: 53-55.

[46] 刘延坤. 一体化电磁屏蔽及辐射防护材料的研制 [D]. 哈尔滨: 哈尔滨工业大学, 2005.

[47] 刘力, 张立群, 金日光. 稀土/高分子复合材料的研究进展 [J]. 中国稀土学报, 2001, 19 (3): 193.

[48] Gupta A K, Singhal R P. Effect of copolymerization and heat treatment on the structure and X-ray diffraction of polyacry lonitrile [J]. Journal of Polymer Science, 1983, 21 (11): 2243.

[49] Liu Y B, Lim S C. Recent development in the fabrication of metal matrix particulate composites using powder metallurgy techniques [J]. Journal of Materials Science, 1994, 29: 1999-2007.

[50] Strangwood M, Hippsley C A, Lewandowski J J. Segregation to SiC/Al interfaces in Al based metal matrix composites [J]. Scripta Metallurgica et Materialia, 1990, 24 (8): 1483-1487.

[51] Acosta P, Jimenez J A, Frommeyer G, et al. Microstructure characterization of an ultrahigh carbon and boron tool steel processed by different routes [J]. Materials Science and Engineering A, 1996, 206 (2): 194-200.

[52] 李松瑞. 铅及铅合金 [M]. 长沙: 中南工业大学出版社, 1996.

[53] 蒋平平, 沈凤雷. 防辐射含铅有机玻璃的制备与性能 [J]. 塑料工业, 2000, 28 (4): 17-18.

[54] 张启馨. 用于适用 X 射线防护的含混合镧系元素复合屏蔽材料: 中国专利, CH1153389A [P]. 1997.

[55] 袁汉容, 俞安孙, 王连璧, 等. 中子源及其应用 [M]. 北京: 北京科技出版社, 1978.

[56] 段瑾源, 张兴祥, 张华, 等. 防辐射纤维及材料研究的发展趋势 [J]. 天津纺织工学院学报, 1991, 10 (2): 84.

[57] 曹仲文. 高性能中子吸收材料——碳化硼 [C]. 2004 年中国化工学会无机盐学术会议, 张家界, 2004: 43-45.

[58] 玉木昭平. B_4Cセラミックスの性质と応用 [J]. セラミックス, 1989, 24 (6): 533.

[59] Hollenberg G W. The elastic modulus and fracture of boron carbid [J]. Journal of the American Ceramic Society, 1980, 63 (11-12): 610-613.

[60] Koichi N, Atsushi N, Toshio H. The effect of stoichiometry on mechanical properties of boron carbide [J]. Journal of the American Ceramic Society, 2006, 67 (1): C-13-C-14.

[61] 王永兰, 金志浩, 郭生武, 等. 核反应堆控制材料—B_4C 的研究 [J]. 西安交通大学学报, 1991, 25 (4): 25-30.

[62] 张华, 段瑾源. 偶联剂对 B_4C/PP 共混体系的增容作用 [J]. 天津纺织工学院学报, 1996, 15 (3): 12-16.

[63] 刘新福. 压水堆一回路水化学对燃料包壳完整性的影响 [D]. 上海: 上海交通大

学, 2007.

[64] Thompson T J. The technology of nuclear reactor safety reactor materials and engineering, 1973: 36–44.

[65] Cohen P. Water Coolant Technology of Power Reactors [M]. New York: Gorolon and Breach Science Publishers, 1969: 304–368.

[66] 曹楚南, 林海潮, 杜天保. 溶液电阻对稳态极化曲线测量的影响及一种消除此影响的数据处理方法 [J]. 腐蚀科学与防护技术, 1995 (4): 279–284.

[67] Fratila-Apachitei L E, De Graeve I, Apachitei I, et al. Electrode temperature evolution during anodic oxidation of AlSi(Cu) alloys studied in the wall-jet reactor [J]. Surface & Coatings Technology, 2006, 200 (18–19): 5343–5353.

[68] Venkateswarlu P, Raj N J, Subbaiah D S R. Mass transfer conditions on a perforated electrode support vibrating in an electrolytic cell [J]. Chemical Engineering and Processing, 2002, 41 (4): 349–356.

[69] Ezuber H M. Influence of temperature and thiosulfate on the corrosion behavior of steel in chloride solutions saturated in CO_2 [J]. Materials & Design, 2009, 30 (9): 3420–3427.

[70] Faichuk M G, Ramamurthy S, Lau W M. Electrochemical behaviour of alloy 600 tubing in thiosulphate solution [J]. Corrosion Science, 2011, 53 (4): 1383–1393.

[71] 刘昆, 黄海广, 秦铁昌, 等. TC4 钛合金高温压缩变形行为与组织演变 [J]. 特种铸造及有色合金, 2019, 39 (9): 936–940.

[72] 程晓农, 桂香, 罗锐, 等. 核电装备用奥氏体不锈钢的高温本构模型及动态再结晶 [J]. 材料导报, 2019, 33 (11): 1775–1781.

[73] 王梦寒, 杨永超, 涂顺利, 等. Cu-Ag 合金高温压缩本构模型的修正和失稳行为 [J]. 中国有色金属学报: 英文版, 2019 (4): 764–774.

[74] Klepaczko J R. A practical stress-strain-strain rate-temperature constitutive relation of the power form [J]. Journal of Mechanical Working Technology, 1987, 15 (2): 143–165.

[75] Prasad Y V R K, Gegel H L, Doraivelu S M, et al. Modeling of dynamic material behavior in hot deformation: Forging of Ti-6242 [J]. Metallurgical Transactions A, 1984, 15 (10): 1883–1892.

[76] Prasad Y V R K, Sastry D H, Deevi S C. Processing maps for hot working of a P/M iron aluminide alloy [J]. Intermetallics, 2000, 8 (9–11): 1067–1074.

[77] Zhou X, Wang M, Fu Y, et al. Effect of borides on hot deformation behavior and microstructure evolution of powder metallurgy high borated stainless steel [J]. Materials Characterization, 2017, 124: 182–191.

[78] Mcqueen H J, Ryan N D. Constitutive analysis in hot working [J]. Materials Science and Engineering A, 2002, 322 (1–2): 43–63.

[79] Sang D L, Fu R D, Li Y J. Combined deformation behavior and microstructure evolution of 7050 aluminum alloy during hot shear-compression deformation [J]. Materials Characterization, 2016, 122: 154–161.

[80] Sellars C M, Mctegart W J. On the mechanism of hot deformation [J]. Acta Metallurgica,

1966, 14 (9)：1136-1138.

［81］ Lin Y C, Liu G. Effects of strain on the workability of a high strength low alloy steel in hot compression [J]. Materials Science and Engineering A, 2009, 523 (1-2)：139-144.

［82］ Kil T D, Lee J M, Moon Y H. Formability estimation of ring rolling process by using deformation processing map [J]. Journal of Materials Processing Technology, 2015, 220：224-230.

［83］ Kobayashi S, Hoffmanner A L, Mcqueen H J, et al. Metal forming, interrelation beteen theory and pratice [M]. Metal Forming：Interrelation Between Theory and Practice, 1971.

［84］ Zener C, Hollomon J H. Effect of strain rate upon plastic flow of steel [J]. Journal of Applied Physics, 1944, 15 (1)：22-32.

［85］ McQueen H J, Evangelista E. Hot working defines thermomechanical processing (TMP) for aluminum alloys and composites [C]. Materials Science Forum, 2012, 706-709：89-96.

［86］ Brown S G R. Simulation of diffusional composite growth using the cellular automaton finite difference (CAFD) method [J]. Journal of Materials Science, 1998, 33 (19)：4769-4773.

［87］ Jonas J J. Dynamic recrystallization-scientific curiosity or industrial tool? [J]. Materials Science and Engineering A, 1994, 184 (2)：155-165.

［88］ Straub S, Blum W. Hot work ability of steels and light alloys-composites [J]. Montreal, 1996：189-204.

［89］ Luton M J, Sellars C M. Dynamic recrystallization in nickel and nickel alloys [J]. Acta Metallurgica, 1969, 17：1033-1043.

［90］ 孔凡涛, 张树志, 陈玉勇. Ti-46Al-2Cr-4Nb-Y 合金的高温变形及加工图 [J]. 中国有色金属学报, 2010, 20 (z1)：s232-s236.

［91］ 李鑫, 鲁世强, 董显娟, 等. Ti-6.5Al-3.5Mo-1.5Zr-0.3Si 合金 β 加工动态再结晶行为研究 [J]. 稀有金属材料与工程, 2009, 38 (2)：219-222.

［92］ 曾卫东, 戚运连, 郭萍, 等. Ti-Al-Zr-Sn-Mo-Si-Y 合金高温塑性变形行为及加工图 [J]. 稀有金属材料与工程, 2007, 36 (11)：1891-1895.

［93］ 司家勇, 韩鹏彪, 昌霞, 等. Ti-46.5Al-2.5V-1.0Cr-0.3Ni 合金高温变形动态再结晶行为 [J]. 钢铁研究学报, 2009, 21 (5)：46-50.

［94］ 张永刚, 韩雅芳, 陈国良, 等. 金属间化合物结构材料 [M]. 北京：国防工业出版社, 2001.

［95］ Xu G, Bao W, Cui J, et al. Effect of magnetostatic field on microstructure of magnesium alloy ZK60 [J]. Transactions of Nonferrous Metals Society of China, 2003, 13 (6)：1270-1273.

［96］ 周文龙, 郭建亭, 陈荣石, 等. Ni-20Al-30Fe 金属间化合物材料超塑性的研究 [J]. 金属学报, 2000, 36 (8)：796-800.

［97］ 郭建亭, 张光业, 周健. 定向凝固 NiAl-15Cr 合金的微观组织与超塑性变形行为 [J]. 金属学报, 2004, 40 (5)：494-498.

［98］ 张光业, 张华, 郭建亭. 多相 NiAl-Cr 合金的微观组织和韧脆转变行为的研究 [J]. 材料工程, 2005, 11：24-27.

［99］ 杜兴蒿, 郭建亭, 周彼德. 共晶 NiAl-9Mo 合金的超塑性行为 [J]. 金属学报, 2010, 37

（10）：1112-1116.

[100] Lin D L, Shan A, Li D Q. Superplasticity in Fe₃Al–Ti alloy with large grain [J]. Script Metallurgica et Materialia, 1994, 31: 1455-1460.

[101] Li D Q, Shan A, Lin D L. Study of superplastic deformation in an FeAl based alloy [J]. Script Metallurgica et Materialia, 1995, 33: 681-685.

[102] Lin D L, Shan A, Chen M W. Superplasticity in large – grained Fe₃Al alloys [J]. Intermetallics, 1996, 4 (6): 489.

[103] 谷月峰, 林栋梁, 单爱党, 等. 定向凝固 Ni₃Al 合金高温变形行为的研究 [J]. 金属学报, 1997, 33 (3): 325-329.

[104] Jiang D M, Lin D L. Superplasticity of single–phase Ni–40Al intermetallics with large grains [J]. Journal of Materials Science Letters, 2002, 21 (16): 505-508.

[105] Jiang D M, Lin D L. Superplasticity of single–phase Ni–45Al intermetallics with large grains [J]. Journal of Materials Science Letters, 2002, 57 (3): 747-752.

[106] Courant R. Variational methods for the solution of problems of equilibrium and vibrations [J]. Bulletin of the American Mathematical Society, 1943, 49 (2): 1-3.

[107] Turner M J, Clough R W, Martin H C, et al. Stiffness and deflection analysis of complex structures [J]. Journal of the Aeronautical Sciences, 1956, 23 (9): 82-86.

[108] Clough R W. The finite element method in plane stress analysis [C]. Asce Conference on Electronic Computation, 1960.

[109] 冯康. 基于变分原理的差分格式 [J]. 应用数学和计算数学, 1965, 2 (4): 238-262.

[110] 刘玉红, 李付国, 吴诗淳. 体积成形数值模拟技术的研究现状及发展趋势 [J]. 航空学报, 2002, 23 (6): 547-551.

[111] Lee C H, Kobayashi S. New solution to rigid plastic deformation problems using a matrix method [J]. Journal of Engineering for Industry–Transactions of the ASME, 1973, 95: 865-878.

[112] 田华, 陈军. 金属体积成形仿真技术的发展概况 [J]. 模具技术, 2005 (1): 14-17.

[113] 刘明俊, 孙友松. 塑性加工的有限元模拟——工艺过程优化的新工具 [J]. 机电工程技术, 2003, 32 (5): 88-91.

[114] 杨积慧. 7050 铝合金高温流变行为研究 [D]. 长沙: 中南大学, 2006.

[115] 单德彬, 吕炎, 王真. 金属体积成形过程三维刚塑性有限元模拟技术的研究 [J]. 塑性工程学报, 1997, 4 (3): 95-102.

[116] Zienkiewicz O C. Flow of plastic and visco–plastic solids with special reference to extrusion and forming processes [J]. International Journal for Numerical Methods in Engineering, 1974, 8: 3-15.

[117] Yoon J H, Yang D Y. A three–dimensional rigid –plastic finite element analysis of bevelgear forging by using a remeshing techniques [J]. Journal of Materials Process Technology, 1990, 32 (4): 277-291.

[118] Shin H W, Kim D W, Kim N. A simpled three-dimensional finite-element analysis of the non-antisymmetric extrusion process [J]. Journal of Materials Process Technology, 1993, 38:

567-587.

[119] Tang J, Wu W T, John W. Recent development and application of finite element method in metal forming [J]. Journal of Materials Process Technology, 1994, 46: 117-116.

[120] Kim H, Sweeney K, Altan T. Application of computer aided simulation to investigate metal flow in selected forging ocations [J]. Journal of Materials Process Technology, 1994, 46: 127-154.

[121] Szentmihali V, Lauge K, Tronel Y, et al. 3-D finite-element simulation of the cold forging of helical gears [J]. Journal of Materials Process Technology, 1994, 43: 279-291.

[122] 陈军. 虚拟模具制造及其金属成形过程三维仿真技术研究 [D]. 上海: 上海交通大学, 1996.

[123] 单德彬. 闭塞式锻造过程三维数值模拟及筒形机匣成形规律研究 [D]. 哈尔滨: 哈尔滨工业大学, 1996.

[124] 陈丽军. 基于 DEFORM 的半轴套管体镦粗-反挤压过程数值模拟 [J]. 南平师专学报, 2007, 26 (2): 64-66.

[125] 张昌明, 张会. 采用 DEFORM-3D 对 2A12 铝合金锻造变形的模拟研究 [J]. 锻压技术, 2009, 34 (6): 140-142.

[126] 左旭, 卫原平, 陈军, 等. 金属体积成形三维数值仿真的研究进展 [J]. 力学进展, 1999, 29 (4): 549-556.

[127] 型材轧制成形模拟和环件轧制过程 [EB/OL]. http://www.polycae.com/hdeform.html.

[128] 冯晶. CuCr 合金时效析出过程的第一原理及分子动力学研究 [D]. 昆明: 昆明理工大学, 2009.

[129] Callway J. Theory of the solid state [M]. London: Academic press. Inc. Ltd., 1976.

[130] Kresse G, Furthmüller J. Efficiency of ab-initio total energy calculations for metals and semiconductors using a plane-wave basis set [J]. Computational Materials Science, 1996, 6 (1): 15-50.

[131] 熊家炯. 材料设计 [M]. 天津: 天津大学出版社, 2000.

[132] Robert D. 计算材料 [M]. 北京: 化学工业出版社, 1998.

[133] 黄昆. 固体物理 [M]. 北京: 高等教育出版社, 1998.

[134] Kikuchi O, Nakano T, Morihashi K. ABINIT [M]. Tsukuba: University of Tsukuba, 1992.

[135] Parr R G, Gadre S R, Bartolotti L J. Density-functional theory of atoms and molecules [J]. Proceedings of the National Academy of ences, 1989, 76 (6): 2522-2526.

[136] 严辉, 杨魏, 朱雪梅, 等. 第一原理方法在材料科学中的应用 [J]. 北京工业大学学报, 2004, 30 (2): 34-37.

[137] Hohenberg P, Kohn W. Inhomogeneous electron gas [J]. Physical Review B, 1964, 136: 864-871.

[138] 吴兴惠, 项金钟. 现代材料计算与设计教程 [M]. 北京: 电子工业出版社, 2002.

[139] 田国才. 密度泛函理论中分子体系的界限研究 [D]. 昆明: 云南师范大学, 2002.

[140] Kohn W. Nobel Lecture: Electronic structure of matter-wave functions and density functionals [J]. Reviews of Modern Physics, 1999, 71 (5): 1253-1266.

[141] Cohen R E, Gülseren O, Hemley R J. Accuracy of equation-of-state formulations [J].

American Mineralogist, 2000, 85: 338-344.

[142] Perdew J P, Wang Y. Accurate and simple analytic representation of the electron-gas correlation energy [J]. Physical Review B, 1992, 45: 13244-13249.

[143] Perdew J P, Burke K, Ernzerhof M. Generalized gradient approximation made simple [J]. Physical Review Letters, 1996, 77: 3865-3868.

[144] Marlo M, Milman V. Density-functional study of bulk and surface properties of titanium nitride using different exchange-correlation functional [J]. Physical Review B, 2000, 62: 2899-2907.

[145] Juan Y M, Kaxiras E, Gordon R G. Use of the generalized gradient approximation in pseudopotential calculations of solids [J]. Physical Review B, 1995, 51: 9521-9525

[146] Cocula V, Starrost F, Watson S C, et al. Spin-dependent pesudopotentials in the solid-state environment: Applications to ferromagnetic and anti-ferromagnetic metals [J]. The Journal of Chemical Physics, 2003, 119: 7659-7671.

[147] Payne M C, Teter M P, Allan D C, et al. Iterative minimization techniques for Ab initio total energy calculations: Molecular dynamics and conjugate gradients [J]. Review of Modern Physics, 1992, 64: 1045-1097.

[148] Kleinman L, Bylander D M. Efficacious form for model pseudopotentials [J]. Physical Review Letters, 1982, 48: 1425-1428.

[149] Perdew J P, Chevary J A, Vosko S H, et al. Atoms, molecules, solids, and surfaces: Applications of the generalized gradient approximation for exchange and correlation [J]. Physical Review B, 1992, 46: 6671-6687.

[150] Makov G, Payne M C. Periodic boundary conditions in ab initio calculations [J]. Physical Review B, 1995, 51: 4014-4022.

[151] Pickard C J, Mauri F. All-electron magnetic response with pseudopotentials: NMR chemical shifts [J]. Physical Review B, 2001, 63: 245101.

[152] Rappe A M, Rabe K M, Kaxiras E, et al. Optimized pseudopotentials [J]. Physical Review B, 1990, 41: 1227-1230.

[153] Sanchez-Portal D, Artacho E, Soler J M. Projection of plane-wave calculations into atomic orbital [J]. Solid State Communication, 1995, 95: 685-690.

2 铅硼复合核辐射防护材料制备与研究方法

2.1 原材料与制备方法

2.1.1 铅与硼相容性的解决方案

硼具有优越的中子屏蔽核特性，铅对 X、β、γ 射线的吸收和散射最为强烈。可以认为，硼与铅是制备核辐射防护材料的最佳组元。表 2.1 为铅、硼的物理性能。由表 2.1 可见，二者物理性质相差较大，且铅及其合金强度极低，室温下即能发生回复，不具备力学结构支撑功能。

表 2.1 铅、硼的物理性能和化学性能表

元素	晶体结构	熔点/℃	密度/g·cm⁻³	抗拉强度/MPa	莫氏硬度	屏蔽类型
铅	面心立方	327.4	11.3	10~20	1.5	X、γ 等射线
硼	菱方	2027	2.34	—	9.3	中子

从硼-铅二元合金相图（图 2.1）可知，硼-铅两组元在液态和固态下几乎都不互溶，也没有金属间化合物，属典型的难混溶体系，这就意味着硼、铅之间的润湿性很差，很难将硼均匀分布于铅中，两元素的复合存在较大的困难且难以形成良好结合界面。

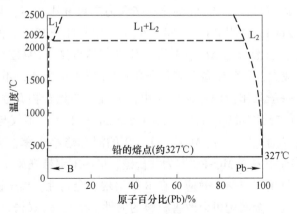

图 2.1 B-Pb 二元相图

针对铅硼系难混溶的问题，在硼–铅界面之间引入第三组元金属，以改善硼、铅的界面状态，通过第三组元金属的扩散、润湿作用实现硼、铅的界面结合，复合为一体。所选择第三组元金属的物理化学性质应基本接近硼、铅，且能与二者互溶。根据键参数函数理论，化学亲和力参数 η 计算公式如下：

$$\eta = \Delta x - \log(z/r_0)_A + \log(z/r_0)_B + 0.066 \qquad (2.1)$$

式中，η 为化学亲和力参数；$(z/r_0)_A$、$(z/r_0)_B$ 为金属元素 A、B 的电荷与原子半径之比；Δx 为 A、B 两元素的电负性差。

当元素间的化学亲和力参数 $\eta > 0$ 时，元素间的亲和力强，容易形成金属间化合物。只有所选过渡金属与硼、铅的化学亲和力参数 η 均大于零，才能与硼、铅形成良好的结合界面，这是选择第三组元金属的基本条件。此外，针对铅硼系混合焓 $\Delta H > 0$ 的问题，在铅–硼之间加入的第三组元还须使体系总能量（$\Delta G = \Delta H - T\Delta S$）降低。

参考二元合金相图得到可供选择的第三组元为 Mg、Ni、Ti、Pd 和 Y，并分析计算它们与 Pb、B 之间的化学亲和力参数；通过考察第三组元与铅、硼间的混合焓，结合化学亲和力参数选择第三组元，计算结果见表2.2。

表2.2　Pb、B 与第三组元的化学亲和力参数 η 计算结果与混合焓 ΔH

元　素		Mg	Ni	Ti	Pd	Y
η	η_{Pb-X}	0.2241	−0.1759	0.4584	0.2033	0.9793
	η_{B-X}	0.8900	0.6043	0.1608	0.7089	0.1991
$\Delta H/\text{kJ} \cdot \text{mol}^{-1}$	ΔH_{Pb-X}	−8	13	−8	−18	−48
	ΔH_{B-X}	−4	−24	−58	−24	−50

从表2.2可以看出，Pb 与 Ni 的化学亲和力参数 η 小于零，且它们之间的混合焓 ΔH 为 13kJ/mol，说明 Pb、Ni 间不互溶；虽然 Ti 与 Pb、B 间的化学亲和力参数 η 均大于零，且混合焓 ΔH 小于零，但 Ti 的熔点高（1943K），与 Pb 的熔点（600.6K）相差较大，导致制备工艺复杂化；Pd 属于贵金属，不利于成本控制；Y 是稀土元素，一般只作为添加元素使用，况且它的化合物有强毒性；Mg 的密度（1.74g/cm³）较 Ni(8.9g/cm³)、Ti(4.5g/cm³) 的小，不仅与 Pb、B 间的化学亲和力参数 η 大于零，而且 Mg 与 Pb、B 的混合焓小于零，另外，在 Mg 与 Pb、B 的键合特征中发现 Mg-Pb 键为共价键；Mg-B 键带强离子性，B—B 键具有共价特性，并且由于自掺杂效应，在 B 层出现了金属性。离子键、共价键能大幅提升材料的强度，金属键可以改善材料的韧性，综合考虑材料轻量化、简约化的需要，所以第三组元选择 Mg 进行研究。

2.1.2 原材料

实验采用的原料有 Mg(99.99%)、Pb(99.99%)、Al(99.99%)（质量分数）以及 Mg-Al-B 中间合金（其中 Mg、Al 和 B 质量分数分别为40%、50% 和10%）。

2.2 铅硼复合核辐射防护材料的制备工艺

熔炼采用熔盐保护，浇铸温度600℃，钢模浇铸。试样形状及尺寸取决于具体实验要求，主要包括 $\phi=15\text{mm}$ 的柱状、200mm×200mm×10mm 的板状试样，空冷至室温。根据具体实验要求，加工成所需形状、大小且具有特定表面粗糙度的试样。

在实验中，首先为选定材料基体的成分来研究 Mg 与 Pb 界面的结合情况，选取了三组不同 Mg 与 Pb 配比的 Pb-Mg 合金进行实验，结果见表2.3，并对其微观组织进行观察和分析。金属间化合物 Mg_2Pb 是核辐射防护材料强度大幅提升的主要原因，为了材料的结构功能一体化，材料组织中化合物 Mg_2Pb 的含量必须保持在某一水平或适当增加；同时，为了达到对 X、γ 射线屏蔽的要求，若材料中 Pb 的含量太少，则不利于材料的屏蔽性能的提升。因此，本书选取三组不同的 Mg 与 Pb 配比，以求既保证材料的力学性能，又兼顾材料的腐蚀和屏蔽性能。

表2.3　三组 Pb-Mg 合金的组分（原子百分数）　　（%）

试样编号	1	2	3
Mg 含量	90	87	85
Pb 含量	10	13	15

首先对1、2、3 三组不同成分的 Pb-Mg 合金基体进行 SEM 观察与能谱分析。图2.2 所示为 Mg 与 Pb 的原子比为 9∶1 的试样 1 的 SEM 照片以及能谱。从图2.2 中可以看出，在试样 1 中有明显的枝晶生长，基体为白色层状共晶组织且分布细密。图2.2 中能谱表明，在区域 1 中，Mg 的原子百分数约为93%，说明此枝晶为富 Mg 相。

图2.3 所示为 Mg 与 Pb 的原子比为 6.7∶1 的试样 2 的 SEM 照片以及能谱。图2.3 表明，试样 2 有着与试样 1 同样的结晶方式。但在试样 2 中，枝晶所占比例随着 Mg 量的减少而减少；而层状共晶组织的比例增多，分布仍很细密，但有粗化迹象。能谱分析表明，试样 1 和 2 的相成分变化不大。

图2.4 所示为 Mg 与 Pb 的原子比为 5.7∶1 的试样 3 的 SEM 照片以及能谱。图2.4 表明，试样 3 中枝晶比例较试样 1、2 有所增加；层状共晶数量减少，共晶组织变得粗大。能谱表明该样品在制样过程中共晶组织已发生氧化，这对材料的腐蚀防护和强度提升不利。

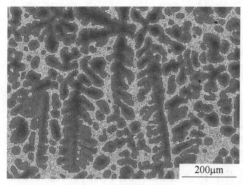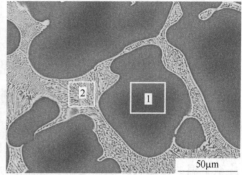

元素含量(原子百分数)/%	Mg	Pb
区域1	92.62	7.38
区域2	80.05	19.95

图2.2　试样1的SEM照片以及能谱分析表

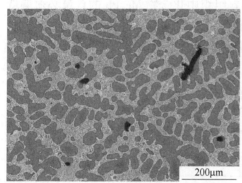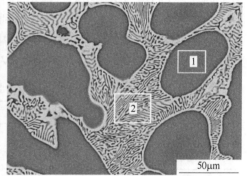

元素含量(原子百分数)/%	Mg	Pb
区域1	92.58	7.42
区域2	80.63	19.37

图2.3　试样2的SEM照片以及能谱分析表

综合比较分析三组试样,1、2、3枝晶与层状共晶组织的比例存在差别,试样2中枝晶最少而共晶组织最多;三组试样的共晶组织细密程度也不一样,其中试样1的共晶组织最细,试样2的为中等程度,试样3的最粗。从3个试样的能谱分析可知,试样3发生了严重的氧化,故对材料的力学性能和腐蚀防护十分不利。通过对试样1、2和3的力学性能测试可知,试样1的抗拉强度为78.8MPa,试样2的抗拉强度为103MPa,试样3的抗拉强度仅为31.47MPa。因此选择共晶组织多的试样2成分,考虑通过添加第三或第四组元来细化组织,改善材料塑性,提高其强度。因此,选择试样2的成分为复合材料的基体成分是比较理想的。

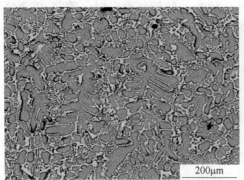
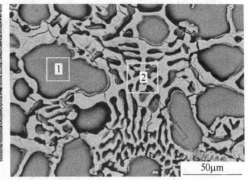

元素含量(原子百分数)/%	Mg	Pb	O
区域1	92.04	7.96	0.00
区域2	30.42	13.90	55.68

图 2.4 试样 3 的 SEM 照片以及能谱分析表

在选定了基体成分后，为了研究元素 Al、B 对铅硼复合核防护材料显微组织与力学、腐蚀性能的影响，实验分别设计了 A(Pb-Mg-Al 合金)、B(Pb-Mg-Al-Ce 合金) 和 C(Pb-Mg-Al-B 合金) 三组不同的铅硼复合核防护材料试样，其成分见表 2.4。

表 2.4 铅硼复合核防护材料的化学成分

铅硼复合核防护材料		Al		Ce		B		Pb：Mg
		质量分数/%	原子百分数/%	质量分数/%	原子百分数/%	质量分数/%	原子百分数/%	原子比
A 组 (Pb-Mg-Al 合金)	A_1	0	0	—	—	—	—	0.15
	A_2	5	8.40	—	—	—	—	0.15
	A_3	10	16.26	—	—	—	—	0.15
	A_4	15	23.60	—	—	—	—	0.15
B 组 (Pb-Mg-Al-Ce 合金)	B_1	10	16.26	0	0	—	—	0.15
	B_2	10	16.30	0.4	0.13	—	—	0.15
	B_3	10	16.32	0.6	0.18	—	—	0.15
	B_4	10	16.33	0.8	0.26	—	—	0.15
C 组 (Pb-Mg-Al-B 合金)	C_1	10	16.02	—	—	0.5	1.95	0.15
	C_2	10	15.78	—	—	1	3.88	0.15
	C_3	10	15.55	—	—	1.5	5.71	0.15
	C_4	10	15.31	—	—	2	7.53	0.15

根据 Mg-Al 二元相图，当 Al 含量小于 10% （质量分数）时，随着 Al 含量的增加，Mg-Al 合金的液相线及固相线均降低，从而降低了 Mg 合金的熔炼和浇注温度，有利于减少 Mg 合金的氧化和燃烧；并且由于不平衡结晶，室温状态组织为 $Mg+Mg_{17}Al_{12}$，$Mg_{17}Al_{12}$ 作为强化相对提高合金的强度十分有利，而且连续分布的 $Mg_{17}Al_{12}$ 相可以阻碍合金的腐蚀。因此，本书分别选择添加 5%、10% 和 15% 的 Al （质量分数）作为研究对象，考察 Al 对 Pb-Mg 合金的组织、力学和腐蚀性能的影响。在 Mg 合金中加入 0.1% ~0.8%（质量分数）的 Ce 后，$Mg_{17}Al_{12}$ 合金组织得到细化，弥散分布于晶界处，同时出现了稀土化合物，有利于提高材料的耐蚀性；加入 1% Ce （质量分数）后，细化效果不明显，稀土化合物反而有所粗化。因此本书选择 0.4%、0.6% 和 0.8% （质量分数）的 Ce 作为研究对象，研究稀土元素 Ce 对核辐射防护材料显微组织和腐蚀性能的影响。此外，B 元素的添加是通过 Mg-Al-B 中间合金所含的 AlB_2 实现，AlB_2 是 α-Mg 相良好的异质核心，可以细化合金晶粒，从而改善合金塑性形变能力，提高材料的塑性。由于 B 是以 Mg-Al-B 中间合金形式加入的，受合金中 Al 含量的制约，故其质量分数上限约为 2%。

2.3　显微组织分析技术

（1）X 射线衍射分析。采用的设备为德国 BRUKER D8 ADVANCE 衍射仪，CuKα1 辐射，λ=0.15406nm。工作电压为 30kV，电流为 30mA；θ-2θ 步进扫描方式，扫描范围为 10° ~100°；步长 0.02°，扫描速度 0.1°/s。测试样品用 SiC 砂纸从 400 目磨至 2000 目，然后在无水乙醇中超声清洗并烘干。

（2）化学态分析。将制得的铅硼复合核辐射防护材料试样球磨成粉末状，采用 X 射线光电子能谱仪 （XPS），型号为 PHI5600 Versaprobe-Ⅱ，激发源为 Al-Kα （1486.6eV），入射角 45°，能量分辨率为 0.8eV，对试样中所含各元素的化学价态进行分析。

（3）扫描电镜 （SEM）、能谱 （EDX）与元素含量分布分析。试样在做扫描电镜前先用 SiC 砂纸进行磨样，然后用 0.5μm 的金刚石研磨膏进行抛光。抛光后在无水乙醇中超声清洗并烘干。采用 FEI 公司生产的 philipXL370 扫描电子显微镜观察试样形貌及微观组织。工作电压为 10 ~30kV；分辨率为 3.5nm。利用样品表面的二次电子及背散射电子像分析材料的表面形貌和显微组织，分析成分变化对合金显微组织的影响；同时利用能谱分析仪和 EPMA-8050G 电子探针微量分析仪 （加速电压 30kV）分析样品的元素含量及分布。

（4）高分辨透射电镜 （HRTEM）的观察。采用 FEI Quanta™ 3D FEG 高分辨、多用途扫描电镜 （SEM）的聚焦离子束 （FIB）场发射离子束进行制样。制样过程如图 2.5 所示。先在样品表面镀上一层 Pt 膜以防止离子束减薄阶段引起试样损伤，然后用 FIB 将 Pt 镀膜位置附近三面开槽并将底部切断，以焊接方式粘于探头切断右侧，以 Pt 焊头连接的方式取出样品放置在样品台上，对样品两侧进行减薄，制成厚度为 0.1μm 的片状样品。将制好的样品放入场发射电子显微镜下观察其析出相大小、晶体结构和晶体学关系等。场发射电子显微镜设备型号为 TECNAI G² S-TWIN，加速电压 200kV，点分辨率 0.2nm，线分辨率 0.1nm。借助 Digital Micrograph 软件对透射电镜照片进行标定和分析。

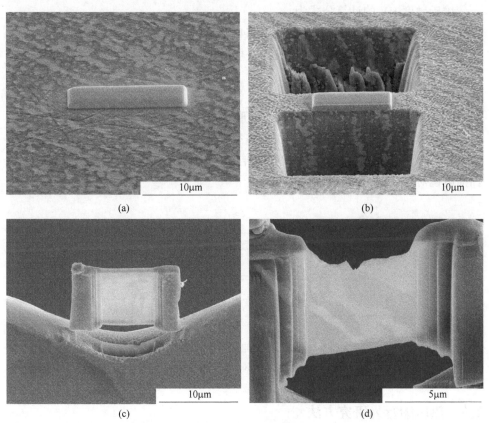

图 2.5 FIB 制样过程

(a) 镀 Pt 膜；(b) 离子挖坑；(c) 离子减薄；(d) TEM 样品

2.4 力学性能测试方法

2.4.1 硬度测试

布氏硬度测试按照 GB 6270—86 在 HB-3000 型布氏硬度计上测定。钢球压头直径为 5mm，所用载荷为 7.35kN，保压时间为 30s，所得硬度为每个试样 4~6 个不同点的布氏硬度平均值。

显微硬度的测量按照 GB/T 4342—91 进行，采用维氏硬度计测定。维氏硬度（HV）是指用 120kN 以内的载荷和顶角为 136°的金刚石方形锥压入器压入被测试样表面，将材料压痕凹坑的表面积除载荷值，即为维氏硬度值（HV）。试验在 HX-1 型显微硬度计上测定合金各相的显微硬度。载荷为 20g，保压时间 10s。为了减少试样的不均匀性和仪器的偶然误差对实验结果的影响，每个试样打 6 ~ 8 个点，去掉最高值和最低值，然后取其平均值作为合金的显微硬度值。

维氏硬度 HV 的计算公式为：

$$HV = 1.8544 \times F/D^2 \tag{2.2}$$

式中，F 为载荷，N；D 为压痕对角线平均值，mm。

2.4.2 拉伸性能

图 2.6 所示为拉伸实验采用的试样形状与尺寸。实验按照 GB/T 228—2002 在 MTS 810 Teststar 力学性能试验机上进行测试，测试温度为室温，拉伸速率为 1.5mm/min。拉伸试验时妥善保护好试样的断口，尽快进行断口形貌观察。采用扫描电镜对合金进行断口扫描和分析。

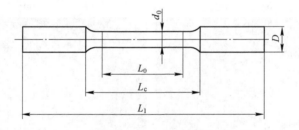

图 2.6　拉伸试样示意图

（$d_0 = 8$mm，$L_0 = 40$mm，$L_c = 56$mm，$L_1 = 100$mm，$D = 12$mm）

2.5　热压缩行为研究方法

2.5.1　热压缩实验

为研究铅硼复合核辐射防护材料的高温变形行为，采用 Gleeble 3500 热力学模拟试验机对其进行了高温热压缩试验，在热压缩过程中的主要参数（如温度、时间、真应力和真应变等）都会通过计算机自动保存。

热压缩试样是将浇铸成型的样品经过退火后通过车床加工成尺寸为 ϕ8mm× 12mm 的圆柱试样。试样在热压缩试验前需在两端贴上石墨贴纸，减小试样与压头之间的摩擦，以保证试样在压缩过程中两端受力均匀，提高实验精度，压缩完的试样呈鼓形。压缩过程中，首先以 5K/s 的速率加热，使温度达到指定温度，然后保温 300s，上述步骤完成后进行热压缩，以稳定的压缩速率进行压缩。试验根据铅硼复合核辐射防护材料成分变化设定了不同的温度、应变速率以及变形量。

2.5.2 本构模型与热加工图

对热压缩的实验数据进行处理，绘制应力-应变曲线图。构建基于实验条件下的传统 Arrhenius 模型和基于应变步长的改进型 Arrhenius 模型，并绘制模型预测的应力-应变曲线图。绘制实验条件下的功率耗散图和失稳图，并得到相应的热加工图。

2.6 屏蔽性能测试方法

屏蔽性能测试的试样尺寸为 200mm×200mm×10mm。试样尺寸根据实验设备要求的标准试样确定。测试前，首先调整并定位 $\gamma(X)$、中子剂量仪的探测器，使探测器与 $\gamma(X)$、中子射束轴中心在同一水平线上；测量 $\gamma(X)$ 射线或中子所产生的剂量率，多次测量，计算测量平均值 I_0。在放射源中心与探测器中心距离不变的条件下，在放射源与探测器之间放置检测材料，得到射线透过该材料后的剂量率 I。

用屏蔽材料对 X、γ 射线和中子的屏蔽率 α 表征样品的屏蔽性能，其定义为：

$$\alpha = (I_0 - I)/I_0 \times 100\% \qquad (2.3)$$

式中，I_0 为无样品时的读数；I 为有样品时的读数。

它们的线衰减系数随样品厚度的变化遵循指数规律：

$$I = I_0 e^{-\mu d} \qquad (2.4)$$

式中，I_0 为无样品时的读数；I 为有样品时的读数；d 为样品厚度，cm；μ 为材料的线衰减系数，cm^{-1}；e 为自然对数的底。

（1）X 射线屏蔽性能的测试。

利用 MG452 型 X 射线系统进行 X 射线屏蔽性能检测。X 射线能量分别为 65keV、118keV 和 250keV。标准实验室环境条件：气压 $P = 100.200kPa$，温度 $T = 21.0℃$，湿度 $R/H\% = 30\%$。

通过测量 X 射线通过屏蔽物质前后强度的变化，根据式（2.3）、式（2.4）计算出核辐射防护材料对 X 射线的屏蔽率和线衰减系数。

（2）γ 射线屏蔽性能的测试。

γ 射线屏蔽性能的测试利用 γ 射线照射量标准装置进行检测。标准实验室环境条件：气压 $P = 100.200kPa$，温度 $T = 21.0℃$，湿度 $R/H\% = 30\%$。放射源为 ^{137}Cs（射线能量 661keV）和 ^{60}Co（射线能量 1.25MeV）。

　　实际测试中，通过测量 γ 射线通过屏蔽物质前后的强度变化，根据式 (2.3)、式 (2.4) 计算出屏蔽材料对 γ 射线的屏蔽率和线衰减系数。

　　(3) 中子屏蔽性能的测试。

　　采用 PTW-UNIDOS 电离室型标准剂量仪和 Am-Be 中子源慢化实验装置。该装置由带有准直孔的石蜡罐、Am-Be 中子源（能量 0.5keV）、石蜡慢化塞和样品支架等组成。将样品置于束准直器与探测器之间，探测器读数均按监测器（BF_3 计数管）的计数归一，并施加适当时间修正，借助差分法扣除本底，计数统计误差一般应小于1%。剂量当量按辐照时间控制，每对样品达到辐照预定剂量值时取下。通过测量中子通过屏蔽物质前后强度的变化，根据式 (2.3)、式 (2.4) 计算出屏蔽材料辐照前后的热中子屏蔽率和线减弱系数。

2.7　腐蚀性能测试方法

　　由于反应堆核辐射防护材料所处的腐蚀环境主要为冷却水，其腐蚀主要是由电化学反应引起的，当冷却水中含有 Cl^- 离子时，材料的点蚀、应力腐蚀和缝隙腐蚀的敏感性增大，所以要求反应堆冷却水必须纯净度高、卤族元素尽量低并要求 pH 值偏碱性。因此，本书选择蒸馏水和 3.5%（质量分数）NaCl 溶液作为腐蚀介质研究核辐射防护材料的腐蚀性能。采用析氢法、电化学腐蚀测试、浸泡试验和盐雾试验来综合测试材料的腐蚀性能。

2.7.1　析氢法

　　在耐化学腐蚀性能的测试方法中，析气法是常用的方法之一。试样在化学溶液中的腐蚀溶解与氢气的析出是一对共轭反应，通过收集各个样品的析气量可以推断出试样的腐蚀速率。图 2.7 所示为析氢实验装置。

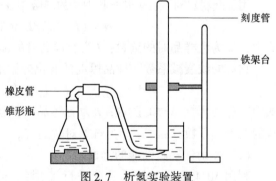

图 2.7　析氢实验装置

　　以分析纯试剂配制出的腐蚀液，分别是质量分数为 3.5% 的 NaCl 溶液和蒸馏水。精确称取粉末试样若干份，将它们小心地放入盛有腐蚀液的析气瓶中，然后将整个系统封闭，在室温下（25℃）记录各样品在不同时间的氢气析出体积。将上述析气量换算成每套样品的析气量（mL/g），作每套样品折气量和时间的曲线图或表格，即可比较出各种铅及铅合金的耐腐蚀性能。为了避免表面积差别太大而干扰到检测结果，试样的粉末或碎屑形状、尺寸应尽量一样。此外，延长检测时间可以减小上述干扰。粉末通过蒸馏水和质量分数为 3.5% 的 NaCl 溶液浸蚀完全后，将其腐蚀产物用去离子水清洗、烘干，然后进行 XRD 分析。

2.7.2 电化学腐蚀

极化曲线的测试采用三电极体系，使用三电极电解池。工作电极为合金试样，把欲测合金铸制成饼状试样，不用的面以环氧树脂封死，暴露面积为 $100mm^2$ ，将受试面按金相试样的要求进行磨制、抛光。辅助电极为铂电极，参比电极为甘汞电极。极化曲线测量采用的电化学工作站扫描范围为 $-2.0 \sim -1.0V$ ，扫描速度为 $0.01V/s$ 。所有测试在 pH 值为 7.0 左右，质量分数为 3.5% 的 NaCl 溶液中进行，测试出 Tafel 曲线、交流阻抗（EIS）和电化学噪声（EN）。

2.7.3 浸泡试验

依据《金属材料实验室均匀腐蚀全浸试验方法》（JB/T 7901—2001）来测试该合金的腐蚀性能。从浇铸好的圆棒上取样，从棒材截面中部沿纵向切取，用砂纸研磨去掉原始金属表面层，试样最终表面用符合 GB 2477—1983 规定的 600 号砂纸进行研磨。外形尺寸 $\phi \times h(mm) = 20 \times 5$ 。溶液为：3.5%（质量分数）NaCl 溶液，pH=7。利用式（2.5）计算腐蚀速率，并对照表 2.5 判断合金的腐蚀等级。

$$R = \frac{8.76 \times 10^7 \times (M - M_t)}{STD} \tag{2.5}$$

式中，R 为腐蚀速率，mm/a；M 为试验前质量，g；M_t 为试验后质量，g；S 为试验的总面积，cm^2；T 为实验时间，h；D 为材料的密度，kg/m^3。

合金上的腐蚀产物在铬酸溶液中清除。合金的腐蚀产物清洗溶液为 200g/L CrO_3+10g/L $AgNO_3$。将腐蚀过的合金放入该溶液中，在室温下浸泡 5min。清洗过程中合金表面特别是腐蚀处有气泡产生。气体析出量随着腐蚀产物的清除而不断减少，直至停止。硝酸银的加入主要是为了沉淀腐蚀产物中夹杂的氯化物，以保证在腐蚀产物清洗溶液中的氯化物含量不至于过高。

对均匀腐蚀的金属材料，判断其耐蚀程度及选择耐蚀材料一般采用深度指标。表 2.5 列出了铅及铅合金耐腐蚀性分类标准。以国际单位制作为法定计量单位。表 2.6 列出了常用腐蚀速度单位的换算系数。

表 2.5　铅及铅合金耐蚀性 10 级标准

耐蚀性类别	腐蚀速度/mm·a⁻¹	失重/g·m⁻²·h⁻¹	腐蚀等级
完全耐蚀	<0.001	0.0012	1
很耐蚀	0.001 ~ 0.005	0.0012 ~ 0.0065	2
	0.005 ~ 0.01	0.0065 ~ 0.012	3
耐蚀	0.01 ~ 0.05	0.012 ~ 0.065	4
	0.05 ~ 0.1	0.065 ~ 0.12	5

续表 2.5

耐蚀性类别	腐蚀速度/mm·a^{-1}	失重/g·m^{-2}·h^{-1}	腐蚀等级
尚耐蚀	0.1~0.5	0.12~0.65	6
	0.5~1.0	0.65~1.2	7
欠耐蚀	1.0~5.0	1.2~6.5	8
	5.0~10.0	6.5~12.0	9
不耐蚀	>10	>12	10

表 2.6   腐蚀速度单位的换算系数

腐蚀速度单位	g/(m²·h)	mg/(dm²·d)	mm/a	in/a	mil/a
g/(m²·h)	1	240	8.76/ρ	0.3449/ρ	344.9/ρ
mg/(dm²·d)	0.004167	1	0.0365/ρ	0.001437/ρ	1.437/ρ
mm/a	0.1142ρ	27.4ρ	1	0.0394	39.4
in/a	2.899ρ	696ρ	25.4	1	1000
mil/a	0.002899ρ	0.696ρ	0.0254	0.001	1

2.7.4   盐雾试验

依据《盐雾试验方法》(GB/T 10125—1997) 测试合金在大气环境中的腐蚀性能。

(1) 试样制备：用砂纸研磨去掉原始金属表面层，试样最终的表面用符合 GB 2477—1983 规定的 600 号砂纸进行研磨，不用的面以环氧树脂封死。

(2) 试验溶液：试验所用试剂均采用化学纯试剂，将氯化钠溶于电导率不超过 20μS/cm 的去离子水中，其浓度为 30g/L。调整盐溶液的 pH 值，使其在 6.5~7.2 之间，溶液的 pH 值用盐酸或氢氧化钠调整。

(3) 试验条件：中性盐雾试验的盐雾箱内温度为 35℃ 左右，经 24h 喷雾后，盐雾沉降的速度每 80cm² 面积上为 1~2mL/h。

(4) 试验后试验的处理：实验结束后取出试样，为减少腐蚀产物的脱落，试样在清洗前放在室内自然干燥 1h，然后用温度 20℃ 左右的清洁流动水轻轻清洗，以除去试样表面残留的盐雾溶液，再立即用吹风机吹干。

(5) 观察试样腐蚀后的宏观形貌，依照表 2.7 盐雾试验的评级标准，判断合金腐蚀等级。

表 2.7   盐雾试验的评级标准

外观评级/级	试验表面外观的变化
A	无变化
B	轻微到中度的变色

外观评级/级	试验表面外观的变化
C	严重变色或极轻微的失光
D	轻微的失光或出现极轻微的腐蚀产物
E	严重的失光，或在试样局部表面上布有薄层的腐蚀产物或点蚀
F	有腐蚀产物或点蚀，且其中之一分布在整个试样表面上
G	整个表面上布有厚的腐蚀产物层或点蚀，并有深的点蚀
H	整个表面上布有非常厚的腐蚀产物或点蚀，并有深的点蚀
I	出现基体金属腐蚀

2.7.5 腐蚀形貌观察

将合金在蒸馏水和3.5%（质量分数）NaCl溶液中分别浸泡一定时间后，观察表面腐蚀形貌。

将试样在腐蚀溶液中浸泡5~10min后，取出浸泡样品并进行表面清洁，采用FEI Philip XL370型扫描电镜（工作电压30kV，分辨率为3.5nm）观察试样的腐蚀形貌。

2.8 计算分析及应用软件

本节的计算工作基于材料计算 Materials Studio（MS）应用软件。Materials Studio（MS）应用软件是一个集量子力学、分子力学、介观模型、分析工具模拟和统计相关为一体且容易使用的建模软件。它的中心模块是 Materials Visualizer，可以容易地建立和处理图形模型，包括有机无机晶体、非晶态材料、高聚物、表面和层状结构。Materials Studio（MS）是一个模块化的环境，每种模块提供不同的结构确定、性质预测或模拟方法。针对本书所述的核辐射防护材料所涉及的强化机制、腐蚀机理和屏蔽机理，需要对材料中包含的物相，包括金属间化合物的电子结构（态密度、能带和布局分析）、成键特征（总电荷密度和差分电荷密度）、结构稳定性（结合能和生成焓）以及力学性质（弹性常数与弹性模量）等进行第一原理计算。

2.8.1 密度泛函理论中的性质计算[1,2]

2.8.1.1 态密度计算理论[3~5]

给定能带 n 对应的态密度 $N_n(E)$ 定义为：

$$N_n(E) = \int \frac{\mathrm{d}k}{4\pi^3} \delta(E - E_n(k)) \tag{2.6}$$

$E_n(k)$ 描述了特定的能带分布情况，积分在整个 Brillouin zone 进行。还有一种表示状态密度的方法是基于 $N_n(E)\delta E$ 与第 N 级能带在能量 $E \sim E + \delta E$ 范围内允许的波矢量数成比例。总体状态密度 $N(E)$ 就是对所有的能带允许电子波矢量求和，从能带极小值积分到费米能级就得到了晶体中包含的所有电子数。在自旋极化体系中，状态密度可以用向上自旋（多数自旋（majority spin））和向下自旋（少数自旋（minority spin））分别进行计算，它们的和就是整体状态密度分布，它们的差值称为自旋状态密度分布。借助于状态密度这个数学概念可以直接对电子能量分布进行积分，而且避免对整个 Brillouin 区积分。状态密度分布经常用于快速直观地分析晶体电子能带结构，比如价带宽度、绝缘体能隙以及主要特征谱强度。态密度还可以了解当晶体外部环境（如压力等）发生变化时电子能带的变化情况。

分态密度（PDOS）和局域态密度（LDOS）是一种分析电子能带结构有效的半经验方法[6]。局域状态密度表示了体系中不同原子在各个能谱范围内电子状态分布情况。LDOS 和 PDOS 提供了一种定量分析电子杂化状态方法，对于解释 XPS 和光谱峰值的起源很有帮助。PDOS 的计算基于 Mulliken population 分析，可以用来表示每个给定原子轨道在能带各个能量范围内的分布，特定原子所有轨道态密度和则可用 LDOS 表示。与整体态密度计算相似，采用了高斯混合算法或线形内插法。

2.8.1.2　布居分析的物理意义[4,5,7]

布居分析（population analysis）是针对原子轨道电子占据的分析，布居分析可以得到关于体系成键、电子转移方面的信息，对结构成键情况可以获得定量的信息。Hartree-Fock 波函数计算中，可以直接对分子体系轨道情况做计算，但对密度泛函理论而言就是对 K-S 轨道的分析，K-S 轨道与电子密度相对应，但从 1.8 节中对 DFT 理论描述来看，K-S 轨道对应体系总的波函数，因此不能直接进行布居分析，首先应解决如何将 K-S 轨道分解为体系中特定原子的波函数，这种分解方法已经应用在 DOS 中。

Milliken 布居分析法：

对于一个包含 $M+N$ 个原子的 $A_M B_N$ 体系，体系总的分子轨道为：

$$\Psi = \sum_A \sum_\mu C'_{A\mu} \phi_{A\mu} \tag{2.7}$$

式中，$\phi_{A\mu}$ 为 A 原子中的 μ 轨道，前面的 $C'_{A\mu}$ 是轨道组合系数。

$$\Psi_A \cdot \Psi_B = \sum_{A,B} \sum_{\mu,\nu} C^*_{A\mu} C_{B\nu} \phi_{A\mu} \phi^*_{B\nu} \tag{2.8}$$

显然 $\Psi_A \cdot \Psi_B$ 是分子轨道中 A 原子和 B 原子所有电子的概率密度，对式 (2.8) 进行积分，并两端同时乘体系电子数得：

$$\int \Psi_A \cdot \Psi_B \mathrm{d}r = \int \sum_{A,B} \sum_{\mu,\nu} C_{A\mu}^* C_{B\nu} \phi_{A\mu}^* \phi_{B\nu} \mathrm{d}r \tag{2.9}$$

$$n = n \sum_A \sum_\mu |C_{A\mu}|^2 + 2n \sum_{A,B} \sum_{\mu,\nu} C_{A\mu}^* C_{B\nu} S_{\mu\nu} \tag{2.10}$$

式 (2.10) 表示分布在原子 A 总电子数与轨道中定域电子数及 A、B 原子之间转移电子数间的关系，其中 $S_{\mu\nu}$ 为不同轨道间的重叠积分，它的定义为 $S_{\mu\nu} = \int \phi_{A\mu} \phi_{B\nu} \mathrm{d}r = \langle \phi_{A\mu} | \phi_{B\nu} \rangle$。根据式 (2.10) 可以得到布居分析所有计算式：

(1) 分子轨道 Ψ_i 中原子轨道 $\phi_{A\mu}$ 上的电子数：$n(i, \phi_{A\mu}) = n_i |C_{A\mu}|^2$，$n_i$ 为分子轨道 Ψ_i 上的总的电子数。

(2) 对所有分子轨道 Ψ_i 中含有的 $\phi_{A\mu}$ 轨道电子求和，得到在 A 原子 μ 轨道上分布的所有电子：

$$n(\phi_{A\mu}) = \sum_\mu n(i, \phi_{A\mu}) = \sum_\mu n_i |C_{A\mu}|^2 \tag{2.11}$$

(3) 对 A 原子所有轨道求和得到 A 原子上的电荷：

$$n(A) = \sum_\mu n(\phi_{A\mu}) = \sum_\mu P_{\mu\mu} \tag{2.12}$$

(4) 对 A 原子 μ 轨道和 B 原子 ν 轨道求和，得到 A、B 原子间两个轨道的重叠布居：

$$n(\phi_{A\mu}, \phi_{B\nu}) = \sum_i n(i, \phi_{A\mu}, \phi_{B\nu}) = \sum_i 2n C_{A\mu}^* C_{B\nu} S_{\mu\nu} = 2P_{\mu\nu} S_{\mu\nu} \tag{2.13}$$

(5) 对 A 和 B 原子上所有重叠轨道求和，得到 A、B 原子之间总的布居电子数：

$$n(A, B) = 2 \sum_\mu^{onA} \sum_\nu^{onB} P_{\mu\nu} S_{\mu\nu} = 2 \sum_\mu^{onA} \sum_\nu^{onB} \rho_{\mu\nu} \tag{2.14}$$

对于固体结构而言，K-S 轨道在分解为特定原子的轨道波函数时还与波矢 k 有关，前面已经提到过由能带结构投影获得 DOS 时存在抽样权重，因此对固体结构布居分析也存在对特定波矢 k 对应轨道做权重处理问题，比如 A 原子上的所有电子数 Q_m 以及 A 和 B 原子之间全部共用电子数 n_m 计算[7]：

$$Q_m(A) = \sum_k W(k) \sum_\mu^{onA} \sum_\nu P_{\mu\nu}(k) S_{\mu\nu}(k)$$

$$n_m(AB) = \sum_k W(k) \sum_\mu^{onA} \sum_\nu^{onB} P_{\mu\nu}(k) S_{\mu\nu}(k) \tag{2.15}$$

Milliken 指出 A 和 B 原子之间布居数越大，说明共用电子数越多，同时共价键也越强；反之则表明 A 和 B 原子之间为弱共价键或离子键。布居数的正负完全由轨道系数 $C_{A\mu}$ 和 $C_{B\nu}$ 决定，当 $C_{A\mu}$ 和 $C_{B\nu}$ 同号时布居数为正表示电子的成键轨道填充，而当 $C_{A\mu}$ 和 $C_{B\nu}$ 符号相反时表明 A、B 原子间电子处于反键态填充，在固体物理中实际将 $C_{A\mu}C_{B\nu}S_{\mu\nu}$ 作为键级的一种尺度来衡量原子键强度和性质，Hoffman 将其称为键指数。

2.8.2 计算所用软件简介

本书计算采用的主要模块为 CASTEP[3~5]，其特点是适于计算周期性结构，对于非周期性结构一般要设定特定的部分作为周期性结构，建立单位晶胞后方可进行计算。CASTEP 计算总体上是基于密度泛函理论，但实际实现运算所需的具体理论有：采用赝势表示离子实与价电子之间相互作用；超晶胞的周期性边界条件；体系电子波函数的平面波基组描述；采用快速 Fourier 变换技术对体系哈密顿量进行数值化计算；采用迭代计算方式对体系电子自洽能量进行最小化。

CASTEP 计算是将晶面或者非周期性结构置于一个有限长度空间方盒中，按照周期性结构进行处理，不限制周期性空间方盒形状（图 2.8）。

CASTEP 计算要求采用周期性结构的原因在于：依据布洛赫（Bloch）定理，对于周期性势场中取布拉维格子的所有格矢，单电子薛定谔方程的本征函数是按布拉维格子周期性调幅的平面波，即且对取布拉维格子的所有格矢成立。因此，周期性结构中每个电子波函数可以表示为一个波函数与晶体周期性

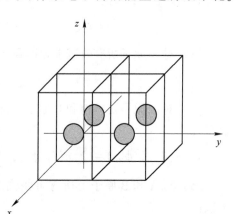

图 2.8 CASTEP 中的边界条件

函数乘积的形式，这些电子波函数可以采用以晶体倒易点阵矢量为波矢的一系列分离平面波函数来展开。这样单个电子波函数就是平面波的和，可以极大地简化 Kohn-Sham 方程；而且动能是对角化的，其各种势函数可以表示为相应的 Fourier 形式：

$$\sum \left[\, |k + G|^2 \delta_{GG'} + V_{ion}(G - G') + V_H(G - G') + V_{xc}(G - G') \, \right] C_{i,k+G} = \varepsilon_i C_{i,k+G}$$

$$(2.16)$$

式中，G 为倒易基矢；k 为波矢，反映了电子的能量状态[8~10]。

计算采用超晶胞结构的一个缺点是，在对某些随机分布的点缺陷结构建立模型时，体系中的单个缺陷将以无限缺陷阵列形式出现，因此在建立人为缺陷时，它们之间的相互距离应该足够远，以避免缺陷之间的相互作用而影响计算结果。

在计算表面结构时，应该适当选取切片模型厚度，减小切片间的相互作用[11~14]。

另外，采用周期性结构可以方便计算由原子位移引起的整体能量变化，引入外力或压强进行计算，有效地实施几何结构优化和分子动力学模拟。

为了能够使平面波基组计算中所采用的截止能量尽可能小，软件采用了超软赝势（ultrasoft pseudopotential）和模守恒赝势（norm-conserving pseudopotential）。在赝势基础上对体系电子优化使用的为 Pulay 密度混合算法，利用迭代计算更新基于量子力学的 Hessian 矩阵。每次迭带计算都获得新的应力张量和原子受力数据，同时结合共轭梯度或最陡下降法等收敛方法，可以快速找到物质基态结[5,11,15,16]。无论是分子结构计算还是晶体结构计算，自洽迭代计算对计算结果都有决定性的影响，一般的量子化学波函数算法，如 Hartree-Fock 算法或密度矩阵算法在自洽迭代计算方面的原理实际都是相同的，自洽计算的最终目的就是使得结构参数能够达到预期的精度，也就是达到收敛的要求。在 CASTEP 中首先根据计算体系的特点构造一个初始的基组轨道，利用这个基组轨道建立一个猜测的密度矩阵，用这个密度矩阵计算初始的单粒子有效势 V_{eff}，将其带入 Kohn-Sham 方程中做一次计算得到体系的新密度矩阵，将这两个密度矩阵进行对比，若差别落在预先设定的精度范围内，则满足条件，计算终止；若不满足，就用新得到的密度矩阵构造新的单粒子有效势，再次代入 Kohn-Sham 方程中，求解下一个密度矩阵，直到达到设定精度为止。

参 考 文 献

[1] 张利娟. Mg-Al 合金早期时效过程的第一原理及分子动力学研究 [D]. 昆明：昆明理工大学，2009.

[2] 杜晔平. 反应合成银氧化锡材料纳米颗粒第一原理与分子动力学研究 [D]. 昆明：昆明理工大学，2009.

[3] Segall M D, Pickard C J, Shah R, et al. Population analysis in plane wave electronic structure calculations [J]. Molecular Physics, 1996, 89：571-577.

[4] Segall M D, Shah R, Pickard C J, et al. Population analysis of plane-wave electronic structure calculations of bulk materials [J]. Physical Review B, 1996, 54：16317-16320.

[5] Segall M D, Lindan P J D, Probert M J, et al. First-principles simulation：ideas, illustrations and the CASTEP code [J]. Journal of Physics：Condensed Matter, 2002, 14：2717-2743.

[6] 国家自然科学基金委员会. 金属材料科学 [M]. 北京：科学出版社，1995，12：56-58.

[7] 熊志华，孙振辉. 基于密度泛函理论的第一性原理赝势法 [J]. 江西科学，2005，23（1）：1-4.

[8] Cocula V, Starrost F, Watson S C, et al. Spin-dependent pesudopotentials in the solid-state environment：Applications to ferromagnetic and anti-ferromagnetic metals [J]. The Journal of

Chemical Physics, 2003, 119: 7659-7671.

[9] Daw M S, Baskes M I. Embedded atom method: Derivation and application to impurities, surfaces, and other defects in metals [J]. Physical Review B, 1984, 29 (12): 6443-6453.

[10] White J A, Bird D M. Implementation of gradient-corrected exchange-correlation potentials in Car-Parrinello total-energy calculations [J]. Physical Review B, 1994, 50: 4954-4957.

[11] Wei S Q, Chou M Y. Phonon dispersions in silicon and germanium from first principles calculations [J]. Physical Review B, 1994, 50: 4859-4862.

[12] 胡利云. 锂离子电池正极材料 LiCoO$_2$ 的第一性原理研究 [D]. 江西：江西师范大学, 2005.

[13] Shanker J, Kushwah S S, Sharam M P. On the universality of phenomenological isothermal equations of state for solids [J]. Physica B, 1999, 271: 158-164.

[14] Yates J. First principles calculation of Nuclear Magnetic Resonance Parameters [D]. Ph. D. Thesis, Cambridge University, 2003.

[15] 冯端. 金属物理学（第一卷结构与缺陷）[M]. 北京：科学出版社, 1987.

[16] Seidl A, Gorling A, Vogl P, et al. Generalized Kohn-Sham schemes and the band-gap problem [J]. Physical Review B, 1996, 53: 3764-3774.

3 铅硼复合核辐射防护材料的组织与性能研究

传统铅基材料的基体为软基体铅，不能满足作为结构材料的要求。为了获得强度和硬度较高的新型铅基复合材料，满足结构功能一体化的要求，本章对添加 Al、Ce 的基体合金以及铅硼复合核辐射防护材料进行物相成分和显微组织的分析，探讨 Al、Ce 的加入对基体合金组织的影响，以及铅硼复合核辐射防护材料微观组织与 B 含量的关系；随后对铅硼复合核辐射防护材料的性能，包括力学性能、屏蔽性能和腐蚀性能进行详细研究，并对该材料的强化机制、屏蔽机理和腐蚀机理进行分析和探讨。

3.1 铅硼复合核辐射防护材料的物相结构分析

3.1.1 铅硼复合核辐射防护材料的 XRD 分析

基于 2.2 节的分析，本节选择试样 2 的 Pb-Mg 合金成分作为核辐射防护材料的基体，通过添加 Al 和 B，研究添加元素对核辐射防护材料组织和力学性能的影响；通过添加稀土元素 Ce，研究 Ce 对 Pb-Mg-Al 合金显微组织和腐蚀性能的影响。

图 3.1 所示为不同 Al 含量的 Pb-Mg 合金的 XRD 图。A_1、A_2、A_3 和 A_4 分别表示 Al 添加量为 0、5%、10% 以及 15%（质量分数）的 Pb-Mg 合金。参考 Mg、Pb、Mg_2Pb 和 $Mg_{17}Al_{12}$ 的标准谱（JCPDS 衍射数据库，卡号分别为 35-0821，23-0345、65-2998 和 01-1128），4 个试样的主要组成相都是 Mg、Pb 和 Mg_2Pb 金属间化合物，不同的是，A_2、A_3、A_4 在加入铝后，镁和铝发生反应，生成了 $Mg_{17}Al_{12}$ 化合物，出现了富余的铅相；随着铝量的增加，富余的 Pb 越多。

四组试样存在如下反应：

$$Pb + 2Mg \Longrightarrow Mg_2Pb \tag{3.1}$$

$$17Mg + 12Al \Longrightarrow Mg_{17}Al_{12} \tag{3.2}$$

反应式（3.1）和式（3.2）的吉布斯自由能分别为 -44.87kJ/mol 和 -625.34kJ/mol，二者都为负，且反应式（3.2）的吉布斯自由能远小于反应式（3.1），说明在与 Mg 反应的优先选择上 Al>Pb。由于 Al 优先于 Pb 与 Mg 反应，故在 A_2、A_3、A_4 中加入 Al 后，合金中富余 Pb 和 $Mg_{17}Al_{12}$ 化合物增多，而富 Mg 相有所减少。

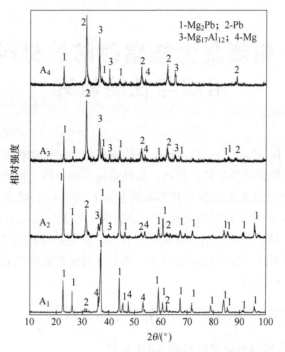

图 3.1 不同 Al 含量的 Pb-Mg 合金的 XRD

　　图 3.2 所示为在 A_3 合金成分基础上添加 Ce 的合金 XRD 图。由 XRD 分析结果可知，添加了 0.8%（质量分数）Ce 的 Mg-Pb-Al 合金 XRD 中除了包含前面的物相外，还出现了 Al_4Ce 的衍射峰（JCPDS 衍射数据库，卡号为 19-0006）。与 A_3 相比，Mg_2Pb 明显增多，$Mg_{17}Al_{12}$ 和 Pb 的衍射峰则减弱。这是由于 Ce 的加入，Al 与 Ce 反应生成了 Al_4Ce 化合物，与 Mg 反应的 Al 量减少，$Mg_{17}Al_{12}$ 衍射

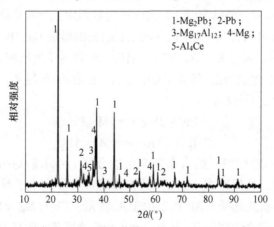

图 3.2 添加 0.8%（质量分数）Ce 的 Pb-Mg-Al 合金 XRD

峰减弱；而与 Pb 反应的 Mg 增多，因此 Mg$_2$Pb 衍射峰增强而 Pb 衍射峰减弱。

图 3.3 所示为不同 B 含量的 Pb-Mg-Al-B 合金的 XRD 图。C$_1$、C$_2$、C$_3$ 和 C$_4$ 分别表示 B 添加量为 0.5%、1.0% 、1.5% 和 2.0%（质量分数）的 Pb-Mg-Al-B 合金。在添加了 Mg-Al-B 中间合金后，材料的主要物相仍为 Mg$_2$Pb 化合物，还有少量的 Mg、Pb 相与化合物 Mg$_{17}$Al$_{12}$ 和 AlB$_2$。图 3.6 中从 C$_1$ 到 C$_4$ 富余的 Pb 相逐步减少，C$_4$ 的 XRD 中 Pb 的衍射峰已经很小；AlB$_2$ 的衍射峰增强，说明 AlB$_2$ 含量增多，有利于提高屏蔽材料的中子屏蔽能力；Mg 的衍射峰逐渐减弱，表明 Mg 减少，而在含 Mg 的合金中，Mg 一般作为腐蚀电池的阳极发生阳极反应，Mg 的减少将有益于提高屏蔽材料的腐蚀性能。

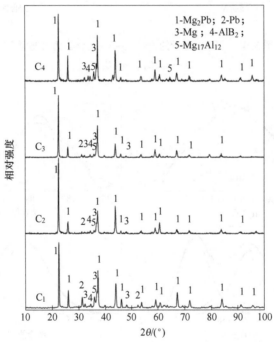

图 3.3　不同 B 含量的 Pb-Mg-Al-B 合金的 XRD

3.1.2　铅硼复合核辐射防护材料的 XPS 分析

选取 B 含量相对较多的试样 C$_3$ 和 C$_4$ 进行 X 射线光电子能谱分析。图 3.4 所示为 C$_3$ 和 C$_4$ 在结合能 0 ~ 1100eV 范围内的全扫描 XPS 谱。图 3.5 所示为是各元素的 XPS 图谱。从图 3.4 可以看出，表层除 Mg、Al 元素的光电子峰外，还存在 C、Na、K、Cl 等的光电子峰，C1s 的峰位对称地位于 284eV 附近，为常规表面污染碳特征。而 Na、K、Cl 光电子峰的存在是由于在试样制备过程中采用了 NaCl 和 KCl 熔盐保护的缘故。

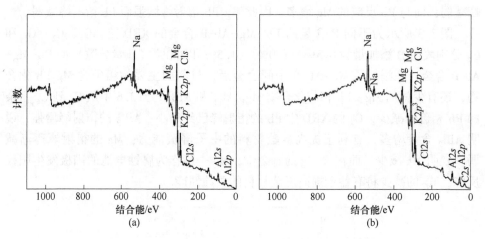

图 3.4   不同 B 含量的 Pb-Mg-Al-B 合金的 XPS 图谱

（a）C_3；（b）C_4

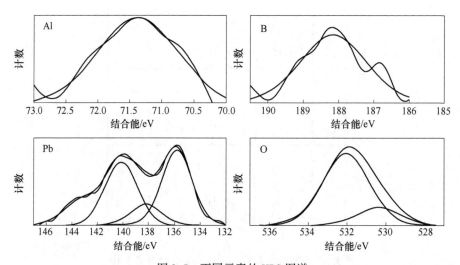

图 3.5   不同元素的 XPS 图谱

对 C_3 和 C_4 样品表面 Al2p、B1s、Pb4f 和 O1s 拟合谱分析显示，Al2p 的结合能为 71.4eV，B1s 的结合能为 188.2eV，分别与 AlB_2 中 Al 的结合能 71.9eV 和 AlB_2 中 B 的结合能 188.5eV 一致，说明 B 在合金中是以 AlB_2 化合物的形式存在。Pb 的 XPS 表明共有 4 个 Pb 的 4f 光电子谱峰，即 135.82eV、138.19eV、140.16eV 以及 142.89eV，其中 135.82eV 与单质 Pb 的 4f 电子结合能 136.4eV 较为相近，表明样品中含有单质 Pb；结合能为 138.19eV 和 140.16eV 分别与 PbO_2 和 PbO 中 Pb 的结合能相符，且 O1s 结合能分别为 530.3eV 和 532.06eV，这两个

结合能分别与 PbO_2 和 PbO 中 O 的结合能一致，说明样品中含有一定量的氧化态 Pb，应为样品氧化所致。

3.2 铅硼复合核辐射防护材料微观组织分析

3.2.1 Al 的存在形式以及对组织的影响

随着添加元素含量的变化，材料的微观组织也将发生变化。由 2.2 节的分析已知，在试样 1、2 和 3 中，试样 2 的组织最为理想，因此选择在试样 2（A_1 合金）成分的基础上，分别添加铝 5%、10% 及 15%（质量分数）（编号为 A_2、A_3 及 A_4）的三组 Mg-Pb 合金试样进行扫描电子显微镜（SEM）及能谱（EDS）分析，结果如图 3.6 ~ 图 3.8 所示。

3.2.1.1 铝元素在 Pb-Mg-Al 合金的存在形式

A A_2 合金的 SEM 像及能谱分析

添加了 5%（质量分数）Al 的 A_2 合金的 SEM 微观结构像如图 3.6 所示。A_2 合金的组织与未添加 Al 元素的 A_1 合金（图 2.3）相比有明显的差异。A_2 合金中出现新的比较细密的共晶组织（区域 3），经能谱分析确定为 $Mg+Mg_{17}Al_{12}$ 共晶组织。原来的 $Pb+Mg_2Pb$ 片层状共晶组织则发展成粗大骨架状（区域 2）。

在加入一定量的 Al 后，由于 Mg 元素与 Al 反应生成 $Mg_{17}Al_{12}$ 化合物的吉布斯自由能（-625.34kJ/mol）远低于 Mg 元素与 Pb 反应生成 Mg_2Pb 化合物的吉布斯自由能（-44.87kJ/mol），因此生成 $Mg_{17}Al_{12}$ 的倾向大于 Mg_2Pb，导致合金中单质 Mg 的减少。从组织形貌分析，与未添加铝的 A_1 合金相比，A_2 合金在冷却过程中，先析出较细密的 $(Mg+Mg_{17}Al_{12})$ 共晶组织（区域 3），由于 $(Mg+Mg_{17}Al_{12})$ 共晶组织的阻碍，$(Pb+Mg_2Pb)$ 层状共晶反应被抑制，$(Pb+Mg_2Pb)$ 组织形貌发生了变化，$(Pb+Mg_2Pb)$ 共晶相彼此依存以骨架状共晶的形态生长析出。

B A_3 合金的 SEM 像及能谱分析

图 3.7 所示为添加了 10%（质量分数）Al 的 A_3 合金的 SEM 微观组织。与 A_2 合金相比可以发现，随着 Al 含量的进一步增加，$Mg+Mg_{17}Al_{12}$ 共晶组织在合金中所占比例增大，且呈超细、超弥散状。对于 A_3 合金，由于 Al 的增加，富 Mg 相以胞状晶的形态从熔体中析出（区域 1）。且由于 Al 与 Mg 优先反应，使得与 Mg_2Pb 发生共晶反应的 Mg 量逐近减少，$(Pb+Mg_2Pb)$ 共晶组织被 $(Pb+Mg_2Pb)$ 共晶相所取代，$(Pb+Mg_2Pb)$ 共晶相的生长受到 $(Mg+Mg_{17}Al_{12})$ 共晶组织更大的阻力，形状由 A_2 中的骨架状演变成枝状晶（区域 2）。

C A_4 合金的 SEM 像及能谱分析

图 3.8 所示为添加了 15%（质量分数）Al 的 A_4 合金的 SEM 微观组织。继

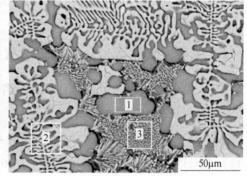

元素含量(原子百分数)/%	Mg	Al	Pb
区域1	90.00	5.05	4.95
区域2	67.44	1.52	31.04
区域3	74.84	19.37	5.79

图 3.6 A_2 合金的 SEM 像及能谱分析表

续增加 Al 含量,富 Mg 相几乎消失,（Pb+Mg$_2$Pb）共晶组织出现更大变化,枝状晶的生长受到新出现 Mg$_{17}$Al$_{12}$ 相（区域 1）的影响,进一步退化成不规则状。同时,（Mg+Mg$_{17}$Al$_{12}$）共晶组织变得粗大。

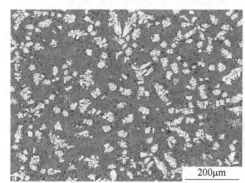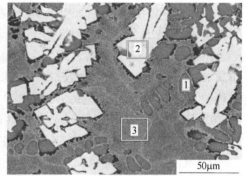

元素含量(原子百分数)/%	Mg	Al	Pb
区域1	90.00	5.05	4.95
区域2	62.96	0.00	37.04
区域3	72.23	21.88	5.89

图 3.7 A_3 合金的 SEM 像及能谱分析表

3.2.1.2 铝元素对 Pb-Mg-Al 合金显微组织的影响

分析比较 $A_1 \sim A_4$ 四组试样可以看出,元素 Al 对合金显微组织的演变为:未

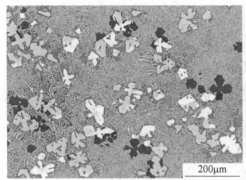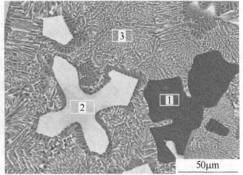

元素含量(原子百分数)/%	Mg	Al	Pb
区域1	61.09	38.91	0.00
区域2	61.56	0.00	38.44
区域3	74.37	19.79	5.84

图3.8 A_4 合金的 SEM 像及能谱分析表

添加 Al 元素的合金 A_1，（Pb+Mg_2Pb）共晶组织成片层状；添加了 5%（质量分数）Al 的 A_2 合金，合金中出现新的比较细密的另一共晶组织（Mg+$Mg_{17}Al_{12}$）。原先的 Pb+Mg_2Pb 相片层状共晶则呈骨架状分布；当 Al 含量增加到 10%（质量分数）（A_3）时，（Mg+$Mg_{17}Al_{12}$）共晶组织在合金中所占比例增大，且呈超细、超弥散的胞状组织，（Pb+Mg_2Pb）共晶组呈发育不完全枝状，此时合金的显微组织较为细密，组织结构较为理想；当 Al 的添加量达到 15%（质量分数）（A_4）时，富 Mg 相进一步减少，生成了新相 $Mg_{17}Al_{12}$，（Pb+Mg_2Pb）共晶组织退化成不规则状，而（Mg+$Mg_{17}Al_{12}$）共晶组织有粗化的趋势。

上述分析说明，Al 的添加，改变了合金在凝固过程中的热力学条件，使（Pb+Mg_2Pb）共晶组织生长受到了抑制，由片层状共晶组织演变成骨架状；在 Al 添加量达到 10% 时，（Pb+Mg_2Pb）共晶组织由枝状退化成不规则状。与此同时，随 Al 添加量的增加，另一共晶组织 Mg+$Mg_{17}Al_{12}$ 得以充分生长。

图 3.9 所示为 Pb-Mg-Al 合金凝固前沿及组织示意图。液相合金凝固时，当温度略低于实际凝固温度 T_m 时，便凝固形成图 3.9 所示的枝晶主干，这些枝晶主干加粗及伸长，并在两侧出现分枝，所排出的溶质使残余的液体逐渐富集而达到共晶成分，便出现了 Pb+Mg_2Pb 共晶组织。但由于共晶组织（Mg+$Mg_{17}Al_{12}$）的影响，导致枝晶的发育不完全，使得（Pb+Mg_2Pb）共晶组织的形貌发生改变，表现为不完全枝状或骨架状；而共晶组织（Mg+$Mg_{17}Al_{12}$）则填补在 Mg_2Pb 共晶组织长大过程中未占据的间隙，成为细密的胞状组织。

添加 Al 后，由此前的热力学分析计算可见，在反应式：（3.1）Pb+2Mg ═

Mg_2Pb 与 （3.2） $17Mg + 12Al = Mg_{17}Al_{12}$ 中，反应式 （3.2） 的反应生成自由能远低于反应式 （3.1） 的反应生成自由能，因此 Al 优先与 Mg 反应。XRD 分析结果表明，并无单质 Al 存在，Al 以化合物 $Mg_{17}Al_{12}$ 的形式存在于合金当中。因此，随着 Al 量的增加，富 Mg 相有所减少，直至几乎消失；同时，由于与 Pb 发生共晶反应的 Mg 量减少，改变了熔融合金的成分，使其偏离原先的共晶点，Al 含量越大，偏离度越大，合金成分向 Mg_2Pb 一

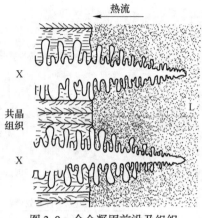

图 3.9　合金凝固前沿及组织

侧移动，促使析出的 Mg_2Pb 的含量增加，Mg 含量减少，直至形成 $Pb+Mg_2Pb$ 共晶组织。

对含 Al 的 Mg–Pb 合金中 （$Mg+Mg_{17}Al_{12}$） 共晶组织高倍 SEM （图 3.10） 分析表明，添加 Al 含量为 5% （质量分数） 的合金中 （$Mg+Mg_{17}Al_{12}$） 共晶组织较粗，添加 Al 量为 10% （质量分数） 的合金共晶组织最细密，当 Al 含量为 15% （质量分数） 时，（$Mg+Mg_{17}Al_{12}$） 组织反而变得粗大。究其原因，Mg_2Pb 的熔点为 551℃，而 $Mg_{17}Al_{12}$ 的熔点仅为 449℃[14]，在凝固过程中，Mg_2Pb 先于 $Mg_{17}Al_{12}$ 析出，形成一种钉扎作用，阻碍 （$Mg+Mg_{17}Al_{12}$） 共晶组织的生长，使后析出的 $Mg+Mg_{17}Al_{12}$ 共晶相变细，排布紧密。图 3.10 （a） 中，胞状 （$Mg+Mg_{17}Al_{12}$） 共晶组织尺寸约为 1μm，而图 3.10 （b） 中的组织细化为 0.5μm 左右。当添加的 Al 量为 15% 时，由于能与 Pb 反应生成 Mg_2Pb 的 Mg 继续减少，生成的 Mg_2Pb 与 A_3 相比存在较大的缩减，Mg_2Pb 的钉扎作用有所减弱，后析出的 （$Mg+Mg_{17}Al_{12}$） 共晶相变粗 （约为 2μm） （图 3.10 （c））。同时，析出的 （$Mg+Mg_{17}Al_{12}$） 共晶相对后析出的 （$Pb+Mg_2Pb$） 共晶相也有一定的反作用，制约其生长，使其从骨架状→未充分发育的枝状→不规则状演化。

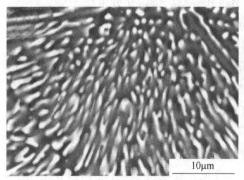

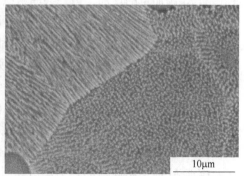

(a)　　　　　　　　　　　　　　(b)

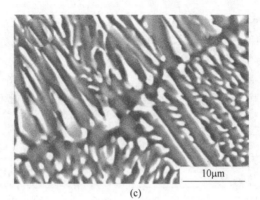

(c)

图 3.10 （Mg+Mg$_{17}$Al$_{12}$）共晶组织高倍 SEM 照片

（a）5%（质量分数）Al；（b）10%（质量分数）Al；（c）15%（质量分数）Al

3.2.2 Ce 的存在形式以及对组织的影响

一般而言，在合金中添加稀土元素可以细化晶粒，改善合金的腐蚀性能。为了研究稀土元素 Ce 对合金的显微组织和腐蚀性能的影响，在 A$_3$ 合金成分的基础上，分别添加了 0.4%（质量分数）、0.6%（质量分数）和 0.8%（质量分数）的 Ce。图 3.11 所示为添加不同 Ce 含量的合金显微组织变化情况。由 XRD 分析已知，与未添加稀土 Ce 的 A$_3$ 合金相比较，添加了稀土 Ce 的合金出现了针状化合物 Al$_4$Ce 相（图 3.11 中白线所示）。随着 Ce 含量的增加，针状相增多且变得粗大，（Pb+Mg$_2$Pb）共晶相呈骨架状分布，组织逐渐变细。这是因为稀土 Ce 具有活泼的化学性质，在合金中加入 Ce 后，由相图可知，Ce 与 Al、Mg 可能形成 Al-Ce 或 Mg-Ce 化合物。元素间形成化合物的难易程度可以根据电负性差值来判断，元素电负性差值越大，越容易形成金属间化合物。Ce 与 Al 的电负性差为 0.4，大于 Ce 与 Mg 的电负性差 0.1，而 Ce 与 Pb 并不形成化合物。这说明，在合金中加入 Ce 将优先形成 Al-Ce 化合物。Ce 首先争夺了合金中的 Al 生成 Al$_4$Ce，Mg$_{17}$Al$_{12}$ 相减少，使 A$_3$ 合金的铝含量降低接近 A$_2$ 合金的铝含量，使（Pb+Mg$_2$Pb）共晶相呈骨架状。从图 3.14 的组织演变过程可以看出，随着 Ce 含量的进一步增加，稀土元素细化组织的作用开始显现，以致使富 Mg 相与（Pb+Mg$_2$Pb）共晶相趋于细化。

3.2.3 B 的存在形式以及对显微组织的影响

作为中子屏蔽材料的重要组元，B 添加的多少对材料的热中子吸收和减慢起到至关重要的作用。在 A$_3$ 合金的基础上，选择添加量分别为 0.5%、1.0%、1.5% 和 2.0%（试样编号：C$_1$、C$_2$、C$_3$ 和 C$_4$）的 4 组 Mg-Pb-B 合金试样进行扫描电子显微镜（SEM）及能谱（EDS）分析，结果如图 3.12~图 3.15 所示。

图 3.11　不同 Ce 含量的合金显微组织
(a) 0%（质量分数）Ce（A_3 合金）；(b) 0.4%（质量分数）Ce；
(c) 0.6%（质量分数）Ce；(d) 0.8%（质量分数）Ce

3.2.3.1　C_1 合金的 SEM 像及能谱分析

从图 3.12 可以看出，在添加了 0.5%（质量分数）B 后，合金的组织形貌相比 A_3 而言，$Pb+Mg_2Pb$ 共晶组织存在明显变化，呈骨架状，尺寸较 A_3 略小；而 $Mg+Mg_{17}Al_{12}$ 共晶组织则排布较为稀松，晶粒较大；并且出现了新相——含 B 相，其在合金中所占比例较少，但它的出现对制备更高 B 含量的屏蔽材料有着一定的指导意义。

3.2.3.2　C_2 合金的 SEM 像及能谱分析

当添加 1%（质量分数）的 B 时，$Pb+Mg_2Pb$ 共晶组织为不完全枝状与骨架状混合；显微组织尺寸较 C_1 的小，$Mg+Mg_{17}Al_{12}$ 共晶组织与 C_1 相比无明显变化；含 B 相进一步增多，如图 3.13 所示。

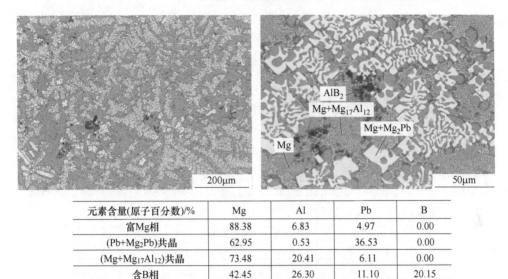

元素含量(原子百分数)/%	Mg	Al	Pb	B
富Mg相	88.38	6.83	4.97	0.00
(Pb+Mg₂Pb)共晶	62.95	0.53	36.53	0.00
(Mg+Mg₁₇Al₁₂)共晶	73.48	20.41	6.11	0.00
含B相	42.45	26.30	11.10	20.15

图 3.12 C_1 合金的 SEM 像及能谱分析表

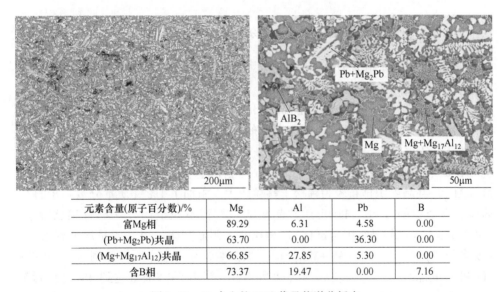

元素含量(原子百分数)/%	Mg	Al	Pb	B
富Mg相	89.29	6.31	4.58	0.00
(Pb+Mg₂Pb)共晶	63.70	0.00	36.30	0.00
(Mg+Mg₁₇Al₁₂)共晶	66.85	27.85	5.30	0.00
含B相	73.37	19.47	0.00	7.16

图 3.13 C_2 合金的 SEM 像及能谱分析表

3.2.3.3 C_3 合金的 SEM 像及能谱分析

继续增加 B 含量，合金组织中骨架状与枝状混合的（$Pb+Mg_2Pb$）共晶组织存在转化为骨架状与块状混合的趋势；含 B 相分布较为均匀；（$Mg+Mg_{17}Al_{12}$）共晶组织在合金中所占比例有所增加，如图 3.14 所示。

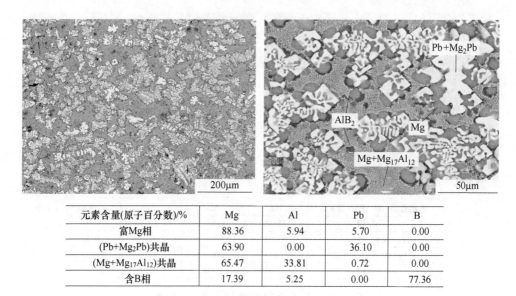

元素含量(原子百分数)/%	Mg	Al	Pb	B
富Mg相	88.36	5.94	5.70	0.00
(Pb+Mg₂Pb)共晶	63.90	0.00	36.10	0.00
(Mg+Mg₁₇Al₁₂)共晶	65.47	33.81	0.72	0.00
含B相	17.39	5.25	0.00	77.36

图 3.14 C_3 合金的 SEM 像及能谱分析表

3.2.3.4 C_4 合金的 SEM 像及能谱分析

图 3.15 所示为添加了 2%（质量分数）B 的 C_4 合金的微观组织。继续增加 B 含量，Pb+Mg₂Pb 共晶组织得到细化，而（Mg+Mg₁₇Al₁₂）共晶组织在合金中所占比例增加明显；骨架状的 Pb+Mg₂Pb 共晶组织生长受到（Mg+Mg₁₇Al₁₂）共晶组织的影响，演化成块状。含 B 相分布更为均匀。

分析比较 C_1 ~ C_4 四组试样，元素 B 对合金显微组织的演变为：添加 B 元素为 0.5%（质量分数）的合金 C_1，（Pb+Mg₂Pb）共晶组织呈骨架状；（Mg+ Mg₁₇Al₁₂）共晶组织排布较为稀松，晶粒较大。添加了 1%（质量分数）B 的 C_2 合金，合金中的（Pb+Mg₂Pb）共晶相则呈发育不完全的枝状与骨架状混合，（Mg+Mg₁₇Al₁₂）共晶组织与试样 C_1 相比并无明显变化。当 B 含量增加到 1.5%（质量分数）（C_3）时，（Mg+Mg₁₇Al₁₂）共晶组织在合金中所占比例增大；（Pb+ Mg₂Pb）共晶组织形貌为块状与骨架状混合。当 B 的添加量达到 2%（质量分数）（C_4）时，（Pb+Mg₂Pb）共晶组织演化成块状，而（Mg+Mg₁₇Al₁₂）共晶组织数量明显增多。从试样 C_1 ~ C_4，随着 B 含量的增加，含 B 相在合金中的比例逐渐增加，分布趋于均匀化。

3.2.4   高分辨透射电镜观察与分析

透射电子显微技术在材料研究的各个领域都得到了广泛应用，成为一种揭示材料结构的必要手段。材料的组织结构决定了材料的各种性能，是材料性能的内

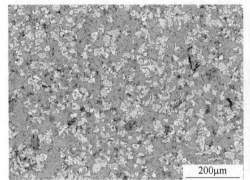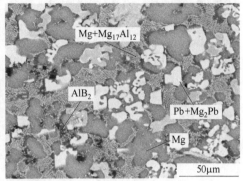

元素含量(原子百分数)/%	Mg	Al	Pb	B
富Mg相	88.34	6.36	5.29	0.00
(Pb+Mg₂Pb)共晶	61.71	0.00	38.29	0.00
(Mg+Mg₁₇Al₁₂)共晶	66.65	31.49	1.86	0.00
含B相	14.89	4.17	0.00	80.94

图 3.15　C_4 合金的 SEM 像及能谱分析表

在表现和基础。材料的宏观组织可以在光学显微镜下进行观察;扫描电镜使得放大倍数更高,观察得更为细致,但是仍主要集中在表面形貌的观察;背散电子可以观察到元素的聚集状况,但对析出相的晶体结构状况也无能为力。Pb-Mg-Al-B 合金作为一种新型合金,最为核心和最为困难的研究就是合金凝固时析出相的大小、形态、晶体结构与基体之间的晶体学关系。由于合金凝固后所获得的组织是多种多样的,随着组元和成分的不同,在组织中各种相的多少、形态、分布都会改变,因此不同成分的合金有着不同的性能,从而满足作为结构材料或功能材料的使用要求。结合实验数据和 Pb-Mg-Al-B 合金凝固过程的特点,选取两组具有代表性的试样 A_3 和 C_4 进行高分辨透射电镜的观察,以确定 Pb-Mg-Al-B 合金析出相和基体位向关系,为 Pb-Mg-Al-B 合金析出相与基体之间的异相界面的电子结构计算提供实验依据。

3.2.4.1　Pb-Mg-Al 合金的高分辨透射电镜分析

图 3.16 所示为 A_3 合金的透射电镜照片。从图 3.16(a)中可以清晰看出合金中明显地存在三种晶体,能谱分析它们分别为 Mg、$Mg_{17}Al_{12}$ 和 Mg_2Pb。图 3.16(b)所示为 Mg_2Pb 晶粒放大倍数为 5 万倍的高分辨透射电镜照片,Mg_2Pb 晶粒呈颗粒状,晶粒大小 200nm ~ 1μm。

图 3.17 所示为 Mg_2Pb、Mg 和 $Mg_{17}Al_{12}$ 的电子衍射花样。从图中可以看出,Mg_2Pb、Mg 和 $Mg_{17}Al_{12}$ 的衍射花样呈典型的各自晶格的衍射特征,在 Mg_2Pb 中并无溶质富集区和第二析出相存在。

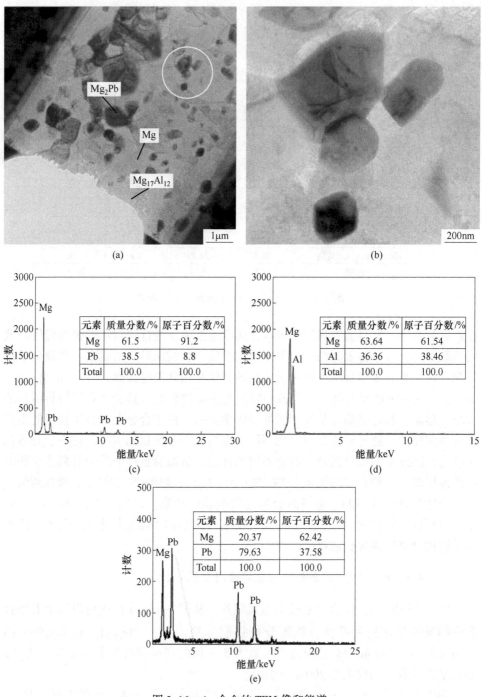

图 3.16   A$_3$ 合金的 TEM 像和能谱

透射电镜明场像：（a）10000×；（b）50000×

能谱分析：（c）Mg；（d）Mg$_{17}$Al$_{12}$；（e）Mg$_2$Pb

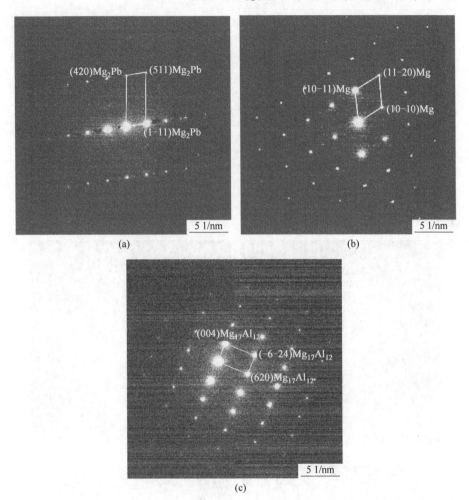

图 3.17 A₃ 合金的电子衍射花样

(a) Mg_2Pb；(b) Mg；(c) $Mg_{17}Al_{12}$

图 3.18 (a) 所示为 Pb-Mg-Al 合金晶界处的高分辨电镜像。对晶界处的高分辨像分别做傅里叶变换所得衍射花样如图 3.18 (b)~(d) 所示，对其进行电子衍射花样标定的结果表明该晶界处两侧的物相分别为 $Mg_{17}Al_{12}$ 和 Mg。图 3.18 (a) 中 b 区域为 $Mg_{17}Al_{12}$ 衍射花样经 IFFT 变换得到的原子排列图，将其放大见图 3.18 (e)；c 区域为 Mg 衍射花样经 IFFT 变换得到的原子排列图，将其放大见图 3.18 (f)。

在图 3.18 (e)、(f) 中，右下角为 TEM 衍射花样，左上角为 FFT 衍射花样，通过对比可以清楚地看见，$Mg_{17}Al_{12}$ 和 Mg 的 TEM 衍射花样与 FFT 衍射花样非常一致。由图 3.18 (e)、(f) 可清楚看出 $Mg_{17}Al_{12}$ 和 Mg 结构的原子排列，结合

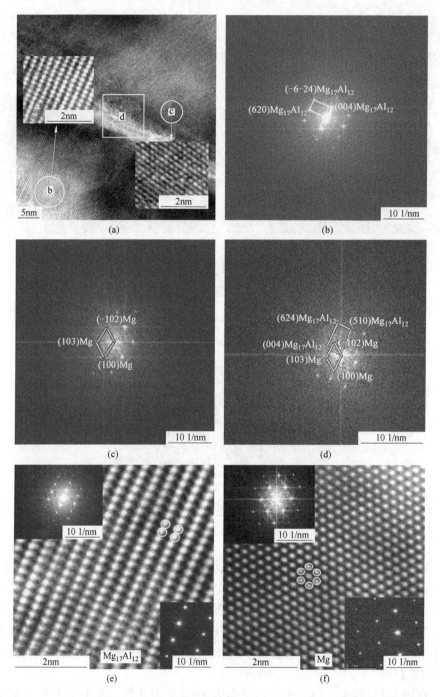

图 3.18　Pb-Mg-Al 合金（A₃）的高分辨电镜像（a）、经 FFT 变换的电子衍射花样（b）、
Mg₁₇Al₁₂ 晶界（c）、Mg 晶界（d）、Mg₁₇Al₁₂ 经 IFFT 变换的
结构像（e）和 Mg 经 IFFT 变换的结构像（f）

其晶界处经 FFT 变换得到的衍射花样［图 3.18(d)］，经过标定，发现 $Mg_{17}Al_{12}$ 和 Mg 具有如下位相关系：

$$(100)\,Mg\,/\!/\,(510)\,Mg_{17}Al_{12}$$

$$[010]\,Mg\,/\!/\,[1\overline{3}0]\,Mg_{17}Al_{12}$$

3.2.4.2 Pb-Mg-Al-B 合金的高分辨透射电镜分析

图 3.19 所示为 C_4 合金的透射电镜照片。从图 3.19（a）结合能谱图 3.19（c）~（f）分析可以得出，合金的组成相为 Mg_2Pb、Mg、Pb、$Mg_{17}Al_{12}$ 和 AlB_2。与 Pb-Mg-Al 合金不同的是，Pb-Mg-Al-B 合金出现了 AlB_2；Mg_2Pb 呈颗粒状和条状，晶粒尺寸为 0.5μm 左右。图 3.19（b）表明 Mg_2Pb 中存在一些颜色较深的尺寸在几十个纳米左右的细小颗粒。区域的能谱分析图 3.19（d）表明，

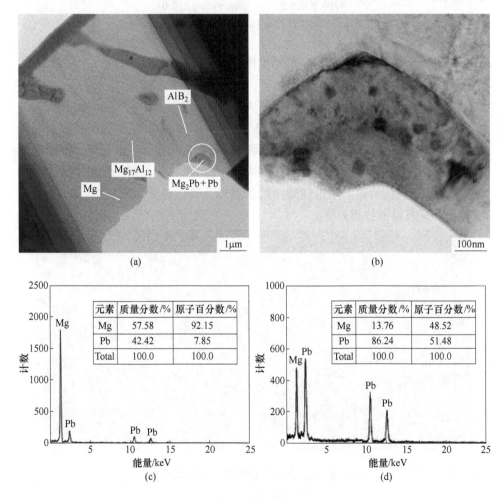

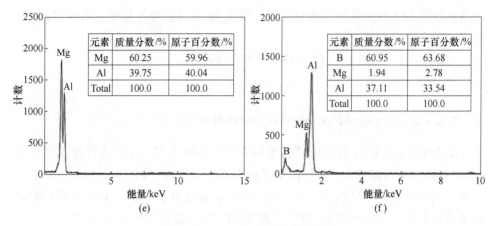

图 3.19　C_4 合金的 TEM 像和能谱

透射电镜明场像：（a）10000×；（b）50000×

能谱分析：（c）Mg；（d）Mg_2Pb+Pb；（e）$Mg_{17}Al_{12}$；（f）AlB_2

在图 3.19（b）区域中 Mg 与 Pb 的原子比约为 1∶1，说明在 Mg_2Pb 中形成了 Pb 的局部富集区。

图 3.20 所示为 C_4 合金中 Mg_2Pb 和 AlB_2 的电子衍射花样。从图中可以看出，在 Mg_2Pb 的衍射斑点附近出现明显的 Pb 的衍射花样斑点，这种情况往往表明有第二相粒子出现。这是由于由溶质原子聚集成的沉淀物提供了散射能力不同于基体的很小的中心，同时由于溶质原子和溶剂原子的尺寸的不同，使基体发生弹性畸变，使得基体衍射斑点附近出现小的衍射斑点群。经分析发现 Mg_2Pb 基体与 Pb 析出相具有以下位相关系：

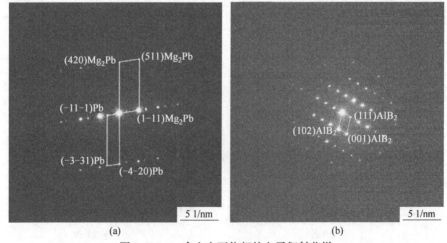

图 3.20　C_4 合金主要物相的电子衍射花样

（a）Mg_2Pb；（b）AlB_2

$$(\bar{1}11)Pb//(\bar{1}1\bar{1})Mg_2Pb$$

$$(\bar{4}\ 20)Pb//(420)Mg_2Pb$$

$$[24\ \bar{6}]Pb//[\bar{2}\ \bar{4}\ \bar{6}]Mg_2Pb$$

图 3.21（a）所示为 C_4 合金晶界处的高分辨电镜像。对晶界处的高分辨像分别做傅里叶变换所得衍射花样如图 3.21（b）~（d）所示，对其进行电子衍射花样标定的结果表明该晶界处两侧的物相分别为 Mg_2Pb 和 AlB_2。

图 3.21（a）中 b 区域为 Mg_2Pb 衍射花样经 IFFT 变换得到的原子排列图，将其放大见图 3.21（e）；c 区域为 AlB_2 衍射花样经 IFFT 变换得到的原子排列图，将其放大见图 3.21（f）。在图 3.21（e）、（f）中，右下角为 TEM 衍射花样，左上角为 FFT 衍射花样，通过对比可以清楚地看见，Mg_2Pb 和 AlB_2 的 TEM 衍射花样与 FFT 衍射花样非常一致。由图 3.21（e）、（f）可清楚看出 Mg_2Pb 和 AlB_2

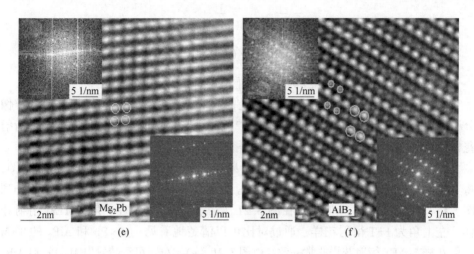

图3.21 Pb-Mg-Al-B合金（C₄）的高分辨电镜像（a）、经FFT变换的电子衍射花样（b）、
Mg₂Pb晶面（c）、AlB₂晶面（d）、Mg₂Pb经IFFT变换的结构像（e），
AlB₂经IFFT变换的结构像（f）

结构的原子排列，结合其晶界处经FFT变换得到的衍射花样（图3.21（d）），经过标定，发现Mg₂Pb和AlB₂具有如下位相关系：

$$(420)Mg_2Pb//(102)AlB_2$$

$$[\overline{24}6]Mg_2Pb//[0\overline{1}0]AlB_2$$

图3.22（a）所示为Pb-Mg-Al-B样品的透射电镜照片，可以看出，在Mg₂Pb基体中产生了析出相，均匀弥散地分布在基体内，大小为10~20nm。区域能谱分析表明，Pb的含量约为51.48%（质量分数），电子衍射花样证实了该区域存在Pb单质，即Pb与Mg₂Pb的衍射斑点同时有序存在。由于母相中弥散分布的析出相较为细小，故采用电子衍射花样确定它的组织结构。

对析出相做透射电镜像，结果如图3.22（b）所示，图中A箭头所指为Mg₂Pb的衍射斑点，B箭头所指为Pb的衍射斑点。Mg₂Pb基体与Pb的高分辨像如图3.22（c）所示，可以清晰地看到析出相与基体之间保持良好的共格关系。Mg₂Pb基体与析出相Pb的晶格条纹都为{111}晶面族，Mg₂Pb基体的晶格晶距约为0.391nm，可见晶格条纹对应面心立方Mg₂Pb的（1ī1）晶面，晶面晶距十分接近Mg₂Pb的（1ī1）晶面晶距0.393nm；而析出相Pb的晶格晶距约为0.283nm，晶格条纹对应面心立方Pb的（ī1ī）晶面，晶面晶距比Pb的（ī1ī）晶面晶距0.285nm略小。对析出相和基体的高分辨透射电镜像图3.22（c）进行FFT变换，衍射花样如图3.22（d）所示，发现析出相与母相的FFT衍射花样图3.22（d）和TEM衍射花样图3.22（b）十分一致。

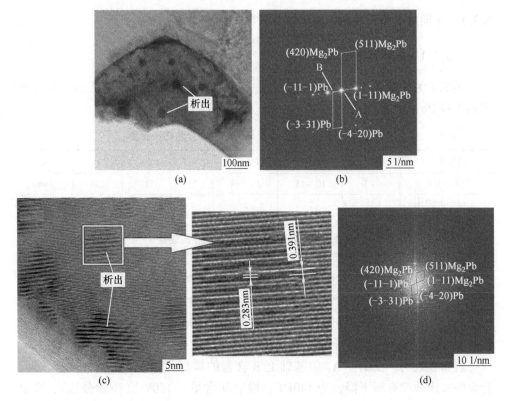

图 3.22　C_4 合金析出相的透射电镜像（a）、电子衍射花样（b）、
高分辨电镜像（c）及经 FFT 变换的电子衍射花样（d）

3.3　铅硼复合核辐射防护材料力学性能分析

众所周知，铅的熔点 T_m 为 600K，由工业纯金属再结晶温度与其熔点之间的经验关系：

$$T_{再} = (0.35 \sim 0.40) T_m \qquad (3.3)$$

可知，铅的理论再结晶温度（约为 240K）低于常温，因此，铅在常温下发生变形的同时会产生回复与再结晶；铅在低应力作用下连续变形，这种变形最终会导致在远低于其极限抗拉强度时失效，传统的强化技术如固溶强化、加工应变强化对铅及其合金不适用。因此，需要另辟思路来使铅基复合材料的强度有突破性的提升，以达到或接近普碳钢的强度水平，满足结构材料的要求。

本小节主要考察 Pb-Mg-Al 和 Pb-Mg-Al-B 合金的抗拉强度、硬度等力学性能，分析合金元素 Al、B 的添加量对其力学性能的影响，探索提高合金力学性能的方法，以指导其他低熔点软金属的强化。

3.3.1 不同成分铅硼复合核辐射防护材料的硬度

3.3.1.1 材料的布氏硬度

表 3.1 为含铝量不同的 4 种 Pb-Mg-Al 合金的布氏硬度；表 3.2 为含 B 量不同的 4 种 Pb-Mg-Al-B 合金的布氏硬度。

表 3.1 Pb-Mg-Al 合金与传统铅合金的布氏硬度

合金编号	纯 Pb	Pb-Ca	Pb-Sb	A_1	A_2	A_3	A_4
硬度（HB）	4~9	10~15	10~18	71	117	156	146
提升倍数	1	2	2	8	13	17	16

表 3.2 Pb-Mg-Al-B 合金的布氏硬度

合金编号	C_1	C_2	C_3	C_4
硬度（HB）	140	160	129	118

由表 3.1 可以看出未添加铝的 Pb-Mg 合金的硬度是纯铅的 8~18 倍；添加了铝的 A_2、A_3、A_4 样合金的硬度分别是纯铅的 13~29 倍、17~39 倍、16~36 倍。

表 3.2 表明，在试样 A_3 的基础上 B 含量的添加为 0.5%（质量分数）时，合金的布氏硬度有所下降，为 140HB；增加 B 含量至 1.0%（质量分数），合金硬度达到 160HB，接近且略高于 A_3；当 B 含量增至 1.5%（质量分数）后，硬度呈下降趋势；在 B 含量为 2.0%（质量分数）处，合金硬度最低。

不同 Al 含量和 B 含量的几种合金布氏硬度的变化曲线如图 3.23 所示。由图 3.23（a）可以看出，未添加铝的 A_1 样的布氏硬度比传统铅合金显著提高，这是因为在 A_1 样中 Mg 与 Pb 反应生成了 Mg_2Pb 的缘故。Mg_2Pb 属于金属间化合物，金属间化合物中不仅有金属键，还有离子键、共价键，共价键的出现使得原子间的结合力增强，化学键趋于稳定，具有高硬度的特性；而且 A_2、A_3、A_4 样中还生成了另外一种金属间化合物 $Mg_{17}Al_{12}$ 以及与这种化合物相关的细密、弥散胞状共晶组织 $Mg+Mg_{17}Al_{12}$。共晶组织作为主要增强相对合金的力学性能起重要作用，并且胞状共晶组织的出现使得合金的组织得到细化。随着铝的继续增加，胞状共晶组织进一步增多，A_3 的布氏硬度达到了普碳钢的水平，但当铝的添加量为 15%（质量分数）时，合金 A_4 的硬度略有下降，这是由于 $Mg+Mg_{17}Al_{12}$ 共晶组织晶粒变粗的缘故。

图 3.23（b）表明，合金的布氏硬度随 B 含量的增加存在一个先增后减的趋势，当 B 含量为 1.0%（质量分数）时，合金硬度最大。在 C 组合金中 C_2 的各相组织最为细密，组织愈细，变形时同样的变形量便可分散到更多的颗粒中，产

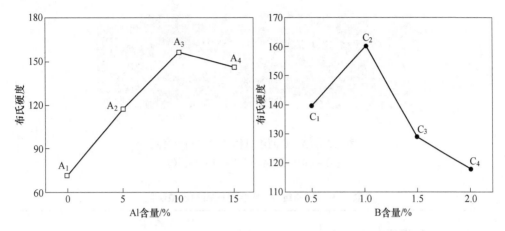

图 3.23　不同 Al 含量（a）和 B 含量（b）对合金布氏硬度的影响

生较均匀的变形而不致造成局部应力集中，引起裂纹的过早产生与发展。由于作为增强相的 $Mg+Mg_{17}Al_{12}$ 胞状共晶组织小而数量多，导致位错滑移障碍增多，更有效地增加了对位错滑移的阻碍作用，从而提高了合金的布氏硬度。

3.3.1.2　材料的显微硬度

通过显微硬度试验，可分析讨论金相组织中各组成相的硬度及研究金属化学成分、组织状态与性能之间的关系。图 3.24（a）~（d）所示为 A_1、A_2、A_3、A_4 的组成相示意图，对 4 组 Pb-Mg-Al 合金的各相（组织）测试其显微硬度，所得各相（组织）的显微硬度见表 3.3 和表 3.4。图 3.24（e）~（h）中 C_1、C_2、C_3、C_4 各组成相与 A 组试样的区别在于存在点状的含硼相，而由于含硼相的尺寸较小，故无法对其进行显微硬度测试。

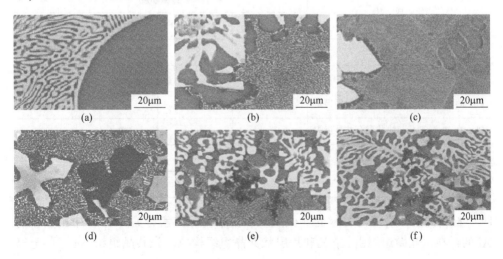

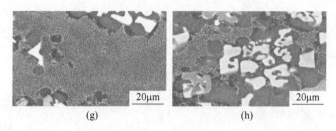

(g)　　　　　　　　　　(h)

图 3.24　A、C 两组试样的组成相示意图

(a)～(d) A_1～A_4；(e)～(h) C_1～C_4

表 3.3　Pb-Mg-Al 合金组成相的显微硬度

组成相	显微硬度			
	A_1	A_2	A_3	A_4
Mg 相	57.8	57.6	57.7	—
Pb+Mg₂Pb 片层状共晶组织	97.3	—	—	—
Pb+Mg₂Pb 骨架状共晶组织	—	98.6	—	—
Pb+Mg₂Pb 枝状共晶组织	—	—	100.4	—
Pb+Mg₂Pb 不规则状共晶组织	—	—	—	100.5
Mg+Mg₁₇Al₁₂ 胞状共晶组织	—	96	104	95
Mg₁₇Al₁₂ 相	—	—	—	110.4

表 3.4　Pb-Mg-Al-B 合金组成相的显微硬度

组　成　相	显微硬度			
	C_1	C_2	C_3	C_4
Mg 相	58.1	58.2	57.9	58.0
Pb+Mg₂Pb 骨架状共晶组织	99.8	—	—	—
Pb+Mg₂Pb 骨架状与枝状混合共晶组织	—	100.2	—	—
Pb+Mg₂Pb 骨架状与块状混合共晶组织	—	—	100.1	—
Pb+Mg₂Pb 块状共晶组织	—	—	—	99.5
Mg+Mg₁₇Al₁₂ 胞状共晶组织	97	98	97	96

材料的显微硬度与材料的显微组织、相结构等因素有关。A_1 样中由于没有 Al 的存在，显微组织由 Mg 相和片层状共晶组织构成。先共晶组织 Mg 相的显微

硬度为57.8HV，（Pb+Mg$_2$Pb）片层状共晶组织的显微硬度为97.3HV。

A$_2$样在加入了5%的Al后，骨架状（Pb+Mg$_2$Pb）共晶组织取代了A$_1$样中的片层状共晶组织，并且生成了细密的（Mg+Mg$_{17}$Al$_{12}$）胞状共晶组织。骨架状（Pb+Mg$_2$Pb）共晶组织的显微硬度为98.6HV，比层共晶组织略有增加。

Al含量增加至10%后（A$_3$样品），骨架状（Pb+Mg$_2$Pb）共晶组织演变成枝状，其显微硬度为100.4HV。而且在A$_3$样中（Mg+Mg$_{17}$Al$_{12}$）胞状共晶组织更加细密，其显微硬度为104HV，比A$_2$样提高了11%，这是由于A$_3$样中的胞状共晶组织比A$_2$样更细小、更致密的缘故。

当Al含量为15%时，即A$_4$样，Mg$_{17}$Al$_{12}$相取代了Mg相，Mg$_{17}$Al$_{12}$相的显微硬度为110.4HV；且（Mg+Mg$_{17}$Al$_{12}$）胞状共晶组织较A$_3$样疏松，其显微硬度下降至95HV，与A$_2$样相近。

因此，从图3.24及表3.3可以看出，随着铝含量的增加，材料的显微组织与相结构发生变化，包括层状共晶组织→骨架状共晶组织→枝状共晶组织→不规则状共晶组织的转变及胞状共晶组织细密化。由于组织更为致密化，其显微硬度有一定幅度的提升。

C$_1$样的显微组织由Mg相、AlB$_2$相、（Pb+Mg$_2$Pb）骨架状共晶组织和（Mg+Mg$_{17}$Al$_{12}$）胞状共晶组织构成。Mg相的显微硬度为58.1HV，（Pb+Mg$_2$Pb）骨架状共晶组织的显微硬度为99.8HV，（Mg+Mg$_{17}$Al$_{12}$）胞状共晶组织的显微硬度为97HV。

C$_2$样在加入了1.0%的B后，骨架状（Pb+Mg$_2$Pb）共晶组织演变成发育不完全的枝状与骨架状混合的共晶组织，并且（Mg+Mg$_{17}$Al$_{12}$）胞状共晶组织变化不明显。（Pb+Mg$_2$Pb）共晶组织的显微硬度为100.2HV，比C$_1$略有增加。

B含量增加至1.5%后（C$_3$样品），（Pb+Mg$_2$Pb）共晶组织进一步退变为块状与骨架状混合，其显微硬度为100.1HV。而且在C$_3$样中（Mg+Mg$_{17}$Al$_{12}$）胞状共晶组织增多，其显微硬度为97HV。

当B含量为2.0%时，即C$_4$样，（Pb+Mg$_2$Pb）共晶组织进一步退变为块状，其显微硬度为99.5HV。（Mg+Mg$_{17}$Al$_{12}$）胞状共晶组织显微硬度为96HV。

从图3.24及表3.4可以看出，随着B含量的增加，C系列合金的显微组织与相结构发生变化。C$_2$合金各组成相的显微硬度略高于其他合金，因此C$_2$合金的布氏硬度也较高。

综上分析可以发现，A系列和C系列合金的布氏硬度的提升趋势与共晶组织显微硬度的变化趋势相一致。

3.3.2 核辐射防护材料的抗拉强度

传统铅的再结晶温度低，在室温条件下变形，将会同时发生动态回复及动态再结晶过程，一般传统的强化技术如固溶强化、冷加工应变强化难以在实际当中得到利用。本书分析在合金中加入 Mg、Al、B 等合金元素生成金属间化合物，这些化合物键合力强、稳定性高，通过提高物相的键合力可使铅基材料得到有效的强化。Al 的添加，使得合金化合物变得细小，晶界、相界的总面积增大，位错的运动变得越困难，使 Pb-Mg-Al 合金在较高温度下亦能保持较高的强度性质。而 B 的添加对提高材料特别是金属间化合物材料的塑性有很大的帮助。强度和塑性是体现材料力学性能的两个重要指标。图 3.25 所示为 C 组合金的拉伸曲线图，表 3.5 列出了不同铝含量的 Pb-Mg-Al 合金（A 组）与不同硼含量的 Pb-Mg-Al-B 合金（C 组）的抗拉强度和伸长率。

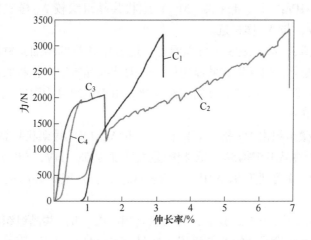

图 3.25　C 系列合金的拉伸曲线

图 3.25 中 C_2 的拉伸曲线表明，拉伸力较小时，试样伸长随力的增加而增加，此时试样处于弹性变形阶段；当拉伸力达到 1500N 左右时，试样产生了塑性变形；最后在拉伸力为 3400N 左右处试样断裂。而 C_4 的拉伸曲线上只有弹性变形阶段。C_1 和 C_3 的拉伸曲线上有弹性变形和不均匀塑性变形两个阶段。

表 3.5 为传统 Pb 及其合金与 A 和 C 组合金的抗拉强度对比，可以看出 Pb-Mg-Al 合金（A 系列合金）的抗拉强度随着 Al 含量的增加而增大，在 Al 含量为 10%（质量分数）时达到最高值 235MPa，继续增加 Al 含量，其抗拉强度反而降低；Pb-Mg-Al-B 合金（C 系列合金）的抗拉强度随 B 含量的不同呈现出一个下降的趋势，在 B 含量为 0.5%（质量分数）处达到 116MPa，随后呈下降趋势，在 2.0%（质量分数）处降至 64MPa。C 系列合金的伸长率出现一个先升后降的过程，在 1.0%（质量分数）处达到最大值，为 6.87%，然后随 B 含量的增加而降低。

表 3.5 Pb 及其合金与 A 和 C 组合金抗拉强度

材料名称	抗拉强度/MPa	伸长率/%
A_1	103	0.23
A_2	228	0.48
A_3	235	0.24
A_4	210	0.20
C_1	116	3.19
C_2	105	6.87
C_3	67	1.47
C_4	64	0.81
纯 Pb	10~20	30~50
Pb-Ca 合金	20~30	30~47
Pb-Sb 合金	17~29	40

图 3.26 所示为 Pb-Mg-Al 合金与纯铅、Pb-Ca、Pb-Sb 合金的力学性能对比；图 3.27 所示为 Pb-Mg-Al-B 合金与 Pb-Mg-Al 合金中的 A_3 合金力学性能对比。对比结果说明，Pb-Mg-Al 合金的抗拉强度和布氏硬度相比传统的铅合金而言，提升效果十分明显，其强度和硬度值接近于低碳钢水平，这就提供了一条新的低熔点软合金强化途径，即利用软金属与其他元素生成的金属间化合物所具有的强键合特征，实现强度的增强。虽然 Pb-Mg-Al-B 合金的强度较 Pb-Mg-Al 合金有所下降，但硬度却得到了增强，而且伸长率也大幅提升，这些与 B 的添加以及由 B 的加入引起的显微组织变化有关。

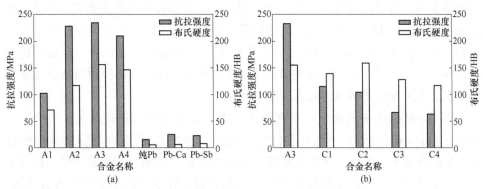

图 3.26 抗拉强度和布氏硬度对比

(a) Pb 及其合金与 A 组合金；(b) A_3 与 C 组合金

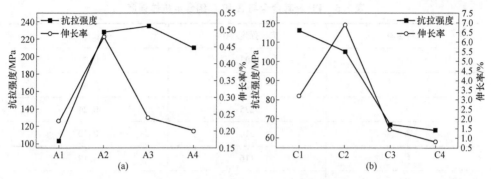

图 3.27 A 系列（a）与 C 系列（b）合金的抗拉强度和伸长率

不同种类原子构成晶体时，因其原子外层的电子云分布不同，导致晶体化学键的不同，而原子键合方式和强度则确定了晶体的各种物理力学性能。在 A 系列和 C 系列合金中，由于 Al、B 等元素的添加，出现了大量的金属间化合物 Mg_2Pb、$Mg_{17}Al_{12}$ 和 AlB_2 等。金属间化合物因结构的长程特性使其化学键为混合键结合，各原子间的结合力增强，从而使 A 系列和 C 系列合金的强度较高。

另外，合金中生成的增强相的细密化对合金的强化效果同样显著。在 A_1 中由于没有添加 Al，未生成新的增强相，其抗拉强度为 103MPa。在 A_2、A_3、A_4 中添加 Al 后，Mg 与 Al 会发生共晶反应，形成细胞状 $Mg_{17}Al_{12}$ 相，均匀分布于基体内，从而形成细密的（$Mg+Mg_{17}Al_{12}$）共晶组织，提高了合金的机械强度。从 A_2 至 A_4，Al 含量逐渐增加，（$Mg+Mg_{17}Al_{12}$）增强相尺寸呈粗—细—粗的变化趋势。晶粒愈细小，晶界的总面积愈大，位错的运动愈困难；同时，晶粒愈细小，相界面愈多，裂纹扩张的障碍就多，裂纹扩张路径变长，断裂抗力增大，因而产生较均匀的变形而不致造成局部应力集中、引起裂纹的过早萌生与扩展，使材料强度高。在 A 组合金中，由于 $Mg+Mg_{17}Al_{12}$ 增强相尺寸最为细密，弥散化程度最高，且数量最多，因此 A_2 的抗拉强度最高。Pb-Mg-Al 合金的塑性很差主要是由于 Mg 与 Pb 发生反应生成的金属间化合物 Mg_2Pb 为脆性相，金属间化合物阻碍了位错的长程滑移，从而制约了基体的变形；此外，化合物的断裂应变一般很低，在外加应变较低时就会大量断裂。

在 Pb-Mg-Al-B 合金（C 系列合金）中，C_2 各组织分布较其他 3 个合金的均匀，（$Mg+Mg_{17}Al_{12}$）增强相弥散程度较高，因此 C_2 的力学性能较其他的要好。B 的添加大大改善了合金的塑性，是未添加 B 的几倍，甚至数十倍。B 属于强化型杂质元素，它的电负性相对金属元素较弱，并不会从金属原子吸引电荷，电荷会均匀分布于杂质和原子之间，结果杂质元素和金属之间形成共价键合，提供了额外的结合力，从而导致晶界强化。

3.3.3 核辐射防护材料的显微断口分析

在 A 组合金中选取具有较高强度和一定耐蚀性的 A_3 合金进行断口扫描，与 C 组合金的拉伸断口进行对比分析，研究 Pb-Mg-Al-B 合金的断裂机制。断口扫描如图 3.28 所示，图 3.28 (a)、(b) 为 A_3 的断口，图 3.28 (c)、(d) 为 C_1 的断口，图 3.28 (e)、(f) 为 C_2 的断口，图 3.28 (g)、(h) 为 C_3 的断口，图 3.28 (i)、(j) 为 C_4 的断口。

合金 A_3 的低倍形貌如图 3.28 (a) 所示，断口没有明显的扩展区，界面棱角清晰，多面体感很强，表明了断裂主要发生在合金内部；高倍扫描电镜照片如图 3.28 (b) 所示，可以看出，显微断口中有少许解理面，这是由于在合金中化合物相 Mg_2Pb 为脆性相，当断裂发生时，这些脆性相在拉应力的作用下，沿着某一解理晶面发生断裂，断口上有明显的撕裂带，断口形貌呈冰糖状，具有解理断裂和沿晶脆断的混合断口形貌，断口有白色点状相。

从 C_1 的断口形貌图 3.28 (c)、(d) 中可以看出，断口表面形貌为脆性断裂和塑性断裂的混合断口，断面上有少量的韧窝，同时有准解理面存在。由图 3.28 (c) 可以发现，断口表面凹凸不平，断面为典型的准解理断口微观形貌，在准解理小平面内出现了一些放射状的呈河流花样台阶。图 3.28 (d) 中有部分由塑性变形产生的韧窝，且韧窝较浅。

C_2 的断口形貌图 3.28 (e)、(f) 表明，断口上分布着大量首尾相连的撕裂棱，撕裂棱之间为一些大小不等的凹坑韧窝，韧窝较深，呈明显的韧窝断裂特征；在韧窝底部可以看到夹杂或第二相颗粒，显示了良好的塑性。从 C_3 的断口形貌图 3.28 (g)、(h) 可以看出，断口存在大量短而直的撕裂棱，撕裂棱较为突出；断面上有解理面存在，在解理面上有呈河流状花样的台阶，表现为解理断裂。由 C_4 的断口形貌图 3.28 (i)、(j) 可见，其断口形貌为脆性沿晶断裂；断口无明显的撕裂带，断口形貌呈冰糖状。

Pb-Mg-Al-B 合金的断口表明，合金的变形能力介于金属与陶瓷之间，其断裂行为主要取决于合金中占很大比例的金属间化合物共晶组织的形状、大小以及分布。由于金属间化合物具有较高强度和硬度的特征，它们与基体的变形差别很大，拉伸时在共晶组织特别是其端部尖锐处会发生较大的应力集中而产生裂纹，随着拉伸这些微裂纹长大，临近的微裂纹将连接成较大的裂纹。

Pb-Mg-Al-B 合金在拉伸断裂时，影响其裂纹萌生的因素主要有两个方面：(1) 晶粒尺寸的影响。B 含量为 0.5% （质量分数）时，合金微观组织中 $Pb + Mg_2Pb$ 共晶组织尺寸较为粗大，并主要以枝晶状存在，在拉伸应力作用下，在枝晶的尖角处容易受到应力集中而萌生裂纹，但由于大量的较为细密的 $Mg + Mg_{17}Al_{12}$ 共晶组织的存在，阻碍了裂纹的扩张，而使合金具有一定的塑性。当 B

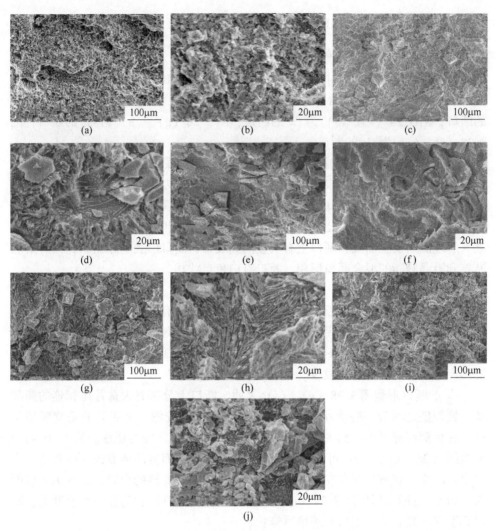

图 3.28　A_3 和 C 组合金拉伸断口 SEM 照片

含量增加至 1.0% （质量分数），合金组织中的枝晶状 $Pb+Mg_2Pb$ 共晶组织被细化，尺寸明显减小且演化成棱角钝化的骨架状，使得裂纹萌生困难，表现出良好的塑性。继续增加 B 含量，则 AlB_2 有所增加，这样就消耗了 Al，Al 的有益性下降，导致细密的 $Mg+Mg_{17}Al_{12}$ 共晶组织减少，$Pb+Mg_2Pb$ 共晶组织尺寸反而长大，从而使合金的塑性降低。（2）晶粒形貌的影响。当 $Pb+Mg_2Pb$ 共晶组织颗粒粗大、尖角锐利时，在外力作用下不仅自身会萌生裂纹，而且在晶粒尖端会割裂其他组织，造成应力集中，使其萌生裂纹；相反，晶体颗粒形貌圆润，尖角钝化则不利于自身的开裂和其他组织的裂纹萌生。

3.3.4 铅硼复合核辐射防护材料强化机制的第一性原理分析

通过前面的物相和显微组织分析可知,在 Pb-Mg-Al-B 合金中存在着 Mg_2Pb、$Mg_{17}Al_{12}$ 和 AlB_2 等金属间化合物。而金属间化合物中不同种类的原子间强键合和有序排列及可能由此导致的晶体结构的低对称性,导致原子和位错在高温下的可动性降低,晶体的结构更加稳定,使金属间化合物通常具有优良的高温强度和刚度。可根据组成元素的原子序数和在给定晶体结构的晶胞中的位置,利用第一性原理计算出金属间化合物的总能、化合物的形成热、相对稳定性以及弹性性质等。因此,本节采用第一性原理计算 Pb-Mg-Al-B 合金中的金属间化合物的电子结构与相关性质,以研究 Pb-Mg-Al-B 核辐射防护材料的强化机制。

3.3.4.1 晶体结构模型与计算方法

Mg_2Pb 具有反萤石结构(Anti-CaF_2,$cF12$),空间群为 $Fm\overline{3}m$,晶格常数:$a=6.836Å$。Pb 原子占据点(0,0,0),Mg 原子分别占据点 $a/4$(1,1,1)和点 $3a/4$(1,1,1)[1]。$Mg_{17}Al_{12}$ 是 A12 型的 α-Mn 体心立方结构,空间群为 $I\overline{4}3m$,其晶格参数为 $a=b=c=10.54Å$,$\alpha=\beta=\gamma=90°$[2]。AlB_2 属于六方晶系结构,空间群为 $P6/mmm$,晶格参数为 $a=b=3.009Å$,$c=3.262Å$,$\alpha=\beta=90°$,$\gamma=120°$[3]。原胞中蜂窝型的 B 原子层与插入六角密排的 Al 原子层交错形成一个类似石墨的结构,Al 原子占据点(0,0,0),B 原子占据点(1/3,2/3,1/2)。Mg_2Pb、$Mg_{17}Al_{12}$、AlB_2 的计算模型如图 3.29 所示。

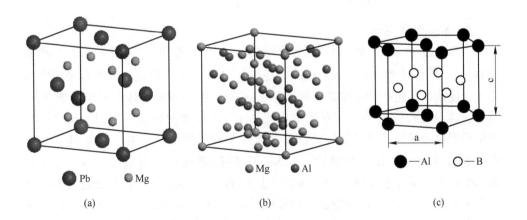

图 3.29 Mg_2Pb、$Mg_{17}Al_{12}$、AlB_2 的晶体结构模型

(a) Mg_2Pb;(b) $Mg_{17}Al_{12}$;(c) AlB_2

(扫描书前二维码看彩图)

计算基于 DFT（密度泛函理论）的 CASTEP 程序包 GGA 和 LDA 泛函完成。倒易空间中，平面波计算的最大截止能 Mg_2Pb 和 AlB_2 为 440eV，$Mg_{17}Al_{12}$ 为 340eV；计算收敛精度 Mg_2Pb 和 AlB_2 为 1.0×10^{-6} eV/atom，$Mg_{17}Al_{12}$ 为 2.0×10^{-6} eV/atom；BZ 区 k 矢量的选取 Mg_2Pb 为 4×4×4，$Mg_{17}Al_{12}$ 为 6×6×8，AlB_2 为 10×10×8；禁带收敛精度 Mg_2Pb 和 AlB_2 为 1.0×10^{-8} eV，$Mg_{17}Al_{12}$ 为 1.0×10^{-6} eV。原子平均受力不大于 0.01eV/nm，电子总能自洽用 Pulay 密度混合算法[4]。结合能（E_c）的计算采用公式[5,6]：

$$E_c = 1/n[E_{total} - (xE_A + yE_B)] \tag{3.4}$$

式中，E_{total} 为晶胞计算总能量；E_A、E_B 为 A、B 原子总能量；x、y 为体系 A_xB_y 的化学计量比；n 为计算晶体中总的原子数。

生成焓（ΔH）的计算采用公式：

$$\Delta H = 1/n[E_{total} - (E_A^{bulk} + E_B^{bulk})] \tag{3.5}$$

式中，E_{total} 为晶胞计算总能量；E_A^{bulk}、E_B^{bulk} 为 A，B 晶体的总能量；x、y 为体系 A_xB_y 的化学计量比；n 为计算晶体中总的原子数。

为了了解体系的电荷分布和电荷转移情况，分析 A 原子与 B 原子的成键方式，对其总电荷密度以及差分电荷密度进行计算。差分电荷密度

$$\Delta \rho = \rho_s - \rho_A - \rho_B \tag{3.6}$$

式中，ρ_s 为整个体系的电荷密度；ρ_A 和 ρ_B 分别为 A 原子与 B 原子的电荷密度。

对 Mg_2Pb 而言，A 为 Mg 元素，B 为 Pb 元素；对 $Mg_{17}Al_{12}$ 而言，A 为 Mg 元素，B 为 Al 元素；对 AlB_2 而言，A 为 Al 元素，B 为 B 元素。

3.3.4.2 电子结构分析

A Mg_2Pb 的电子结构

本节分别计算了 Mg_2Pb 的能带结构、总体态密度（TDOS）、分态密度（PDOS）。赝势计算中涉及 Mg：$2p^63s^2$ 和 Pb：$5d^{10}6s^26p^2$ 轨道，因此态密度中的分态密度函数不包括 f 轨道的贡献。Fermi 面附近的能带和总体态密度如图 3.30 所示，其中能量值在 0eV 位置处的虚线表示 Fermi 能的位置。从图 3.30 可知，图中无明显的带隙，电子很容易获得能量而跳跃至导带而导电，说明 Mg_2Pb 具有一定的导电性，具有金属性[7]，Mg_2Pb 的价带基本上可以分为 4 个区域，即 -10 ~ -8eV 的下价带区，-5 ~ 0eV 的上价带区，以及位于 -16eV 处宽为 3eV 的价带区和 -45 ~ -43eV 的价带区，导带位于 0 ~ 7eV。Mg_2Pb 的带隙为零，进一步说明它的金属性。在 Fermi 能处明显地存在一个区分反键态和成键态的峰谷，成键态与反键态区域的态密度峰跨度分别为 5eV 和 7eV，表明其离域性较强，成键较强。

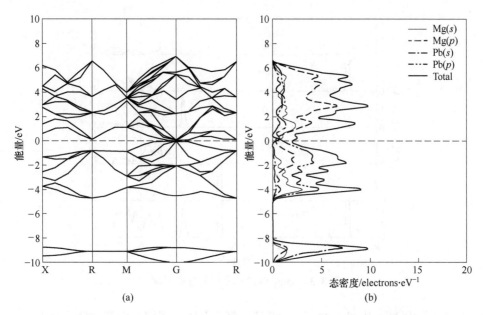

(a)   (b)

图 3.30 Mg₂Pb 费米面附近的能带结构（a）及总体态密度（b）

为了分析 Mg 和 Pb 对态密度的不同贡献，计算了 Mg₂Pb 相应原子的分态密度，计算结果如图 3.31 所示。显然，Mg₂Pb 的态密度在大于费米能级的上价带区由 Mg 的 3s 轨道和 Pb 的 6p 轨道形成的，Mg 的 2p 轨道有部分贡献，而 Pb 的 5d 轨道与 6s 轨道则没有贡献。在小于费米能级的下价带区主要由 Pb 的 6s 和 6p 轨道共同贡献而成，Mg 的 2p、3s 轨道也有部分贡献。−45 ~ −43eV 的价带区由 Mg 的 2p 轨道贡献；位于 −16eV 处的价带区 Pb 的 5d 轨道贡献的，这两个价带区具有很强的局域性，由于此两处价带区与其他上下两个价带之间的相互作用较弱，对 Mg₂Pb 的整体性质影响不大，因此，Mg₂Pb 的价带主要由 Mg 的 2p、3s 和 Pb 的 6p、6s 轨道构成。导带部分，主要来源于 Mg 的 2p 轨道以及 Pb 的 6s 轨道贡献。由图可知，在导带区，Mg 的 2p 轨道与 Pb 的 6s 轨道重叠较大，表明它们在此区域发生了较为强烈的轨道杂化，即在 DOS 靠近 Fermi 面的反键区域，Mg 的 2p 态与 Pb 的 6s 态杂化程度较高；同样，Mg 的 3s 轨道与 Pb 的 6p 轨道在成键区域（−5 ~ 0eV）有一定的轨道杂化。

图 3.32 所示为金属间化合物 Mg₂Pb(110) 面的电荷密度和差分电荷密度图。图中标注了 Mg 原子和 Pb 原子，用等高线表示晶面上电子密度分布，蓝色表示电子密度较小，红色表示该区域电子密度较大。已有文献表明在 Mg₂Pb 中，Pb 原子从 Mg 得到 0.40 个电子，填充 Pb 的 6p 轨道而呈负电性，Mg 带正电荷[7]。在电荷密度分布图中，形成离子键时电荷向负离子集中，而形成共价键时电荷则

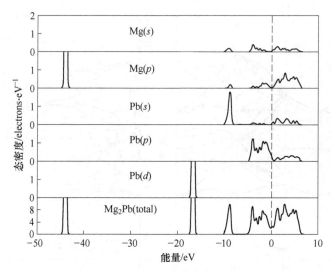

图 3.31　Mg₂Pb 总态密度与分态密度

向成键区集中[8]。从图 3.32（a）可见，每一个原子周围的电荷成球形分布，在 Mg 原子周围有大量的电荷存在，呈典型的金属键特征。图 3.32（b）表明，在 Pb 原子位置，电荷密度差为负值，而在 Mg、Pb 之间的电荷密度差为较大的正值，说明 Mg 与 Pb 存在二者共用的电荷，Mg-Pb 原子间形成了方向性较强的共价键。由态密度分析可知，Mg、Pb 存在轨道杂化，而 Mg、Pb 之间的电子云只有部分重叠，交界电荷的畸变不大，故共价键所占比例较少，金属键所占比例较大，Mg₂Pb 化合物呈半金属性，这与文献结果相符[9]。

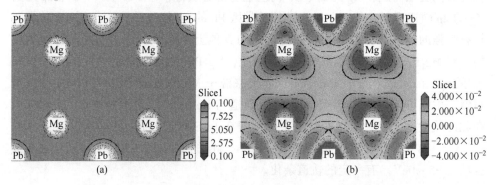

图 3.32　Mg₂Pb（110）面电荷密度图（a）与差分电荷密度图（b）

（扫描书前二维码看彩图）

B　Mg₁₇Al₁₂ 的电子结构

Mg₁₇Al₁₂ 的计算中涉及 Mg：$2p^6 3s^2$ 和 Al：$3s^2 3p^1$ 轨道，因此态密度中的分

态密度函数不包括 d 轨道的贡献。图 3.33 所示为 $Mg_{17}Al_{12}$ 的能带结构（图 3.33（a））和总态密度图（图 3.33（b））。其中能量值在 0eV 位置处的虚线表示 Fermi 能的位置。由图 3.33 可以看出，图中无带隙，电子很容易获得能量而跳跃至导带而导电，$Mg_{17}Al_{12}$ 的能带主要由两个区域组成，即 $-9.2 \sim 0eV$ 的价带区和位于 $0 \sim 1.3eV$ 的导带区。整体来看，沿布里渊区方向形成的能带波动较明显，电子弥散程度较大。在价带区和导带区，s、p 轨道的杂化较强，致使原子间轨道电子相互作用较大，使得析出相 $Mg_{17}Al_{12}$ 性质稳定。

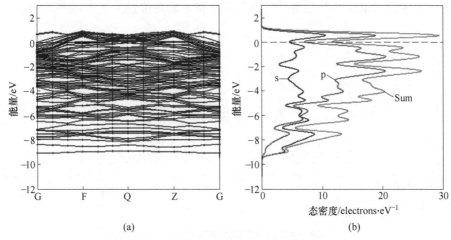

(a)   (b)

图 3.33　$Mg_{17}Al_{12}$ 的能带结构（a）及总态密度（b）

图 3.34 所示为金属间化合物 $Mg_{17}Al_{12}(110)$ 面的电子云总密度和差分密度，等高线表示晶面上电子密度分布，右边标尺显示电荷密度范围。图 3.34（a）表明 Al-Al 之间聚集着大量的电子云，说明 Al-Al 之间是以共价键的形式存在，而且在每个 Al 原子周围有较多的电荷存在，呈一定的金属键特征；近邻的 5 个 Mg

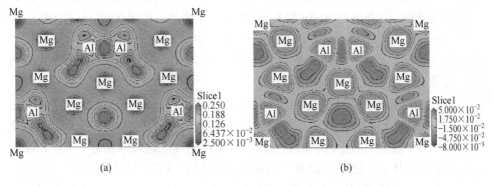

(a)   (b)

图 3.34　$Mg_{17}Al_{12}(110)$ 面总电荷密度图（a）与差分电荷密度图（b）

(扫描书前二维码看彩图)

原子之间同样存在大量电子云，表明这 5 个 Mg 原子之间形成了共价键；差分电荷密度图更明确显示出键合特征：在 Al 原子位置，电荷密度差为负值，而在 Al-Al、Al-Mg 之间电荷密度差为较大的正值，说明在 $Mg_{17}Al_{12}$ 中，Al 与近邻的 Al 和 Mg 原子间形成了方向性较强的共价键。

C AlB_2 的电子结构

AlB_2 的第一性原理计算中，涉及 B：$2s^2 2p^1$ 和 Al：$3s^2 3p^1$ 轨道。图 3.35 所示为 AlB_2 费米面附近的能带和态密度，图 3.36 所示为 AlB_2 相应原子的分态密度图。其中能量值在 0eV 位置处的虚线表示费米能的位置。

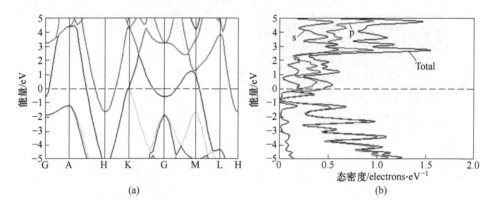

图 3.35 AlB_2 费米面附近的能带结构（a）及态密度（b）

AlB_2 的能带结构（图 3.35）表明，在费米面附近存在近似半满的能带。来自 B 2p 态的 σ 和 π 带都出现在费米能级 E_f 附近，π 带活跃出入费米面，AlB_2 的导电性能较好。

结合图 3.36，导带区域主要由 Al 3p 和 B 2p 轨道电子组成，此区域能带展宽程度较价带的大，而电子有效质量较大，因此电子弥散程度比价带区域小，具有一定的局域性，在此区域 Al 3p 和 B 2p 轨道杂化明显。价带区域−13 ~ 0eV 主要为 B 2p 轨道电子，其次为 B 2s 轨道电子，电子的有效质量较小，沿布里渊区方向形成的价带波动较明显且稠密，电子弥散程度较大。在费米面，态密度主要由 B 2p 轨道电子贡献，Al 对此贡献较小。

为了更清楚地说明上述结果，分别选取了 AlB_2 中 B 原子层和 Al 原子层的电荷密度来分析它们的键合特征。如图 3.37 和图 3.38 所示。在图 3.37 中，B 原子之间存在一个较强的石墨网状的共价键，总电荷密度的最大值接近 1。且 B 原子之间的电子云具有很强的方向性，因此 B 原子层的成键方式为共价键。图 3.38 表明，在 Al 原子周围有一个电荷密度较低的球形区域，说明 Al 原子间成键带有部分离子性。值得注意的是，在 Al 原子周围还有大量电荷密度较高的区域存在，

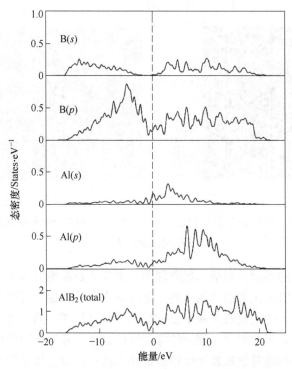

图 3.36 费米面附近 AlB_2 的总态密度与分态密度

这就意味着离子性在 Al 原子层的键合特征中只占少部分，金属键是 Al 原子间的主要成键方式。

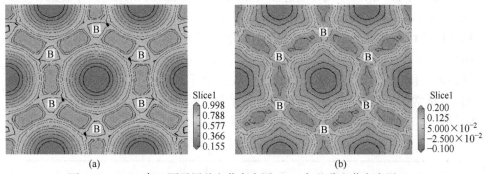

图 3.37 AlB_2 中 B 原子层总电荷密度图（a）与差分电荷密度图（b）

（扫描书前二维码看彩图）

3.3.4.3 结合能和热力学性质分析

A 结合能和生成焓

晶体的结合能定义为由中性原子结合生成晶体所释放的能量或将晶体拆散成

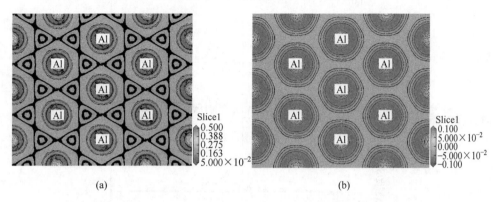

图 3.38　AlB_2 中 Al 原子层总电荷密度图 （a） 与差分电荷密度图 （b）

（扫描书前二维码看彩图）

中性原子所耗费的能量。在第一性原理中，生成焓是在绝对零度时具有给定结构化合物的总能与组成元素的总能之差，是反映物质是否稳定存在的重要判据。采用第一性原理计算的生成焓是基于密度泛函理论 （DFT） 的基态条件下，因此与实验所测量的结果存在差异，理论计算对反应过程中各项物质的形成难易程度用结合能和生成焓的绝对值来表示能把握整体的反应趋势，故采用第一性原理分析合金中化合物析出相的结合能和生成焓是合理的。

　　根据式 （3.4）、式 （3.5），核辐射防护材料中各化合物的结合能计算结果见表 3.6 ~ 表 3.8。由表 3.6 可知，计算所得的 Mg_2Pb 晶格常数与实验值[11]的误差仅为 1% 左右。采用广义梯度近似 （GGA） 计算得到的 Mg_2Pb 的结合能和生成焓分别为 -2.446eV/atom 和 -16.467kJ/（mol · atom），而采用局域密度近似 （LDA） 计算得到的 Mg_2Pb 结合能和生成焓分别为 -2.957eV/atom 和 -17.319kJ/（mol · atom），计算得到的生成焓与文献 ［10］ ~ ［13］ 中的计算结果相一致。采用 GGA 和 LDA 计算的 $Mg_{17}Al_{12}$ 结果与文献 ［2］、 ［14］ 的计算结果符合。AlB_2 晶格常数 a 和 c，以及 c/a 的计算结果与文献 ［15］、［16］ 相差很小。这些都说明计算软件和参数设置具有很高的可靠性。

表 3.6　Mg_2Pb 的结合能 E_c 和生成焓 ΔH

计算方法	晶格常数/Å	E_c/eV · atom^{-1}	ΔH/kJ · （mol · atom）$^{-1}$
GGA PBE	6.907	-2.446	-16.467
LDA CA-PZ	6.777	-2.557	-17.319
实验值	6.836[10]	—	-17.6[10]，-17.6[11]，-16.6[12]，-17.7[13]

表 3.7　$Mg_{17}Al_{12}$ 的结合能 E_c 和生成焓 ΔH

计算方法	晶格常数/Å	$E_c/\mathrm{eV \cdot atom^{-1}}$	$\Delta H/\mathrm{kJ \cdot (mol \cdot atom)^{-1}}$
GGA PBE	10.560	−2.68	−3.29
LDA CA-PZ	10.553	−2.72	−3.31
计算值[15]	10.570	−2.65	−3.28
实验值[16]	10.540	—	—

表 3.8　AlB_2 的结合能 E_c 和生成焓 ΔH

计算方法	a/Å	c/Å	c/a	$E_c/\mathrm{eV \cdot atom^{-1}}$	$\Delta H/\mathrm{kJ \cdot (mol \cdot atom)^{-1}}$
GGA	2.963	3.211	1.084	−6.024	−8.652
LDA	2.960	3.207	1.083	−6.500	−8.989
K. Liu et al.[17]	3.0078	3.2607	1.084	—	—
Loa[18]	2.9977	3.2855	1.096	—	—
实验值[18]	3.0062	3.2548	1.0827	—	—

结合能越低，晶体越稳定；负的生成焓通常意味着一个较强的放热过程，且越负合金化能力越强。图 3.39 所示为 Mg_2Pb、$Mg_{17}Al_1$、AlB_2 的结合能 E_c 和生成焓 ΔH。从图 3.39 可知，三种化合物的结合能和生成焓存在如下大小关系：$E_{c(AlB_2)} < E_{c(Mg_{17}Al_{12})} < E_{c(Mg_2Pb)}$，$\Delta H_{Mg_2Pb} < \Delta H_{AlB_2} < \Delta H_{Mg_{17}Al_{12}}$，说明在这三种化合物中稳定性大小为：$AlB_2 > Mg_{17}Al_{12} > Mg_2Pb$；合金化能力 Mg_2Pb 最强，AlB_2 次之，$Mg_{17}Al_{12}$ 最弱。

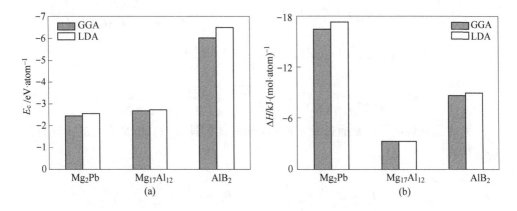

图 3.39　Pb-Mg-Al-B 合金中各化合物的结合能（a）和生成焓（b）

B　力学性能

Mg_2Pb 和 $Mg_{17}Al_{12}$ 属于立方晶系，AlB_2 属于六方晶系，目前为止很少有关于 Mg-B-Pb 合金中这 3 个金属间化合物的理学性能实验的相关结论。另外，在许多时候弹性常数 C_{ij} 难以测量，但是弹性常数 C_{ij} 等物理量的理论计算很有实际意义，它可以估计材料的稳定性、强度和熔点。因此，本文分析了这 3 种金属间化合物的力学性能以便在实验方面加以验证和予以指导。

首先，通过 CASTEP 模块计算得到弹性常数，立方晶系晶体的弹性常数 C_{ij} 同时必须满足以下关系[17]：$C_{44}>0$，$C_{11}>|C_{12}|$，$C_{11}+2C_{12}>0$；六方晶系晶体的弹性常数 C_{ij} 必须满足关系[18,19]：$C_{11}>0$，$C_{11}-2C_{12}>0$，$C_{44}>0$，$(C_{11}+C_{12})C_{33}-2C_{13}^2>0$，$C_{66}=(C_{11}-C_{12})/2>0$。计算所得的 Mg_2Pb、$Mg_{17}Al_{12}$ 和 AlB_2 的弹性常数 C_{ij} 经上述关系验证均满足晶体结构存在所需要满足的条件。

然后，利用 Voigt-Reuss-Hill 近似，由弹性常数得到相应的体模量 B_R、B_V 和剪切模量 G_R、G_V。对于立方晶系，其计算公式为[20~22]：

$$B_R = \frac{1}{3S_{11}+6S_{12}}, \ B_V = \frac{1}{3}(C_{11}+2C_{12})$$

$$G_V = \frac{1}{5}(C_{11}-C_{12}+3C_{44}), \ G_R = \frac{1}{4S_{11}-4S_{12}+3S_{44}} \tag{3.7}$$

立方晶系的各向异性系数 A 的计算公式为：

$$A = \frac{2C_{44}}{C_{11}-C_{12}} \tag{3.8}$$

对于六方晶系 AlB_2，计算公式为：

$$B_V = \frac{1}{9}[2(C_{11}+C_{12})+C_{33}+4C_{13}], \qquad B_R = \frac{(C_{11}+C_{12})C_{33}-2C_{13}^2}{C_{11}+C_{12}+2C_{33}-4C_{13}}$$

$$G_V = \frac{2C_{11}+C_{33}-C_{12}-2C_{13}+6C_{44}+3C_{66}}{15},$$

$$G_R = \frac{15}{4(2S_{11}+S_{33})-4(2S_{13}+S_{12})+3(2S_{44}+S_{66})} \tag{3.9}$$

六方晶系各向异性是通过沿 a 轴和 c 轴的体模量 B_a 和 B_c 来表示的，计算公式为[23]：

$$B_a = a\frac{\mathrm{d}p}{\mathrm{d}a} = \frac{\Lambda}{2+\alpha}, \qquad B_c = c\frac{\mathrm{d}p}{\mathrm{d}c} = \frac{B_a}{\alpha}$$

$$\Lambda = 2(C_{11}+C_{12})+4C_{13}\alpha+C_{33}\alpha^2 \tag{3.10}$$

$$\alpha = \frac{C_{11} + C_{12} - 2C_{13}}{C_{33} - C_{13}}$$

体模量 B、剪切模量 G、杨氏模量 E 和泊松比 ν 的计算公式为：

$$B = \frac{1}{2}(B_V + B_R), \qquad G = \frac{1}{2}(G_R + G_V)$$

$$E = \frac{9GB}{G + 3B}, \qquad \nu = \frac{3B - E}{6B} \tag{3.11}$$

式中，B_R 和 G_R 为 Reuss 近似模量；B_V 和 G_V 为 Voigt 近似模量；S_{ij}（S_{11}，S_{12}，…）为弹性柔顺。

采用式（3.7）~ 式（3.11）计算出 Mg_2Pb、$Mg_{17}Al_{12}$ 和 AlB_2 晶体的弹性常数 C_{ij}、杨氏模量 E、切变模量 G、体模量 B 和泊松比 ν，见表3.9、表3.10。其中 C_{ij}、B、E 和 G 的单位为 GPa。由表3.9 和表3.10 可以看出，计算所得 Mg_2Pb、$Mg_{17}Al_{12}$ 和 AlB_2 晶体的弹性性质与实验值或其他文献的计算值相一致，同样说明此处采用的计算方法是可靠的。

表3.9 Mg_2Pb 和 $Mg_{17}Al_{12}$ 的弹性常数 C_{ij}、弹性模量、泊松比和各向异性系数

计算方法		C_{11}	C_{12}	C_{44}	B	G	G/B	E	ν	A
$Mg_{17}Al_{12}$	GGA PBE	107.9	14.4	34.3	45.6	21.3	0.47	55.3	0.3	0.73
	LDA CA-PZ	122.6	19.8	36.4	54.1	25.2	0.47	65.4	0.3	0.71
	计算值[24]	86.8	29	20	48.3	22	0.46	57.3	0.3	0.69
Mg_2Pb	GGA PBE	68.5	23.7	31.5	38.6	27.5	0.71	66.7	0.21	1.60
	LDA CA-PZ	70.3	28.2	33.6	42.1	27.9	0.66	68.6	0.23	1.41
	计算值[25]	71.2	33.9	23.4	46.3	21.4	0.46	55.6	0.30	1.25
	实验值[26]	71.7	22.1	30.9	38.6	28.3	0.73	68.2	0.21	1.25

表3.10 AlB_2 的弹性常数 C_{ij}、弹性模量、泊松比和各向异性系数

计算方法	C_{11}	C_{12}	C_{13}	C_{33}	C_{44}	B	B_a	B_c	E	G	G/B
GGA	522	75	79	255	32	190.5	778.2	317.6	245.9	95.7	0.502
LDA	524	77	84	256	34	194.1	798.4	323.7	249.2	96.9	0.499
计算值[15]	665	41	17	417	58	205.2	734.6	337.3	256.0	117.5	0.573

杨氏模量是表征在弹性限度内物质材料抗拉或抗压的物理量，它被定义为在

物体的弹性限度内，应力与应变的比值。杨氏模量的大小标志了材料的刚性，杨氏模量越大，越不容易发生形变。图 3.40 所示为 Pb-Mg-Al-B 合金所含化合物的杨氏模量对比。图 3.40 表明，$E_{AlB_2} > E_{Mg_2Pb} > E_{Mg_{17}Al_{12}}$，说明 AlB_2 的刚性最大，Mg_2Pb 的刚性略大于 $Mg_{17}Al_{12}$。

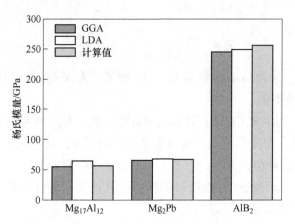

图 3.40　Pb-Mg-Al-B 合金中各化合物的杨氏模量

弹性模量是金属材料的重要力学性能指标之一，它表征金属材料对弹性变形的抗力，其值愈大，表明原子间作用力愈大，则在相同应力下产生的弹性变形愈小，金属材料的强度愈大。铅的杨氏模量和切变模量分别为 16.5GPa 和 5.8GPa，远小于 Mg_2Pb、$Mg_{17}Al_{12}$ 和 AlB_2，实验表明，已经制备的 Pb-Mg-Al-B 合金其抗拉强度和硬度均远大于铅，这说明化合物 Mg_2Pb、$Mg_{17}Al_{12}$ 和 AlB_2 对合金起到一定的模量强化作用。另外，根据 Pugh 预测材料延/脆性的经验判据[27]，$G/B<0.5$ 时，材料呈延性，反之则呈脆性。这一判据已被广泛应用于分析金属间化合物和类金属间化合物的延性或脆性[28]。由表 3.9 和表 3.10 可知，Mg_2Pb 与 AlB_2 的 $G/B>0.5$，说明它们是脆性化合物；而 $Mg_{17}Al_{12}$ 的 $G/B<0.5$，表明 $Mg_{17}Al_{12}$ 具有一定塑性。泊松比值的范围为 $-1 \sim 0.5$，通常用来判定晶体在剪切应力下的稳定性，泊松比越大，晶体塑性越好。$Mg_{17}Al_{12}$ 的 ν 等于 0.3，大于 Mg_2Pb 的，也表明了 $Mg_{17}Al_{12}$ 的塑性要好于 Mg_2Pb。另一个在工程应用中的重要参数是各向异性系数 A，它与材料微裂纹产生的可能性密切相关[29]。$A=1$ 意味着材料完全各向同性；当 A 大于或小于 1 时，材料表现为各向异性。A 愈大或是愈小，代表着弹性各向异性程度。从表 3.9 可以看出，$Mg_{17}Al_{12}$ 和 Mg_2Pb 的 A 分别为 0.73 和 1.60，说明 $Mg_{17}Al_{12}$ 和 Mg_2Pb 都表现为各向异性。对于六方结构的 AlB_2 而言，它的各向异性表现在 a、c 轴方向上。$B_a > B_c$，说明沿 a 轴的变

形要比 c 轴的困难。本节计算所得 AlB_2 的 B_a/B_c 值为 2.45（GGA）和 2.47（LDA）。因此，AlB_2 在压缩变形过程中，沿 c 轴方向要比 a 轴容易得多。这种现象可以通过 AlB_2 的键合方式来解释，因为在 AlB_2 晶体中，在 a 轴方向 B 原子层存在较强的共价键；在 c 轴方向 Al 与 B 原子层之间为金属键，而共价键的结合力大于金属键。

C 热学性能

密度泛函微扰理论[30]计算得到晶体中各原子的晶格振动，用声子的线性响应描述晶体的热力学性质，体系各相的热容（C_V）和吉布斯自由能（ΔG）在 QHA 中表述如下：

$$C_V = 9nk\left(\frac{T}{\Theta_D}\right)^3 \int_0^{\frac{\Theta_D}{T}} \frac{x^4 e^x}{(e^x - 1)^2} dx \tag{3.12}$$

$$\Delta G(T) = E_{tot} + E_{zp} + \int \frac{h\omega}{\exp\left(\frac{h\omega}{kT}\right) - 1} F(\omega) d\omega \tag{3.13}$$

式中，ω 为振动频率；k 为 Boltzmann 常数；h 为 Planck 常数；n 为模型中原子数；$F(\omega)$ 为声子态密度；E_{zp} 为晶格振动零点能；Θ_D 为德拜温度。

德拜温度（Debye temperature）是材料物理属性基本参数，如比热、弹性常数和熔点等一样，通常用来区分固体材料的高温和低温领域。在低温极限下振动模几乎对热容没有贡献，热容主要来自 $h\omega \leqslant k_B T$ 的振动模，取决于最低频率的振动，也是波长最长的弹性波。德拜温度可以从晶格的全部振动模的两个独立横波和一个独立纵波构成的平均波矢得到，具体表达式如下[31,32]：

$$\Theta_D = \frac{h}{k}\left[\frac{3n}{4\pi}\left(\frac{N_A \rho_0}{M}\right)\right]^{\frac{1}{3}} v_m$$

$$v_m = \left[\frac{1}{3}\left(\frac{2}{v_s^3} + \frac{1}{v_l^3}\right)\right]^{-\frac{1}{3}}$$

$$v_l = \left[\left(B + \frac{4G}{3}\right)/\rho_0\right]^{\frac{1}{2}} \tag{3.14}$$

$$v_s = \left(\frac{G}{\rho_0}\right)^{\frac{1}{2}}$$

式中，h 为 Planck 常数；k 为 Boltzmann 常数；N_A 为 Avogadro 常数；n 为模型中原子数；M 为分子质量；ρ_0 为密度；v_m 为总的晶格振动波矢；v_l 为横波矢量；v_s 为纵波矢量。

采用式（3.12）和式（3.14）分别计算德拜温度，结果列于表 3.11。由表 3.11 可以看出，计算得到的德拜温度与实验值基本吻合。通过表中结果可以预测 Mg_2Pb 在大约 270K 温度以下材料热容 C_V 严格遵守德拜热容定律，270K 温度以上遵循 T^3 定律；同理，$Mg_{17}Al_{12}$ 和 AlB_2 的热容分别满足一个临界温度。

表 3.11 Mg_2Pb、$Mg_{17}Al_{12}$ 和 AlB_2 的德拜温度

Species	Mg_2Pb	$Mg_{17}Al_{12}$	AlB_2
Θ_D/K(式 3.12)	279.1	269.4	821.92
Θ_D/K(式 3.14)	247.2	273.6	877.43
实验值	274[33]	—	854.87[17]

图 3.41、图 3.42 为分别采用 GGA 和 LDA 近似，运用声子计算得到的 Mg_2Pb 和 AlB_2 两种化合物的自由能、热容、焓与熵随温度的变化曲线。比较发现，二者的热容整体随温度呈上升趋势，其中 Mg_2Pb 的热容 C_V 存在一个明显的拐点，在 0 ~ 150K 热容增加较快；在德拜温度约为 270K 以后，热容基本呈一直线。而 AlB_2 热容拐点不明显，其德拜温度约为 870K。对比两者的热容曲线可知，单位温度升高对 Mg_2Pb 的影响更大。一般情况下，电子常数随温度变化不大，因而电子对热容的贡献影响很大[34]，但从计算结果分析，热容趋于稳定常数，电子的贡献影响并不明显，可能是电子热容理论计算存在不足或其他非晶格振动因素对热容贡献的影响，使得低温区域晶格振动对热容的贡献大于电

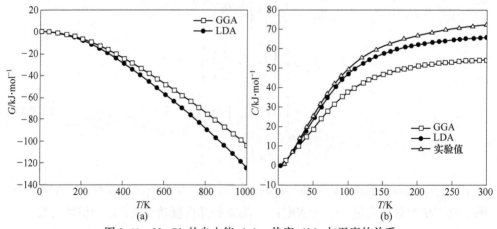

图 3.41 Mg_2Pb 的自由能（a）、热容（b）与温度的关系

子的贡献，故在低温区热容主要来源于晶格振动的贡献。自由能 G 随温度的升高迅速下降，其表现与实际较为相符。

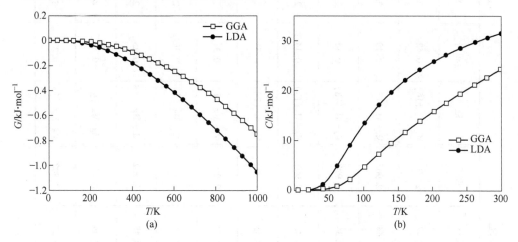

图 3.42 AlB₂ 的自由能（a）、热容（b）与温度的关系

3.3.4.4 布局分析

布居分析可以确定不同原子之间相互作用的强度和化学键结合情况。表 3.12 列出了 Mg_2Pb 的轨道和键布居分析结果，Mg 的正电荷数为 +0.54，Pb 的负电荷数为 -1.09。计算结果表明 Mg 和 Pb 实际的电子排布由 $2p^6 3s^2$ 和 $5d^{10} 6s^2 6p^2$ 分别变为 $2p^{6.73} 3s^{0.73}$ 和 $5d^{10.03} 6s^{1.41} 6p^{3.64}$。Pb 原子从 Mg 原子得到部分电子，且 Mg-Pb 的键布居为 0.13，说明 Mg 和 Pb 之间的相互作用较弱。

表 3.12　Mg_2Pb 的轨道电荷与键布居数

原子	s	p	d	总数	电荷/e	键	布居	键长/Å
Mg	0.73	6.73	0	7.46	0.54	Mg1-Pb1	0.13	2.9601
Pb	1.41	3.64	10.03	15.09	-1.09	Mg1-Pb2	0.13	2.9601

$Mg_{17}Al_{12}$ 是复杂的金属间化合物，依据表 3.13 的布居分析可知 $Mg_{17}Al_{12}$ 晶体中 Mg、Al 所处环境十分复杂，每个原子都处于不同的化学环境中，具有多种不同的布居分布和不同的键长，且每个原子的电子轨道的电子分布也不相同。总体来说，依然是 Al 得电荷呈负电性，Mg 失电荷呈正电性。分析 $Mg_{17}Al_{12}$ 键布居表 3.13 和表 3.14 可知，其布居数主要分布在 0.61～0.25 范围内，只有 Al-Al（1）和 Al-Al（2）的布局数为 1.38 和 1.17，而 Mg_2Pb 的键布局数只有 0.13，由此可知，$Mg_{17}Al_{12}$ 的成键能力大于 Mg_2Pb，其稳定性强于 Mg_2Pb。

表 3.13 Mg₁₇Al₁₂ 具有代表性的键布居数 (Å)

键	布居	键长	键	布居	键长	键	布居	键长	键	布居	键长
Al–Al (1)	1.38	1.081	Al–Al (11)	0.61	2.663	Mg–Al (6)	0.42	2.902	Mg–Al (16)	0.42	2.902
Al–Al (2)	1.17	2.124	Al–Al (12)	0.26	2.815	Mg–Al (7)	0.44	2.902	Mg–Al (17)	0.40	2.902
Al–Al (3)	0.11	2.487	Al–Al (13)	0.55	2.815	Mg–Al (8)	0.34	2.902	Mg–Al (18)	0.44	2.954
Al–Al (4)	0.24	2.487	Al–Al (14)	0.54	2.815	Mg–Al (9)	0.42	2.902	Mg–Al (19)	0.44	2.954
Al–Al (5)	0.10	2.487	Al–Al (15)	0.55	2.815	Mg–Al (10)	0.45	2.902	Mg–Al (20)	0.51	2.954
Al–Al (6)	0.54	2.663	Mg–Al (1)	0.42	2.902	Mg–Al (11)	0.44	2.902	Mg–Mg (1)	0.31	2.954
Al–Al (7)	0.55	2.663	Mg–Al (2)	0.42	2.902	Mg–Al (12)	0.45	2.902	Mg–Mg (2)	0.30	2.954
Al–Al (8)	0.55	2.663	Mg–Al (3)	0.45	2.902	Mg–Al (13)	0.45	2.902	Mg–Mg (3)	0.25	2.954
Al–Al (9)	0.55	2.663	Mg–Al (4)	0.45	2.902	Mg–Al (14)	0.44	2.902	Mg–Mg (4)	0.30	2.954
Al–Al (10)	0.54	2.663	Mg–Al (5)	0.02	2.663	Mg–Al (15)	0.52	2.902	Mg–Mg (5)	0.27	2.954

表 3.14 Mg$_{17}$Al$_{12}$ 具有代表性的轨道电荷布居数

原子	序号	s	p	总数	电荷/e	原子	序号	s	p	总数	电荷/e
Mg	1	0.62	0.86	1.48	0.52	Mg	20	0.70	1.10	1.80	0.20
Mg	2	0.64	0.75	1.42	0.58	Mg	22	0.67	1.19	1.86	0.14
Mg	3	0.66	0.95	1.61	0.39	Mg	27	0.65	1.14	1.79	0.21
Mg	5	0.71	0.75	1.47	0.53	Mg	30	0.59	1.08	1.67	0.33
Mg	8	0.70	0.79	1.49	0.51	Mg	31	0.71	1.18	1.88	0.12
Mg	10	0.66	0.95	1.61	0.39	Mg	32	0.67	1.21	1.89	0.11
Mg	11	0.70	1.09	1.80	0.20	Mg	33	0.26	1.10	1.66	0.34
Mg	12	0.65	1.21	1.87	0.13	Mg	34	0.66	1.21	1.87	0.13
Mg	13	0.65	1.22	1.87	0.13	Al	1	1.15	2.15	3.31	-0.31
Mg	14	0.67	1.21	1.87	0.13	Al	2	1.18	2.09	3.27	-0.27
Mg	15	0.65	1.23	1.89	0.11	Al	5	0.51	2.23	2.74	0.26
Mg	16	0.63	1.10	1.74	0.26	Al	6	1.19	2.05	3.24	-0.24
Mg	17	0.68	1.25	1.93	0.07	Al	11	1.01	2.21	3.30	-0.30
Mg	18	0.67	1.21	1.88	0.12	Al	12	1.23	2.07	3.30	-0.30

AlB$_2$ 的轨道电荷与键布居表 3.15 表明，Al 和 B 原子的外层轨道发生了电荷转移，整个晶胞中外层轨道的电荷总数维持不变，由于原子外层轨道的不饱和性在优化计算过程中发生电子的填充，使得电子发生部分偏移，存在轨道杂化。由表 3.15 可以看出，B 得电子呈负电性，Al 失电子呈正电性。AlB$_2$ 的键布居一方面表明，在 AlB$_2$ 中 B-B 之间布局最大，而键长最小；另一方面，B-B 为共价键存在，同时存在部分 B-B 反共价键，Al-Al 间有一定的离子键，Al-B 之间形成了共价键，但由于其键长较大，因此 Al-B 共价键结合强度较低，成键较弱，这与 AlB$_2$ 电子结构的分析结果一致。B-B 共价键的布居数为 0.77，大于 Mg$_{17}$Al$_{12}$ 的布居数，而 B-B 共价键的键长小于 Mg$_{17}$Al$_{12}$ 中的共价键，说明 AlB$_2$ 共价键的结合强度强于 Mg$_{17}$Al$_{12}$，AlB$_2$ 的稳定性强于 Mg$_{17}$Al$_{12}$。

表 3.15   AlB$_2$ 具有代表性的轨道电荷与键布居数

原子	s	p	总数	电荷/e
Al	0.56	1.12	1.68	1.32
B	0.86	2.80	3.66	-0.66
键	布居	键长/Å	—	—
B (1)-B (5)	0.77	1.709	—	—
B (1)-B (7)	0.77	1.710	—	—
B (3)-B (4)	-0.34	2.956	—	—
B (1)-B (4)	-0.33	2.971	—	—
B (8)-Al (1)	0.42	2.342	—	—
B (1)-Al (2)	0.43	2.332	—	—
Al (1)-Al (2)	-0.26	2.956	—	—
Al (2)-Al (3)	-0.27	2.971	—	—

通过对 Pb-Mg-Al-B 合金中的 3 种化合物的轨道电荷布居和键布居进行分析，得出三种化合物的各自成键强弱不同，它们的稳定性强弱依次是 AlB$_2$ > Mg$_{17}$Al$_{12}$ > Mg$_2$Pb，这个结果与化合物的结合能的分析结果一致。

3.3.5   铅硼复合核辐射防护材料强化机制探讨

3.3.5.1   金属间化合物强化

由前述关于化合物 Mg$_2$Pb、Mg$_{17}$Al$_{12}$ 和 AlB$_2$ 的电子结构计算和布局分析可知，Mg$_2$Pb 的键合方式主要为金属键，其中含有一定比例的共价键；Mg$_{17}$Al$_{12}$ 和 AlB$_2$ 两种化合物的成键主要是共价键。一方面，共价键的结合强度高于金属键和离子键，由于它的方向性导致 Peierls-Nabarro 力（派纳力）较金属键和离子键的要高得多，使晶体具有高的强度；另一方面，占材料比例较大的 Mg_2Pb 和 $Mg_{17}Al_{12}$ 的晶体结构较为复杂，有序化程度高，降低了晶体点阵的对称性，结果是可开动滑移系数量减少，位错 b 矢量比无序晶体的要长、能量更高，导致原子和位错的可动性降低，提高了材料的强度和硬度。再者，弹性常数是衡量材料原子间力的尺度，弹性模量最直接地反映原子间的结合力，剪切模量 G 与位错间的 Peilerls 应力成正比，而杨氏模量 E 与断裂强度的平方根成正比，因此弹性模量越大，材料的强度越强，硬度越高。关于三种化合物晶体的力学性质计算结果已知，Mg_2Pb 的杨氏模量和剪切模量分别为 68.6GPa 和 27.9GPa，$Mg_{17}Al_{12}$ 的为 65.4GPa 和 25.2GPa，AlB_2 的是 249.2GPa 和 96.9GPa，它们都比铅的杨氏模量 (16.5GPa) 和剪切模量 (5.8GPa) 要大得多，说明合金中各组成元素的原子间结合力远高于铅，从而导致位错开动困难，材料形变不易发生，强度提高，化合物 Mg_2Pb、$Mg_{17}Al_{12}$ 和 AlB_2 对合金力学性能起到很好的强化作用。第 4 章材料的力学性能实验证明，添加 Al 后的 Pb-Mg 合金，由于 $Mg_{17}Al_{12}$ 的高弹性模量和共价键键合特征，Pb-Mg-Al 合金的抗拉强度和布氏硬度分别达到 235MPa 和 156HB；而添加 B 后的 Pb-Mg-Al-B 合金的力学性能分别为 105MPa 和 160HB，较传统 Pb 合金高得多。

3.3.5.2 晶粒尺寸的影响

对于多晶材料，大量实验证明晶粒愈小，强度愈高。由于在合金中，Mg_2Pb 与 $Mg_{17}Al_{12}$ 等化合物相结构复杂，尤其是 $Mg_{17}Al_{12}$ 化合物，它的超位错的柏氏矢量以及位错运动的佩尔斯阻力都很大，故当断裂发生时，这些化合物相在拉应力的作用下，使微裂纹的形核、扩展沿着某一解理晶面发生，进而断裂。裂纹扩展示意图如图 3.43 所示，在图 3.43 (b) 中，当相组织与晶粒尺寸愈细密，裂纹扩展路径就愈长，消耗的能量也就愈大，导致裂纹扩展的阻力随裂纹长度增加而

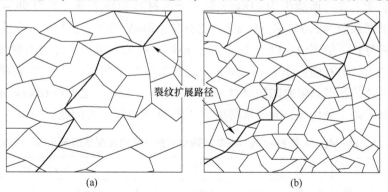

(a)   (b)

图 3.43 组织的大小与裂纹扩展路径关系示意图

升高，抗拉强度提高，塑性增加。在 A 系列合金中，A_3 合金的显微组织晶粒尺寸最小，其强度也最高；而 C 系列合金，在硼含量为 1.0%（质量分数）时，即 C_2 合金，合金中枝晶状 $Pb+Mg_2Pb$ 共晶组织被细化，而且 $Mg+Mg_{17}Al_{12}$ 共晶相也较为细密，晶粒较为细小，合金具有较高的强度和塑性。

3.4 铅硼复合核辐射防护材料屏蔽性能分析

同位素中子源和核设备产生的辐射中，特别要重视的屏蔽问题是穿透力大的 γ 射线和中子辐射，产生中子辐射的同位素源或者核设施一般都伴随产生 $\gamma(X)$ 射线辐射，为了减少人体所收到的照射，在屏蔽中子辐射的同时也应该屏蔽 $\gamma(X)$ 射线的照射。单一材料难以同时满足中子屏蔽和射线屏蔽的双重功效。对中子辐射屏蔽能力效果最好的是硼；而铅是屏蔽 $\gamma(X)$ 射线的最佳选择，且不会产生二次辐射。研制铅/硼复合核辐射防护材料是实现一体化中子屏蔽和射线核辐射防护材料的主要途径。本章对不同 B 含量的核辐射防护材料（C 组合金）分别进行 X 射线、γ 射线和中子屏蔽实验，并与未添加 B 元素且具有代表性的 A_3 合金进行屏蔽性能对比。

3.4.1 屏蔽性能测试与分析

3.4.1.1 X 射线屏蔽实验

实验采用 65keV、118keV 和 250keV 三个能量级的 X 射线。三种 X 射线的屏蔽率和线衰减系数见表 3.16，从表 3.16 可以看出，由于各个核辐射防护材料中硼含量和样品密度不同，从而使材料的屏蔽率和线衰减系数不同。在低能级的 65keV，10mm 的屏蔽材料屏蔽率达到 97.5% 以上，线衰减系数在 3.69 ~ 3.76cm^{-1} 之间；在高能级的 250keV，10mm 的核辐射防护材料屏蔽率和线衰减系数都有所下降；而能级为 118keV 时，屏蔽材料的屏蔽率最高为 98.41%，相应的线衰减系数为 3.75 ~ 4.14cm^{-1}，表明在 118keV 能级处，材料对 X 射线的屏蔽效果最好。一般来说，Pb 对能量高于 88keV 和 13 ~ 40keV 之间的射线有良好的吸收能力，但对能量介于 40 ~ 88keV 之间的射线却存在一个 "Pb 弱吸收区"。而本书所述的新型核辐射防护材料在能量介于 40 ~ 88keV 之间的 65keV 处对 X 射线的屏蔽效果十分优异，有效地解决了 "Pb 弱吸收区" 的问题。

表 3.16　Pb-Mg-Al 和 Pb-Mg-Al-B 核辐射防护材料的 X 射线屏蔽率和线衰减系数

样品编号	厚度 /mm	密度 /g·cm^{-3}	屏蔽率/%			线衰减系数/cm^{-1}		
			65keV	118keV	250keV	65keV	118keV	250keV
A_3-1	10	2.63	97.50	97.65	69.23	3.69	3.75	1.18

样品编号	厚度/mm	密度/g·cm⁻³	屏蔽率/%			线衰减系数/cm⁻¹		
			65keV	118keV	250keV	65keV	118keV	250keV
A_3-2	10	2.69	97.50	97.65	69.23	3.69	3.75	1.18
平均值	10	2.66	97.50	97.65	69.23	3.69	3.75	1.18
C_1-1	10	2.76	97.50	97.98	71.35	3.69	3.90	1.25
C_1-2	10	2.74	97.50	97.82	70.33	3.69	3.82	1.21
平均值	10	2.75	97.50	97.90	70.84	3.69	3.86	1.23
C_2-1	10	2.82	97.50	97.84	71.51	3.69	3.93	1.26
C_2-2	10	2.78	97.59	98.04	70.59	3.73	3.84	1.22
平均值	10	2.80	97.55	97.94	71.05	3.71	3.89	1.24
C_3-1	10	2.84	97.59	98.10	70.33	3.71	3.96	1.21
C_3-2	10	2.85	97.55	97.87	72.67	3.73	3.85	1.28
平均值	10	2.85	97.57	97.99	71.50	3.72	3.91	1.25
C_4-1	10	2.88	97.68	98.47	73.40	3.77	4.18	1.32
C_4-2	10	2.90	97.64	98.34	73.54	3.74	4.10	1.33
平均值	10	2.89	97.66	98.41	73.47	3.76	4.14	1.33
A_3-1+A_3-2	20	2.66	97.99	99.18	88.45	1.95	2.40	1.08
C_1-1+C_1-2	20	2.75	97.86	99.15	89.25	1.92	2.38	1.12
C_2-1+C_2-2	20	2.80	97.86	99.17	89.47	1.92	2.39	1.13
C_3-1+C_3-2	20	2.85	97.95	99.19	89.48	1.94	2.41	1.13
C_4-1+C_4-2	20	2.89	97.90	99.22	90.29	1.93	2.43	1.19

图 3.44 所示为硼含量对核辐射防护材料屏蔽率和线衰减系数的影响。在厚度为 10mm，三种不同能级 X 射线的情况下，材料的屏蔽率和线衰减系数随硼的增加而提高。在硼含量最高的 C_4 合金中，含铅颗粒最小，分布均匀。10mm 厚的 C_4 合金 X 射线的屏蔽率和线衰减系数在这几组合金中最高，这说明在材料厚度、铅的质量分数相同的情况下，含铅颗粒愈小，分布愈均匀，对 X 射线的屏蔽效果愈好。

在厚度为 20mm 时，核辐射防护材料对能量为 65keV 的 X 射线的屏蔽率和线衰减系数随硼含量的增加存在较小的波动（波动幅度仅为 0.07%），对其他两个能级（118keV 和 250keV）的 X 射线的屏蔽效果基本遵循屏蔽率和线衰减系数随硼的增加而提高这一规律。

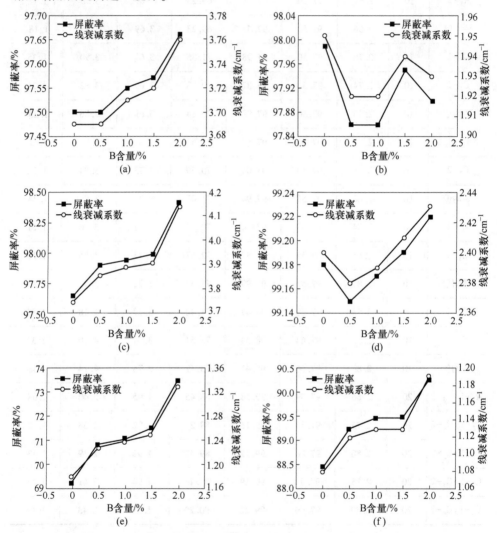

图 3.44   B 含量（质量分数）对不同核辐射防护材料厚度和不同
X 射线能量下屏蔽率和线衰减系数的影响
X 射线能量：（a）（b）65keV；（c）（d）118keV；（e）（f）250keV；
厚度：（a）（c）（e）10mm；（b）（d）（f）20mm

X 光子能量的损失是它与吸收原子的核外电子碰撞的结果。这一过程主要包括 X 光子与内轨道电子发生弹性碰撞的光电效应和 X 光子与外轨道电子发生非弹性碰撞的康普顿效应。从传统辐射屏蔽的角度来看，材料密度越大，其屏蔽效果越好，因为随着密度的增大，X 光子与材料中内外轨道电子碰撞的概率都会增加。图 3.45 所示为不同 B 含量屏蔽材料的密度。

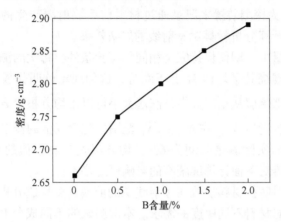

图 3.45 不同 B 含量（质量分数）的核辐射防护材料密度

在 A_3 和 C 系列核辐射防护材料中，随着 B 含量的增加，含铅颗粒 $Pb+Mg_2Pb$ 共晶组织尺寸变小，分布趋于均匀，质量分数增大，核辐射防护材料的密度增加。图 3.45 表明，核辐射防护材料的密度从 A_3 的 $2.66g/cm^3$ 升至 C_4 的 $2.89g/cm^3$，C_4 合金的密度较其他的要大，因此 C_4 对 X 射线的屏蔽效果最为优异。

图 3.46 表明核辐射防护材料的 X 射线屏蔽率随材料厚度的增加而增加，并且在厚度为 20mm 时，材料对 118keV 能量的 X 射线屏蔽率为 99.22%，对低能级 65keV 的屏蔽率为 97.90%，对高能级 250keV 的屏蔽率达到 90.29%。另外，从图 3.46 还可以看出，核辐射防护材料对能量为 118keV 的 X 射线屏蔽效果最好，同时对 65keV 和 250keV 的屏蔽率分别达到了 97.66% 和 73.47%。

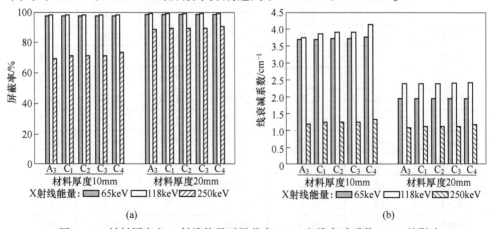

(a)   (b)

图 3.46 材料厚度和 X 射线能量对屏蔽率（a）和线衰减系数（b）的影响

3.4.1.2　γ射线屏蔽实验

本节以^{137}Cs 源（661keV）、^{60}Co 源（1.25MeV）为放射源，BF3 正比计数器（编号：02-07）为探测装置来记录通过材料前后放射源产生的剂量率，通过剂量率的具体变化计算分析材料对 γ 射线的屏蔽效果。

在放射性测量中，即使保持完全相同的实验条件，每次的测量计数值 N 并不完全相同，而是围绕其平均值 M 上下涨落，这种现象就叫作放射性计数的统计性。放射性统计涨落服从正态分布，涨落大小可以用均方根差 $\sigma = \sqrt{M} \approx \sqrt{N}$ 来表示。对于单次测量值 N_1，在 $N_1 \pm \sqrt{N_1}$ 范围内包含真值的概率是 68.3%。本次实验中每个试样的实际测量时间为 60s，均方根差与测量值的比值在 0.17% 以下，这样统计涨落对下面计算屏蔽率的影响可忽略不计。

实验时核辐射防护材料摆放在 γ 射线源的前端，多块成分相同的核辐射防护材料重叠可满足对材料不同厚度的需求。本次测试的不同成分 Pb-Mg-Al 和 Pb-Mg-Al-B 核辐射防护材料的 γ 射线屏蔽率和线衰减系数见表 3.17。

从表 3.17 可以明显看出材料中硼含量、材料厚度以及放射源种类对屏蔽效果的影响：屏蔽率随硼含量的增加而增加；核辐射防护材料的屏蔽率同时随材料厚度的增加而加强，并且厚度为 20mm 时材料的屏蔽效果近乎厚度为 10mm 时屏蔽效果的 2 倍；材料对^{60}Co 源的屏蔽率比^{137}Cs 源要低，即高能 γ 光子更难被屏蔽，这是由于^{60}Co 源比^{137}Cs 源的 γ 光子种类多、能量强的缘故。

表 3.17　Pb-Mg-Al 和 Pb-Mg-Al-B 屏蔽材料的 γ 射线屏蔽率和线衰减系数

样品编号	厚度 /mm	密度 /g·cm^{-3}	屏蔽率/%		线衰减系数/cm^{-1}	
			^{137}Cs	^{60}Co	^{137}Cs	^{60}Co
A$_3$-1	10	2.63	26.52	17.36	0.31	0.19
A$_3$-2	10	2.69	26.52	17.36	0.31	0.19
平均值	10	2.66	26.52	17.36	0.31	0.19
C$_1$-1	10	2.76	27.58	17.36	0.32	0.19
C$_1$-2	10	2.74	27.12	17.36	0.32	0.19
平均值	10	2.75	27.35	17.36	0.32	0.19
C$_2$-1	10	2.82	27.73	18.03	0.32	0.20
C$_2$-2	10	2.78	27.78	17.36	0.33	0.19
平均值	10	2.80	27.75	17.7	0.33	0.2
C$_3$-1	10	2.84	27.58	17.36	0.32	0.19
C$_3$-2	10	2.85	28.18	18.03	0.33	0.20
平均值	10	2.85	27.88	17.7	0.33	0.2

样品编号	厚度/mm	密度/g·cm⁻³	屏蔽率/%		线衰减系数/cm⁻¹	
			¹³⁷Cs	⁶⁰Co	¹³⁷Cs	⁶⁰Co
C_4-1	10	2.88	29.70	19.35	0.35	0.22
C_4-2	10	2.90	29.70	19.35	0.35	0.22
平均值	10	2.89	29.70	19.35	0.35	0.22
A_3-1+A_3-2	20	2.66	45.95	31.51	0.308	0.189
C_1-1+C_1-2	20	2.75	46.81	31.51	0.316	0.189
C_2-1+C_2-2	20	2.80	46.81	31.97	0.316	0.193
C_3-1+C_3-2	20	2.85	47.37	31.97	0.321	0.193
C_4-1+C_4-2	20	2.89	49.75	34.21	0.344	0.209

图 3.47、图 3.48 所示为不同 B 含量的核辐射防护材料 γ 射线屏蔽率和线衰减系数的关系。图 3.47 和图 3.48 表明,对未添加硼的 A_3 合金而言,厚度为 10mm 的屏蔽率仅为 26.52% (¹³⁷Cs 源) 和 17.36% (⁶⁰Co 源),当添加 0.5% (质量分数) 的硼时,对¹³⁷Cs 源产生的 γ 射线屏蔽率略有上升,为 27.35%,而⁶⁰Co 源几乎不变,在硼含量达到 2.0% (质量分数) (C_4 合金) 时,屏蔽率最高,效果最好,分别为 29.70% (¹³⁷Cs 源) 和 19.35% (⁶⁰Co 源)。这是因为 γ 射线是一种比紫外线波长短得多的电磁波,γ 光子不带电,与物质作用主要以光电效应、康普顿效应和电子对效应为主,材料对 γ 射线的吸收与材料的密度有关。从图 3.47 可以得知,A_3 合金中密度最小,C_4 合金的密度在这几组合金中最大,因此 C_4 合金的屏蔽效果最好。但材料对 γ 射线的吸收不仅取决于材料的密度,还和含铅颗粒的大小和分布均匀程度有关。核辐射防护材料在铅含量相同的情况下,含铅颗粒尺寸越小、分布越均匀,质量分数就越大,核辐射防护材料的密度也越大,对 γ 射线屏蔽越好[35]。A_3 合金含铅颗粒 (Pb+Mg₂Pb) 共晶组织为未发育完全的枝状,晶粒尺寸较大,范围为 50~150μm;C_4 合金含铅颗粒分布最为均匀,晶粒尺寸最小,在 10μm 以下,因此 C_4 合金的 γ 射线屏蔽效果最好。

3.4.1.3 中子辐射屏蔽实验

中子不带电,与物质相互作用主要有两种形式:快中子的散射和减速,慢中子的吸收及二次释放的共化粒子或 γ 射线。中子的屏蔽实际上是将快中子减速和慢中子吸收。中子辐射屏蔽测试结果如表 3.18 和图 3.49 所示。

从表 3.18 中可以看出,未添加 B 元素 10mm 厚的 Pb-Mg-Al 合金 (A_3),中子屏蔽率仅为 24.4%,线衰减系数也只有 0.28,A_3 合金的中子屏蔽是由于 Mg (0.063Barn) 和 Al(0.23Barn) 的热中子吸收截面小,它们作为与中子吸收材料

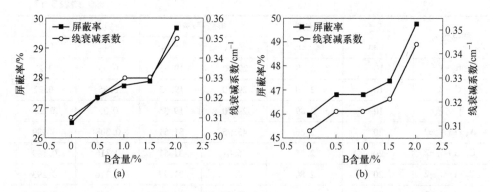

图 3.47　B 含量（质量分数）对厚度分别为 10mm（a）和 20mm（b）核防护材料
γ 射线屏蔽率和线衰减系数的影响（^{137}Cs 源）

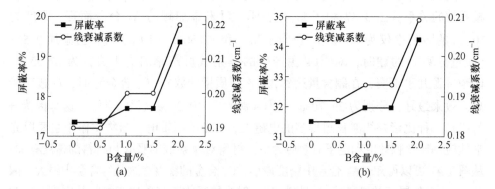

图 3.48　B 含量（质量分数）对厚度分别为 10mm(a) 和 20mm(b) 核防护材料
γ 射线屏蔽率和线衰减系数的影响(^{60}Co 源)

可以相互通用的反射材料，通过对中子的多碰撞、少吸收来实现对中子的屏蔽[36]。添加 0.5%（质量分数）B 后（C_1），10mm 厚的 C_1 合金屏蔽率和线衰减系数分别上升至 27.8% 和 0.33；随着 B 的增加，合金的中子屏蔽性能进一步提升，在 B 含量为 2.0%（质量分数）时，即 C_4 合金，10mm 厚的 C_4 合金的中子屏蔽率提高至 88.2%，线衰减系数达到 2.14，此时 C_4 合金中 B 含量最高，分布最为广泛和均匀，因此其屏蔽性能在这三组合金中也最好。

图 3.49 表明，核辐射防护材料能明显减弱中子的透射，其中子辐射屏蔽率和线衰减系数随着 B 含量的增加呈明显的上升趋势，B 含量越多，材料的中子屏蔽性能越好。20mm 厚度、B 含量为 2.0%（质量分数）的核辐射防护材料对中子的屏蔽率更是达到 92.7%，这充分说明屏蔽材料中 B 含量适宜，工艺配方选择恰当，这对核辐射防护材料的制备有着重要的指导意义。

表 3.18 Pb-Mg-Al 和 Pb-Mg-Al-B 核辐射防护材料的中子辐射屏蔽率和线衰减系数

样品编号	厚度/mm	密度/$g \cdot cm^{-3}$	屏蔽率/%	线衰减系数/cm^{-1}
A_3-1	10	2.63	27.5	0.32
A_3-2	10	2.69	21.3	0.24
平均值	10	2.66	24.4	0.28
C_1-1	10	2.76	27.3	0.32
C_1-2	10	2.74	28.3	0.33
平均值	10	2.75	27.8	0.33
C_2-1	10	2.82	61.8	0.96
C_2-2	10	2.78	60.9	0.94
平均值	10	2.80	61.35	0.95
C_3-1	10	2.84	63.2	1.00
C_3-2	10	2.85	64.6	1.04
平均值	10	2.85	63.9	1.02
C_4-1	10	2.88	88.2	2.14
C_4-2	10	2.90	88.2	2.14
平均值	10	2.89	88.2	2.14
A_3-1+A_3-2	20	2.66	33.8	0.21
C_1-1+C_1-2	20	2.75	59.3	0.45
C_2-1+C_2-2	20	2.80	75	0.69
C_3-1+C_3-2	20	2.85	79.5	0.79
C_4-1+C_4-2	20	2.89	92.7	1.31

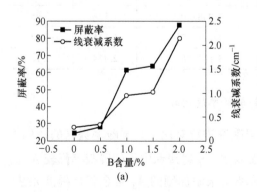
(a)

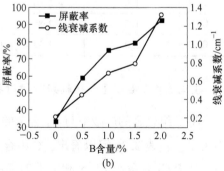
(b)

图 3.49 B 含量（质量分数）对厚度分别为 10mm（a）和 20mm（b）核辐射防护
材料中子辐射屏蔽率和线衰减系数的影响

硼有着良好的吸收热中子能力，是作为中子屏蔽材料的首选。硼原子吸收中子的反应式为：

主反应：$$_5B^{10} + {_0^1}n \longrightarrow 2{_2}He^4 + {_1}H^3$$

副反应：$$_5B^{10} + {_0^1}n \longrightarrow {_3}Li^7 + 2He^4$$

屏蔽材料对中子吸收的屏蔽效率公式，即"黑度"公式[37]：

$$\eta = N\sigma t; \qquad N = (\rho N_0 W_i)/A_i \qquad (3.15)$$

式中，η 为中子吸收能力，即线衰减系数，cm^{-1}；N 为每立方厘米材料所含的原子数；ρ 为屏蔽材料密度，$g \cdot cm^{-3}$；N_0 为阿伏伽德罗常数，$6.02 \times 10^{23} mol^{-1}$；$W_i$ 为第 i 种元素在材料中所占的质量分数；A_i 为所求元素的原子量；σ 为微观热中子吸收截面积，天然 B 中 ^{10}B 的丰度为 18%，^{10}B 的微观热中子吸收截面为 3837Barn[38]，$1Barn = 1 \times 10^{-24} cm^2$；$t$ 为厚度，cm。

由"黑度"公式可知，单位体积材料所含 ^{10}B 的原子数多少将直接影响核辐射防护材料对中子吸收的效果，所以必须使材料保持一定的 B 含量。Pb-Mg-Al-B 核辐射防护材料中 B 的质量分数范围为 0.5% ~ 2.0%，原子分数范围为 1.95% ~ 7.53%，采用"黑度"公式计算的厚度为 10mm 的 Pb-Mg-Al-B 核辐射防护材料中子线衰减系数见表 3.19。从表 3.19 可以看出，随着 B 含量的增加，含铅颗粒尺寸变小，分布趋于均匀，质量分数增大，核辐射防护材料的密度增大，单位体积内 ^{10}B 的原子个数增多，线衰减系数也增加，中子屏蔽性能增强；而且线衰减系数的理论计算值与实验值相一致。

表 3.19　厚度为 10mm 的 Pb-Mg-Al-B 核辐射防护材料中子线衰减系数理论值与实验值

名称	B 含量（质量分数）/%	密度/$g \cdot cm^{-3}$	单位体积内 ^{10}B 的原子数/个·cm^{-3}	线衰减系数/cm^{-1} 理论值	实验值
C_1	0.5	2.75	1.355×10^{20}	0.520	0.33
C_2	1.0	2.80	2.758×10^{20}	1.058	0.95
C_3	1.5	2.85	4.211×10^{20}	1.615	1.02
C_4	2.0	2.89	5.693×10^{20}	2.184	2.14

3.4.1.4　铅硼复合核辐射防护材料屏蔽率的比较

将 C 组合金的屏蔽率与 A_3 合金的屏蔽率进行对比，其屏蔽率提高的比例见表 3.20。由表 3.20 可以看出，C 组合金对 X、γ 射线和中子的屏蔽率都较 A_3 的高。其中 C_4 合金对 X、γ 和中子的屏蔽率与未添加硼的 A_3 合金相比提高尤甚，其中对 X 射线提高较小，分别为 0.16%（65keV）、0.78%（118keV）和 6.1%（250keV），对 γ 射线提高了 12%，对中子的屏蔽率提升最大，达到 261.5%。

表 3.20 厚度为 10mm 的 Pb-Mg-Al-B 核辐射防护材料对 X、γ 射线和中子辐射屏蔽率提高比例 （%）

样品编号	X 射线屏蔽率提高比例			γ 射线屏蔽率提高比例		中子辐射屏蔽率提高比例
	65keV	118keV	250keV	^{137}Cs	^{60}Co	
A_3	0.0	0.0	0.0	0.0	0.0	0.0
C_1	0.0	0.26	2.3	3.1	0.0	13.9
C_2	0.05	0.30	2.6	4.6	2.0	151.4
C_3	0.05	0.35	3.3	5.1	2.0	161.9
C_4	0.16	0.78	6.1	12.0	11.5	261.5

3.4.2 核辐射防护材料与现有的射线中子屏蔽材料屏蔽性能对比

3.4.2.1 铅硼复合核辐射防护材料与 Pb/B 复合材料屏蔽性能对比

Pb-Mg-Al-B 核辐射防护材料具有较高的强度，它与现有的射线中子屏蔽材料 Pb-B 聚乙烯[34] 和 Pb-B$_4$C 合金的力学性能对比如图 3.50 所示。从图 3.50 可以看出，Pb-B 聚乙烯的抗拉强度仅为 10MPa，布氏硬度 3~4HBS；Pb-B$_4$C 合金的力学性能相对 Pb-B 聚乙烯而言有所提升，抗拉强度为 48.2MPa，布氏硬度 22.13HBS；而 Pb-Mg-Al-B 核辐射防护材料的抗拉强度和布氏硬度分别达到 105MPa 和 160HBS，力学性能远高于 Pb-B 聚乙烯和 Pb-B$_4$C 合金。

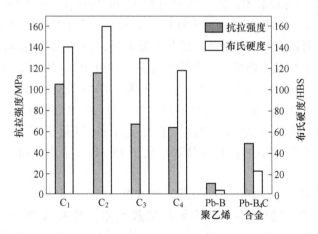

图 3.50 不同 B 含量的 Pb-Mg-Al-B 核辐射防护材料与 Pb-B 聚乙烯和 Pb-B$_4$C 屏蔽材料的力学性能对比

对 γ 射线而言，线衰减系数 μ 的大小与射线的能量及吸收介质密度 ρ 等因素有关。密度愈大，单位体积中原子、电子数愈多，射线照射量率衰减得就愈快，

射线线衰减系数 μ 就愈大。为了方便起见，常用质量衰减系数 μ_m 来描述 γ 射线在物质中的衰减程度，质量衰减系数愈大，单位质量材料对 γ 射线的衰减程度愈大，屏蔽效果愈好。其计算公式见式（3.16）。

$$\mu_m = \mu / \rho \qquad (3.16)$$

依照射线线衰减系数与质量衰减系数的关系，对中子采取同样的处理方法，采用质量衰减系数考察单位质量材料对中子的衰减程度。根据线衰减系数算得的 Pb-Mg-Al-B 核辐射防护材料、Pb、Pb-B 聚乙烯和 Pb-B$_4$C 合金质量的衰减系数见表 3.21。

表 3.21 厚度为 10mm 的 Pb-Mg-Al-B 核辐射防护材料与 Pb、Pb-B 聚乙烯和 Pb-B$_4$C 屏蔽材料的衰减系数

名　　称		C_1	C_2	C_3	C_4	Pb-B 聚乙烯	Pb-B$_4$C 合金	Pb
密度 $\rho/g \cdot cm^{-3}$		2.75	2.80	2.85	2.89	3.42	8.27	11.34
线衰减系数 μ /cm^{-1}	^{137}Cs	0.32	0.33	0.33	0.35	0.35	—	1.17
	^{60}Co	0.19	0.20	0.20	0.22	0.21	0.51	0.65
	中子	0.33	0.95	1.02	2.14	2.75	2.81	—
质量衰减系数 $\mu_m/cm^2 \cdot g^{-1}$	^{137}Cs	0.116	0.118	0.116	0.121	0.102	—	0.103
	^{60}Co	0.069	0.071	0.070	0.076	0.061	0.062	0.057
	中子	0.120	0.339	0.358	0.740	0.804	0.340	—

从表 3.21 中可以看出，Pb、Pb-B 聚乙烯和 Pb-B$_4$C 合金的 γ 射线质量衰减系数小于 Pb-Mg-Al-B 核辐射防护材料，说明单位质量的 Pb-Mg-Al-B 核辐射防护材料的 γ 射线衰减程度最大，屏蔽效果最好；虽然 Pb 的 γ 射线线衰减系数比 Pb-Mg-Al-B 核辐射防护材料的要大许多，但由于 Pb 的密度大，导致其质量衰减系数要小于 Pb-Mg-Al-B 核辐射防护材料，单位质量 Pb 的 γ 射线屏蔽效果要比 Pb-Mg-Al-B 核辐射防护材料的弱。Pb-Mg-Al-B 核辐射防护材料中的 C_4 合金中子质量衰减系数大于 Pb-B$_4$C 合金，接近 Pb-B 聚乙烯，表明单位质量的 Pb-Mg-Al-B 核辐射防护材料屏蔽效果优于 Pb-B$_4$C 合金，而与 Pb-B 聚乙烯相当。

由表 3.21 可知，与 Pb、Pb-B 聚乙烯和 Pb-B$_4$C 合金相比，单位质量的 Pb-Mg-Al-B 核辐射防护材料具有优异的屏蔽性能。图 3.51 所示为在厚度同为 10mm 的条件下，Pb-Mg-Al-B 核辐射防护材料与 Pb、Pb-B 聚乙烯和 Pb-B$_4$C 合金的屏蔽性能对比，图 3.51（a）是 γ 射线（^{137}Cs 源）的质量衰减系数对比；图 3.51（b）是 γ 射线（^{60}Co 源）的质量衰减系数对比；图 3.51（c）是中子的质量衰减系数对比。

图 3.51（a）表明，对能量较低的 ^{137}Cs 源 γ 射线，Pb-Mg-Al-B 核辐射防护

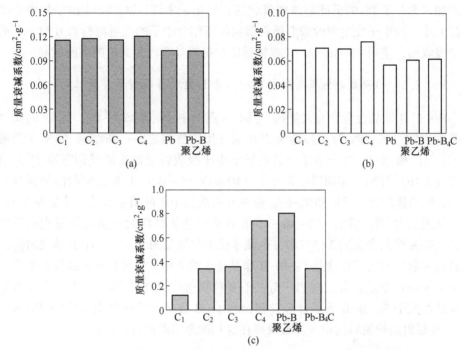

图3.51　不同B含量的Pb-Mg-Al-B核辐射防护材料与Pb-B聚乙烯和Pb-B$_4$C
屏蔽材料屏蔽性能对比

（a）γ射线（^{137}Cs源）；（b）γ射线（^{60}Co源）；（c）中子

材料的质量衰减系数比 Pb 和 Pb-B 聚乙烯的大，说明它对低能级 γ 射线的屏蔽
效果最佳；由图 3.51（b）可以看出，Pb-Mg-Al-B 核辐射防护材料中 C$_4$ 合金
的质量衰减系数最大，这就意味着单位质量的 Pb-Mg-Al-B 核辐射防护材料对高
能^{60}Co 源 γ 射线的屏蔽效果要优于 Pb、Pb-B 聚乙烯和 Pb-B$_4$C 合金。值得注意
的是，在 Pb-B 聚乙烯中，Pb 的质量分数达到了 80%，Pb-B$_4$C 合金中 Pb 的含
量甚至达到 83.6%（质量分数）；而在 Pb-Mg-Al-B 核辐射防护材料中，Pb 的
质量分数为 45%，远小于 Pb-B 聚乙烯和 Pb-B$_4$C 合金。由图 3.51（c）可以看
出，含硼量为 2.0%（质量分数）的 C$_4$ 合金中子质量衰减系数为 0.740cm^2/g，
远大于 Pb-B$_4$C 合金的中子质量衰减系数 0.340cm^2/g，接近 Pb-B 聚乙烯的质量
衰减系数 0.804cm^2/g，表明单位质量的 Pb-Mg-Al-B 核辐射防护材料中子屏蔽
效果远好于 Pb-B$_4$C 合金，而与 Pb-B 聚乙烯相当。在 Pb-B$_4$C 合金中，B 含量
达到了 10%（质量分数），为 C$_4$ 合金的 5 倍；Pb-B 聚乙烯中 B 含量为 1%（质
量分数），聚乙烯则达到 19%（质量分数）。以上说明，Pb-Mg-Al-B 核辐射防
护材料具有良好的综合屏蔽效果，在 Pb 和 B 含量较低的条件下即可实现对射线
和中子的高屏蔽，C$_4$ 合金尤为明显。这是因为对射线而言，Mg、Al 和 B 等轻元

素的加入弥补了 Pb 的低能射线弱吸收区；对中子来说，Mg 和 Al 由于热中子吸收截面小、与中子发生弹性或非弹性散射故可作为中子的反射材料和 B 对中子的俘获吸收用，使得 Pb-Mg-Al-B 核辐射防护材料具有较为突出的屏蔽性能。

3.4.2.2 铅硼复合核辐射防护材料与含 B 金属屏蔽材料屏蔽性能对比

Fe-Si-B 非晶合金含有大量硼，具有一定的中子屏蔽效果[39]，且 Fe 的质量分数约为92.1%，而 Fe 是屏蔽 γ 射线最常用的材料之一；高硼钢（3%（质量分数）B）和 Ti-1%B 合金由于其良好的中子吸收性能越来越受到重视[40]。根据式（3.16）计算的相同厚度条件下（10mm）Pb-Mg-Al-B 核辐射防护材料与 Fe-Si-B 非晶合金、硼钢和 Ti-B 合金对 γ 射线和中子的质量衰减系数见表 3.22。

从表 3.22 可以看出，Pb-Mg-Al-B 核辐射防护材料的 γ 射线质量衰减系数是 Fe-Si-B 非晶合金的 2 倍左右，也就是说单位质量的 Pb-Mg-Al-B 核辐射防护材料对 γ 射线的衰减程度是 Fe-Si-B 非晶合金的 2 倍，说明其 γ 射线屏蔽效果远好于 Fe-Si-B 非晶合金；而 Pb-Mg-Al-B 核辐射防护材料中的 C_4 合金中子质量衰减系数大于 Fe-Si-B 非晶合金、硼钢和 Ti-B 合金，表明单位质量的 Pb-Mg-Al-B 核辐射防护材料的中子屏蔽效果在这几种金属屏蔽材料最好。

表 3.22 厚度为 10mm 的 Pb-Mg-Al-B 核辐射防护材料与 Fe-Si-B 合金、硼钢和 Ti-B 合金的衰减系数

名 称		C_1	C_2	C_3	C_4	Fe-Si-B	硼钢	Ti-B
密度 ρ/g·cm⁻³		2.75	2.80	2.85	2.89	6.62	7.33	4.46
线衰减系数 μ /cm⁻¹	¹³⁷Cs	0.32	0.33	0.33	0.35	0.40	—	—
	⁶⁰Co	0.19	0.20	0.20	0.22	0.26	—	—
	中子	0.33	0.95	1.02	2.14	2.77	2.66	1.83
质量衰减系数 μ_m/cm²·g⁻¹	¹³⁷Cs	0.116	0.118	0.116	0.121	0.060	—	—
	⁶⁰Co	0.069	0.071	0.070	0.076	0.039	—	—
	中子	0.120	0.339	0.358	0.740	0.418	0.363	0.410

图 3.52 所示为相同厚度条件下（10mm），Pb-Mg-Al-B 核辐射防护材料与 Fe-Si-B 非晶合金、3%B 硼钢和 Ti-1%B 合金对 γ 射线和中子的质量衰减系数对比。图 3.52（a）是 γ 射线（¹³⁷Cs 源）的质量衰减系数对比；图 3.52（b）所示为 γ 射线（⁶⁰Co 源）的质量衰减系数对比；图 3.52（c）所示为中子的质量衰减系数对比。

图 3.52（a）、（b）表明，Pb-Mg-Al-B 核辐射防护材料的质量衰减系数高于 Fe-Si-B 非晶合金的线衰减系数，说明单位质量 Pb-Mg-Al-B 核辐射防护材料对低能级和高能级 γ 射线的屏蔽效果都要优于 Fe-Si-B 非晶合金。一般来说，

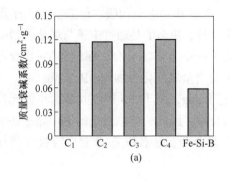
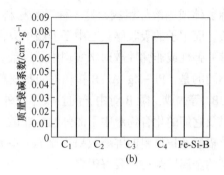

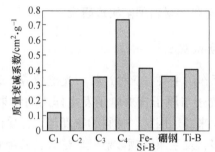

图 3.52 不同 B 含量的 Pb-Mg-Al-B 核辐射防护材料与 Fe-Si-B 合金、
硼钢和 Ti-B 合金的屏蔽性能对比

(a) γ射线 (^{137}Cs 源)；(b) γ射线 (^{60}Co 源)；(c) 中子

物质的密度大，γ光子与物质中的电子发生碰撞的概率增大，γ射线屏蔽效果增加。Fe-Si-B 非晶合金与 γ射线发生作用时，Fe 起主要的屏蔽作用，但由于 Fe 并未与其他元素参与成键，原子核外的电子数较少，故 γ光子与 Fe-Si-B 非晶合金中的电子发生碰撞的概率较小；而 Pb-Mg-Al-B 核辐射防护材料中各个元素都参与与成键，原子核外存在大量的电子云，γ光子与 Pb-Mg-Al-B 核辐射防护材料中的电子发生碰撞的概率较大，因此 Pb-Mg-Al-B 核辐射防护材料的 γ射线屏蔽效果好于 Fe-Si-B 非晶合金。

在图 3.52（c）中，含硼量为 2.0%（质量分数）的 Pb-Mg-Al-B 核辐射防护材料（C₄ 合金）中子质量衰减系数明显高于 Fe-Si-B 非晶合金、硼钢和 Ti-B 合金，说明单位质量 Pb-Mg-Al-B 核辐射防护材料中子屏蔽效果最为优异。而在 Fe-Si-B 非晶合金中，B 含量为 2.74%（质量分数），硼钢 B 含量甚至达到了 3%（质量分数）。Pb-Mg-Al-B 核辐射防护材料在 B 含量和密度都低于 Fe-Si-B 非晶合金和硼钢的情况下，其中子屏蔽效果却高于 Fe-Si-B 非晶合金和硼钢，说明 Pb-Mg-Al-B 核辐射防护材料在 B 含量上是合理的。通常条件下，中子屏蔽与 B 含量有关，对比结果说明，中子屏蔽效果不仅仅是 B 元素的贡献，还有材料结构上的贡献。Fe-Si-B 非晶合金、硼钢和 Ti-B 合金主要由金属 Fe 或 Ti 与非金属 B 的弥散体或固溶体组成，这 3 种屏蔽材料主要依靠 B 对中子的吸收俘获实现中子屏蔽。而中子的吸收俘获在中子屏蔽中只占少部分，更多的是通过中子与屏蔽材料靶核的弹性或非弹性散射来实现中子屏蔽。与 Fe-Si-B 非晶合金、硼钢和 Ti-B 合金不同的是，Pb-Mg-Al-B 核辐射防护材料主要由金属间化合物 Mg_2Pb、$Mg_{17}Al_{12}$ 和 AlB_2 等构成，除 B 对中子的吸收俘获外，还有 Mg、Al 和 Pb 等吸收截面小的元素以及它们的化合物对中子的弹性或非散射的贡献。因此，单位质量的 Pb-Mg-Al-B 核辐射防护材料的屏蔽效果相比 Fe-Si-B 非晶合金、硼钢和 Ti-B 合金等含 B 量较高的金属屏蔽材料要好得多。

3.4.3　铅硼复合核辐射防护材料屏蔽机理研究

3.4.3.1　X 射线屏蔽机理

X 射线与物质相互作用主要有三种过程：光电效应、康普顿效应、电子对效应。康普顿效应是 X 光子与原子核外电子发生作用的结果，是 X 射线在屏蔽材料中产生散射线的最大来源。因此，材料的密度越大，单位体积内吸收原子数越多，材料中电子束越多，发生康普顿散射概率越大，其吸收性能越好。传统的 X 射线屏蔽材料，如铅、钨等高比重合金，密度分别为 $11.34g/cm^3$ 和 $18.4g/cm^3$[41]，它们与能量高于 88keV 的高能 X 射线作用机理主要是依靠吸收原子核外电子数量多导致发生康普顿散射概率增大来实现对 X 光子的能量吸收。

从表 3.23 Pb-Mg-Al-B 核辐射防护材料中各化合物的理论密度可知，材料中各化合物的理论密度都小于铅或钨合金，且已知 Pb-Mg-Al-B 核辐射防护材料的实际密度在 $2.65 \sim 2.90g/cm^3$ 之间，因此 Pb-Mg-Al-B 核辐射防护材料对 X 射线的屏蔽机理与高密度的铅、钨合金存在差别。其实核辐射防护材料对 X 光子的吸收本领不仅与密度相关，还与材料中吸收原子的核外电子数量、内轨道电子能级大小和数量以及价电子在空间的分布有很大的关系。在 Pb-Mg-Al-B 核辐射防护材料中，Mg、Al、B 等轻元素的加入在降低材料密度的同时，还提供了更多发生光电效应的内轨道能级。关于 Pb-Mg-Al-B 核辐射防护材料所含物相的各原子分态密度计算结果如图 3.53 所示。

表 3.23　Pb-Mg-Al-B 核辐射防护材料中各化合物的理论密度

名称	Mg	Pb	Mg_2Pb[42]	$Mg_{17}Al_{12}$[43]	AlB_2[44]
密度/g·cm^{-3}	1.74	11.34	5.37	2.09	3.15

图 3.53 表明，除 Mg、Pb、Al 和 B 各原子间的 s、p 轨道存在杂化外，Mg 的 $2p$ 轨道与其自身的 $3s$ 轨道、Pb 的 $6s$ 轨道与 $6p$ 轨道、Al 的 $3s$ 轨道与 $3p$ 轨道以及 B 的 $2s$ 轨道与 $2p$ 轨道参与杂化成键，使得 Mg 的 $2p$ 轨道、Pb 的 $6s$ 轨道、Al

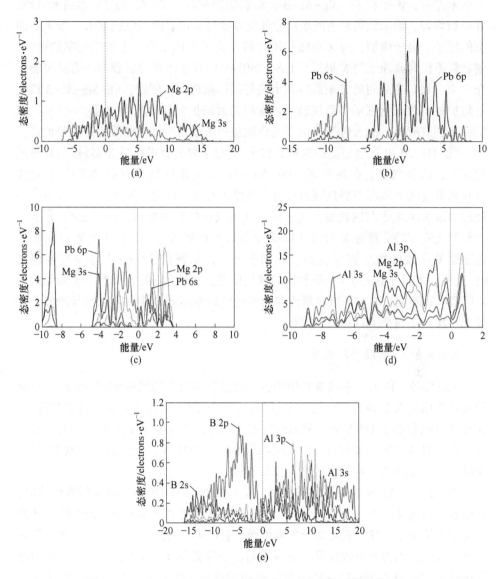

图 3.53　Pb-Mg-Al-B 核辐射防护材料所含物相各原子的分态密度

的 3s 轨道和 B 的 2s 轨道电子云扩展，各组成物相的原子间电子云的密度增加，为材料提供了更为丰富的价电子空间伸展方向，使得核外电子数增加，大大提高了入射 X 光电子与内轨道价电子发生光电效应的概率。核辐射防护材料对 X 射线的吸收不仅取决于铅含量和材料密度，还与材料中 Pb 和 Mg_2Pb 的颗粒大小及分布均匀程度有关。在 Pb-Mg-Al-B 核辐射防护材料的高分辨透射电镜分析中已知，Mg_2Pb 的颗粒尺寸在 $1\mu m$ 以下；而且 Pb 富集在 Mg_2Pb 基体内，尺寸在几十个纳米左右，说明在 Pb-Mg-Al-B 核辐射防护材料中 Pb 和 Mg$_2$Pb 为纳米颗粒，且分布均匀。纳米颗粒显著的小尺寸效应导致材料比表面积急剧增大，处于表面态的原子、电子增加，与 X 射线作用时和 X 光子碰撞发生光电效应概率的更大，使材料不仅对高能级的 X 射线（118 ~ 250keV）有着优异的屏蔽率，而且对能量介于 40 ~ 88keV 之间的 X 射线亦具有良好的屏蔽能力。因此，Pb-Mg-Al-B 核辐射防护材料对 X 射线的屏蔽机理为：除核辐射防护材料中所含少量单质 Pb 产生的康普顿效应外，由入射 X 光电子与内轨道价电子发生的光电效应占主要地位。

Pb-Mg-Al-B 核辐射防护材料和稀土/高分子复合材料在对 X 射线 "Pb 弱吸收区" 的吸收机制上存在差别。Pb-Mg-Al-B 核辐射防护材料能解决 X 射线 "Pb 弱吸收区" 问题主要是因为材料中各原子都参与成键，原子间电子云密度的增加导致 X 光电子与内轨道价电子发生光电效应的概率增加。而稀土/高分子复合材料之所以能实现对 X 射线 "Pb 弱吸收区" 的吸收，一是稀土元素 K 层吸收边随原子序数的增加逐步提高，如镧系元素，从镧的 38.9keV 逐步增至镥的 63.3keV，均处于弥补 Pb 弱吸收区的理想位置；二是由于稀土元素中不同元素的 K 层吸收边不同，其粒子吸收所覆盖的能量区域亦不同，导致稀土元素的粒子吸收几乎覆盖了整个 Pb 的弱吸收区。

3.4.3.2   γ 射线屏蔽机理

γ 射线是一种比 X 射线波长短得多，能量也高得多的强电磁波。γ 射线与物质相互作用与 X 射线一样分为三个过程：光电效应、康普顿效应、电子对效应。在 γ 光子能量小于 1MeV 时，光电效应占主要地位；在 γ 光子能量大于 1.02MeV 时，电子对效应起主要作用[44]。^{137}Cs 源能量为 661keV，光电效应占优势；^{60}Co 源能量为 1.25MeV，电子对效应起主要作用。

当 Pb-Mg-Al-B 核辐射防护材料与能量为 661keV 的^{137}Cs 源 γ 射线作用时，光电效应占优势。当一个 γ 光子与物质原子中的束缚电子作用时，光子把全部能量交给束缚电子，使它脱离原子的束缚而发射出去，而光子本身消失，此过程称为光电效应。因为光电效应发生的概率与原子序数的 4 次方成正比，而 Pb 的原子序数为 82，其在 Pb-Mg-Al-B 核辐射防护材料中的质量比为 45%，因此 γ 光子在屏蔽材料中发生光电效应的概率很大。而且由图 3.53 可知，Mg、Pb、Al 和 B 原子的杂化成键，原子间轨道电子云的扩展，为屏蔽材料提供了更为丰富的价电子空间伸展方向，入射光电子与内轨道价电子发生光电效应的概率大幅提高，被吸收的 γ 射线就越多；另外，屏蔽材料对 γ 射线的吸收与 X 射线一样也与材料中 Pb 和 Mg$_2$Pb 的颗粒大小及分布均匀程度有关。Pb-Mg-Al-B 核辐射防护材料含铅颗粒尺寸达到了纳米级，使材料的比表面积急剧增大，处于表面态的原子、电子增加，与 γ 射线作用时和 γ 光子发生碰撞而发生光电效应的概率更大，Pb-

Mg-Al-B 核辐射防护材料获得了良好的屏蔽效果，20mm 厚的 C_4 合金的屏蔽率达到 49.75%（^{137}Cs 源）。

当 Pb-Mg-Al-B 核辐射防护材料与能量为 1.25MeV 的 ^{60}Co 源 γ 射线作用时，电子对效应占优势。电子对效应是指一个具有足够能量的光子，在行进至靶原子核时突然消失，将其能量转化为正、负两个电子，这个作用过程称为电子对效应。在 Mg-Pb-B 核辐射防护材料中，含铅颗粒尺寸达到了纳米级，材料的界面增加，比表面积增大，处于表面态的原子、电子增加。当电子对效应中生成的正电子通过 Pb-Mg-Al-B 核辐射防护材料时，因连续碰撞而失去能量，和 Pb-Mg-Al-B 核辐射防护材料中处于表面态的电子接近组成一个"电子偶素"束缚体系，Pb-Mg-Al-B 核辐射防护材料中处于表面态的电子愈多，"电子偶素"就愈多。而该"电子偶素"的寿命极短，在大约 10^{-10}s 内就衰变为光子；此后，γ 光子通过与 Pb-Mg-Al-B 核辐射防护材料作用时产生的光电效应而逐渐衰减，由于电子对效应发生的概率与原子序数的 2 次方成正比，因此 γ 光子在 Pb-Mg-Al-B 核辐射防护材料中发生电子对效应的概率较大。由于高能 γ 光子（^{60}Co 源）与核辐射防护材料的相互作用概率较低能 γ 光子（^{137}Cs 源）的有所下降，必将导致材料的高能 γ 射线屏蔽率小于低能 γ 射线屏蔽率。实验证明，20mm 厚的 C_4 合金的高能 γ 射线屏蔽率为 34.21%（^{60}Co 源），小于 49.75%（^{137}Cs 源）。

3.4.3.3 中子辐射屏蔽机理

中子的屏蔽本质是快中子慢化和热中子吸收。本测试所采用的中子源为 Am-Be 源（能量 0.5keV），中子慢化过程中将产生一定比例的热能中子（能量 0.025 ～ 0.5keV）。能量为 0.5～1keV 的慢中子和核辐射防护材料作用主要以弹性或非弹性散射为主；而能量为 0.025～0.5keV 的热中子以辐射俘获为主。表 3.24 和表 3.25 为 Pb-Mg-Al-B 核辐射防护材料各组成元素以及化合物的热中子吸收截面。

对于化合物，其宏观吸收截面 $\sum_a$ 为各组成元素的吸收截面之和[45]，计算公式如下：

$$\sum_{a(A_xB_y)} = \frac{\rho}{M}N_0(x\sigma_a^A + y\sigma_a^B) \tag{3.17}$$

式中，N_0 为阿伏伽德罗常数，6.02×10^{23} 原子数/mol；ρ 为密度，kg/m^3；A_xB_y 为化合物，A、B 为组成化合物的元素，x 或 y 为 A 或 B 原子数目；M 为化合物分子量；σ_a^A 与 σ_a^B 分别为 A、B 元素的吸收截面，Barn（1Barn = 10^{-24}cm^2）。

通过各组成元素的热中子吸收截面表 3.24，采用式（3.17）计算得出 Mg_2Pb、$Mg_{17}Al_{12}$ 和 AlB_2 的宏观热中子吸收截面，结果见表 3.25。

表 3.24 和表 3.25 表明，Al、Mg 和 Pb 的热中子吸收截面都很小，并且核辐射防护材料中所含化合物 Mg_2Pb 和 $Mg_{17}Al_{12}$ 的宏观热中子吸收截面只有 10^{-3} 量

级。因此，它们作为与中子吸收材料可以相互通用的反射材料，与能量为 0.5keV 的慢中子作用时，主要是通过对中子的弹性或非弹性散射，即对中子的多碰撞、少吸收来实现对中子的屏蔽。在未添加 B 元素的 20mm 厚的 Pb-Mg-Al 合金（A_3）中子屏蔽率为 24.4%，线衰减系数为 0.28cm^{-1}。

表 3.24 Pb-Mg-Al-B 核辐射防护材料各组成元素的热中子吸收截面

名　　称	Al	Mg[36]	Pb[36]	B[38]
热中子吸收截面 σ_a/Barn	0.23	0.063	2.5	3837

表 3.25 Pb-Mg-Al-B 核辐射防护材料各化合物的热中子吸收截面

名　　称	Mg_2Pb	$Mg_{17}Al_{12}$	AlB_2
宏观热中子吸收截面 Σ_a/m^{-1}	3.33×10^{-3}	0.97×10^{-3}	29.70

中子不与核外电子相互作用，只能与原子核相互作用，它的质量与质子很接近，因此，原子序数小的元素对中子的屏蔽效果最理想。元素 B 的原子序数为 5，其热中子吸收截面达到 3837Barn。Pb-Mg-Al-B 核辐射防护材料中，一方面随着 B 含量（质量分数）由 0.5% 增至 2.0%，^{10}B 的原子数由 1.355×10^{20} 个增至 5.693×10^{20} 个，与中子相互作用的原子核数也相应地增至 5.693×10^{20} 个，使得中子与原子核发生碰撞的概率增加，中子能量大幅降低，屏蔽效果增强；另一方面由于 B 的添加，出现了 AlB_2 化合物，AlB_2 的宏观热中子吸收截面为 29.70m^{-1}，而水的宏观热中子吸收截面仅为 2.22m^{-1}。当能量为 0.025～0.5keV 的热中子与 Pb-Mg-Al-B 核辐射防护材料发生作用时，具有高热中子吸收截面的化合物 AlB_2 俘获吸收热中子，热中子的屏蔽以辐射俘获为主。在 AlB_2 俘获吸收热中子的同时，化合物 Mg_2Pb 和 $Mg_{17}Al_{12}$ 也通过对慢中子的弹性或非弹性散射来实现慢中子屏蔽。实验证明，B 含量为 2%（质量分数），10mm 厚的 C_4 合金的中子屏蔽率为 88.2%，线衰减系数达到 2.14cm^{-1}。

3.5 铅硼复合核辐射防护材料腐蚀性能分析

耐蚀性是材料的评价指标之一，改变材料的成分、相组成、微观结构等可以影响其耐蚀性。从理论上讲，改变这些因素，可使合金热力学上更稳定且不易腐蚀；材料容易钝化，动力学上腐蚀更困难；还可以有选择性地使最容易发生腐蚀的相或组织减少腐蚀倾向，从而使整个合金的腐蚀性降低。

Pb-Mg-Al-B 核辐射防护材料是多相合金，各相之间的电位不同，易构成腐蚀原电池。本节对 A、B、C 三组合金进行了化学腐蚀测试和电化学腐蚀的测试，为 Pb-Mg-Al-B 核辐射防护材料的应用奠定理论基础。

3.5.1 核辐射防护材料的腐蚀性能测试与分析

3.5.1.1 腐蚀残留物分析

图 3.54 所示为 A、B、C 三组合金粉末腐蚀残留物的 XRD 衍射图。由图 3.54 可知，A、B 组合金在蒸馏水和 NaCl 溶液中的腐蚀残留物都含有 $Mg(OH)_2$、PbO、PbO_2、Pb、Mg_2Pb 以及 $Mg_{17}Al_{12}$ 等，其中蒸馏水中的腐蚀残留物主要为 Pb、Mg_2Pb、PbO、PbO_2 和 $Mg(OH)_2$；NaCl 溶液中的腐蚀残留物主要为 Pb 和 $Mg(OH)_2$，Mg_2Pb 衍射峰的减弱十分明显，说明 Mg_2Pb 在 NaCl 溶液中较蒸馏水容易发生腐蚀。A、B 两组合金不同的是，由于在 B 组合金中添加了 Ce 而生成的 Al_4Ce 化合物并未发生腐蚀反应。C 组合金在蒸馏水和 NaCl 溶液中的腐蚀残留物与 A 组的区别在于：C 组合金的腐蚀残留物中含有 AlB_2 化合物。C 组合金两种溶液中的腐蚀残留物 XRD 结果（图 3.54（c））对比同样也说明了 Mg_2Pb 在 NaCl 溶液中较蒸馏水更容易发生腐蚀。另外，A、B、C 三组合金的腐蚀残留物中 Mg 的衍射峰消失，表明 A 组、B 组和 C 组在蒸馏水和 NaCl 溶液中发生腐蚀反应的相为 Mg_2Pb 相和 Mg 相。对比浸蚀前的三组合金的物相 XRD（图 3.1～图

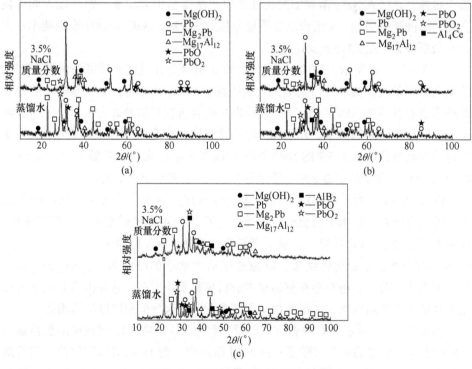

图 3.54　三组合金腐蚀残留物 XRD

（a）A 组合金；（b）B 组合金；（c）C 组合金

3.3)，腐蚀残留物中出现了 PbO、PbO_2 和 $Mg(OH)_2$，说明 Mg_2Pb 相和 Mg 相腐蚀后的产物为 PbO、PbO_2 和 $Mg(OH)_2$。

3.5.1.2　化学腐蚀实验

图 3.55 所示为 A、B 和 C 三组试样在蒸馏水和 3.5% NaCl 溶液中析氢量与时间的关系。图 3.55（a）所示为 A 组样品在蒸馏水中析氢量与时间的关系，可以看出合金在蒸馏水中就能析氢腐蚀。将 A 组的 4 个试样粉末放入蒸馏水中，在前 10h 均剧烈反应产生氢气，随后渐渐趋于缓慢。观察 $A_1 \sim A_4$ 样品在蒸馏水中的腐蚀结果可以发现，A_1 的析氢速度最快且析氢量最大；随着铝加入量的增加，析氢速率下降，腐蚀速率从大到小的顺序为：$A_1 > A_2 > A_4 > A_3$。这是因为合金中的 Mg_2Pb 与水发生了化学反应而放出氢气。而铝的添加减弱了其腐蚀速率，这与铝的添加改变了合金的微观组织有很大的关系，Mg_2Pb 的分布和比例改变导致腐蚀速率的改变。

图 3.55（b）所示为 A 组样品在质量分数为 3.5% 的 NaCl 溶液中的析氢量与时间的关系。A 组的 4 个试样粉末在 NaCl 溶液中前 2h 析氢速度很快，随后渐渐趋于缓慢。试样在 NaCl 溶液中的腐蚀速率较蒸馏水中大很多，铝的加入同样使合金的腐蚀速率降低。A 组样品在质量分数为 3.5% 的 NaCl 溶液中腐蚀速率从大到小的顺序为：$A_1 > A_2 > A_4 > A_3$。

图 3.55（c）所示为添加了稀土 Ce 的 B 组合金在蒸馏水中的析氢量与时间的关系。四条曲线的趋势相差不大，表明稀土 Ce 的添加对合金在蒸馏水中的腐蚀速率影响并不大。图 3.55（d）所示为 B 组合金在质量分数为 3.5% 的 NaCl 溶液中析氢量与时间的关系。随着 Ce 含量的增加，合金的腐蚀速率有所减小。B 组样品在质量分数为 3.5% 的 NaCl 溶液中腐蚀速率从大到小的顺序为：$B_1 > B_2 > B_3 > B_4$。但 Ce 含量趋于 0.8%（质量分数），腐蚀速率变化不大。

图 3.55（e）所示为添加了硼的 C 组合金在蒸馏水中的析氢量与时间的关系。说明合金在蒸馏水中就能析氢腐蚀。将 C 组的 4 个试样粉末放入蒸馏水中，在前 1h 均剧烈反应产生氢气，随后渐渐趋于缓慢，20h 后趋于平稳。观察 $C_1 \sim C_4$ 样品在蒸馏水中的腐蚀结果，腐蚀速率从大到小的顺序为：$C_1 > C_2 > C_4 > C_3$。与 A 组合金相比，C 组合金在蒸馏水中的析氢量要小得多，这是因为 B 的加入细化了合金中的各组成相，使得各相排布更为紧密，起到抑制腐蚀的作用。

图 3.55（f）所示为 C 组合金在质量分数为 3.5% 的 NaCl 溶液中的析氢量与时间的关系。C 组的 4 个试样粉末在 NaCl 溶液中，前 1h 析氢速度很快，随后渐渐趋于缓慢。硼的加入同样使合金的腐蚀速率降低。C 组样品在质量分数为 3.5% 的 NaCl 溶液中的腐蚀速率从大到小的顺序为：$C_1 > C_2 > C_4 > C_3$。

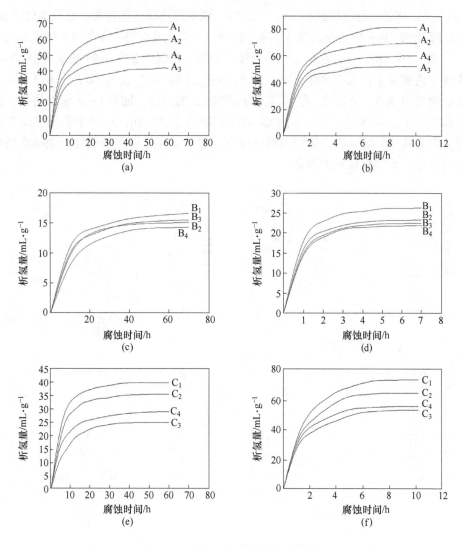

图3.55　析氢量与腐蚀时间的关系

3.5.1.3　极化曲线

图3.56 所示为 A、B、C 三组合金以及 Mg_2Pb 在3.5%(质量分数)NaCl 溶液中的 Tafel 曲线。扫描范围为 $-2.0 \sim -1.0V$,扫描速度为 $0.01V/s$。所有测试在pH 值为 $7.0 \sim 7.5$、质量分数为3.5% 的 NaCl 溶液中进行。

图3.56(a)所示为 A 组样品的极化曲线。A 组合金在自腐蚀电位以下处于活化状态,且活化区比较宽,随后到达自腐蚀电位。在3.5%(质量分数)NaCl 溶液中,A 组合金的腐蚀电位大小排序为:$E_{corr}(A_1) < E_{corr}(A_2) < E_{corr}(A_4) < E_{corr}$

（A_3）。A_3 样的腐蚀电位最高，为-1.533V，说明适量增加铝含量，合金电位正移，可以降低 Pb-Mg-Al 合金的腐蚀速率；但超过一定量又会加速合金的电化学腐蚀。

图 3.56（b）所示为 B 组样品的极化曲线。B 组合金在 3%（质量分数）NaCl 溶液中的腐蚀电位大小排序为：$E_{corr}(B_1) < E_{corr}(B_2) < E_{corr}(B_3) < E_{corr}(B_4)$。这说明在含铝 10%（质量分数）的 A_3 基础上添加 Ce 的合金，随着 Ce 含量的增加，极化曲线向正方向移动，表示稀土 Ce 的添加阻滞了 Pb-Mg-Al 合金的阳极反应过程。合金基体的腐蚀都是阳极的腐蚀反应，阳极反应过程受到阻碍。说明添加稀土后合金的耐蚀性能得到提高。

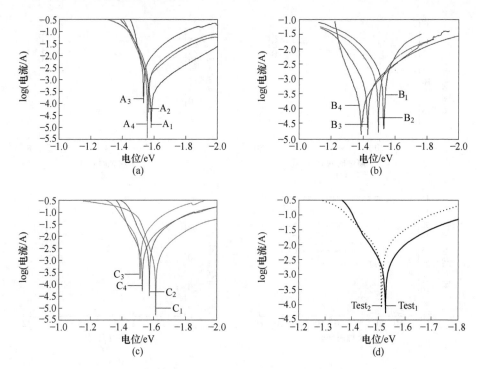

图 3.56 三组合金（a）、（b）、（c）以及 Mg_2Pb（d）在
3.5%（质量分数）NaCl 溶液中的极化曲线

图 3.56（c）所示为 C 组样品的极化曲线。可以看出，四个试样的极化曲线形状大体相似，由活化区到达自腐蚀电位后，阳极电流密度随阳极极化电位的升高而快速增加，发生阳极溶解反应，随后增速降低，发生钝化反应，直至最后形成较为明显的钝化区，合金表面的阳极溶解反应受到抑制。其自腐蚀电位分别为：$E_{corr}(C_1) = -1.615V$，$E_{corr}(C_2) = -1.574V$，$E_{corr}(C_3) = -1.514V$，$E_{corr}(C_4) = -1.529V$。说明 C 组试样的耐腐蚀性随着硼含量的增加先增后减。但是与 A_3 的腐蚀电位相比，添加 0.5%～1.0%（质量分数）的硼反而使合金的耐蚀

性降低；当添加 1.5% ~ 2.0%（质量分数）的硼时，C_3 和 C_4 的 E_{corr} 大于 A_3，合金的耐蚀性增加。

图 3.56（d）所示为成分为 Mg_2Pb 化学计量比的 Pb-Mg 合金极化曲线。由于 Mg_2Pb 为稳定化合物，结合 Pb-Mg 二元相图的特征该 Mg-Pb 合金的化学成分可以认为是 Mg_2Pb。从图中可以看出，测试后 Mg_2Pb 的自腐蚀电位为 $E_{corr}(Test_1) = -1.524V$，$E_{corr}(Test_2) = -1.511V$。

根据 Tafel 曲线计算的三组合金的自腐蚀电位和自腐蚀电流密度见表 3.26。三组合金在蒸馏水和 NaCl 溶液中发生了腐蚀电化学反应，结果在阴极产生了析氢反应，在阳极产生了 Mg 或 Mg_2Pb 的溶解反应，即合金在阳极遭受腐蚀。阳极因 Mg 或 Mg_2Pb 溶解而产生的电子向阴极移动，产生自腐蚀电流，电子在阴极积累起来，这样阴极的电势就会向负方向移动，当阴极电势负到一定的数值时，阴极表面产生氢气。阴极电势变负的程度与自腐蚀电流密度有关，自腐蚀电流密度愈大，阴极电势愈负，析氢的速度愈快，腐蚀速率也就愈大。因此，自腐蚀电流密度越大，合金的耐蚀性能越差；反之，自腐蚀电流密度越小，合金耐蚀性能越好。

表 3.26　三组合金的电化学腐蚀数据

名称	A_1	A_2	A_3	A_4	B_1	B_2	B_3	B_4	C_1	C_2	C_3	C_4
E_{corr}/V	-1.581	-1.566	-1.533	-1.551	-1.533	-1.497	-1.425	-1.387	-1.615	-1.574	-1.514	-1.529
i_{corr}/$\mu A \cdot cm^{-2}$	5.134	3.898	3.524	3.671	3.524	2.125	1.752	1.247	9.535	4.223	2.135	2.993

从表 3.26 三组合金自腐蚀电流密度的变化可以看出，$Mg_{17}Al_{12}$ 相对合金的自腐蚀电流密度影响十分明显：当 $Mg_{17}Al_{12}$ 相在合金中所占体积分数较大、尺寸小、分布连续时，$Mg_{17}Al_{12}$ 相表面随腐蚀的进行将形成一层致密的氧化膜，阻碍电子的转移，使自腐蚀电流密度下降；反之，当体积分数较小且不呈连续状分布时，$Mg_{17}Al_{12}$ 相对电子转移的阻碍作用下降，自腐蚀电流密度上升。

A 组合金随 Al 含量的增加，合金的自腐蚀电流密度 i_{corr} 呈现先降后升的趋势，A_3 合金的 i_{corr} 最小，为 $3.524\mu A/cm^2$，说明 A 组合金的耐蚀性能随 Al 含量的增加先增强后减弱，A_3 合金的耐蚀性能最好。在 A 组合金中，Al 合金由于没有添加 Al，只存在 Mg 和 $Pb+Mg_2Pb$ 两相，腐蚀发生时，阴阳两极之间电子转移较快，其自腐蚀电流密度较大；从 A_2、A_3 至 A_4，出现了 $Mg_{17}Al_{12}$ 相，并且随 Al 含量的增加，$Mg_{17}Al_{12}$ 相出现了一个体积分数较小、尺寸大、不连续分布→体积分数较大、尺寸小、连续分布→体积分数较大、尺寸大、连续分布的变化过程，A_3 合金 $Mg_{17}Al_{12}$ 相体积分数最大、尺寸最小、分布最为连续，因此 A_3 合金的自腐蚀电流密度最小，耐蚀性能最好。

同样的，B 组合金的自腐蚀电流密度 i_{corr} 随 Ce 含量的增加而减小，说明 Ce 细化了合金的组织，降低了合金的腐蚀电流密度，增强了合金的耐蚀性能；对 C 组合金而言，其自腐蚀电流密度 i_{corr} 随 B 含量的增加先减小后增大，表明 C 组合金的耐蚀性能随 B 的增加表现为先增强后减弱的变化趋势。

3.5.1.4 浸泡及盐雾实验

A 浸泡试验

表 3.27 为浸泡试验结果通过计算处理得到的待测合金的平均腐蚀速率。图 3.57 所示为添加元素对合金腐蚀速率的影响。

表 3.27 合金的平均腐蚀速率

合金编号	平均腐蚀速率/$mm \cdot a^{-1}$
A_1	425
A_2	185
A_3	117
A_4	125
$B_1(A_3)$	117
B_2	82
B_3	64
B_4	62
C_1	120
C_2	113
C_3	102
C_4	110

由表 3.27 可见，浸泡实验的结果与 Tafel 曲线的分析结果一致：A 组合金的耐蚀性能随 Al 含量的增加先增强后减弱，B 组合金的耐蚀性能随 Ce 含量的增加而增强，C 组合金的耐蚀性能随 B 的增加先增强后减弱。

图 3.57 (a) 直观地反映了铝添加量对 Pb-Mg-Al 合金腐蚀速率的影响。在未添加稀土元素 Ce 的 A 组合金中，铝的添加不同程度地提高了合金的耐腐蚀性能。铝的添加量在 10%（质量分数）时，合金的耐腐蚀性最好，当含量超过 10%（质量分数）以后，合金耐腐蚀性能反而减弱。因此以含铝量为 10%（质量分数）的 A_3 合金为基体，添加不同含量的 Ce 元素，并测试其平均腐蚀速率。

图 3.57 (b) 所示为 Ce 添加量对 Pb-Mg-Al 合金腐蚀速率的影响。试验结果显示，随着 Ce 含量的增加，合金的耐腐蚀性得到提高，当 Ce 添加量超

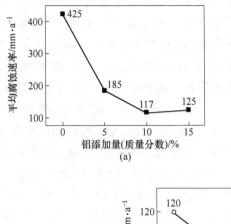
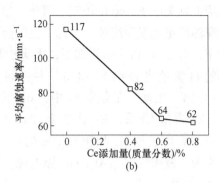
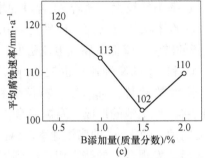

图 3.57 添加元素对合金腐蚀速率的影响

过 0.8%（质量分数）时，耐蚀性增加不大。图 3.57（c）说明在 Pb-Mg-Al-B 合金中 B 的加入使合金的腐蚀速率得到了不同程度的降低，并且随着 B 含量的增加，合金的腐蚀速率呈逐步下降趋势，亦即合金的耐腐蚀性随着硼含量的增加而加强。当 B 的加入量为 1.5%（质量分数）时，合金的腐蚀速率为 102mm/a，比 C_1 合金降低了 15%。

由浸泡试验和电化学腐蚀测定的结果可知，合金中 Al、Ce 和 B 的加入影响了合金的耐蚀性能，结合合金的微观结构分析，A 组合金的耐蚀性提升的原因应该归因于大量 $Mg_{17}Al_{12}$ 相的存在，这已被文献 [46]～[48] 所证实。研究表明[49,50] $Mg_{17}Al_{12}$ 相对 Mg 相腐蚀性能主要有两方面的影响：一方面作为腐蚀壁垒起到阻碍 Mg 相腐蚀的作用，另一方面与 Mg 相组成腐蚀电池并充当阴极而加速腐蚀。当 $Mg_{17}Al_{12}$ 相在合金中所占体积分数较大，且分布连续时，合金表面的 Mg 相优先腐蚀脱落后，$Mg_{17}Al_{12}$ 相会在表面形成致密的氧化膜，阻碍合金的进一步腐蚀；而当体积分数较小且不呈连续状分布时，由于 $Mg_{17}Al_{12}$ 相周围的共晶 Mg 相的腐蚀脱落，不成连续状分布的 $Mg_{17}Al_{12}$ 相也随着脱落，这时 $Mg_{17}Al_{12}$ 相主要充当腐蚀电池阴极而加速合金腐蚀。

在腐蚀原电池中，阳极因氧化反应导致电子积累，电位较负；阴极则因还原反应而缺失电子，电位较正。因此，当高电位的金属与低电位的金属接触构成一个腐蚀原电池发生腐蚀时，低电位的金属为阳极，高电位的金属为阴极。A 组合金中，合金 A_1 由于未添加铝，组织中只存在 Mg 相和 Pb+Mg_2Pb 共晶组织，Mg 相的自腐蚀电位约为 -1.6V[51]，而通过实验发现 Mg_2Pb 的自腐蚀电位约为 -1.5V，因此，在合金 A_1 中，Mg 相作为阳极，而 Mg_2Pb 作为阴极发生阳极腐蚀。在添加铝后，由于合金 A_2 生成了 $Mg_{17}Al_{12}$ 相，它的自腐蚀电位为 -1.2V[51]，比 Mg 相和 Mg_2Pb 的自腐蚀电位要高，$Mg_{17}Al_{12}$ 相作为阴极与 Mg 相作为阳极构成 $Mg_{17}Al_{12}$-Mg 原电池，减缓了 Mg_2Pb 的腐蚀，使 A_2 的腐蚀速率比 A_1 低得多。但在 A_2 中 $Mg_{17}Al_{12}$ 相的体积分数相对 A_3 和 A_4 的要少得多，且分布不连续，故 A_2 的腐蚀速率仍然较大。随着 Al 含量的增加，达到合金 A_3 和 A_4 水平后，$Mg_{17}Al_{12}$ 相所占的体积分数增大，且呈连续状分布，$Mg_{17}Al_{12}$ 相形成的致密氧化膜阻碍了电子的转移，降低了腐蚀电流密度，主要起腐蚀壁垒阻碍合金腐蚀的作用。因此，A_3 和 A_4 的腐蚀速率也较 A_2 降低了 32.4% ~ 36.7%。合金 A_4 中 $Mg_{17}Al_{12}$ 相呈长大的趋势，$Mg_{17}Al_{12}$ 颗粒变粗长大，晶粒尺寸达 100μm，将有利于 $Mg_{17}Al_{12}$-Mg 原电池的形成，腐蚀壁垒作用下降，腐蚀电流密度升高，从而加快 Mg 相的腐蚀，使得 A_4 的腐蚀速率较 A_3 的高。

在 A 组合金中加入 Ce 后，发现合金的铸态组织得到了细化，$Mg_{17}Al_{12}$ 相在合金中的分布更为连续和弥散，同时出现了针状的新相——Al_4Ce 相，从而减缓了合金在 NaCl 溶液中的腐蚀。Ce 的加入，一方面细化了合金相和 $Mg_{17}Al_{12}$ 相，使得 $Mg_{17}Al_{12}$ 相对 Mg 相的阻碍作用增加；另一方面合金中的一部分 Al 与 Ce 形成了 Al_4Ce 相，Al_4Ce 相在阻碍腐蚀的同时，也减少了导致腐蚀的阴极相 $Mg_{17}Al_{12}$。通过极化曲线的测定，发现 Ce 可以使 A 组合金的腐蚀电流密度降低，从而使析氢过程变得更为困难，合金的耐蚀性提高。

B 的加入使 C 组合金的组织和晶粒逐步细化，在硼含量为 1.5%（质量分数）时，即 C_3 合金，合金中的 $Mg_{17}Al_{12}$ 相晶粒尺寸最为细小，晶粒细化效果最好。此时，$Mg_{17}Al_{12}$ 相对 Mg 相腐蚀的阻碍作用增加，从而提高了合金的自腐蚀电位，合金 C_3 的耐蚀性能最好。

B　盐雾实验

本节采用"盐雾试验方法"测试合金在大气环境中的腐蚀性能。通过观察试样腐蚀后的腐蚀形貌，依照盐雾试验的评级标准，判断合金腐蚀等级，结果见表 3.28。

三组合金的盐雾实验结果说明，Al 的添加能提高合金的耐蚀性；在添加 10%（质量分数）Al 的基础上再添加 Ce，合金的耐蚀性进一步提高；B 的加入也对合金的耐蚀性能有一定的积极作用。同时，盐雾实验结果与电化学腐蚀和浸泡试验结果相吻合。

表 3.28 盐雾试验腐蚀结果

合金编号	表面外观的变化	外观评级
A_1	出现基体金属腐蚀	I
A_2	整个表面上布有厚的腐蚀产物	G
A_3	有腐蚀产物，且腐蚀产物分布在整个试样表面上	F
A_4	有腐蚀产物，且腐蚀产物分布在整个试样表面上	F
B_1（A_3）	有腐蚀产物，且腐蚀产物分布在整个试样表面上	F
B_2	试样表面上布有薄层的腐蚀产物	E
B_3	试样表面上布有薄层的腐蚀产物	E
B_4	试样表面上布有薄层的腐蚀产物	E
C_1	有腐蚀产物，且腐蚀产物分布在整个试样表面上	F
C_2	有腐蚀产物，且腐蚀产物分布在整个试样表面上	F
C_3	有腐蚀产物，且腐蚀产物分布在整个试样表面上	F
C_4	有腐蚀产物，且腐蚀产物分布在整个试样表面上	F

3.5.2 铅硼复合核辐射防护材料腐蚀产物的相关性质

在 Pb-Mg-Al-B 核辐射防护材料的腐蚀过程中，腐蚀产物为 PbO、PbO_2 和 $Mg(OH)_2$ 等化合物。这些主要是由金属间化合物 Mg_2Pb 和 Mg 与水反应产生的。已开展的有关金属间化合物键合特征的研究表明，多数金属间化合物成键是金属键与共价键的混合。成键过程中伴随着电荷转移，一方面生成了稳定的键而使体系的能量降到最低，达到热力学稳定状态；另一方面也影响金属间化合物的化学反应活性。为了研究屏蔽材料的腐蚀机理，那么就有必要对腐蚀产物的相稳定性、键合特征进行第一性原理计算和分析，对比 Mg 和 Mg_2Pb 的热力学稳定性，探讨屏蔽材料的腐蚀机理。

3.5.2.1 晶体结构模型与计算方法

A PbO、PbO_2、$Mg(OH)_2$ 和 Mg 的晶体结构模型

PbO 具有四方结构，空间群为 $P4/nmms$，晶格常数：$a = b = 3.947Å$，$c = 4.988Å$，$\alpha = \beta = \gamma = 90°$[52]。$PbO_2$ 是正交结构，空间群为 $pbcn$，其晶格参数为 $a = 4.948Å$，$b = 5.951Å$，$c = 5.497Å$，$\alpha = \beta = \gamma = 90°$[53]。$Mg(OH)_2$ 属于六方晶系结构，空间群为 $P-3m1$，晶格参数为 $a = b = 3.149Å$，$c = 4.752Å$，$\alpha = \beta = 90°$，$\gamma = 120°$[54]。

PbO、PbO_2、$Mg(OH)_2$ 和 Mg 的计算模型如图 3.58 所示。

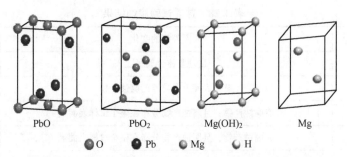

PbO　　　PbO₂　　　Mg(OH)₂　　　Mg

○ O　　● Pb　　○ Mg　　○ H

图 3.58　PbO、PbO₂、Mg(OH)₂ 和 Mg 的晶体结构模型

（扫描书前二维码看彩图）

B　计算方法

本次计算采用基于密度泛函理论（DFT）的 CASTEP 程序包中的 GGA 泛函。平面波计算的最大截止能 PbO 为 300eV，PbO₂ 和 Mg 为 340eV，Mg（OH）₂ 为 380eV；计算收敛精度 PbO₂ 和 Mg 为 1.0×10^{-6} eV/atom，PbO 为 2.0×10^{-6} eV/atom，Mg(OH)₂ 为 5.0×10^{-7} eV/atom；布里渊区（BZ）k 矢量的选取 Mg(OH)₂ 为 4×4×4，PbO₂ 为 2×2×3，PbO 为 2×2×3，Mg 为 3×3×4；本征收敛精度 Mg(OH)₂ 为 1.67×10^{-7} eV，PbO₂ 为 1.87×10^{-7} eV，PbO 为 2.0×10^{-7} eV，Mg 为 2.5×10^{-7} eV；原子平均受力不大于 0.01eV/nm，电子总能自洽用 Pulay 密度混合算法，结合能（E_c）计算采用式（3.4），生成焓（ΔH）计算采用式（3.5）；通过计算体系的总电荷密度以及差分电荷密度，了解体系的电荷分布和电荷转移情况、原子之间的成键方式等。差分电荷密度计算公式为式（3.6）。

3.5.2.2　结合能与稳定性分析

根据式（3.4）、式（3.5），核辐射防护材料腐蚀产物中各物相与腐蚀反应物的结合能计算结果见表 3.29。由表 3.29 可知，采用广义梯度近似（GGA），Mg 的结合能为 -1.785eV/atom，PbO 为 -5.563eV/atom；PbO₂ 为 -5.347eV/atom；Mg(OH)₂ 为 -5.486eV/atom。表 3.29 表明，腐蚀产物中各物相的结合能与反应物 Mg、Mg₂Pb 相比，都低于 Mg 的 -1.785eV/atom 和 Mg₂Pb 的 -2.446eV/atom，$E_{c(PbO)} < E_{c(Mg(OH)_2)} < E_{c(PbO_2)} < E_{c(Mg_2Pb)} < E_{c(Mg)}$。对晶体而言，结合能越低，晶体越稳定，说明在这几种化合物中稳定性大小为：PbO > Mg(OH)₂ > PbO₂ > Mg₂Pb > Mg。这与前述的电子结构分析结果一致：Mg 的成键方式为金属键，Mg₂Pb 的成键方式也以金属键为主；而 PbO、PbO₂、Mg(OH)₂ 为离子键或离子键与共价键混合，它们的键合强度都高于金属键的结合强度，因此体现在稳定性上表现为 PbO 最强，Mg₂Pb 和 Mg 最弱。

表 3.29 PbO、PbO$_2$、Mg(OH)$_2$、Mg、Mg$_2$Pb 的结合能对比

物相	PbO	PbO$_2$	Mg(OH)$_2$	Mg	Mg$_2$Pb
E_c/eV·atom^{-1}	−5.563	−5.347	−5.486	−1.785	−2.446

3.5.3 铅硼复合核辐射防护材料在 NaCl 和 NaF 溶液中的腐蚀机制第一性原理研究

由于反应堆核辐射防护材料所处的腐蚀环境主要为冷却水，温度范围为 40 ~ 60℃，冷却水中所含的卤族元素 Cl、F 会与核辐射防护材料发生电化学反应，导致材料的腐蚀破坏。在卤素元素中，氟对核辐射防护材料的腐蚀作用最明显，会诱发核辐射防护材料产生应力腐蚀，微量氟则能增加核辐射防护材料的初始腐蚀速率和吸氢量，增大氢脆倾向。而当冷却水中含有氯离子时，材料的点蚀、应力腐蚀和缝隙腐蚀的敏感性增大。在反应堆正常运行期间，氟化物、氯化物都不能超过 0.15mg/kg。因此，必须严格控制反应堆冷却水中氟、氯等杂质离子含量，否则将使核辐射防护材料发生腐蚀破坏，降低结构承载强度，导致严重的核灾难。以上表明，研究 Pb-Mg-Al-B 核辐射防护材料在含有卤族元素（Cl、F）的水溶液中的腐蚀机制是十分必要的，可为 Pb-Mg-Al-B 核辐射防护材料在核辐射防护领域的安全使用以及 Pb-Mg-Al-B 核辐射防护材料腐蚀防护技术的开发奠定科学基础。

Pb-Mg-Al-B 核辐射防护材料中的 Mg 相是主要腐蚀相，为了探明溶液中的 Cl 和 F 是如何通过表面吸附引起 Mg 相的腐蚀，进而浸入合金内部引发更严重的腐蚀，本节采用第一性原理进行计算分析，从原子尺度上研究腐蚀溶液中的 Cl 和 F 在金属 Mg 表面的吸附行为和相互作用，为金属表面发生电化学反应和进一步揭示合金电化学腐蚀机理提供指导。目前，利用第一性原理来计算离子的吸附还很困难，因而采用原子吸附计算。

3.5.3.1 Cl 在 Mg(0001) 表面的吸附的第一性原理计算

A 吸附模型与计算参数

首先对 Mg 晶胞进行计算，计算参数 k 点为 11×11×1，平面波截止能取 400.0eV。计算前先进行结构优化，优化得到 Mg 的晶格参数为 a = 0.3212nm，c/a = 1.621，与实验测定的 a = 0.321nm 和 c/a = 1.624 吻合。然后建立一个含 7 个 Mg 原子层和真空层厚度为 1.5nm 的 $p(2×2)$ Mg(0001) 表面结构。经过收敛测试，Mg(0001) 表面的 k 点网格设为 7×7×1，平面波截止能为 400.0eV。Cl 吸附于表面原子层的一侧，吸附原子和最上的 3 个 Mg 原子层不固定，而其他 4 个 Mg 原子层固定。Cl 原子在 $p(2×2)$ Mg(0001) 表面的 4 个可能吸附位分别为顶位（on-top）、桥位（bridge）、面心洞位（fcc-hollow）和六角洞

位 (hcp-hollow)，如图 3.59 所示。Cl 的覆盖度 θ 分别为 1/4ML、1/2ML、3/4ML 和 1/1ML。ML 为覆盖度的单位，是 monolayer 的缩写，其含义为吸附上的原子占基底原子的比例。对于清洁表面和吸附表面来说，自旋极化对于结构和能量的影响很小，因此在本计算中不考虑表面自旋极化的影响。自洽循环计算时，能量收敛值设为 1×10^{-5} eV/atom，原子间相互作用力和位移分别设为 0.01eV/Å 和 0.001Å。不同吸附位的吸附能计算如下：

$$E_{ads} = -\frac{1}{N_{Cl}}(E_{Cl/Mg(0001)} - E_{Mg(0001)} - N_{Cl}E_{Cl}) \quad (3.18)$$

式中，E_{ads} 为 Cl 在 Mg(0001) 表面的吸附能；N_{Cl} 为吸附 Cl 原子数；$E_{Cl/Mg(0001)}$ 和 $E_{Mg(0001)}$ 分别是吸附体系总能和清洁 Mg(0001) 表面能；E_{Cl} 为 Cl 原子的能量。

吸附能为正，表明吸附时放热且吸附体系比单独 Mg(0001) 表面稳定，吸附能越正表示吸附原子与表面相互作用越强，结构越稳定。

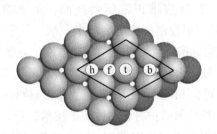

图 3.59   (2×2) Mg(0001) 表面的吸附位
(从左到右依次为 hcp 位 (h)、fcc 位 (f)、顶位 (t) 和桥位 (b))

功函数是金属表面的重要性质，功函数的变化能够很好地描述由吸附引起的金属表面电荷转移情况。利用 Helmholtz 方程，得到 μ_D 和 $\Delta\Phi$ 的关系为

$$\mu_D = (12\pi)^{-1}A\Delta\Phi/\theta \quad (3.19)$$

式中，A 为 (2×2)Mg(0001) 表面的表面积，Å^2；θ 为覆盖度，本计算中 θ=1/4ML、1/2ML、3/4ML 和 1/1ML。

有效的吸附半径计算式为：

$$r_{ad} = d_{nn} - r_{Mg} \quad (3.20)$$

式中，d_{nn} 为吸附键长；r_{Mg}=1.56Å 为金属 Mg 原子的半径。

电荷密度的变化计算公式为：

$$\Delta\rho(r) = \rho_{Cl/Mg(0001)}(r) - \rho_{Mg(0001)}(r) - \rho_{Cl}(r) \quad (3.21)$$

式中，$\rho_{Cl/Mg(0001)}(r)$ 为吸附后 Cl-Mg(0001)体系的总电荷密度；$\rho_{Mg(0001)}(r)$ 为清洁 Mg(0001)表面的电荷密度；$\rho_{Cl}(r)$ 为吸附 Cl 原子电荷密度。

差分电荷密度图表征了 Cl 吸附原子和最上层 Mg 原子之间化学键的特征。

B 吸附能

值得注意的是，当覆盖度为 1/2ML 时，每一种吸附位有最近邻和最远位置两种可能。以 fcc 位为例，如图 3.60 所示，两个可能的吸附位分别为 fcc1 和 fcc2，与 Cl 吸附原子的距离分别为 5.591Å 和 3.328Å。fcc1 的吸附能比 fcc2 的大 0.003eV，因此 fcc1 较 fcc2 更为稳定。同样，覆盖度为 1/2ML 的 Cl 原子在 hcp 位、桥位和顶位吸附时，两个吸附位的

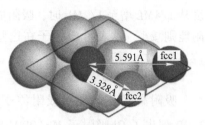

图 3.60　fcc 位吸附位的最近邻和最远位置

距离越大，吸附能越大。因此本计算在覆盖度为 1/2ML 时只考虑距离最远的两个吸附位。

图 3.61 所示为不同覆盖度的 Cl 原子在不同吸附位的吸附能。从图 3.61 可以看出，当 Cl 原子的覆盖度为 1/4ML 时，吸附更倾向于 fcc 位和 hcp 位，吸附能为 4.18eV。吸附能随着 Cl 原子的配位数 C_{Cl} 减小而降低：fcc 位和 hcp 位($C_{Cl}=3$)>桥位($C_{Cl}=2$)>顶位($C_{Cl}=1$)。对于 Cl 在 Mg 表面的吸附，其实质是与 3 个邻近的 Mg 原子相互作用。因此，吸附能是一个 Cl 原子和 3 个 Mg 原子作用的总和。当 Cl 原子在桥位和顶位吸附时，相互作用的 Mg 原子数减少到 2 或者 1，这表明吸附能因相互作用原子数的减少而降低。

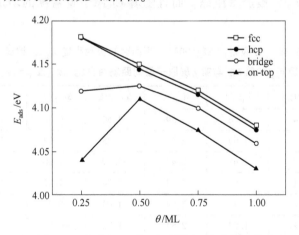

图 3.61　Cl 原子在不同吸附位置的吸附能

随着覆盖度的增加，Cl 原子在顶位（on-top）的吸附能最低，而在 fcc 位的吸附能最高。这表明 Cl 原子在 fcc 位的吸附最稳定，在顶位吸附最不稳定。同时，当 Cl 原子的数量从 1 个增至 4 个，Mg(0001) 表面吸附的 Cl 原子间距离缩短，从而使得吸附 Cl 原子间的静电能增大，导致吸附能减少。

此外，对于在桥位（bridge）和顶位（on-top）吸附的 Cl 原子来说，当覆盖度从 1/4ML 增至 1/2ML 时，吸附能增大；当覆盖度从 1/2ML 增至 1/1ML 时，吸附能则减小。这表明 Cl 原子在这些位置的吸附不稳定，并且会向最稳定的吸附位（fcc 位）移动。

C　吸附结构

吸附高度 Z_{ads} 是指吸附原子和最上层金属原子层的平均垂直高度。表 3.30 列出了 Cl 吸附于 Mg（0001）表面的吸附高度 Z_{ads}。在覆盖度为 1/4ML 时，吸附高度从洞位、桥位和顶位依次减小。Cl 原子在 fcc 位吸附能与在 hcp 位的相似，表明这两个吸附位置上的吸附原子与表面的垂直距离（Z_{ad}）也接近。Cl 原子在 fcc 位和 hcp 位的吸附高度差在覆盖度增大时不大于 0.02Å。当覆盖度低时（1/4ML），Mg（0001）表面上 fcc 位和 hcp 位吸附 Cl 原子后的键长为 2.59Å。Cl 原子在 fcc 位和 hcp 位的吸附高度和键长随着覆盖度的增加而减小。Cl 原子在桥位和顶位的吸附时，吸附高度和键长随着覆盖度的变化趋势与吸附能相似。因此，当 Cl 原子吸附在桥位和顶位时，有向最稳定位置移动的趋势。

Cl 原子在不同位置的吸附导致基体的原子在垂直方向的移动。Cl 原子在洞位吸附时，在 Cl 原子和 Mg 原子间更强的相互作用下，最外层和次外层的 Mg 层之间的距离（d_{12}）被严重压缩，而且随着 Cl 原子覆盖度的增加，压缩程度将增加。

表 3.30　Cl 吸附在 Mg（0001）表面时的吸附高度 Z_{ads}、键长 d_{nn}、
有效半径 r_{ad} 和第 i 层与第 j 层原子层间距差百分比 Δd_{ij}（$\Delta d_{ij} = (d_{ij} - d)/d$）

位置	θ/ML	Z_{ads}/Å	d_{nn}/Å	Δd_{12}/%	Δd_{23}/%	Δd_{34}/%	r_{ad}/Å
fcc	1/4	1.76	2.59	-1.56	-0.90	-1.24	1.03
	1/2	1.69	2.54	-1.75	-0.92	-1.19	0.98
	3/4	1.63	2.49	-2.09	-1.00	-1.14	0.93
	1/1	1.58	2.44	-2.24	-1.07	-1.12	0.88
hcp	1/4	1.75	2.59	-1.03	-0.89	-1.23	1.03
	1/2	1.67	2.53	-1.72	-0.92	-1.11	0.97
	3/4	1.62	2.47	-2.07	-0.93	-1.03	0.91
	1/1	1.56	2.43	-2.22	-1.04	-0.80	0.87
桥位	1/4	1.63	2.42	1.49	-0.87	-0.98	0.86
	1/2	1.68	2.50	1.74	-0.90	-1.16	0.94
	3/4	1.65	2.44	2.02	-0.95	-1.21	0.88
	1/1	1.60	2.38	2.18	-1.06	-1.26	0.82

位置	θ/ML	Z_{ads}/Å	d_{nn}/Å	Δd_{12}/%	Δd_{23}/%	Δd_{34}/%	r_{ad}/Å
顶位	1/4	1.59	2.39	1.61	−1.00	−1.05	0.83
	1/2	1.67	2.46	1.79	−1.04	−1.18	0.90
	3/4	1.61	2.40	2.04	−1.08	−1.25	0.84
	1/1	1.54	2.33	2.21	−1.12	−1.30	0.77

D 功函数

图 3.62 列出了 Cl 原子在 Mg(0001) 表面不同吸附位置时，体系的功函数 $\Delta\Phi$ 和偶极矩 μ_D 与覆盖度的关系。清洁 Mg(0001) 表面功函数的计算值为 3.205eV，较实验值 3.66eV 略小。Cl 原子覆盖度为 1/4ML 时，吸附功函数增大 至 3.33eV 且偶极矩增大。这是因为 Cl 原子在 Mg(0001) 表面吸附时，电子从 Mg 转移到 Cl 原子上，导致 Cl 原子带负电而 Mg(0001) 表面带正电，从而形成 表面偶极矩。比较清洁 Mg(0001) 表面和 Cl-Mg(0001) 表面的功函数，可以得 出结论，功函数的增加主要与 Mg 3s 轨道电子转移到较低水平的 Cl 3p 轨道形成 偶极矩有关。

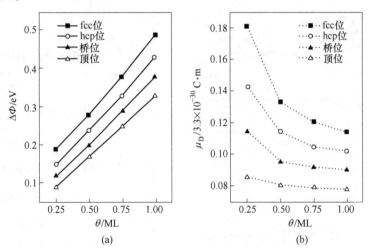

图 3.62　Cl 原子在 Mg(0001) 表面不同吸附位时体系的功函数 $\Delta\Phi(a)$ 和偶极矩 $\mu_D(b)$ 随覆盖度的变化关系

图 3.62（a）中 Cl 原子在 Mg(0001) 表面吸附的功函数均随着覆盖度的增 加几乎呈线性增大。功函数的变化与电负性差有关，Cl-Mg、H-Mg 和 K-Mg 体 系的电负性差分别为 1.85eV、0.89eV 和 −0.49eV。功函数随着电负性差的增大 而增大。偶极矩与覆盖度的关系如图 3.62（b）所示，覆盖度增大，偶极矩降 低，这与电子在 Cl 和 Mg 原子间的转移有关。当覆盖度从 1/4ML 增至 1/1ML

时，Mg(0001) 表面的 Cl 原子数从 1 个增至 4 个，Mg 和 Cl 原子间的电子转移难
度增加，导致每个 Cl 原子的电荷减少，从而使得偶极矩降低且引起去极化作用。

E 电子结构

图 3.63 (a) 所示为清洁 Mg(0001) 表面和 Cl 原子吸附在 Mg(0001) 表面
最稳定 fcc 位的分波态密度 (PDOS)。对于清洁 Mg(0001) 表面，由于 Mg 的 3s
轨道和 2p 轨道贡献，态密度在 -7eV 到费米能级能量范围内形成一个明显波带。

当覆盖度 θ=1/4ML 时，Cl 的 3p 轨道与 Mg 的 3s 轨道在 -6～-4eV 处发生杂
化。由于 Mg 原子的 3s 轨道是满电子轨道，Cl 原子的 3p 轨道是未填满的轨道，
因此电子从 Mg 的 3s 轨道向 Cl 的 3p 轨道转移，形成吸附键。Cl 3p 和 Mg 3s 的轨
道杂化引起 Cl 原子态密度的宽化，并在 -7eV 至费米能级间形成成键态和反键
态，如图 3.63 (b) 所示。成键态被电子占据，表明 Cl 原子和 Mg 原子间的相互
作用更强，Cl 原子在 fcc 位的吸附能为 4.18eV。当覆盖度增至 1/2ML 时，成键
态峰强减弱，Cl 原子与 Mg 原子间的相互作用小于覆盖度为 1/4ML 的。Cl 原子
的吸附能减小至 4.15eV。当 Cl 原子的覆盖度为 3/4ML 和 1/1ML 时，成键态的峰
强减弱非常明显 (图 3.63 (b))。这表明 Cl 原子和 Mg 原子间的排斥力增强，吸
附能在覆盖度为 3/4ML 和 1/1ML 时分别下降至 4.12eV 和 4.08eV。

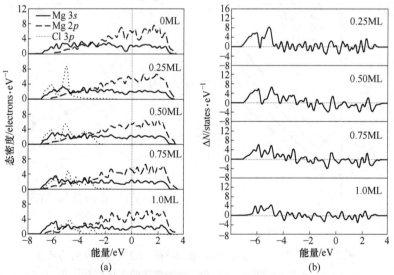

图 3.63 清洁 Mg(0001) 表面和 Cl 原子吸附在 Mg(0001)
表面最稳定 fcc 位的分波态密度 (PDOS) (a) 及成键态和反键态 (b)

为了进一步分析 Cl 原子在 Mg(0001) 表面吸附的电子结构，图 3.64 描述了不
同覆盖度 (θ=1/4ML、1/2ML、3/4ML 和 1/1ML) 下 Cl-Mg(0001) 体系 fcc 位的
电荷密度 Δρ(r)。电子聚集用红色表示，电子缺失用蓝色表示，单位为 e/Å³。差
分电荷密度表示由于 Cl-Mg 和 Cl-Cl 成键引起的极化。

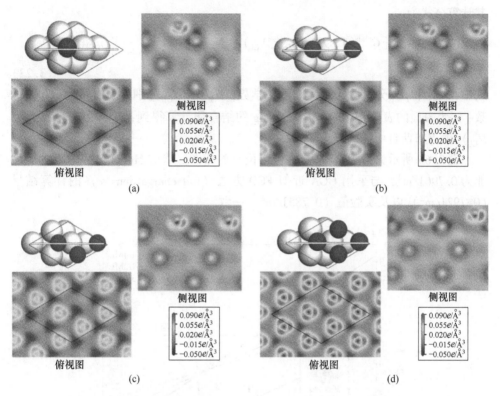

图 3.64 不同覆盖度下 Cl-Mg(0001) 体系的差分电荷密度

(a) 1/4ML，fcc 位；(b) 1/2ML，fcc 位；(c) 3/4ML，fcc 位；(d) 1/1ML，fcc 位

(扫描书前二维码看彩图)

从图 3.64 (a) 可以看到，当覆盖度为 1/4ML 时，在 Cl 原子位置有电子聚集，而在邻近的 Mg 原子位置则存在电子缺失，这说明，电子从 Mg 3s 轨道向 Cl 3p 轨道转移。图 3.64 中俯视图表明 Mg 和 Cl 原子间有 3 个相等的 Mg—Cl 化学键。当覆盖度 $\theta=1/2$ML 时，相对于 $\theta=1/4$ML，电荷更加集中分布于 Cl 原子，如图 3.64 (b) 所示。由于 Cl-Cl 间距为 5.59Å，故横向斥力较小。但是，覆盖度 $\theta=1/2$ML 时的吸附稳定性小于 $\theta=1/4$ML 时的吸附稳定性。当覆盖度 $\theta=3/4$ML 时，如图 3.64 (c) 所示，此时有 3 个 Cl 原子在 Mg(0001) 表面吸附，最邻近的 Cl 原子间的距离为 3.33Å，使得横向斥力比 $\theta=1/2$ML 时更强。当覆盖度增至 1/1ML 时，Cl 原子间斥力最强，从俯视图中可以看到电子更集中分布于 Cl 原子，如图 3.64 (d) 所示。这表明与其他覆盖度相比，$\theta=1/1$ML 时吸附最不稳定。

F　Cl-Mg(0001) 表面的热力学稳定性

不同 Cl-Mg 体系在不同覆盖度时的相对稳定性与 Cl 原子在其表面的化学势 μ、Cl 分压 P_{Cl}、大气压 P 和温度 T 有关。表面能最小时，系统热力学最稳定，其计算公式为：

$$\gamma(T, P) = \frac{1}{2A}\left[G^{slab}(T, P, N_{Mg}, N_{Cl}) - N_{Mg}\mu_{Mg}(T, P) - N_{Cl}\mu_{Cl}(T, P) \right]$$

$$(3.22)$$

式中，μ_{Mg} 和 μ_{Cl} 分别为 Mg 和 Cl 的化学势；N_{Mg} 和 N_{Cl} 分别为表面 Mg 和 Cl 原子数；A 为表面的表面积；μ_{Mg} 由 hcp-Mg 的结合能计算得到；G^{slab}（T, P, N_{Mg}, N_{Cl}）为吉布斯自由能。

　　图 3.65 所示为最稳定吸附位（fcc 位）的相图。清洁 Mg（0001）表面的表面能为 0.796J/m²，与采用 GGA 近似 FCD 方法（full charge density）的计算结果（0.792J/m²）以及实验值（0.785J/m²）一致。

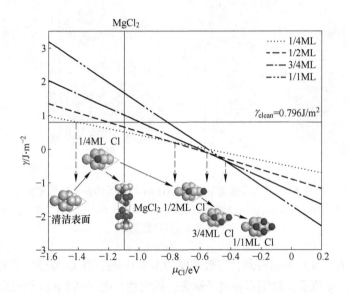

图 3.65　最稳定吸附位（fcc 位）的相图

　　图 3.65 表明，在 Cl 的化学势较低时，Mg（0001）表面热力学最为稳定。随着 Cl 的化学势的增加，$p(2×2)$Cl-Mg 表面的表面能迅速降低，当 $-1.42eV < \mu_{Cl} < 0eV$ 时，表面能的变化趋势为清洁表面 > 1/4ML > 1/2ML > 3/4ML > 1/1ML。清洁 Mg（0001）表面只有在 $\mu_{Cl} < -1.42eV$ 时最为稳定。$\theta = 1/4ML$ 的 Cl-Mg 表面吸附结构在 $-1.42eV < \mu_{Cl} < -1.10eV$ 和 1/2ML 的表面结构在 $-1.20eV < \mu_{Cl} < -1.10eV$ 是稳定的，但在 $-1.20eV < \mu_{Cl} < -1.10eV$，$\theta = 1/4ML$ 的 Cl-Mg 表面吸附结构的表面能较 $\theta = 1/2ML$ 的低，这表明 Cl 原子在 $\theta = 1/4ML$ 时极易吸附在 Mg（0001）表面，从而形成 Cl-Mg 吸附结构。总之，Cl 的化学势越低，清洁表面越稳定，但随着化学势增加变得不稳定，使得 Cl 更容易在表面吸附。表面 Cl 吸附原子能降低表

面能，且形成一个更为稳定的结构，即 $MgCl_2$。然而，按照体相结合能计算得到的化学势忽略了表面和界面不断增多的氯化物的影响。

3.5.3.2 F在Mg(0001)表面吸附的第一性原理计算

A 吸附模型与计算参数

本小节主要介绍第一性原理密度泛函理论分析不同覆盖度下F原子在 $p(2×2)$ Mg(0001) 表面的吸附特性，并分析不同吸附位的吸附特点。计算方法与上述 3.5.3.2 节中 Cl 原子的相似。因此，对于吸附模型和参数设置不再描述，在这里直接讨论计算结果。

B 吸附能

表 3.31 是 F 原子在 Mg(0001) 表面不同吸附位的吸附能 E_{ads} 和间接相互作用能 $E_{ind}(E_{ind}(\theta) = E_{ads}(\theta) - E_{ads}(0.25)$，$E_{ads}(0.25)$ 是覆盖度为 1/4ML 时的吸附能，$E_{ads}(\theta)$ 为对应的覆盖度下 θ 的吸附能)。从表 3.31 可以看出，不同覆盖度的 F 原子在 fcc 位和 hcp 位的吸附较为稳定，其能量差仅为 7meV。F 原子在 fcc 位的吸附能最高，顶位时最低，这表明 F 原子在 fcc 位的吸附最为有利，顶位吸附最不稳定。

表 3.31 F原子在Mg(0001)表面不同吸附位的吸附能和间接相互作用能

θ/ML	E_{ads}/eV				E_{ind}/eV			
	fcc	hcp	桥位	顶位	fcc	hcp	桥位	顶位
0.25	6.544	6.537	6.363	5.485	—	—	—	—
0.50	5.555	5.549	5.531	5.352	0.989	0.988	0.832	0.133
0.75	4.681	4.680	4.579	4.531	1.863	1.857	1.784	0.954
1.00	4.058	4.052	4.047	4.001	2.486	2.485	2.316	1.484

图 3.66 所示为 F 原子吸附在 Mg(0001) 表面不同吸附位、不同覆盖度下的吸附能。从图 3.66 可以得出，在覆盖度 0.25~1.0ML 范围内，吸附能减小，F 原子间的斥力增大。随着覆盖度的增大，F 原子数从 1 个增至 4 个，且 Mg(0001) 表面吸附的 F 原子间距缩短。因此 F 原子间的静电排斥作用和静电能增加，导致 F 原子间的斥力随着吸附能的降低而增大。

C 吸附结构

表 3.32 列出了 F 原子吸附在 Mg(0001) 表面的吸附结构参数。当覆盖度较低时（$\theta=0.25$ML），Mg(0001) 表面 fcc 位和 hcp 位吸附的 F 原子键长分别为 2.093Å 和 2.089Å。F 原子在 fcc 位和 hcp 位的吸附高度和键长随着覆盖度的增大而减小。当 F 原子在桥位和顶位吸附，覆盖度从 0.25ML 增至 0.50ML 时，吸附

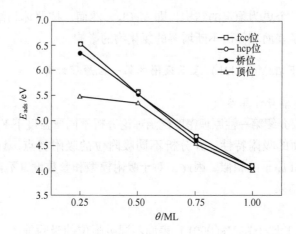

图 3.66　F 各个覆盖度下的 F 原子在 Mg(0001) 表面不同吸附位时吸附能

高度和键长增加，而覆盖度为 0.50~1.0ML 时则会减小。这表明 F 原子在这些吸附位不稳定，会向最稳定位（fcc 位）移动。

表 3.32　F 吸附在 Mg(0001) 表面的吸附高度 Z_{ads}、键长 d_{nn} 和第 i 层与第 j 层

金属层间距弛豫后的变化量百分比

位置	θ/ML	Z_{ads}/Å	d_{nn}/Å	Δd_{12}/%	Δd_{23}/%	Δd_{34}/%	Δd_{45}/%
fcc	0.25	0.907	2.093	1.78	0.89	0.36	0.05
	0.50	0.871	2.081	2.24	1.17	0.47	0.06
	0.75	0.858	2.068	2.62	1.44	0.66	0.08
	1.00	0.849	2.062	2.85	1.68	0.72	0.10
hcp	0.25	0.861	2.089	1.71	0.83	0.31	0.05
	0.50	0.822	2.086	2.08	1.02	0.39	0.05
	0.75	0.795	2.081	2.35	1.36	0.56	0.06
	1.00	0.758	2.076	2.67	1.59	0.64	0.06
桥位	0.25	0.779	1.975	1.85	0.92	0.38	0.06
	0.50	0.836	2.082	2.14	1.01	0.45	0.06
	0.75	0.821	2.070	2.30	1.39	0.62	0.07
	1.00	0.801	2.053	2.63	1.54	0.70	0.09
顶位	0.25	0.611	1.829	1.91	1.12	0.43	0.06
	0.50	0.872	2.095	2.19	1.09	0.46	0.06
	0.75	0.863	2.086	2.41	1.42	0.62	0.08
	1.00	0.834	2.072	2.85	1.61	0.71	0.10

D 功函数

图 3.67 所示为 F 原子在 Mg(0001) 表面不同吸附位、各个覆盖度下的功函数 $\Delta\Phi$ 和偶极矩 μ 的变化情况。当 F 原子的覆盖度为 0.25ML 时，各吸附位的功函数都超过 3.325eV，且偶极矩增加。这是由于 F 原子在 Mg(0001) 表面吸附时，电子从 Mg 向 F 原子转移，导致 F 原子带负电而 Mg(0001) 表面带正电，从而形成偶极矩。从图 3.67 可以看出，F 原子在 Mg(0001) 表面 fcc 位和 hcp 位吸附的功函数随着覆盖度的增加呈线性增大。F 原子吸附在 hcp 位的 $\Delta\Phi$ 大于在 fcc 位吸附的，这表明吸附更容易在 fcc 位发生。而当 F 原子在桥位和顶位吸附时，与在洞位吸附相反，功函数随着覆盖度的增加呈线性下降。计算结果表明在 fcc 位吸附的 F/Mg(0001) 体系在覆盖度为 0.25ML 时，其功函数变化仅为 0.034eV。功函数的变化与电负性差有关，电负性差越大，功函数的变化越大。图 3.67 (b) 中偶极矩随着覆盖度的增大而减小，这与电子从 Mg 原子向 F 原子的转移有关。覆盖度从 0.25ML 增至 1.0ML 时，Mg(0001) 表面上 F 原子的数量从 1 个增加到 4 个，电子的转移也更加困难，结果导致 F 原子上的电荷减少，偶极矩相应减小且形成去极化效应。

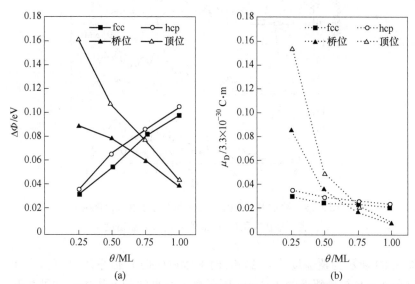

图 3.67 F 原子吸附 Mg(0001) 表面不同吸附位、各个覆盖度下功函数变化 $\Delta\Phi$(a) 和偶极矩 μ_D(b)

E 电子结构

图 3.68 所示为清洁 Mg(0001) 表面和 F 原子在 Mg(0001) 表面最优吸附位 (fcc 位) 的分波态密度。当 F 的覆盖度 $\theta = 0.25$ML 时，吸附于 Mg(0001) 表面的 F 的 $2p$ 态与 Mg 的 $3s$ 态电子在 -7eV 至费米能级范围内发生杂化。由于 Mg 原

子的 3s 轨道是全填满电子的轨道，F 原子的 2p 轨道是未填满的轨道，因此 Mg 的 3s 态向 F 的 2p 态电子的转移，说明 F 与 Mg(0001) 表面作用形成了相互束缚的化学键。F 原子在 fcc 位吸附时的吸附能增至 6.544eV。覆盖度为 0.5ML 时，成键态的峰强减弱，说明 F 与 Mg 原子间的作用比覆盖度为 0.25ML 时减弱。因此，0.5ML 的 F 原子吸附的吸附能减至 5.555eV。覆盖度为 0.75ML 和 1.0ML 对应吸附能减小到 4.681eV 和 4.058eV。

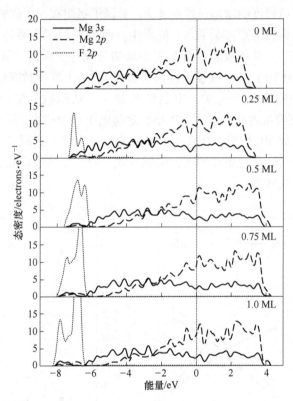

图 3.68　清洁 Mg(0001) 表面和 F 原子在 Mg(0001)
表面最优吸附位（fcc 位）的分波态密度

图 3.69 所示为覆盖度为 0.25ML 时 F/Mg(0001) 体系的电荷密度和差分电荷密度分布。F 与最邻近的 3 个 Mg 原子存在明显的相互作用，这种相互作用引起电子间的耦合和杂化。这与 Cl 原子的吸附机制类似。Mg 表面带负电，使其腐蚀电位负移，增强了 Mg 的活性，加速 Mg 的腐蚀。这就解释了含 F^- 溶液会破坏 Mg 表面钝化膜，导致 Mg 或 Mg 合金腐蚀的实验事实。

与 F 相比，Cl 原子半径更大且电负性更负，这可以归因于 Mg—Cl 键和 Mg—F 键的差异。与 F 的吸附相比，Cl 原子在不同覆盖度下相应吸附位的吸附能较 F 的更小，表明 Cl 和 Mg 原子间的相互作用能小于 F 和 Mg 原子间的，同

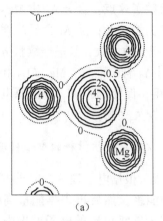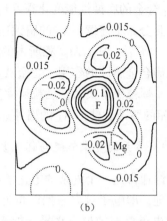

(a)　　　　　　　　　　(b)

图 3.69　覆盖度为 0.25ML 时 F/Mg(0001) 体系的电荷密度 (a) 和差分电荷密度 (b)

时，Mg(0001) 表面和 F 的键能强于与 Cl 的。这表明镁表面上更易形成具有保护性质的 MgF_2。进一步可以得出结论，Mg 合金在含 F 溶液中的腐蚀速度比在含 Cl 溶液中小。Cl^- 半径较小，穿透膜容易，从而发生竞争吸附作用，Cl^- 取代 O^{2-}、OH^- 等在合金表面的吸附而形成可溶性的金属-氯离子络合物，使表面膜遭到破坏；同时，Cl^- 优先在镁合金表面的缺陷处吸附，反应如下：

$$Mg^{2+} + 2Cl^- \longrightarrow MgCl_2 + 2e \tag{3.23}$$

可溶性 $MgCl_2$ 的形成，阻碍了形成保护性氧化物膜层，从而合金新鲜表面始终和电解质溶液保持接触，腐蚀电流增大，腐蚀速率增高，而且这种作用随着 Cl^- 浓度的增加更加明显。

3.5.4　铅硼复合核辐射防护材料的腐蚀机理讨论

3.5.4.1　显微组织与铅硼复合核辐射防护材料的腐蚀机理

从前述分析已知，$Mg_{17}Al_{12}$ 相对 Mg 相的腐蚀主要有阻碍和加速作用。当 $Mg_{17}Al_{12}$ 相在合金中所占体积分数较大，且分布连续时，合金表面的 Mg 相优先腐蚀脱落后，$Mg_{17}Al_{12}$ 相会在表面形成致密的氧化膜，阻碍电子由阳极向阴极转移，降低腐蚀电流密度，从而阻碍合金的进一步腐蚀；而当体积分数较小且不呈连续状分布时，由于 $Mg_{17}Al_{12}$ 相周围的共晶 Mg 相的腐蚀脱落，不呈连续状分布的 $Mg_{17}Al_{12}$ 相也随着脱落，这时 $Mg_{17}Al_{12}$ 相主要充当腐蚀电池阴极，电子转移加快，腐蚀电流密度升高，加速合金腐蚀。$Mg_{17}Al_{12}$ 相的晶粒大小也对合金的腐蚀具有很大的影响，若 $Mg_{17}Al_{12}$ 相晶粒粗大，那么它的分布分散，距离变大，阻碍作用降低；相反，当 $Mg_{17}Al_{12}$ 相晶粒度小时，它连续分布于基体上，起到屏障层作用。

$A_2 \sim A_4$ 合金的腐蚀性能变化很好地反映了这点：合金 A_2 中 $Mg_{17}Al_{12}$ 相的体积分数小，且分布不连续，A_2 的腐蚀速率仍然较大；随 Al 含量的增加，达到合金 A_3 和 A_4 水平后，$Mg_{17}Al_{12}$ 相所占的体积分数增大，且呈连续状分布，主要起腐蚀壁垒阻碍合金腐蚀的作用；合金 A_4 对 A_3 合金而言，$Mg_{17}Al_{12}$ 相呈长大的趋势，$Mg_{17}Al_{12}$ 颗粒变粗长大，晶粒尺寸变粗，促使 $Mg_{17}Al_{12}$-Mg 原电池形成，从而加快 Mg 相的腐蚀，使得 A_4 的腐蚀速率较 A_3 的高。

3.5.4.2　体系的费米能级与铅硼复合核辐射防护材料的腐蚀机理

合金腐蚀通常是一个复杂的电化学过程。根据电子理论，电子占据能级遵循能量最低原理，即电子首先占据能量低的能级，然后再占据能量高的能级。费米能级表示电子填充的最高水平。处于费米能级位置的电子首先失去，且费米能级越高，电子越容易失去。不同合金的显微组织结构不同，加之合金元素在合金中的不均匀分布，造成不同组织的费米能级存在差异，使不同区域的电位产生变化——高费米能级区电位变低，低费米能级区电位变高，进而在合金的不同区域之间建立起电位差。在腐蚀介质作用下，以高费米能级区作为阳极，低费米能级区作为阴极组成腐蚀原电池，从而导致催化腐蚀过程的产生[55,56]。

在 Pb-Mg-Al-B 合金中，由于 Al 优先 Pb 与 Mg 发生共晶反应，为 $Mg_{17}Al_{12}$ 相的析出创造了有利条件。$Mg_{17}Al_{12}$ 相在合金中择优析出，使合金组织中存在大量的与基体不同的原子集团，即 Mg 相、Mg_2Pb、$Mg_{17}Al_{12}$、AlB_2 以及 Pb。采用第一性原理广义梯度近似（GGA）和局域密度近似（LDA）计算的合金五种组成相 Mg、Mg_2Pb、$Mg_{17}Al_{12}$、AlB_2 以及 Pb 的费米能级见表 3.33。由于 AlB_2 和 Pb 在合金中所占体积分数较其他三种要少得多，因此 AlB_2 和 Pb 对合金腐蚀性能的影响十分微弱。图 3.70 所示为三种主要组成相 Mg、Mg_2Pb 和 $Mg_{17}Al_{12}$ 的费米能级对比。由表 3.33 可知，Mg 相的费米能级为 −3.626eV（GGA）和 −3.869eV（LDA），Mg_2Pb 为 −3.831eV（GGA）和 −4.029eV（LDA），$Mg_{17}Al_{12}$ 为 −4.742eV（GGA）和 −5.014eV（LDA）。因此，$Mg_{17}Al_{12}$ 相的费米能级低于 Mg 相和 Mg_2Pb 相晶粒的费米能级，即它们之间的大小关系依次为：$E_f(Mg) > E_f(Mg_2Pb) > E_f(Mg_{17}Al_{12})$。

表 3.33　Mg、Mg_2Pb、Pb、$Mg_{17}Al_{12}$ 和 AlB_2 的费米能级 E_f　　（eV）

物相	Mg	Mg_2Pb	Pb	$Mg_{17}Al_{12}$	AlB_2
GGA	−3.626	−3.831	−3.999	−4.742	−5.640
LDA	−3.869	−4.029	−4.235	−5.014	−6.063

从物理微观的角度上看，原子核外的电子是费米子，服从费米-狄拉克统计，在多电子原子中决定电子所处状态的准则有三条：一是泡利不相容原理；二是能

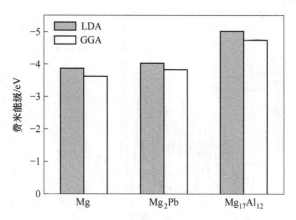

图 3.70　Mg、Mg_2Pb 和 $Mg_{17}Al_{12}$ 的费米能级

量最小原理[57]；三是洪特规则，又称为最多轨道原则[58]。由于各个原子的种类和结构不同，以及主、次量子数的不同，导致不同体系的费米能级不同，即基态时可以处的最高能级的位置是不同的。一个体系的费米能级越高，就越容易失去外层电子，也就越容易与周围的其他金属发生腐蚀[59]；不同物质的电极电位也与它们的费米能级有关，即费米能级愈高，电极电位愈小。Mg、Mg_2Pb 和 $Mg_{17}Al_{12}$ 的费米能级存在 $E_f(Mg)>E_f(Mg_2Pb)>E_f(Mg_{17}Al_{12})$ 的关系，由此得出 Mg、Mg_2Pb 和 $Mg_{17}Al_{12}$ 中得失电子的难易程度为：Mg 最容易失去电子，Mg_2Pb 次之，$Mg_{17}Al_{12}$ 最难；Mg、Mg_2Pb 和 $Mg_{17}Al_{12}$ 的电极电位大小为 $Mg_{17}Al_{12}$>Mg_2Pb>Mg。因此，当合金中析出 $Mg_{17}Al_{12}$ 时，电子从费米能级高的 Mg 相流向费米能级低的 $Mg_{17}Al_{12}$ 相，Mg 相的电极电位低，是阳极，合金中的 $Mg_{17}Al_{12}$ 相电极电位高是阴极。合金的腐蚀就是 Mg 相被氧化的过程，即 Mg 失去电子成为 Mg^{2+} 离子而溶解的过程，失去的电子流到阴极，在阴极发生还原反应。当合金表面的 Mg 相受到腐蚀减少后，电极电位高的 $Mg_{17}Al_{12}$ 相与电极电位低的 Mg_2Pb 相形成了以 $Mg_{17}Al_{12}$ 相为阴极，Mg_2Pb 相为阳极的原电池，使得 Mg_2Pb 相发生腐蚀破坏。

图 3.71 所示为 Mg、Mg_2Pb 和 $Mg_{17}Al_{12}$ 的局域态密度。在 Mg_2Pb 中由于 Pb 的 $5d$ 轨道在 $-44eV$ 和 $-16eV$ 价带区与其他轨道没有发生杂化，并未参与成键，与其他价带不产生相互作用，因此在局域态密度中不予考虑。从图 3.71 可以看出，在局域态密度最大的地方，即轨道能级数最大的地方，由 $Mg_{17}Al_{12}$、Mg_2Pb 到 Mg 逐渐向能量高的区域移动，在局域态密度达到最大值的时候它们的能量分别为 $1.632eV$、$2.980eV$ 和 $5.193eV$，Mg 的能量大大高于 Mg_2Pb 和 $Mg_{17}Al_{12}$ 的能量，就是说 Mg 的核外电子分布在能量高的区域的概率比较大。在同样的外界条件下，体系中 Mg 相和 Mg_2Pb 相对于 $Mg_{17}Al_{12}$ 均处于不稳定的状态，更容易失去电子，即更容易进行氧化还原反应，相比其他物质更容易发生腐蚀。

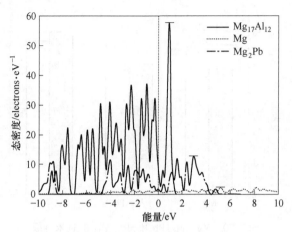

图 3.71　Mg、Mg_2Pb 和 $Mg_{17}Al_{12}$ 的局域态密度

3.5.4.3　腐蚀反应物和产物的稳定性与铅硼复合核辐射防护材料腐蚀机理

Pb-Mg-Al-B 核辐射防护材料中存在的三种金属间化合物：AlB_2、$Mg_{17}Al_{12}$ 和 Mg_2Pb，与 Mg 比较，它们的稳定性大小依次为：AlB_2 > $Mg_{17}Al_{12}$ > Mg_2Pb > Mg。由此可知，在 Mg-Pb-B 屏蔽材料中，Mg 的稳定性最差，与 Cl^- 或 OH^- 离子最容易发生反应而导致腐蚀破坏，Mg_2Pb 次之；而且，腐蚀反应物 Mg、Mg_2Pb 与产物 PbO、PbO_2、$Mg(OH)_2$ 之间的结合能存在如下关系：$E_{c(PbO)}$ < $E_{c(Mg(OH)_2)}$ < $E_{c(PbO_2)}$ < $E_{c(Mg_2Pb)}$ < $E_{c(Mg)}$。对晶体而言，结合能越低，晶体越稳定，因此它们的稳定性大小为：PbO>$Mg(OH)_2$ > PbO_2 > Mg_2Pb > Mg。另外，腐蚀反应物与产物电子结构分析结果表明，Mg 的成键方式为金属键，Mg_2Pb 的成键方式以金属键为主；而 PbO、PbO_2、$Mg(OH)_2$ 为离子键或离子键与共价键混合，它们的键合强度都高于金属键的结合强度，这也说明 PbO 的稳定性最强，Mg_2Pb 和 Mg 最弱。Mg_2Pb 和 Mg 极易发生腐蚀反应产生 PbO、PbO_2、$Mg(OH)_2$。

3.5.5　铅硼复合核辐射防护材料的腐蚀模型

Pb-Mg-Al-B 核辐射防护材料随着 Al、Ce 和 B 元素含量的变化，组织发生了改变，进而对合金的自腐蚀电位和腐蚀速度都产生了很大的影响。随着添加元素的变化，$Mg_{17}Al_{12}$ 相的尺寸和分布发生了改变，浸泡和盐雾实验也表明 $Mg_{17}Al_{12}$ 相的体积分数和分布对 Pb-Mg-Al-B 核辐射防护材料的腐蚀行为具有重要的影响：当 $Mg_{17}Al_{12}$ 相在合金中所占体积分数较大且分布连续时，$Mg_{17}Al_{12}$ 相阻碍合金的进一步腐蚀；而当体积分数较小且不连续状分布时，$Mg_{17}Al_{12}$ 相对合金腐蚀阻碍作用减弱。

Pb-Mg-Al-B 核辐射防护材料的腐蚀模型示意图如图 3.72 所示。对 Pb-Mg-Al-B 核辐射防护材料的腐蚀机理研究已经发现，合金中参与腐蚀反应的是 Mg 相、Mg_2Pb 相和 $Mg_{17}Al_{12}$ 相，它们之间自腐蚀电位大小关系为：$Mg_{17}Al_{12}$ 相> Mg_2Pb 相>Mg 相。由于 $Mg_{17}Al_{12}$ 相的电位高于 Mg 相和 Mg_2Pb 相，在腐蚀介质中，两相之间形成腐蚀电偶 I_a 和 I_b，$Mg_{17}Al_{12}$ 相为阴极，Mg 相和 Mg_2Pb 相为阳极。

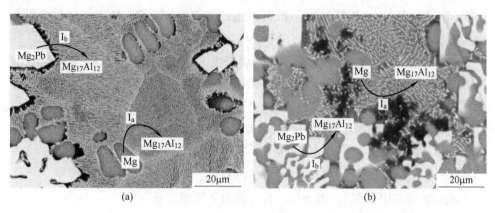

图 3.72　Pb-Mg-Al-B 核辐射防护材料的腐蚀模型

（a）未添加 B；（b）添加 B 腐蚀电偶：I_a—$Mg_{17}Al_{12}$ 相和 Mg 相之间；I_b—$Mg_{17}Al_{12}$ 相和 Mg_2Pb 相之间

$Mg_{17}Al_{12}$ 相与 Mg 相的自腐蚀电位差为 0.4V，$Mg_{17}Al_{12}$ 相与 Mg_2Pb 相的自腐蚀电位差为 0.3V，说明 $Mg_{17}Al_{12}$ 相-Mg 相构成的微腐蚀电池 I_a 的电动势 E 高于 $Mg_{17}Al_{12}$ 相-Mg_2Pb 相，其腐蚀动力根据 $\Delta G = -nFE$，$Mg_{17}Al_{12}$ 相-Mg 相构成的电池腐蚀动力大于 $Mg_{17}Al_{12}$ 相-Mg_2Pb 相，Mg 相先于 Mg_2Pb 相发生腐蚀，腐蚀反应为：

阴极反应　　　　　　$2H_2O + 2e \longrightarrow H_2 + 2OH^-$

阳极反应　　　　　　　　　$Mg \longrightarrow Mg^{2+} + 2e$

　　　　　　　　$Mg^{2+} + 2OH^- \longrightarrow Mg(OH)_2$

随着腐蚀的进行，Mg 相减少，难溶腐蚀产物膜在 Mg 相表面形成 $Mg(OH)_2$ 保护层，腐蚀区域转移至 $Mg_{17}Al_{12}$ 相-Mg_2Pb 相之间，$Mg_{17}Al_{12}$ 相与 Mg_2Pb 相构成微腐蚀电池 I_b，腐蚀反应导致 Mg_2Pb 相局部发生点蚀，腐蚀反应为：

阴极反应　　　　　　$6H_2O + 12e \longrightarrow 6H_2 + 12OH^-$

阳极反应　　　　$3Pb^{4-} + 4H_2O \longrightarrow 2PbO + PbO_2 + 4H_2 + 12e$

　　　　　　　$6Mg^{2+} + 12OH^- \longrightarrow 6Mg(OH)_2$

3.6　本章小结

本章通过组元及成分选择，制备出具有一定力学承载能力且有良好屏蔽效果的多功能结构一体化屏蔽材料。通过扫描电镜、透射电镜、能谱以及 X 射线衍射等实验手段研究材料组织结构的演变规律以及对力学、耐蚀和屏蔽性能的影响，并在此基础上应用第一性原理计算、分析和讨论了 Pb-Mg-Al-B 核辐射防护材料的强化机制、腐蚀和屏蔽机理，得到以下结论。

3.6.1 Pb-Mg-Al-B 核辐射防护材料的显微组织和相结构

（1）Pb-Mg-Al-B 核辐射防护材料组织主要由 Mg 相、Mg_2Pb 共晶组织和 $Mg+Mg_{17}Al_{12}$ 共晶组织以及含硼的 AlB_2 相组成。

（2）元素 Al、Ce、B 对合金组织形貌产生了影响。随添加元素含量的增加，Mg-Pb-B 合金中（$Pb+Mg_2Pb$）共晶组织演变规律为：骨架状→不完全枝状与骨架状混合→块状与骨架状混合→块状。

（3）Mg 与 $Mg_{17}Al_{12}$ 存在如下位相关系：

$$(100)Mg // (510)Mg_{17}Al_{12}$$

$$[010]Mg // [1\bar{3}0]Mg_{17}Al_{12}$$

Mg_2Pb 基体中存在 Pb 析出相，且存在如下位相关系：

$$(\bar{1}1\bar{1})Pb // (1\bar{1}1)Mg_2Pb$$

$$(\bar{4}20)Pb // (420)Mg_2Pb$$

$$[24\bar{6}]Pb // [2\bar{4}\bar{6}]Mg_2Pb$$

而 Mg_2Pb 和 AlB_2 具有如下位相关系：

$$(420)Mg_2Pb // (102)AlB_2$$

$$[24\bar{6}]Mg_2Pb // [0\bar{1}0]AlB_2$$

3.6.2 Pb-Mg-Al-B 核辐射防护材料的力学性能与强化机制

（1）Pb-Mg-Al-B 核辐射防护材料抗拉强度和布氏硬度均大幅提升。当 B 含量为 1.0%（质量分数）时，Pb-Mg-Al-B 核辐射防护材料的力学性能最好，HB＝160，σ_b＝105MPa，δ＝6.87%。

（2）在室温下，Pb-Mg-Al-B 核辐射防护材料的断裂机制随 B 含量的增加表现为（准解理+韧性）断裂→韧性断裂→解理断裂→脆性沿晶断裂的变化过程。

（3）通过第一性原理计算分析发现几种各组成相的稳定性大小为：AlB_2＞$Mg_{17}Al_{12}$＞Mg_2Pb；其中 Mg_2Pb 的键合方式为金属键和共价键混合；$Mg_{17}Al_{12}$ 和 AlB_2 两种化合物的成键主要是共价键。由于共价键的方向性较强，结合力较金属键和离子键大，使得防护材料具有高强度和高弹性常数的特征。

3.6.3 Pb-Mg-Al-B 核辐射防护材料的屏蔽性能与屏蔽机理

（1）Pb-Mg-Al-B 核辐射防护材料的 X 射线的屏蔽率较高。厚度为 20mm 的防护材料对高能 250keV 能量级 X 射线屏蔽率为 90.29%；而能级较低的 65keV 和 118keV 的 X 射线屏蔽率分别为 97.9% 和 99.22%，几乎能完全屏蔽 X 射线。对 γ 射线和中子的屏蔽率表现同样优异。硼含量最高的 Pb-Mg-Al-B 核辐射防护材料在 20mm 的厚度条件下，γ 射线的屏蔽率达到 49.75%（^{137}Cs 源）和 34.21%（^{60}Co 源），中子的屏蔽率高达 92.7%。

（2）与现有的射线和中子屏蔽性能的防护材料相比，Pb-Mg-Al-B 核辐射防护材料具有强度高、X(γ) 射线与中子屏蔽性能优异、具备结构-功能（屏蔽）一体化的特点。

（3）Pb-Mg-Al-B 核辐射防护材料的屏蔽机理：1）X 射线。除少量康普顿效应外，光电效应占主要地位。2）γ 射线。通过与 ^{137}Cs 源 γ 射线的光电效应和与 ^{60}Co 源 γ 射线的电子对效应屏蔽 γ 射线。3）中子辐射。通过化合物 Mg_2Pb 和 $Mg_{17}Al_{12}$ 对中子的弹性或非弹性散射以及 AlB_2 对热中子的俘获吸收屏蔽中子。

3.6.4 Pb-Mg-Al-B 核辐射防护材料的腐蚀性能与腐蚀机理

（1）铝的添加生成了连续状分布的 $Mg_{17}Al_{12}$ 相，提高了合金的自腐蚀电位，$Mg_{17}Al_{12}$ 相对腐蚀的阻碍作用增加，腐蚀速率减慢；稀土 Ce 的添加阻滞了 Pb-Mg-Al-B 核辐射防护材料的阳极反应过程。

（2）应用第一性原理密度泛函数理论系统研究了不同覆盖度下 Cl 和 F 原子在 Mg(0001) 表面不同吸附位的吸附特性。由于 Cl 原子吸附于镁表面时的吸附能比水高得多，因此在含氯离子的水溶液中，氯离子优先吸附于镁表面；且与镁的结合力也比水强，因而氯离子易于与镁形成氯化物使镁发生腐蚀。且由于 Cl 的吸附使得镁表面上带负电，腐蚀电位负移，增强了镁的活性，加速镁的腐蚀。

（3）费米能级大小关系：$Mg_{17}Al_{12} < Mg_2Pb < Mg$。Mg 相为阳极，与 $Mg_{17}Al_{12}$ 相为阴极构成腐蚀原电池发生反应。当防护材料表面的 Mg 相受到腐蚀减少后，$Mg_{17}Al_{12}$ 相为阴极，Mg_2Pb 相为阳极，使得 Mg_2Pb 相发生腐蚀破坏。

（4）结合能计算和电子结构分析表明稳定性大小：$AlB_2 > Mg_{17}Al_{12} > Mg_2Pb > Mg$。Mg 稳定性最差，最容易发生腐蚀反应；$Mg_2Pb$ 的稳定性次之，也容易发生腐蚀破坏。

参 考 文 献

[1] Ramachandran V, Ibrahim M Md. Third-order elastic constants and the low-temperature limit of the grüneisen parameter of Mg_2Pb on Axe's shell model [J]. Journal of Temperature Physics,

1982, 47: 351-353.

［2］ Zhang M X, Kelly P M. Edge-to-edge matching and its applications Part II. Application to Mg-Al, Mg-Y and Mg-Mn alloys ［J］. Acta Materialia, 2005, 53 (4): 1085-1096.

［3］ Felten A. The preparation of aluminum diborde, AlB$_2$ ［J］. Journal of the American Chemical Society, 1956, 78: 5977-5978.

［4］ Ren C Y, Shein K I, Ivannovskii A L. Ga-doping effects on electronic and structural properties of wurtzite ZnO ［J］. Physica B, 2004, 349: 136-142.

［5］ Duan Y H, Sun Y, Feng J, et al. Thermal stability and elastic properties of intermetallics Mg$_2$Pb ［J］. Physica B, 2010, 405: 701-704.

［6］ Duly D, Zhang W Z, Audier M. High-resolution electron microscopy observations of the interface structure of continuous precipitates in a Mg-Al alloy and interpretation with the O-lattice theroy ［J］. Philosophical Magazine A, 1995, 71: 187-204.

［7］ Van Attekum P M Th M, Wertheim G K, Crecelius G, et al. Electronic properties of some CaF$_2$-structure intermetalic compounds ［J］. Physical Review B, 1980, 22 (8): 3999.

［8］ 宇霄, 罗晓光, 陈贵锋, 等. 第一性原理计算 XHfO$_3$ (X = Ba, Sr) 的结构、弹性和电子特性 ［J］. 物理学报, 2007, 56 (9): 5366-5370.

［9］ 陶杰, 姚正军, 薛峰. 材料科学基础 ［M］. 北京: 化学工业出版社, 2006: 58-59.

［10］ Seith W, Kubaschewski O. The heats of formation of several alloys ［J］. Zeitschrift Für Elektrochemie, 1937, 43: 743-749.

［11］ Dobovisek B, Paulin A. Practice of thermodynamic analysis of binary systems of metals with intermetallic bonds ［J］. Rudarsko Metalurski Zbornik, 1965, 3-4: 373-387.

［12］ Beardmore P, Howlett B W, Lichter B D, et al. Thermodynamic properties of compounds of magnesium and group IVB elements ［J］. AIME Metals Society Transations, 1966, 236 (1): 102-108.

［13］ Sommer F, Lee J J, Predel B. Temperature dependence of the mixing enthalpies of liquid magnesiumlead and magnesiumtin alloys ［J］. Zeitschrift Für Metallkunde, 1980, 71: 818-821.

［14］ 周惦武, 彭平, 庄厚龙, 等. Mg$_{17}$Al$_{12}$ 相 Ca 合金化结构稳定性的第一性原理研究 ［J］. 中国有色金属学报, 2004 (15) 4: 546-551.

［15］ Liu K, Zhou X L, Chen X R, et al. Structural and elastic properties of AlB$_2$ compound via first-principles calculations ［J］. Physica B, 2007, 388 (1-2): 213-218.

［16］ Loa I, Kunc K, Syassen K, et al. Crystal structure and lattice dynamics of AlB$_2$ under pressure and implications for MgB$_2$ ［J］. Physical Review B, 2002, 66 (13): 134101.

［17］ Nye J F. Physical properties of crystals ［M］. Oxford: Oxford University Press, 1985.

［18］ Lazar P, Rashkova B, Redingder J, et al. Interface structure of epitaxial (111) VN films on (111) MgO substrates ［J］. Thin Solid Films, 2008, 517: 1177-1181.

［19］ Medveva N I, Gornostyrev Y N, Kontsevo O Y, et al. Ab-initio study of interfacial strength and misfit dislocations in eutectic composites: NiAl/Mo ［J］. Acta Materialia, 2004, 52: 675-682.

［20］ Voigt W. Lehrbuch der Kristallphysik ［M］. Leipzig, Taubner, 1928.

［21］ Reuss A, Angew Z. Calculation of the flow limits of mixed crystals on the basis of the plasticity of nonocrystals [J]. Zeitschrift Für Angewandte Mathematik Und Mechanik, 1929, 9: 49-58.

[22] Hill R. The elastic behavior of a crystalline aggregate [J]. Proceedings of the Physical Society A, 1952, 65: 349-354.

[23] Osorio - Guillén J M, Simak S I, Wang Y, et al. Bonding and elastic properties of superconducting MgB_2 [J]. Solid State Communications, 2002, 123: 257-262.

[24] Wang N, Yu W Y, Tang B Y, et al. Structural and mechanical properties of $Mg_{17}Al_{12}$ and $Mg_{24}Y_5$ from first-principles calculations [J]. Journal of Physics D: Applied Physics, 2008, 41: 95408.

[25] Wakabayashi N, Ahmad A A Z, Shanks H R, et al. Lattice dynamics of Mg_2Pb at room temperature [J]. Physical Review B, 1972, 5: 2103-2107.

[26] Chung P L, Danielson G C. USACE Report [M]. U.S: The MIT Press, 1966.

[27] Pugh S F. Relations between the elastic modulus and the plastic properties of polycrystalline pure metals [J]. Philosophical Magazine, 1954, 45: 823-843.

[28] 姚强, 邢辉, 孟丽君, 等. TiB_2 和 TiB 弹性性质的理论计算 [J]. 中国有色金属学报, 2007, 17 (8): 1297-1301.

[29] Tvergaard V, Hutchinson J W. Microcracking in ceramics induced by thermal expansion or elastic anisotropy [J]. Journal of the American Ceramic Society, 1988, 71 (3): 157-166.

[30] Baroni S, Gironcoli S D, Corso A D, et al. Phonons and related crystal properties from density-functional perturbation theory [J]. Review of Modern Physics, 2001, 73: 515-562.

[31] Barron T H K, Klein M L. Second - order elastic constants of a solid under stress [J]. Proceedings of the Physical Society, 1965, 85: 523-532.

[32] Schreiber E, Anderson O L, Soga N. Elastic constants and their measurement [M]. New York McGraw-Hill Education, 1973.

[33] Schwartz R G, Shanks H, Gerstein B C. Thermal study of II - IV semiconductors: Heat capacity and thermodynamic functions of Mg_2Pb from 5-300K [J]. Journal of Solid State Chemistry, 1971, 3: 533-540.

[34] Debernardi A, Alouani M, Dreysse H. Ab inito thermodynamics of metal: Al and W [J]. Physical Review B, 2001, 63: 064305-064311.

[35] 沈孝红. 聚合物/铅辐射防护材料的制备及其屏蔽性能研究 [D]. 南京: 南京航空航天大学, 2008.

[36] 杨文斗. 反应堆材料学 [M]. 北京: 原子能出版社, 2006.

[37] 王零森, 方寅初, 等. 碳化硼在吸收材料中的地位及其与核应用有关的基本性能 [J]. 粉末冶金材料科学与工程, 2000, 5 (2): 113-120.

[38] 王舒伟, 刘颖, 李军, 等. 碳化硼在核辐射屏蔽材料中的应用 [J]. 功能材料, 2008, 39 (增): 558-560.

[39] 杨文锋, 刘颖. $Fe_{78}Si_9B_{13}$ 非晶薄带的力学性能与高能射线屏蔽性能研究 [J]. 材料导报, 2009, 23 (5): 52-55.

[40] 中国科学院原子核科学委员会编译. 反应堆控制材料论文集 [M]. 北京: 科学出版社, 1964.

[41] 何莉莉. 一种新型材料对 γ 射线的屏蔽性能研究 [D]. 成都：成都理工大学，2009.

[42] Faessler T F, Kronseder C. Single crystal structure refinemnet of dimagnesium plumbide, Mg_2Pb [J]. Zeitschrift Für Kristallographie, 1999, 214 (4)：438.

[43] Schobinger-Papamantellos P, Fischer P. Neutronenbeugungsuntersuchung der Atomverteilung von $Mg_{17}Al_{12}$ [J]. Naturwissenschaften, 1970, 57：128-129.

[44] 刘力，孙朝晖，吴友平. 稀土/高分子复合材料的射线屏蔽性能和磁性能 [J]. 合成橡胶工业，2001, 24 (3)：188-190.

[45] Seroombe T B. Sintering of free formed maraging steel with boron additions [J]. Materials Science and Engineering, 2003, A363 (3)：242-252.

[46] 宋雨来，刘耀辉，朱先勇，等. 压铸镁合金腐蚀行为研究进展 [J]. 铸造，2007, 56 (1)：36-40.

[47] 徐卫军，马颖，吕维玲，等. 镁合金腐蚀的影响因素 [J]. 腐蚀与防护，2007, 28 (4)：163-166.

[48] 李冠群，吴国华，樊昱，等. 主要合金元素对镁合金组织及耐蚀性能的影响 [J]. 铸造技术，2006, 27 (1)：79-83.

[49] Guangling Song, Amanda L, Bowles, et al. Corrosion resistance of aged die cast magnesium alloy AZ91D [J]. Materials Science and Engineering A, 2004, 366：74-86.

[50] Song Guangling, Atrens Andrej, Wu Xianliang, et al. Corrosion behavior of AZ21, AZ501, and AZ91 in sodium chloride [J]. Corrosion Science, 1998, 40 (10)：1769-1791.

[51] 丁文江，向亚贞，常建卫，等. Mg-Al 系和 Mg-RE 系合金在 NaCl 溶液中的腐蚀电化学行为 [J]. 中国有色金属学报，2009, 19 (10)：1713-1719.

[52] Moore W J, Pauling L. The crystal structures of the tetragonal monoxides of lead, tin, palladium, and platinum [J]. Journal of the American Chemical Society, 1941, 63：1392-1394.

[53] Zaslavskii A I, Kondrashev Y D, Tolkachev S S. The new modification of lead dioxide and the texture of anode sediments [J]. Doklady Akademii Nauk SSSR, 1950, 75：559-561.

[54] Chizmeshya A V G, McKelvy M J, Sharma R, et al. Density functional theory study of the decomposition of $Mg(OH)_2$: A lamellar dehydroxylation model [J]. Materials Chemistry and Physics, 2002, 77：416-425.

[55] 张国英，张辉，赵子夫，等. 杂质对镁合金耐蚀性影响的电子理论研究 [J]. 物理学报，2006, 55 (5)：2439-2443.

[56] 张国英，张辉，刘艳霞，等. 镁合金应力腐蚀机理电子理论研究 [J]. 中国铸造装备与技术，2007, (4)：13-15.

[57] 张国英，刘贵立，曾梅光，等. 钢中小角度晶界区的电子结构及掺杂效应 [J]. 物理学报，2000, 49 (7)：1344-1347.

[58] 刘贵立，李荣德. 铸造锌铝合金稀土变质机理的电子理论研究 [J]. 物理学报，2003, 52 (9)：2264-2268.

[59] 李昱才，张国英，魏丹，等. 金属电极电位与费米能级的对应关系 [J]. 沈阳师范大学学报（自然科学版），2007, 25 (1)：25-28.

4 合金化对铅硼复合核辐射防护材料组织与性能的影响

尽管 Pb-Mg-Al-B 核辐射防护材料表现出较好的力学性能和优异的屏蔽性能。但该材料中含有大量的 Mg_2Pb 晶粒，该化合物主要以共价键形式键合，致使材料塑性较差，加工性能受较大影响，阻碍了材料的进一步应用。因此，为了研究合金元素对 Pb-Mg-Al-B 合金力学和腐蚀性能的影响，选择成分为 Pb-Mg-10Al-1B 的合金用以研究合金元素对 Pb-Mg-Al-B 合金的力学、腐蚀性能的影响。

合金元素 Y 和 Sc 具有活泼的化学性质，在合金熔炼的过程中加入，会起到提高合金铸造性能的作用，使材料耐腐蚀性能增强，室温以及高温下性能也得到提高[1]。据报道，在镁合金中加入合金元素 Y 和 Sc 后，会使晶粒细化、耐腐蚀性能、热稳定性和力学性能得到改善[2~7]。Pb-Mg-10Al-1B 合金中 Mg 含量达到了 40%，脆性相主要为 Mg_2Pb 和 Mg，因此，在 Pb-Mg-10Al-1B 合金中加入不同含量的合金元素 Y 和 Sc，寻找合金元素 Y 和 Sc 的最佳添加量，并研究力学性能和腐蚀性能的变化规律。本章主要研究内容如下：

（1）对合金元素 Y 和 Sc 含量不同的 Pb-Mg-10Al-1B-Y 合金的显微组织和力学性能进行研究，分析 Y 添加量对合金显微组织和力学性能的影响，确定最佳的合金元素 Y 和 Sc 的添加量。

（2）对所选最佳合金元素 Y 和 Sc 元素含量 Pb-Mg-10Al-1B-Y 合金和未添加 Y 和 Sc 元素的 Pb-Mg-10Al-1B 合金进行电化学腐蚀对比实验，研究合金在卤族元素溶液中的腐蚀行为，分析添加 Y 和 Sc 元素对合金腐蚀性能的影响。

Pb-Mg-10Al-1B 合金中 Pb/Mg（质量比）为 55/45，Al 含量为 10%，B 含量为 1%（质量分数，下同）。制备合金的原料为纯铅（99.99%）、纯铝（99.99%）、纯镁（99.99%）、纯钇（99.99%）和铝硼中间合金（B 为 70.00%，Al 为 30.00%）。为了探究不同 Y 和 Sc 含量对 Pb-Mg-10Al-1B 合金性能的影响，共制备了 6 组对比试样，合金元素 Y 和 Sc 量分别为 0%、0.2%、0.4%、0.6%、0.8%、1%。Pb-Mg-10Al-1B 合金具体成分见表 4.1。

表 4.1　Pb-Mg-10Al-1B 合金成分 （质量分数）

试样编号	Pb/%	Mg/%	Al/%	B/%	Y 或 Sc/%
1号	48.95	40.05	10	1	0

试样编号	Pb/%	Mg/%	Al/%	B/%	Y 或 Sc/%
2 号	48. 84	39. 96	10	1	0. 2
3 号	48. 73	39. 87	10	1	0. 4
4 号	48. 62	39. 78	10	1	0. 6
5 号	48. 51	39. 69	10	1	0. 8
6 号	48. 40	39. 60	10	1	1

4.1　合金元素 Y 对铅硼复合核辐射防护材料显微组织的影响

4.1.1　Pb-Mg-10Al-1B 合金的显微组织

由于选定的 Pb-Mg-Al-B 合金的名义合金为 Pb-Mg-10Al-1B 合金，在此合金中添加不同含量的合金元素 Y，因此，在研究不同含量的合金元素 Y 对 Pb-Mg-10Al-1B 屏蔽材料组织的影响前，首先需要分析 Pb-Mg-10Al-1B 合金的组成与显微组织，分别采用 XRD、SEM、EPMA 和 WDS 等对 Pb-Mg-10Al-1B 合金进行了物相、显微组织观察及成分分析。图4.1 所示为 Pb-Mg-10Al-1B 合金的 SEM 图、XRD 分析和 EPMA 图。从图 4.1（a）中可以看出，Pb-Mg-10Al-1B 合金中存在三种明显的显微组织，即白色枝晶 A、深灰色组织 B 以及浅灰色面积较大的组织 C。

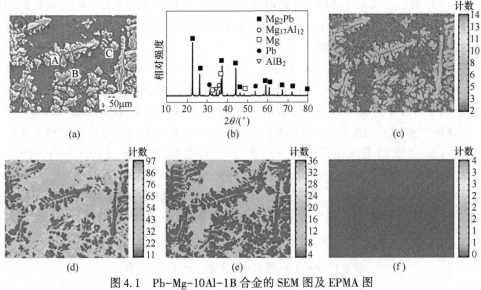

图 4.1　Pb-Mg-10Al-1B 合金的 SEM 图及 EPMA 图

（a）原始组织；（b）XRD 图；（c）Pb；（d）Mg；（e）Al；（f）B

（扫描书前二维码看彩图）

图 4.1 (b) XRD 结果表明，Pb-Mg-10Al-1B 合金的组成相为 Mg_2Pb、$Mg_{17}Al_{12}$、Mg、Pb 和 AlB_2。Mg_2Pb 的 XRD 衍射峰最强，说明 Pb-Mg-10Al-1B 合金中含有大量的 Mg_2Pb 金属间化合物。在 Mg_2Pb 中，Mg 原子之间主要形成的是金属键，而 Mg-Pb 原子间形成了方向性较强的共价键；同时 Mg—Pb 键的键布居仅为 0.13，说明 Mg—Pb 键具有部分离子特性[8]。Mg—Pb 键的共价-离子混合键特性与同样具有反萤石结构的 Mg_2Si 中的 Mg—Si 键[9] 和 Mg_2Sn 中的 Mg—Sn 键[10] 是一致的，这些都使 Mg_2Pb 呈低韧性和脆性断裂的特点，从而导致 Pb-Mg-10Al-1B 核辐射防护材料塑性较低。此外，在 Pb-Mg-10Al-1B 合金的 XRD 中发现了 AlB_2 的衍射峰，说明 B 在合金中是以 AlB_2 化合物的形式存在，同时也说明 Pb-Mg-10Al-1B 合金实现了 Pb、B 的互溶，这将有利于提高防护材料的中子屏蔽能力。再者，在 Pb-Mg-10Al-1B 合金中存在 Mg，而在含 Mg 的合金中，Mg 一般作为腐蚀电池阳极发生阳极反应，Mg 的存在对核辐射防护材料的腐蚀性能是不利的。

图 4.1 (c) 所示为 Pb-Mg-10Al-1B 合金的 EPMA 面元素分析图。从图 4.1 (c) 中可以发现白色枝晶 A 含有大量的 Pb 元素，深灰色组织 B 主要含有 Mg 元素，浅灰色面积较大的组织 C 主要由元素 Mg 和 Al 组成。此外，B 元素均匀分布于整个合金当中，表明 Pb-Mg-10Al-1B 合金实现了 Pb、B 的均质化，也有利于 Pb-Mg-10Al-1B 合金的中子屏蔽性能。

图 4.2 所示为 Pb-Mg-10Al-1B 合金的元素 WDS 分析图。图 4.2 (a) ~ (c) 分别对应于图 4.1 (a) 中 A、B、C 三点的元素 WDS 分析。图 4.2 (a) 中，Mg 元素的含量为 64.83%（原子百分比，下同），Pb 元素的含量为 34.73%，Al 的含量仅为 0.44%，因此，结合 XRD 分析，表明白色枝晶 A 应为 Mg_2Pb+Pb 共晶组织。在深灰色组织 B 中，Mg 元素的含量为 87.7%（图 4.2 (b)），结合 EPMA 分析可知，深灰色组织 B 主要为富 Mg 相。在浅灰色面积较大的组织 C 中，Mg 和 Al 含量分别为 71.97% 和 18.92%，根据合金的 XRD 分析，表明组织 C 主要由 $Mg_{17}Al_{12}+Mg$ 共晶组成。由于 Pb-Mg-10Al-1B 合金中 B 的含量为 1%（质量分数），主要分布于白色枝晶 A 上，因此，Pb-Mg-10Al-1B 合金的显微组织由 Mg_2Pb+Pb 共晶，$Mg_{17}Al_{12}+Mg$ 共晶和富 Mg 相三部分组成。在制备 Pb-Mg-10Al-1B 合金时，由于金属 Mg 和 Al 的加入，使得 Pb、Mg 和 Al 三者之间发生两个反应，即 $Pb+2Mg \Longrightarrow Mg_2Pb$ 和 $17Mg+12Al \Longrightarrow Mg_{17}Al_{12}$，生成了 Mg_2Pb 和 $Mg_{17}Al_{12}$ 两种金属间化合物。Mg_2Pb 和 $Mg_{17}Al_{12}$ 的反应生成焓分别为 -44.87kJ/mol 和 -625.34kJ/mol，$Mg_{17}Al_{12}$ 的反应生成焓远小于 Mg_2Pb 的，Al 优先于 Pb 与 Mg 反应生成 $Mg_{17}Al_{12}$，当 Al 反应完后，剩余的 Mg 与 Pb 反应生成 Mg_2Pb。此外，在熔炼合金时，各金属的添加顺序为 Al→Mg→Pb。因此，$Mg_{17}Al_{12}+Mg$ 共晶先生成，Mg_2Pb+Pb 共晶后生成。

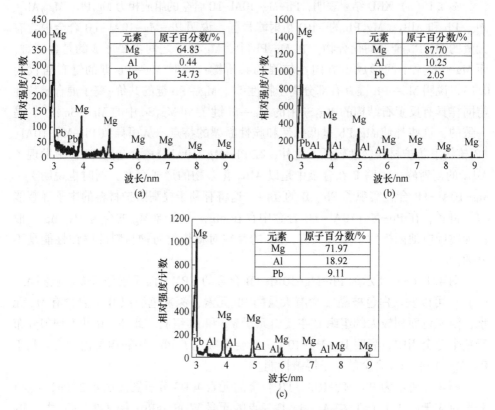

图 4.2　A、B、C 三点的波谱图及原子百分数（％）

（a）点 A；（b）点 B；（c）点 C

4.1.2　合金元素 Y 对 Pb-Mg-10Al-1B 合金显微组织的影响

在 Pb-Mg-10Al-1B 合金中 Mg 含量达到了 40%（质量分数），根据原子参数，Y 和 Mg 都是密排六方结构，而且 Mg 的晶格常数（$a=0.323nm$，$c=0.520nm$）与 Y 的晶格常数（$a=0.365nm$，$c=0.573nm$）相差不大，二者原子半径也非常接近（Mg：1.60Å，Y：1.82Å），故按照"尺寸结构相匹配"原则，Y 原子在 Pb-10Al-1B 合金结晶时，会成为合金非均质形核的核心，形成更多晶粒，起到细晶强化的作用。为了研究 Y 含量对 Pb-Mg-10Al-1B 合金组织形貌与成分的影响，对不同合金元素 Y 含量的 Pb-Mg-10Al-1B 合金进行物相分析以及组织观察。

图 4.3 所示为不同 Y 含量 Pb-Mg-10Al-1B 合金的 XRD 图谱。从图 4.3 可以看出，加入合金元素 Y 后，Pb-Mg-10Al-1B 合金的组成相并未发生变化，仍为 Mg_2Pb、$Mg_{17}Al_{12}$、Mg、Pb、AlB_2 等相。在 Pb-Mg-10Al-1B-Y 合金中，Mg_2Pb 的 XRD 衍射峰仍然最强，说明 Pb-Mg-10Al-1B-Y 合金中含有大量的 Mg_2Pb 金

属间化合物，这将导致 Pb-Mg-10Al-1B 核屏蔽材料塑性依然会偏低。由于在 Pb-Mg-10Al-1B-Y 合金中，合金元素 Y 的含量仅为 0.2% ~ 1.0%（质量分数），因此在 Pb-Mg-10Al-1B-Y 合金的 XRD 图谱中未能检测出 Y 的衍射峰。

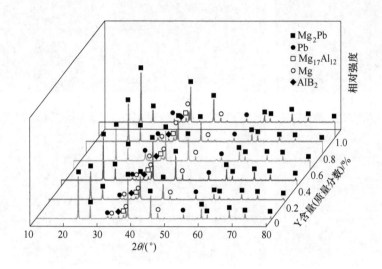

图 4.3　不同成分的 Pb-Mg-10Al-1B-Y 合金 XRD 图

图 4.4 所示为不同成分的 Pb-Mg-10Al-1B-Y 合金的 SEM 图。已知 Pb-Mg-10Al-1B 合金的显微组织主要由富 Mg 相、Mg_2Pb+Pb 和 $Mg_{17}Al_{12}+Mg$ 共晶组织组成（图 4.4（a））。从图 4.4（b）~（f）可以看出，当合金元素 Y 含量（质量分数）为 0.2% 和 0.4% 时，共晶组织 Mg_2Pb+Pb 晶粒细小而均匀；但随着 Y 含量（质量分数）增加至 0.6% 时，Mg_2Pb+Pb 共晶组织尺寸增大；随后 Y 含量（质量分数）增加至 0.8% 和 1.0% 时，Mg_2Pb+Pb 共晶组织尺寸减小。Mg_2Pb+Pb 共晶组织随合金元素 Y 含量的增加呈总体减小的趋势，可能是由于合金元素的加入，使 Pb-Mg-10Al-1B 合金内部发生较大的晶格畸变，晶格畸变导致体系总能量的增加。为了使体系自由能达到最低水平，而 Y 原子只能够在晶界富集，因此，当合金凝固时，大多数合金元素 Y 存在于固液界面的前沿，而不是进入到固相中。这样就增大了 Pb-Mg-10Al-1B 合金凝固时的成分过冷，Mg_2Pb+Pb 共晶晶粒的生长方式则更偏向于树枝状生长，在分枝过程中，会产生缩颈和熔断等现象，使晶粒的动力学性能得到改善，从而达到细化晶粒的目的。同时加入 Y 元素，合金的共晶成分点也会发生偏移，枝晶增加，Mg_2Pb+Pb 共晶晶粒细化，但 Mg_2Pb+Pb 共晶的相对含量减少。由此可见，加入合金元素 Y 后，Pb-Mg-10Al-1B 合金中的 Mg_2Pb+Pb 共晶得到细化。当合金元素 Y 含量为 0.4% 和 1% 时，组织更为细小、均匀、致密，这对 Pb-Mg-10Al-1B 合金力学性能的提升是有利的。

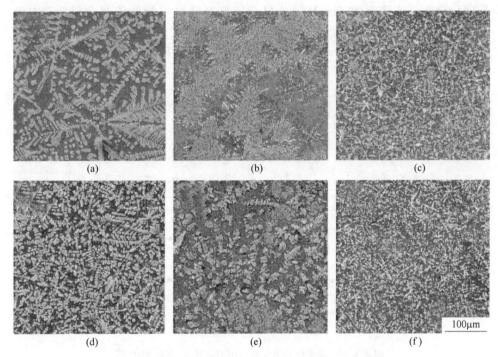

图 4.4　不同 Y 含量的 Pb-Mg-10Al-1B 合金 SEM 图

(a) 0；(b) 0.2%；(c) 0.4%；(d) 0.6%；(e) 0.8%；(f) 1.0%

4.2　合金元素 Y 对铅硼复合核辐射防护材料力学性能的影响

显微组织分析结果表明，合金元素 Y 的含量对 Pb-Mg-10Al-1B 合金的显微组织影响很大。为研究加入 Y 元素后，显微组织改变所带来的力学性能改变，对不同合金元素 Y 含量的 Pb-Mg-10Al-1B 合金进行了拉伸实验和压缩实验。根据力学实验曲线，得到 Pb-Mg-10Al-1B-Y 合金的抗拉强度、抗压强度、伸长率等，获得了具有最佳力学性能的 Pb-Mg-10Al-1B-Y 合金。

4.2.1　拉伸实验与抗拉强度

对 Y 含量为 0、0.2%、0.4%、0.6%、0.8% 和 1.0% 的 6 个试样进行单向拉伸试验，绘制每组试样的应力-应变曲线，得到实验过程中每组试样的抗拉强度、伸长率等基本力学性能值，观察每组试样的断口形貌，分析材料断裂机制的变化。

图 4.5 所示为合金元素 Y 含量不同的 Pb-Mg-10Al-1B 合金的应力-应变曲线，从图 4.5 可以看出所有成分的 Pb-Mg-10Al-1B 合金在拉伸过程中并无屈服、缩颈等现象，均为突然断裂，呈现明显的脆性断裂特征。通过该材料的应力-应

变曲线分析可知，所有成分的 Pb-Mg-10Al-1B 合金都为脆性断裂，塑性较差，可加工性能差。

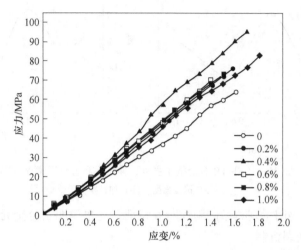

图 4.5 不同 Y 含量的 Pb-Mg-10Al-1B 合金拉伸应力-应变曲线

图 4.6 所示为合金元素 Y 含量与 Pb-Mg-10Al-1B 合金抗拉强度和伸长率的关系曲线。从图 4.6（a）可以看出，加入合金元素 Y 后，Pb-Mg-10Al-1B 合金的抗拉强度得到了明显的提高；随着 Y 含量的增加，Pb-Mg-10Al-1B 合金的抗拉强度呈现先增加后降低的趋势；当合金元素含量继续增加时，材料抗拉强度继续增加；当合金元素 Y 含量为 0.4%（质量分数）时，材料的抗拉强度达到第一个峰值 97MPa；当 Y 元素含量达到 1%（质量分数）时，材料的抗拉强度达到了 86MPa。结合图 4.3 不同成分的显微组织图分析，当 Y 含量（质量分数）分别为 0.4% 和 1% 时，组织最为细小、均匀，其所对应的力学性能也较好。图 4.6（b）所示为合金元素 Y 含量与 Pb-Mg-10Al-1B 合金伸长率的关系，从图 4.6（b）可以看出，当合金元素 Y 的含量为 1%（质量分数）时，伸长率最高，为 1.81%；当合金元素 Y 的含量为 0.4%（质量分数），伸长率次之，为 1.71%；合金元素 Y 的含量为 0.6%（质量分数）时，伸长率最低，为 1.43%。

结合图 4.4 显微组织来分析不同成分 Pb-Mg-10Al-1B 合金的力学性能变化规律。Mg_2Pb 为脆性相，未添加合金元素 Y 的 Pb-Mg-10Al-1B 合金中 Mg_2Pb+Pb 共晶晶粒最为粗大，枝晶多且分布不均匀。随着合金元素 Y 的加入，Mg_2Pb+Pb 共晶晶粒得到了明显细化，室温下抗拉强度也得到了显著提高，尤其稀土 Y 含量（质量分数）为 0.4% 和 1% 时，Mg_2Pb+Pb 共晶晶粒最为细小、均匀，抗拉强度也最高，这主要得益于合金元素 Y 的固溶强化作用。但是合金元素的加入对合金的伸长率改变并不大，说明合金元素 Y 对合金的塑性影响比较小，合金的

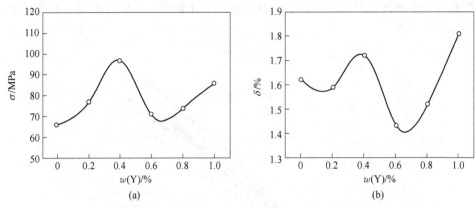

图 4.6　Pb-Mg-10Al-1B 合金抗拉强度、伸长率和合金元素 Y 含量的关系

（a）抗拉强度；（b）伸长率

应力-应变曲线仍旧呈现典型的脆性断裂特征，这也说明了合金元素 Y 的加入没有改变材料的断裂机制。

为进一步研究 Pb-Mg-10Al-1B 合金的断裂机制，对拉伸试验后试样的断口进行 SEM 观察，Pb-Mg-10Al-1B 合金的断口形貌图如图 4.7 所示。

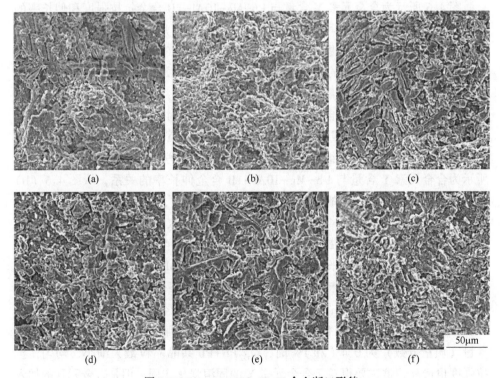

图 4.7　Pb-Mg-10Al-1B-Y 合金断口形貌

（a）0；（b）0.2%；（c）0.4%；（d）0.6%；（e）0.8%；（f）1.0%

从图 4.7 可以看出，六组试样的断裂形貌基本一致，宏观断口表面较为平整，无缩颈，所有试样微观的断裂面可以看到明显的晶粒，而且有许多撕裂棱的存在，呈现典型的沿晶断裂断口特征。由试样的微观组织分析可知，所有试样的组成相主要为 Mg_2Pb，加入合金元素 Y 后也并未发生太大的变化。因此，合金的断裂机制在添加合金元素 Y 后也没有发生变化，都为脆性断裂。在拉伸过程中，脆性 Mg_2Pb+Pb 共晶组织很容易产生微裂纹，继续增加载荷，裂纹前端产生应力集中现象，微裂纹不断扩展延伸，直至材料断裂，从而导致合金的抗拉强度降低。未添加 Y 的 Pb-Mg-10Al-1B 合金显微组织最为粗大，呈现硬脆性的 Mg_2Pb+Pb 共晶组织较多，而且多为枝晶状，在拉伸时裂纹更容易产生和扩展，故其抗拉强度最低。Pb-Mg-10Al-1B-0.4Y 合金（Y=0.4%（质量分数））和 Pb-Mg-10Al-1B-0.6Y 合金（Y=1.0%（质量分数））试样的晶粒最为细小且分布均匀，Mg_2Pb+Pb 共晶组织不以粗大枝晶状存在，拉伸时裂纹较未添加 Y 的 Pb-Mg-10Al-1B 合金不容易产生和扩展，所以抗拉强度较高。

4.2.2 压缩强度与抗压强度

作为结构功能一体化的 Pb-Mg-10Al-1B 合金不仅要有良好的屏蔽性能，也要具备结构材料所必需的特点。核辐射防护材料在使用过程中会受到地震冲击、核反应堆冲击、海浪冲击等，许多情况需要承受压力，所以提高材料的抗压强度也是非常必要的。在工程中，一些被广泛使用的结构材料拉伸性能都比较差，多数呈现脆性断裂，但此类材料抗压强度是远高于抗拉强度的。由拉伸试验可以看出，所有成分的 Pb-Mg-10Al-1B 合金断裂方式都为脆性断裂，塑性较差。因此，采用室温压缩试验对不同成分的 Pb-Mg-10Al-1B 合金进行压缩性能测试，以探究不同含量的 Y 对 Pb-Mg-10Al-1B 合金压缩性能的影响。

图 4.8 所示为添加不同含量合金元素 Y 的 Pb-Mg-10Al-1B 合金单轴压缩的应力-应变曲线。在增加载荷的初始阶段，Pb-Mg-10Al-1B 合金的应力和应变成比例关系，表现出明显的弹性变形特点；随着载荷的增加，应变增加，应力开始快速增加；随后载荷继续增加，而应力增加变缓，应变则快速增加；当应力达到峰值后，应变不再增加，试样被压碎。从图 4.8 中可以看出，不同成分试样的抗压强度亦不同。表 4.2 给出了合金元素 Y 含量不同的 Pb-Mg-10Al-1B 合金的抗压强度。从表 4.2 可以看出，加入合金元素 Y 后，Pb-Mg-10Al-1B 合金的抗压强度得到了一定的增强，其中合金元素 Y 含量（质量分数）为 0.4% 和 0.8% 时，抗压强度较高，分别为 586MPa 和 564MPa，较未添加 Y 的 Pb-Mg-10Al-1B 合金得到了较大提升。

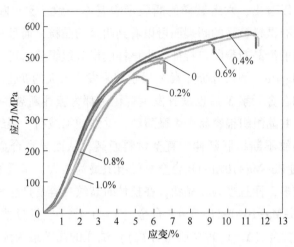

图 4.8　不同 Y 含量的 Pb-Mg-10Al-1B 合金压缩应力-应变曲线

表 4.2　不同成分 Pb-Mg-10Al-1B 合金的抗压强度值

Y 含量(质量分数)/%	0	0.2	0.4	0.6	0.8	1.0
抗压强度/MPa	432	491	586	549	564	480

根据 Hall-Pecth 公式：

$$\sigma_y = \sigma + Kd^{-1/2} \tag{4.1}$$

式中，σ_y 为材料屈服强度；σ 为单晶屈服强度；K 为 Pecth 斜率；d 为晶粒直径。

晶粒越小，屈服强度越大，而屈服强度又正比于抗压强度，因此晶粒变小会导致抗压强度的提升。加入合金元素 Y 后，Pb-Mg-10Al-1B 合金的共晶组织得到了一定程度上的细化，晶界增加，导致 Pb-Mg-10Al-1B 合金的抗压强度也增强。

4.3　最佳合金元素 Y 含量的 Pb-Mg-10Al-1B 合金组织分析

根据合金组织的形貌与成分分析，结合合金元素 Y 添加量对 Pb-Mg-10Al-1B 合金力学性能的影响，发现当添加合金元素 Y 的量为 0.4%（质量分数）时，Pb-Mg-10Al-1B-0.4Y 合金晶粒较为细小，抗拉强度为 97MPa，抗压强度为 586MPa，都要优于其他成分的 Pb-Mg-10Al-1B-Y 合金，因此选择了合金元素 Y 添加量为 0.4%（质量分数）的 Pb-Mg-10Al-1B-0.4Y 合金作为研究对象，对其进行腐蚀性能研究。

显微组织影响材料的性能，因此，有必要对 Pb-Mg-10Al-1B-0.4Y 合金的微观组织进行详细分析。图 4.9 所示为 Pb-Mg-10Al-1B-0.4Y 合金的 EPMA 图，表 4.3 列出了图 4.9 中显微组织中Ⅰ、Ⅱ和Ⅲ点的原子百分数（%），图 4.10 所示为 Pb-Mg-Al-B-0.4Y 合金的 XRD 图。

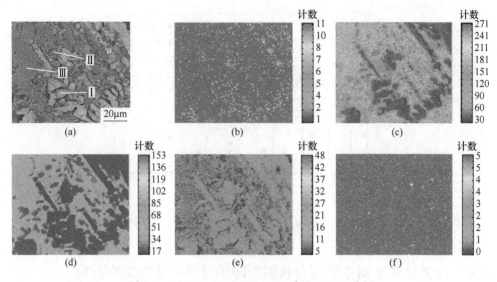

图 4.9 Pb-Mg-10Al-1B-0.4Y 合金 EPMA 分析

(a) 原始组织；(b) B；(c) Mg；(d) Al；(e) Pb；(f) Y

（扫描书前二维码看彩图）

表 4.3 图 4.9（a）中 I，II 和 III 三点的原子比 （%）

点	Pb	Mg	Al	B	Y
I	32.7	65.9	0.3	0.5	0.6
II	1.9	96.6	0.9	0.1	0.4
III	0.1	58.7	40.7	0	0.5

通过图 4.9 可以看出，Pb 的含量最高，而 Mg 的含量较高。标记为 I 的显微组织主要由 Mg、Pb 和少量 B 组成，其 Mg/Pb 的原子比约为 2（表 4.3），结合图 4.10 中 Pb-Mg-10Al-1B-0.4Y 合金的 XRD 图分析，标记为 I 的显微组织为 Mg_2Pb 相。在 Mg_2Pb 中，Pb 和 Mg 的含量分别约为 32.7% 和 65.9% 质量分数。在图 4.9（c）中，发现 Mg 的含量最高，其他元素的含量很少，这意味着标记为 II 的显微组织是 Mg 固溶体相。标记为 III 的显微组织主要由 Mg 和 Al 组成，其中 Mg 和 Al 的含量分别为 151～181 和 102～119 计数（图 4.9）。而 Mg 和 Al 的原子比例分别为 58.7% 和 40.7%。Mg/Al 的原子比为 1.44，这与 $Mg_{17}Al_{12}$ 相的原子比（1.42）相近，因此标记为 III 的显微组织主要为 $Mg_{17}Al_{12}$ 相。对于 Pb_2Y 和 AlB_2 相，由于 Y 和 B 元素的加入量很小，在初始组织中未发现明显的 Pb_2Y 和 AlB_2 相。然而，从图 4.9（b）可以看出，B 元素主要分布于 Mg_2Pb 显微组织当中。由图 4.9（f）可以看出，添加的稀土元素 Y 在 Pb-Mg-10Al-1B-0.4Y 合金显微组织中是均匀分布的。

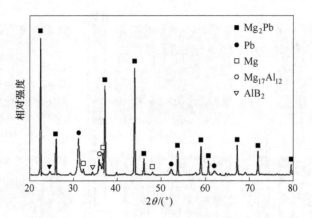

图 4.10   Pb-Mg-10Al-1B-0.4Y 合金的 XRD 图

4.4   合金元素 Y 对铅硼复合核辐射防护材料腐蚀性能的影响

作为核辐射防护材料，Pb-Mg-10Al-1B-0.4Y 合金的主要应用环境是含卤族元素的冷却水，核辐射防护材料的腐蚀将导致严重的核事故，直接危害到人身安全和生态环境，所以研究 Pb-Mg-10Al-1B-0.4Y 合金在卤族离子的溶液中腐蚀性能也是非常有必要的。

本节通过电化学实验、浸泡腐蚀试验、腐蚀形貌分析、腐蚀残留物分析、腐蚀速率测试等方法对未添加合金元素 Y 的 Pb-Mg-Al-B 合金与合金元素 Y 含量（质量分数）为 0.4% 的 Pb-Mg-10Al-1B-0.4Y 合金在卤族元素水溶液中的腐蚀行为进行了对比研究。

4.4.1   电化学性能

一般认为，合金型核辐射防护材料在水溶液中的腐蚀本质是电化学腐蚀，因此国内外许多学者根据电化学腐蚀对核辐射防护材料做了许多的研究。常见的电化学研究方法有开路电势、极化曲线、交流阻抗和电化学噪声等。本节主要研究材料的开路电位、极化曲线、交流阻抗等，以此来研究不同成分的 Pb-Mg-10Al-1B-Y 合金在卤族元素水溶液中的腐蚀速率和腐蚀类型。

4.4.1.1   开路电位

开路电位是指在不给整个系统添加外在电势时的电势，在测量的时候就是被测电极相对于参比电极的电位。通常来说，开路电位越正，材料的腐蚀倾向越小。图 4.11 所示为 Pb-Mg-10Al-1B 合金和 Pb-Mg-10Al-1B-0.4Y 合金在 3.5%（质量分数）NaCl、3.5%（质量分数）NaF、3.5%（质量分数）NaBr、

3.5%（质量分数）NaI 水溶液中的开路电位，图中所有的开路电位都比较稳定，波动较小，说明可以进行计划测试。从图 4.11 中可以看出两种成分的 Pb-Mg-10Al-1B-Y 合金在 3.5%（质量分数）NaF 溶液中的开路电位比其他卤族元素溶液中要正，为 -0.6V 左右。这说明了 Pb-Mg-10Al-1B 合金在 NaF 溶液中表面活化差，相比于其他卤化钠溶液更不容易腐蚀。相比于 Pb-Mg-10Al-1B 合金，加入合金元素 Y 的 Pb-Mg-10Al-1B-0.4Y 合金开路电位并未发生太大变化，只是更为稳定。开路电位是一个热力学概念，只能够粗略分析材料是否易被腐蚀，无法判断材料的腐蚀速率，并不能完全反映材料的耐腐蚀程度，所以需要结合其他测试来判断材料耐腐蚀性能。因此分别对 Pb-Mg-10Al-1B 合金和 Pb-Mg-10Al-1B-0.4Y 合金进行极化曲线以及交流阻抗的测量。

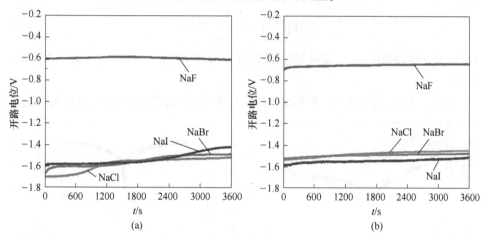

图 4.11 Pb-Mg-10Al-1B 合金（a）和 Pb-Mg-10Al-1B-0.4Y 合金（b）的开路电位

4.4.1.2 极化曲线

对 Pb-Mg-10Al-1B 合金和 Pb-Mg-10Al-1B-0.4Y 合金分别进行动电位扫描，扫描速度是 0.01V/s，电压范围选择为 -2.0 ~ -0.6V。测试溶液为 4 种卤族元素水溶液，分别为 3.5%（质量分数）NaCl、3.5%（质量分数）NaF、3.5%（质量分数）NaBr、3.5%（质量分数）NaI。测试温度为室温，pH 值为 6.5 ~ 7.2。极化曲线表示被测电极电位和极化电流密度的曲线。图 4.12 所示为 Pb-Mg-10Al-1B 合金和 Pb-Mg-10Al-1B-0.4Y 合金在 4 种卤族元素水溶液（3.5%（质量分数）NaCl、3.5%（质量分数）NaF、3.5%（质量分数）NaBr、3.5%（质量分数）NaI）中的极化曲线。表 4.4 列出了每组样品的开路电位、自腐蚀电位和自腐蚀电流密度。由图 4.12 可知，Pb-Mg-10Al-1B 合金和 Pb-Mg-10Al-1B-0.4Y 合金在卤族元素的水溶液中的极化曲线都遵循塔菲尔规律，电极在阳极区达到自腐蚀电位后，样品会发生阳极溶解，这样导致表面的电位产生变化。被测样品极化电位快速增高，电流密度也随之快速增高，到达峰值后又快速降低。在样品动电位扫描中，极化曲线中阳极支电流主要影响因素是阳极的溶解作用，阴极支电流的影响因素主要是析氢反应。

将材料的极化曲线通过塔菲尔外推法可得到自腐蚀电位和腐蚀电流密度（如表4.4 所示），从而确定该材料的易腐蚀程度和腐蚀速率大小。腐蚀电位越低，材料的腐蚀倾向就越大，这属于热力学范畴。而自腐蚀电流密度与材料的腐蚀速率的关系则属于动力学范畴，即材料一旦腐蚀，电流密度越高，腐蚀越快。主要是因为电流密度是由阴阳两极的电位差决定的，当系统中电位差较大时，即阳极电位越正，阴极电位越负，两极便会向平衡电位移动，腐蚀电流变大，材料腐蚀速率也增高。腐蚀电流密度 i_{corr} 与腐蚀速率 V 的关系如式（4.2）所示：

$$V\left(\frac{\mu m}{a}\right)=\frac{3.27 i_{corr} A}{nD} \tag{4.2}$$

式中，V 是腐蚀速率；i_{corr} 是腐蚀电流密度；A 是原子量；n 为得失电子数；D 为材料密度。

由式（4.2）可以看出，材料腐蚀速率与腐蚀电流密度的大小是成正比关系的。

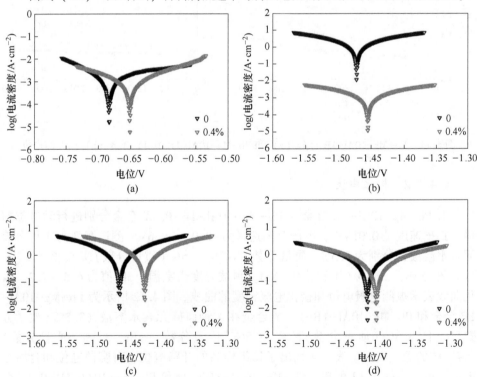

图 4.12　Pb-Mg-10Al-1B 合金（黑色）和 Pb-Mg-10Al-1B-0.4Y
合金（灰色）在卤族元素水溶液的极化曲线
(a) NaF；(b) NaCl；(c) NaBr；(d) NaI

从图 4.12 中可以看出，添加 0.4%（质量分数）的合金元素 Y 后，在 4 种盐溶液中，自腐蚀电位明显减小了，说明材料的耐蚀性有了一定的提高，具体数据对比见表 4.4。

表 4.4 Pb-Mg-10Al-1B 合金和 Pb-Mg-10Al-1B-0.4Y 合金的极化曲线拟合参数

腐蚀溶液	Pb-Mg-10Al-1B 合金		Pb-Mg-10Al-1B-0.4Y 合金	
	E_{corr}/V	$I_{corr}/A \cdot cm^{-2}$	E_{corr}/V	$I_{corr}/A \cdot cm^{-2}$
NaF	−0.682	0.0298	−0.651	0.0242
NaCl	−1.471	1.237×10^{-3}	−1.455	6.645×10^{-4}
NaBr	−1.469	1.698×10^{-4}	−1.426	1.214×10^{-4}
NaI	−1.420	1.276×10^{-4}	−1.407	1.009×10^{-4}

两种成分合金的自腐蚀电流密度也有了一定的变化，添加合金元素 Y 达到 0.4%（质量分数）后，4 种卤族元素水溶液中的自腐蚀电流密度均有所降低，其中在 NaCl 的水溶液中最为明显（合金元素含量 Y 为 0.4%（质量分数）时，自腐蚀电流密度为 6.645×10^{-4} A/cm²；不含合金元素 Y 的 Pb-Mg-10Al-1B 合金为 1.237×10^{-3} A/cm²）。结合材料的显微组织图可以看出，随着合金元素 Y 的添加，Pb-Mg-10Al-1B-0.4Y 合金的晶粒更加细小，晶界数量增加，同时合金元素 Y 又有净化合金晶界的作用，导致该防护材料作为阳极时，析氢速率有所减小，极化程度也降低，Pb-Mg-10Al-1B-0.4Y 合金的耐蚀性得到了进一步的提高。

Mg、Mg_2Pb 和 $Mg_{17}Al_{12}$ 在 3.5%（质量分数）NaCl 溶液中的自腐蚀电位（E_{corr}）分别是 −1.669V、−1.002V 和 −1.2V，由此可见在该防护材料中，Mg 是最容易被腐蚀的，由实验测得 Pb-Mg-10Al-1B 合金与 Pb-Mg-10Al-1B-0.4Y 合金的自腐蚀电位是介于两者之间。在 NaCl 溶液中进行腐蚀时，Mg 和 Mg_2Pb 自腐蚀电位相差较大，二者形成原电池，加速合金腐蚀。

进一步分析 Pb-Mg-10Al-1B 合金与 Pb-Mg-10Al-1B-0.4Y 合金在 4 种卤族元素水溶液（3.5%（质量分数）NaCl、3.5%（质量分数）NaF、3.5%（质量分数）NaBr、3.5%（质量分数）NaI）的耐腐蚀程度，分别将 Pb-Mg-10Al-1B 合金与 Pb-Mg-10Al-1B-0.4Y 合金的极化曲线在不同溶液中进行比较，结合表 4.4 可知，Pb-Mg-10Al-1B 合金在 4 种溶液自腐蚀电流大小顺序为：3.5%（质量分数）NaCl>3.5%（质量分数）NaBr>3.5%（质量分数）NaI>3.5%（质量分数）NaF，这个顺序同样也适用于 Pb-Mg-10Al-1B-0.4Y 合金，根据式（4.2），这也是 Pb-Mg-10Al-1B 合金腐蚀速率的大小顺序。Pb-Mg-10Al-1B 合金与 Pb-Mg-10Al-1B-0.4Y 合金的自腐蚀电位的大小顺序为：3.5%（质量分数）NaCl<3.5%（质量分数）NaBr<3.5%（质量分数）NaI<3.5%（质量分数）NaF。因此，Pb-Mg-10Al-1B 合金与 Pb-Mg-10Al-1B-

0.4Y 合金在卤族元素水溶液的耐蚀性顺序为: 3.5%(质量分数)NaF>3.5%(质量分数)NaI>3.5%(质量分数)NaBr>3.5%(质量分数)NaCl。

4.4.1.3 交流阻抗

交流阻抗是指给系统施加的是一个振幅较小且频率不同的正弦交流电势, 得到的响应信号则是交流电压与电流的比值随着施加电势频率的变化, 或阻抗相位角随施加电势频率的变化。当被测试电化学系统内部结构是线性且稳定的, 则测得电化学信号将会是线性函数, 通过上述方法来研究系统电化学性能的方法称为电化学阻抗图谱 (Electrochemical Impedance Spectroscopy, 简称 EIS) 或交流阻抗法 (AC Impedance)。

在系统中施加角频率为 ω 的正弦波电流输入干扰信号 X, 则工作站测得的输出电势信号 Y 也是一个角频率为 ω 的正弦波信号, 那么传输函数 G 也为一个频率为 ω 的频率函数, 该函数成为此系统的频率响应函数, 称为该系统的阻抗 Z。在系统中施加角频率为 ω 的正弦波电势干扰信号 X, 则工作站会测得一个角频率为 ω 输出正弦电流信号 Y, 那么频率响应函数 G 频率也为 ω, 该函数称为该系统的导纳 (也表示为 Y)。系统的阻纳 G 是指电化学系统的阻抗和导纳二者互为倒数, 即 $Y=1/Z$。阻纳 G 通常表示为随角频率 ω 或者一般频率 $f(\omega = 2\pi f)$ 变化的复变函数, 为矢量函数。

$$G(\omega) = G'(\omega) + jG''(\omega) \tag{4.3}$$

式中, G' 为阻纳实部; G'' 为阻纳虚部。

同样地, 阻抗也为矢量, 因此在坐标系中通常以实部 Z' 为横轴、虚部 G'' 为纵轴来表示。阻抗可用式 (4.4) 表示:

$$Z(\omega) = Z'(\omega) + jZ''(\omega) \tag{4.4}$$

在坐标图中, 从坐标原点到函数上某一点的长度称为模值 $|Z|$, 该点与原点连线与 x 轴角度称作阻相位角 f, 分别通过式 (4.5) 和式 (4.6) 表示。

$$|Z| = \sqrt{Z'^2 + Z''^2} \tag{4.5}$$

$$\tan\phi = -Z''/Z' \tag{4.6}$$

电化学阻抗测试是测试系统不同频率的输入信号与输出信号的比值, 得到被测不同频率下的实部、虚部、模值和相位角, 通过将测得的参数绘制成电化学阻抗图谱, 结合等效电路研究系统的电化学性质。常见的电化学图谱有奈奎斯特图 (Nyquist) 和波特图 (Bode)。

Pb-Mg-10Al-1B 合金与 Pb-Mg-10Al-1B-0.4Y 合金在 4 种卤族元素水溶液 (3.5%(质量分数)NaCl、3.5%(质量分数)NaF、3.5%(质量分数)NaBr、3.5%(质量分数)NaI) 的奈奎斯特图和波特图如图 4.13 所示。Nyquist 为弧形, 横坐标为阻抗实部, 纵坐标为阻抗虚部。主要计算见式 (4.7) ~式 (4.9)。

阻抗实部为:

$$Z_{Re} = \frac{R_P}{1 + (\omega R_P R_C)^2} \tag{4.7}$$

阻抗虚部为:

$$Z_{Im} = \frac{\omega R_P^2 C_P}{1 + (\omega R_P R_C)^2} \tag{4.8}$$

化解得:

$$\left(Z_{Re} - \frac{R_P}{2}\right)^2 + Z_{Im} = \frac{R_P^2}{4} \tag{4.9}$$

在圆弧最高点的角频率为 ω^*,根据 $\tan\psi = -Z''/Z' = \omega R_P C_P = 1$,已知 ω^* 与 R_P 便可求出 C_P。

Bode 图为两条曲线,横坐标是频率的对数,纵坐标分别为阻抗模值对数和相位角。有关 Bode 图相关参数需要通过式 (4.10) 和式 (4.11) 来求得。

阻抗模值:

$$|Z| = \sqrt{Z_{Re} + Z_{Im}} = \frac{R_P}{\sqrt{1 + (\omega R_P R_C)^2}} \tag{4.10}$$

相位角:

$$\tan\phi = -Z''/Z' = \omega R_P C_P \tag{4.11}$$

当 $\omega R_P C_P$ 远小于 1 时,阻抗模值等于 R_P,相位角趋于 0;当 $\omega R_P C_P$ 远大于 1 时,阻抗模值为 $1/\omega C_P$,是斜率为 -1 的直线。

图 4.13 所示为 Pb-Mg-10Al-1B 合金与 Pb-Mg-10Al-1B-0.4Y 合金在不同的卤族元素水溶液中的交流阻抗图,通过 ZsimpWin 软件对阻抗图谱进行模拟分析,可得到等效电路图 (图 4.14),分别为 $(Q(RQ))$ (在 3.5% (质量分数) NaF 溶液中) 和 $R_s(R_tQ)(R_cQ)$ (在 3.5% (质量分数) NaCl、3.5% (质量分数) NaBr 和 3.5% (质量分数) NaI 溶液中),表 4.5 为交流阻抗各元件具体拟合参数。

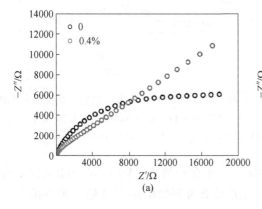

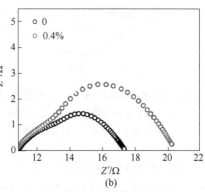

(a)　　　　　　　　　　　　(b)

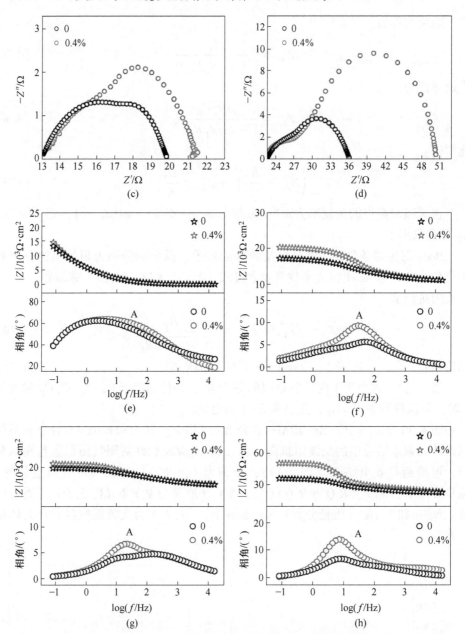

图 4.13 Pb-Mg-10Al-1B 合金（黑色）与 Pb-Mg-10Al-1B-0.4Y 合金（红色）的交流阻抗图
(a)~(d) 因奎斯特图：(a) 3.5%NaCl；(b) 3.5%NaF；(c) 3.5%NaBr；(d) 3.5%NaI；
(e)~(h) 波特图：(e) 3.5%NaCl；(f) 3.5%NaF；(g) 3.5%NaBr；(h) 3.5%NaI

通过图 4.13 可以看出，Pb-Mg-10Al-1B 合金与 Pb-Mg-10Al-1B-0.4Y 合金在 3.5%（质量分数）NaF 溶液中的阻抗图谱与等效电路与其他三种溶液不相同，这说明该合金在 NaF 溶液中的腐蚀机理与另外三种溶液不同。在 NaF 溶液中交流阻抗图呈现一个未闭合的容抗弧，在等效电路（图 4.14（a））中 Q_1 为电极与溶液之间常见的恒相位元件（本电路中表示为双电层电容），Q_1 为电极表面腐蚀覆盖物恒相位元件（本电路中表示为双电层电容），R_c 为极化电阻。在图 4.13（a）和（e）中，容抗弧越大，意味着极化电阻 R_c 越大，系统中阳极电阻溶解越慢，Pb-Mg-10Al-1B-0.4Y 合金的极化电阻为 $16.07\Omega \cdot cm^2$，要大于 Pb-Mg-10Al-1B 合金的 $12.31\Omega \cdot cm^2$，说明添加稀土元素 Y 含量为 0.4%（质量分数）的 Pb-Mg-10Al-1B-0.4Y 合金在 NaF 溶液中耐腐蚀性要大于未添加稀土元素 Y 的 Pb-Mg-10Al-1B 合金。图 4.13（b）~（d）和（f）~（h）分别是 Pb-Mg-10Al-1B 合金与 Pb-Mg-10Al-1B-0.4Y 合金在 3.5%（质量分数）NaCl、3.5%（质量分数）NaBr 和 3.5%（质量分数）NaI 溶液中的交流阻抗图谱，由图 4.13 可以看出在此三种溶液中的阻抗图谱是比较相似的，在此三种溶液中的等效电路图是相同的（图 4.14（b））。R_s 是溶液电阻，在相同的溶液中大小是相似的（表 4.5），R_t 是腐蚀物在表电极表面堆积产生的电阻（在 NaF 溶液中，样品腐蚀缓慢表面几乎不堆积腐蚀物），Q_1 是溶液电极之间的相位角元件（在本电路中表示为双电层电容），R_c 是极化电阻，Q_2 是样品与表面腐蚀物之间相位角元件（表示为双电层电容）。各元件拟合数值见表 4.5。

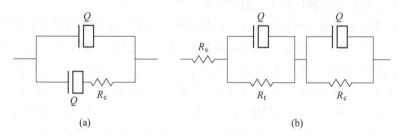

图 4.14　等效电路图

（a）3.5%（质量分数）NaF；（b）3.5%（质量分数）NaF、3.5%（质量分数）NaBr 和 3.5%（质量分数）NaI

表 4.5　Pb-Mg-10Al-1B 合金（1 号）与 Pb-Mg-10Al-1B-0.4Y 合金交流阻抗拟合参数 R_s、R_t、R_c（$\Omega \cdot cm^2$）和 CPE（$F \cdot cm^{-2}$）

溶液	Y 含量（质量分数）/%	R_s	R_t	CPE	R_c	CPE	n
NaF	0	—	—	—	12.31	1.21×10^{-5}	0.85
	0.4	—	—	—	16.07	2.62×10^{-6}	0.91
NaCl	0	10.61	16.88	0.04449	4.992	0.01183	0.69
	0.4	10.72	97.52	0.000063	8.514	0.00423	0.68

溶液	Y 含量(质量分数)/%	R_s	R_t	CPE	R_c	CPE	n
NaBr	0	12.92	5.07	0.00743	5.865	0.03772	0.75
	0.4	12.88	3.88	0.00073	8.791	0.00615	0.76
NaI	0	22.39	7.67	0.00709	5.987	0.00608	0.82
	0.4	22.76	6.40	0.00217	9.731	0.00365	0.86

在 Nyquist 图中都有两个容抗弧,高频处一个较小的容抗弧,而低频处的容抗弧较大,从表4.5可以看出,添加含量为0.4%(质量分数)的 Y 后,Pb-Mg-10Al-1B-0.4Y 合金的极化电阻 R_c 比未添加 Y 的 Pb-Mg-10Al-1B 合金大,说明 Pb-Mg-10Al-1B-0.4Y 合金耐腐蚀性得到了增强,主要原因是添加合金元素 Y 后,合金的晶粒得到了细化,晶界增多,同时合金元素 Y 会起到净化晶界作用,使材料的耐蚀性得到了提升。同时合金元素 Y 的加入也提高了材料的硬度,这样被测电极表面的电流密度也有所降低,在电极表面吸附的离子减少,使合金的与溶液反应活性较低,耐蚀性也得到了一定程度的提高。总的来说 Pb-Mg-10Al-1B 合金与 Pb-Mg-10Al-1B-0.4Y 合金在卤族元素水溶液(除3.5%(质量分数)NaF 溶液外)中极化电阻都比较小,腐蚀倾向比较大。

每一组对比试样中溶液电阻 R_s 大小相近,说明了该实验测试条件的稳定性。参数 n 为体系的弥散系数,通常 $0<n<1$,n 值越低说明弥散效应越强。在3.5%(质量分数)NaCl 溶液中弥散系数 n 较低,说明样品在 NaCl 溶液中弥散效应较强,在3.5%(质量分数)NaCl、3.5%(质量分数)NaBr 和3.5%(质量分数)NaI 溶液中存在腐蚀物在表面堆积电阻 R_t,在 NaCl 溶液中 R_t 较大,说明在 NaCl 溶液 Pb-Mg-10Al-1B 合金表面腐蚀产物较多,腐蚀产物疏松多孔,增加了表面的粗糙度,同时也使实际电极表面面积也增大,腐蚀也加剧,这也说明了合金在 NaCl 溶液腐蚀最为强烈。Pb-Mg-10Al-1B-0.4Y 合金由于添加了含量为0.4%的合金元素 Y 后,合金的晶粒尺寸以及腐蚀产物的尺寸也得到了细化,阻碍了 H^+ 的析出,使腐蚀反应速率减缓。

通过对 Pb-Mg-10Al-1B 合金与 Pb-Mg-10Al-1B-0.4Y 合金在3.5%(质量分数)NaF、3.5%(质量分数)NaCl、3.5%(质量分数)NaBr 和3.5%(质量分数)NaI 四种卤族元素水溶液的电化学阻抗图谱进行研究,结合等效电路分析发现,Pb-Mg-10Al-1B 合金与 Pb-Mg-10Al-1B-0.4Y 合金在 NaF 溶液中与其余三种溶液的电化学腐蚀呈现两种不同的腐蚀过程。在 NaF 溶液中,表面腐蚀残留物极少且极化电阻相比其余三种溶液大,说明在该溶液中腐蚀程度最轻微;按照相同的方法推理,在 NaCl 溶液中腐蚀物堆垛电阻最大而且极化电阻最小,说明合金在

NaCl 溶液中腐蚀最为强烈，因此 Pb-Mg-10Al-1B 合金与 Pb-Mg-10Al-1B-0.4Y 合金在卤族元素水溶液中的耐蚀性大小顺序为：3.5%（质量分数）NaCl<3.5%（质量分数）NaBr<3.5%（质量分数）NaI<3.5%（质量分数）NaF。通过比较每组溶液中 Pb-Mg-10Al-1B 合金与 Pb-Mg-10Al-1B-0.4Y 合金的电化学阻抗图谱，发现合金元素 Y 含量为 0.4%（质量分数）的 Pb-Mg-10Al-1B-0.4Y 合金在四种溶液中的极化电阻均要高于未添加稀土元素的 Pb-Mg-10Al-1B 合金，说明在 Pb-Mg-10Al-1B 合金中添加 0.4%（质量分数）的合金元素 Y 后，合金的耐蚀性得到了进一步的提升。

4.4.1.4　电化学噪声

交流阻抗测试对样品具有破坏性，属于破坏性测试。本小节通过引入无损检测技术，即电化学噪声（EN）测试，对 Pb-39Mg-10Al-1B 合金和 Pb-39Mg-10Al-1B-0.4Y 合金在 3.5%（质量分数）NaCl 溶液中的电化学噪声行为进行了检测，以进一步分析合金的腐蚀机理。目前，EN 分析方法主要包括时域分析和频域分析。

A　时域分析

收集到的电化学噪声的原始数据是电流噪声和潜在噪声随时间的曲线，如图4.15 所示。该数据包含许多有关电极反应和腐蚀机理的一阶信息。在电化学噪声的时域分析中，标准差 S、抗噪声 R_n 和局部指数 PI 是基本参数，也是腐蚀类型和腐蚀速率的判据。这些合金的电化学噪声的原始数据见表4.6。

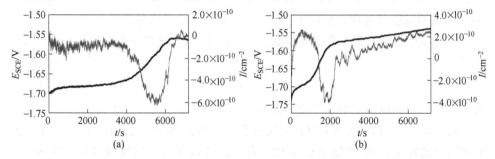

图 4.15　Pb-39Mg-10Al-1B 合金（a）和 Pb-39Mg-10Al-1B-0.4Y 合金（b）的电化学电流和电位噪声时间记录

表 4.6　Pb-39Mg-10Al-1B 合金和 Pb-39Mg-10Al-1B-0.4Y 合金电化学噪声时域分析拟合参数

Y 含量（质量分数）/%	S_V	S_I	R_n/kΩ·cm²	PI
0	0.0470	$1.78×10^{-10}$	0.266	0.725
0.4	0.0536	$1.59×10^{-10}$	0.336	0.788

电流噪声和电位噪声的标准偏差（S_I 和 S_V）是电化学噪声研究中最简单、最常见的特征参数。S_V 和 S_I 可通过以下公式获得：

$$Var = \frac{1}{n} \sum_{i=1}^{n} (x_i - \overline{x})^2 \qquad (4.12)$$

$$S = \sqrt{Var} \qquad (4.13)$$

式中，Var 为方差；S 为标准偏差；x_i 为电流和电位的瞬时值；$\overline{x}$ 为电流和电位的平均值。

电流噪声和电位噪声的标准偏差可以视为其平均值的离散程度。

通常，噪声电流的波动趋势与腐蚀速率有关。对于相同类型的腐蚀，电流的标准偏差越大，材料的腐蚀速度越快。从图 4.15 可以看出，当合金元素 Y 含量为 0 时，电流波动较大；当合金元素 Y 含量为 0.4 时，电流波动趋势相对较小。S_I 表示电流的分散程度。从表 4.6 中可以看出，当合金元素 Y 的含量为 0.4 时，合金的 S_I 值为 1.59×10^{-10}，表明其腐蚀速率相对于 Pb-39Mg-10Al-1B 合金要低。

噪声电阻（R_n）是电化学噪声分析中必不可少的参数。需要指出的是，R_n 与腐蚀系统的腐蚀速率成反比，即 R_n 越小，系统的腐蚀速率就越大。R_n 通常由式（4.14）确定：

$$R_n = S_V / S_I \qquad (4.14)$$

表 4.6 列出了两种合金的 R_n 值。根据表中数据，Pb-39Mg-10Al-1B-0.4Y 合金的 R_n 值（$0.336 \text{k}\Omega \cdot \text{cm}^2$）是要大于 Pb-39Mg-10Al-1B 合金（$0.2666 \text{k}\Omega \cdot \text{cm}^2$），说明其腐蚀速率也是低于 Pb-39Mg-10Al-1B 合金的。

在时域分析中，另一个重要参数是点蚀指数 PI，通常定义为式（4.15）：

$$PI = \frac{S_I}{I_{RMS}} \qquad (4.15)$$

式中，I_{RMS} 为噪声电流的均方根，并且 $I_{RMS} = \sqrt{\overline{x}^2}$。

通常认为，当 PI 接近 1 时，会发生点蚀；当 PI 值在 0.1~1 之间时，预示着局部腐蚀的发生；当 PI 值接近 0 时，表明材料表面均匀腐蚀或钝化。由表 4.6 可知，两种合金的 PI 值均在 0.1~1 之间，表明合金表面都发生了局部腐蚀，二者 PI 值大小相似，表明加入稀土元素后合金点蚀现象未发生太大改变。

　B　频域分析

在频域分析时，信号被分解为不同频率的分量，以获得信号的起源和经验。在这项工作中，我们通过傅里叶变换将时域频谱转换为功率谱密度曲线，如图 4.16 所示。表 4.7 为 EN 的 PSD 曲线的相关拟合参数。

从理论上讲，PSD 低频会出现一个平台。随着频率的增加，PSD 与频率 f 呈线性关系。因此，电流的 PSD 直流极限值（ψ_I）可以用作材料腐蚀程度的判据，即，

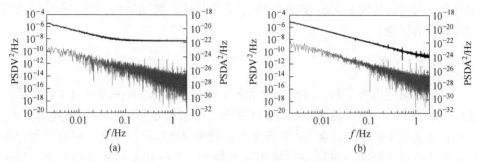

图 4.16 Pb–39Mg–10Al–1B 合金 (a) 和 Pb–39Mg–10Al–1B–0.4Y
合金 (b) 的电流和电位噪声 PSD 图谱

ψ_I 越大, 腐蚀程度越严重。表 4.7 列出了电流和电位 PSD 的直流极限值 (ψ_I 和 ψ_V)。但是, 由于采样条件的限制, 最低频率不能接近 0, 因此选择了最低频率 (0.001Hz) 的 PSD 值作为 ψ_I。可以看出, Pb–39Mg–10Al–1B–0.4Y 合金的 ψ_I 要小于 Pb–39Mg–10Al–1B 合金, 为 3.71×10^{-22}, 表明其腐蚀程度较轻。

电位噪声 PSD 曲线的斜率 (α) 是研究材料腐蚀的重要指标。通常可以通过 PSD 曲线高频斜线的变化速度区分出不同类型的腐蚀。通常, 当 α 大于 -20dB/ Hz 时, 会出现点蚀; 当 α 小于 -20dB/Hz 甚至小于 -40dB/Hz 时, 会发生均匀腐蚀。从表 4.7 可以看出, 所有 Pb–39Mg–10Al–1B 合金的 α 值均小于 -20dB/ Hz, 表明合金均出现点蚀现象, 这也与 *PI* 相符。从图 4.16 中可以看出, 无合金元素 Y 的 Pb–39Mg–10Al–1B 合金的 PSD 电位曲线在高频下变化最为平稳, 其 α 值为 -23.288dB/Hz, 表明其耐蚀性较差的。综上所述, 加入合金元素 Y 后 Pb–39Mg–10Al–1B 合金的耐蚀性得到了提高。

表 4.7 Pb–39Mg–10Al–1B 和 Pb–39Mg–10Al–1B–0.4Y
合金电化学噪声 PSD 图谱拟合参数

Y 含量（质量分数）/%	ψ_V/V^2 · Hz^{-1}	ψ_I/A^2 · Hz^{-1}	α/dB · Hz^{-1}
0	0.0470	5.09×10^{-23}	-23.288
0.4	0.0536	3.71×10^{-22}	-23.451

4.4.2 浸泡实验

依照"金属材料实验室均匀腐蚀全浸试验测量不确定度评定"方法, 分别进行 Pb–Mg–10Al–1B 合金与 Pb–Mg–10Al–1B–0.4Y 合金在卤族元素水溶液中的浸泡实验。首先通过观察试样表面的腐蚀形貌分析不同成分的试样在腐蚀液中的微观组织变化, 通过观察晶粒的腐蚀情况探究材料的微观腐蚀过程, 并初步得到 Pb–Mg–10Al–1B 合金与 Pb–Mg–10Al–1B–0.4Y 合金在 4 种溶液中的腐蚀强度的顺序。而后通过浸泡实验得到两种成分合金具体的腐蚀速率，进一步验证之前实验得到的结论。

4.4.2.1 腐蚀形貌

由前述研究内容可知，随着合金元素 Y 的加入，Pb-Mg-10Al-1B 合金晶粒变得更加细小、均匀，力学性能得到了提升，耐蚀性也得到了一定程度的改善。本节主要研究不同成分合金在卤族元素水溶液中腐蚀形貌的变化，对合金耐蚀性提高的机理进行分析。将制备好的相同规格 Pb-Mg-10Al-1B 合金与 Pb-Mg-10Al-1B-0.4Y 合金分别用 3.5% (质量分数) NaF、3.5% (质量分数) NaCl、3.5% (质量分数) NaBr 和 3.5% (质量分数) NaI 溶液进行腐蚀，腐蚀时间为 15min，腐蚀结束后清洁试样表面，通过扫描电子显微镜对腐蚀形貌进行观察。

图 4.17 所示为未添加合金元素 Y 的 Pb-Mg-10Al-1B 合金在卤族元素水溶液中的腐蚀形貌，图 4.17 (a) 是未进行腐蚀的样品，图 4.17 (b) ~ (f) 分别是 Pb-Mg-10Al-1B 合金在 3.5% (质量分数) NaF、3.5% (质量分数) NaCl、3.5% (质量分数) NaBr 和 3.5% (质量分数) NaI 溶液中的腐蚀形貌。由图可以看出，Pb-Mg-10Al-1B 合金在 3.5% (质量分数) NaF 溶液中腐蚀最为轻微，晶界形貌清晰可见，表面腐蚀产物较少；在 3.5% (质量分数) NaCl 和 3.5% (质量分数) NaBr 溶液中腐蚀最为剧烈，尤其是在 3.5% (质量分数) NaCl，晶界形貌基本辨别不清，腐蚀产物大多出现在共晶组织周围。对 Pb-Mg-10Al-1B 合金来说，3.5% (质量分数) NaCl 溶液对其腐蚀性最强烈，3.5% (质量分数) NaF 溶液的腐蚀性极其轻微，这与之前在电化学腐蚀试验得出的结论是一致的。

之前分析得到 Pb-Mg-10Al-1B 合金主要由富 Mg 区、$Mg_{17}Al_{12}$ +Mg 区以及 Pb+Mg_2Pb 共晶区三部分组成，由图 4.17 可以看出富 Mg 区和 $Mg_{17}Al_{12}$ +Mg 区都有一定程度的腐蚀，但腐蚀坑较小，腐蚀并不明显，而 Pb+Mg_2Pb 共晶区的腐蚀程度最为强烈，主要原因是 Mg 和 Mg_2Pb 在腐蚀液中因腐蚀电位差较大容易形成原电池，会加剧样品的腐蚀，共晶处的 Mg 先行溶解，使腐蚀产物聚集在 Mg_2Pb 周围，因此可以解释在 3.5% (质量分数) NaF 等腐蚀比较轻微的溶液中腐蚀产物主要出现在共晶组织处。由此可见，Pb-Mg-10Al-1B 合金的腐蚀是先从 Pb+Mg_2Pb 共晶区开始的，逐渐向周围延伸。

图 4.18 所示为添加合金元素 Y 为 0.4% (质量分数) 的 Pb-Mg-10Al-1B-0.4Y 合金在卤族元素水溶液中的腐蚀形貌，图 4.18 (a) 所示为未进行腐蚀的样品。图 4.18 (b) ~ (f) 分别是 Pb-Mg-10Al-1B-0.4Y 合金在 3.5% (质量分数) NaF、3.5% (质量分数) NaCl、3.5% (质量分数) NaBr 和 3.5% (质量分数) NaI 溶液中的腐蚀形貌。由图 4.18 可以看出，Pb-Mg-10Al-1B-0.4Y 合金在 3.5% (质量分数) NaF 溶液中腐蚀最为轻微，而在 3.5% (质量分数) NaCl 溶液中腐

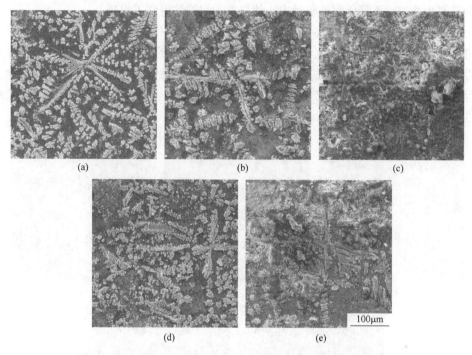

图 4.17　Pb-Mg-10Al-1B 合金在卤族元素水溶液中的腐蚀形貌

（a）未腐蚀；（b）3.5%（质量分数）NaF；（c）3.5%（质量分数）NaCl；

（d）3.5%（质量分数）NaBr；（e）3.5%（质量分数）NaI

蚀最严重，这与电化学腐蚀的结果也是一样的。对比 Pb-Mg-10Al-1B 合金，可以发现 Pb-Mg-10Al-1B-0.4Y 合金的腐蚀程度要比 Pb-Mg-10Al-1B 合金要轻，在相同条件下腐蚀形貌比 Pb-Mg-10Al-1B 合金清晰，尤其在 3.5%（质量分数）NaCl 溶液中，Pb-Mg-10Al-1B 合金几乎辨别出晶粒组织，而 Pb-Mg-10Al-1B-0.4Y 合金可以依稀看出共晶组织的存在。通过两组合金腐蚀形貌的对比，说明添加含量为 0.4%（质量分数）的合金元素 Y 的 Pb-Mg-10Al-1B 合金耐蚀性得到一定程度的提高，通过腐蚀形貌对比，为电化学模拟实验得到的结论提供了有力的佐证。

　　观察 Pb-Mg-10Al-1B-0.4Y 合金的腐蚀形貌发现，腐蚀产物依旧最先出现在共晶组织周围，这与 Pb-Mg-10Al-1B 合金是相同的。共晶组织中的 Mg 与 Mg_2Pb 由于较大的自腐蚀电位差，在腐蚀液中形成原电池，Mg 首先发生阳极反应：$Mg \rightarrow Mg^{2+}+2e^-$，在盐溶液中，Mg 离子发生转移，到阴极处发生的反应为：$2H_2O+2e^- \rightarrow H_2+2OH^-$；$Mg^{2+}+2OH^- \rightarrow Mg(OH)_2$。在 Pb-Mg-10Al-1B 合金中，富 Mg 相先发生，而后其他部分陆续发生腐蚀。当 0.4%（质量分数）的合金元素 Y 加入后，一方面，Pb-Mg-10Al-1B-0.4Y 合金组织明显得到了细化，晶界增多，氢气不易析出，析氢反应减缓，使腐蚀减缓；另一方面，Pb-Mg-10Al-1B-0.4Y 合金中相的分布更为均匀，不降低腐蚀驱动力，使材料的耐蚀性得到了提高。

通过分析 Pb-Mg-10Al-1B 合金和 Pb-Mg-10Al-1B-0.4Y 合金的腐蚀形貌，进一步通过实验验证了加入含量 0.4%（质量分数）的合金元素 Y 后合金的耐蚀性得到了提升，并从微观角度对合金元素 Y 提高耐蚀性的机理进行分析。同样，经过对比在不同溶液中的腐蚀形貌，得到了该系列合金在卤族元素盐溶液中耐蚀性的顺序为：NaCl<NaBr<NaI<NaF。

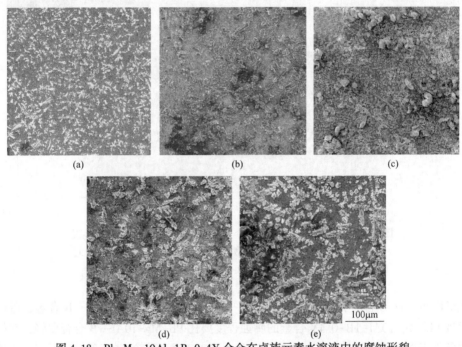

图 4.18　Pb-Mg-10Al-1B-0.4Y 合金在卤族元素水溶液中的腐蚀形貌
(a) 未腐蚀；(b) 3.5%（质量分数）NaF；(c) 3.5%（质量分数）NaCl；
(d) 3.5%（质量分数）NaBr；(e) 3.5%（质量分数）NaI

4.4.2.2　腐蚀速率

通过测定 Pb-Mg-10Al-1B 合金和 Pb-Mg-10Al-1B-0.4Y 合金的腐蚀速率，可以准确分析不同条件下试样的腐蚀速率。将试样制备成 10mm×10mm×10mm 规格，选用溶液为含氧量 4.7mg/L 以及 pH 为 7 的 3.5%（质量分数）NaF、3.5%（质量分数）NaCl、3.5%（质量分数）NaBr 和 3.5%（质量分数）NaI 溶液，腐蚀时间 8h。具体腐蚀速率计算公式见公式（4.16）：

$$R = \frac{8.76 \times 10^7 (M_0 - M_1)}{S_0 t \rho} \tag{4.16}$$

式中，R 为腐蚀线速率；M_0-M_1 是腐蚀前后试样的质量差；S_0 是腐蚀面积；t 代表腐蚀时间；ρ 是材料密度。

表 4.8 列出了 Pb-Mg-10Al-1B 合金和 Pb-Mg-10Al-1B-0.4Y 合金在卤族元素水溶液中的腐蚀速率。

表 4.8 Pb-Mg-10Al-1B 合金和 Pb-Mg-10Al-1B-0.4Y 合金的腐蚀速率

(mm/a)

合　　金	NaF	NaCl	NaBr	NaI
Pb-Mg-10Al-1B	42	121	105	97
Pb-Mg-10Al-1B-0.4Y	31	103	91	82

通过表 4.8 可以看出，Pb-Mg-10Al-1B 合金在 NaCl 溶液中的线腐蚀速率最大，为 121mm/a；Pb-Mg-10Al-1B-0.4Y 合金在 NaF 溶液中腐蚀速率最小，为 31mm/a。两组试样在卤族元素的水溶液中耐蚀性都遵从前文得到的规律：NaCl<NaBr<NaI<NaF，说明电化学测试所得到的结论是可靠的，也对通过腐蚀形貌得到耐蚀性顺序进行了验证。Pb-Mg-10Al-1B-0.4Y 合金在 4 种溶液中的腐蚀速率均要低于 Pb-Mg-10Al-1B 合金，说明含量为 0.4%（质量分数）的合金元素 Y 加入后，Pb-Mg-10Al-1B-0.4Y 合金耐蚀性得到了提升。

本小节通过浸泡实验观察了 Pb-Mg-10Al-1B 合金与 Pb-Mg-10Al-1B-0.4Y 合金的显微组织，并测定了每组试样具体的腐蚀速率，确定了 Pb-Mg-10Al-1B 系列合金在卤族元素水溶液的耐蚀性顺序为：NaCl<NaBr<NaI<NaF，在 NaF 溶液中的腐蚀速率远小于其他三种溶液，极不容易被腐蚀，这在以后研究该系列合金时具有重要的参考意义。通过观察微观腐蚀形貌，Pb-Mg-10Al-1B 系列合金在中性盐溶液中的腐蚀首先发生在富 Mg 相，并逐渐向其他区域扩展，因此，细化共晶组织是提高该防护材料耐蚀性的一项重要措施。加入合金元素 Y 的 Pb-Mg-10Al-1B-0.4Y 合金晶粒细小均匀，与未添加稀土元素的 Pb-Mg-10Al-1B 合金相耐蚀性得到了一定程度的提高。

4.4.3　腐蚀产物分析

对材料腐蚀后的腐蚀产物进行物相分析是研究材料腐蚀行为的一项重要手段。对 Pb-Mg-10Al-1B 合金与 Pb-Mg-10Al-1B-0.4Y 合金在卤族元素水溶液中的腐蚀产物分析，通过腐蚀产物对其腐蚀过程做进一步探讨，同时通过对比 Pb-Mg-10Al-1B 合金与 Pb-Mg-10Al-1B-0.4Y 合金的腐蚀产物，对合金元素 Y 改善 Pb-Mg-10Al-1B 合金耐蚀性的机理进行研究。将 Pb-Mg-10Al-1B 合金与 Pb-Mg-10Al-1B-0.4Y 合金研磨至 200 目，在卤族元素中性盐溶液（3.5%（质量分数）NaF、3.5%（质量分数）NaCl、3.5%（质量分数）NaBr 和 3.5%（质量分数）NaI 溶液）浸泡腐蚀，将腐蚀 24h 后的腐蚀产物用蒸馏水进行冲洗并烘干，通过 XRD 进行物相分析。

图 4.19 所示为 Pb-Mg-10Al-1B 合金在 3.5%（质量分数）NaF、3.5%（质量分数）NaCl、3.5%（质量分数）NaBr 和 3.5%（质量分数）NaI 溶液中的腐蚀产物 XRD 图，可以看出在卤族元素盐溶液中，Pb-Mg-10Al-1B 合金主要腐蚀产物是 PbO、$Mg(OH)_2$ 和 Al_2O_3 以及未腐蚀完全的 Mg_2Pb 和 Mg，在 NaCl 和 NaBr 溶液中，Mg 是较少的，说明 Pb-Mg-10Al-1B 合金在 NaCl 和 NaBr 溶液腐蚀比较剧烈，这是由于 Cl^{-1} 和 Br^{-1} 容易吸附于合金表面，加剧材料腐蚀。Mg 的自腐蚀电位要高于 Mg_2Pb，因此 Mg 先进行腐蚀。Pb-Mg-10Al-1B 合金在 NaF 溶液中，Mg 和 Mg_2Pb 腐蚀较轻微，而且腐蚀产物中有 Mg_2F 存在，说明 Pb-Mg-10Al-1B 合金在 NaF 溶液中腐蚀比较轻微，主要因为在试样表面生成了难溶 MgF_2，形成一层钝化膜，阻止试样进一步腐蚀，因此，Pb-Mg-10Al-1B 合金在 NaF 溶液中是最不易腐蚀的。

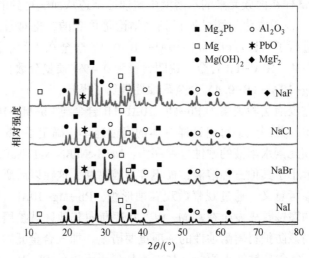

图 4.19　Pb-Mg-10Al-1B 合金在卤族元素水溶液中腐蚀产物的 XRD 图

图 4.20 所示为 Pb-Mg-10Al-1B-0.4Y 合金在卤族元素盐溶液中腐蚀产物的 XRD 图。由图可以看出与 Pb-Mg-10Al-1B 合金的残留物基本相同，主要由腐蚀后的 PbO、$Mg(OH)_2$ 和 Al_2O_3 以及部分未腐蚀 Mg_2Pb 和 Mg 组成，在 NaF 溶液中还存在腐蚀生成物 MgF_2，这说明添加合金元素 Y 后 Pb-Mg-10Al-1B-0.4Y 合金腐蚀过程反应并未发生改变。此外，在 Pb-Mg-10Al-1B-0.4Y 合金的腐蚀产物中未发现合金元素 Y 的化合物，这也说明了腐蚀过程中并未有合金元素 Y 以及 Y 元素化合物发生反应。在 Pb-Mg-10Al-1B 合金和 Pb-Mg-10Al-1B-0.4Y 合金盐溶液的腐蚀产物中都没出现 B 元素及其化合物，主要是因为 B 的原子序数低且在 Pb-Mg-10Al-1B 合金和 Pb-Mg-10Al-1B-0.4Y 合金中含量较少，仅为 1%（质量分数），所以在 XRD 图中未显示。

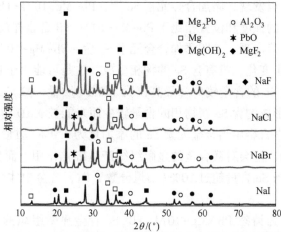

图 4.20 Pb-Mg-10Al-1B-0.4Y 合金在卤族元素水溶液中腐蚀产物的 XRD 图

结合以上对腐蚀产物的物相分析，可以得到 Pb-Mg-10Al-1B 合金和 Pb-Mg-10Al-1B-0.4Y 合金在 NaCl 溶液中腐蚀最强烈，在 NaF 溶液中最不易腐蚀，这与之前的实验结论是一致的。由合金的腐蚀产物可以看出，Pb-Mg-10Al-1B 合金和 Pb-Mg-10Al-1B-0.4Y 合金在 NaF 溶液中会形成一层致密难溶的 MgF_2 薄膜，阻止合金的进一步腐蚀，因此其在 NaF 溶液中是最耐腐蚀的。另外，Pb-Mg-10Al-1B 合金和 Pb-Mg-10Al-1B-0.4Y 合金在卤族元素盐溶液中的腐蚀产物并未发生变化，说明了稀土元素的加入并未改变合金中的腐蚀反应。

4.5 合金元素 Sc 对 Pb-Mg-10Al-1B 合金显微组织的影响

本节在 Pb-Mg-10Al-1B 合金的基础上，添加了合金元素 Sc，研究合金元素 Sc 对合金显微组织的影响。图 4.21 所示为不同合金元素 Sc 含量的 Pb-Mg-10Al-1B-Sc 合金的 XRD 图谱。

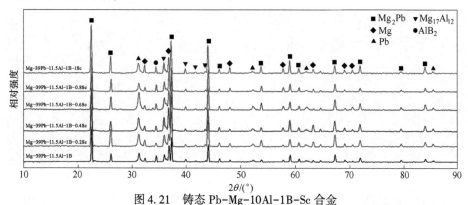

图 4.21 铸态 Pb-Mg-10Al-1B-Sc 合金

（Sc=0、0.2%、0.4%、0.6%、0.8%、1%（质量分数））的 XRD 图谱

从图4.21可以发现，添加合金元素 Sc 后，Pb-Mg-10Al-1B-Sc 合金的各物相的 XRD 衍射峰的强度和位置相比于 Pb-Mg-10Al-1B 合金并没有发生变化，且无新的 XRD 衍射峰出现，表明添加合金元素 Sc 后，Pb-Mg-10Al-1B-Sc 合金的相组成并没有发生变化，没有含 Sc 的物相生成。这是可能由于在 Pb-Mg-10Al-1B 合金中添加的 Sc 的含量较少（最高仅为1.0%（质量分数）），未能形成含 Sc 的新物相，或者形成的含 Sc 新物相的含量较少而未能被 XRD 衍射仪检测到。已有研究表明，在镁合金中当合金元素 Sc 的添加量为3.0%（质量分数）时亦未能形成含 Sc 的物相，但会对镁合金的显微组织产生细化作用。而且从 Mg-Sc 二元合金相图可知，当 Sc 含量超过10%（质量分数）时，合金中才会有含 Sc 的 γ 相的生成。

图4.22所示为铸态 Pb-Mg-10Al-1B-Sc 合金显微组织的扫描电镜图。图4.22（a）~（f）分别对应于合金元素 Sc 含量（质量分数）为0、0.2%、0.4%、0.6%、0.8%和1%合金的 SEM 图。由于 Sc 的添加并未生成新的物相，因此结合 Mg-Pb-10Al-1B 合金的 XRD、EDS 和 TEM 结果可知，在 Pb-Mg-10Al-1B-Sc 合金显微组织 SEM 图中（图4.22）灰白色颗粒组织为 Mg_2Pb 相；灰色细小的颗粒组织为 $Mg_{17}Al_{12}$；灰色较大的颗粒组织为基体 α-Mg 相。从图4.22（a）可以发现，

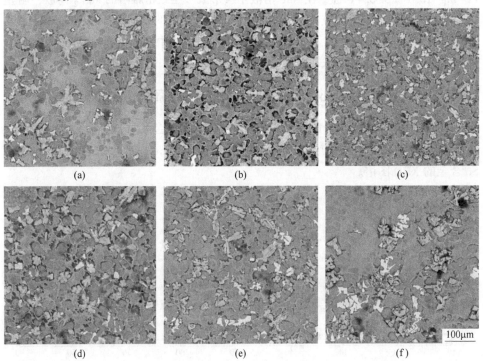

图4.22 铸态 Pb-Mg-10Al-1B-Sc 合金（Sc=0、0.2%、0.4%、0.6%、0.8%、1%（质量分数））显微组织 SEM 图

未加合金元素 Sc 的原始铸态合金组织中 Mg_2Pb 颗粒、$Mg_{17}Al_{12}$ 和基体 α-Mg 组织较粗大。而从图 4.22 (b) ~ (f) 中可以清楚看出，Mg_2Pb 颗粒、$Mg_{17}Al_{12}$ 和基体 α-Mg 组织的晶粒尺寸随着 Sc 含量的增加呈先减小后增大的趋势。当合金元素 Sc 含量达到 0.4% (质量分数) 时，铸态 Pb-Mg-10Al-1B-0.4Sc 合金的显微组织明显细化且分布均匀；当合金元素 Sc 含量超过 0.4% (质量分数) 后铸态合金显微组织的晶粒尺寸增大。

4.6 合金元素 Sc 对 Pb-Mg-10Al-1B 合金抗拉强度与硬度的影响

上述合金显微组织的 SEM 结果表明，适当的合金元素 Sc 含量对铸态 Pb-Mg-10Al-1B 合金的组织细化具有显著作用。众所周知，材料组织决定了材料性能。因此，对 Pb-Mg-10Al-1B-Sc 合金 (Sc=0、0.2%、0.4%、0.6%、0.8%、1% (质量分数)) 进行了单向拉伸实验，获得了合金的应力-应变曲线以及合金的抗拉强度和伸长率，其结果如图 4.23 和表 4.9 所示。

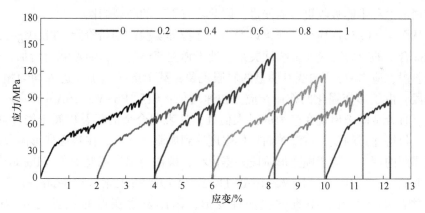

图 4.23 铸态 Pb-Mg-10Al-1B-Sc 合金

(Sc=0、0.2%、0.4%、0.6%、0.8%、1%) (质量分数) 拉伸应力-应变曲线

表 4.9 铸态 Pb-Mg-10Al-1B-Sc 合金 (Sc=0、0.2%、0.4%、0.6%、0.8%、1% (质量分数)) 的抗拉强度和伸长率

Sc 含量 (质量分数)/%	抗拉强度/MPa	伸长率/%
0	102.3	4.01
0.2	108.3	4.04
0.4	140.4	4.20
0.6	117.2	3.95
0.8	99.7	3.28
1	87.8	2.24

图 4.23 表明，在加入合金元素 Sc 后，Pb-Mg-11.5Al-1B-Sc 合金的抗拉强度和伸长率都呈先上升后下降的趋势。未添加合金元素 Sc 的 Pb-Mg-11.5Al-1B 合金的抗拉强度和伸长率分别为 102.3MPa 和 4.0%。当加入合金元素 Sc 含量为 0.4%（质量分数）时，Pb-Mg-10Al-1B-0.4Sc 合金的抗拉强度和伸长率都达到最大值，分别为 140MPa 和 4.2%，这说明 Pb-Mg-10Al-1B-Sc 合金在提高强度的同时提高了伸长率。通常来说提高材料的强度是以牺牲材料的塑性为代价的。在本书中，由于合金元素 Sc 的加入不但细化了 α-Mg 和 $Mg_{17}Al_{12}$，而且细化了脆性相 Mg_2Pb，使组织分布更加均匀。根据霍尔-佩奇公式，晶粒细化使得合金的强度提高，因此 Pb-Mg-10Al-1B-Sc 合金的强度提升是细晶强化的结果。而晶粒细化提高 Pb-Mg-10Al-1B-Sc 合金的塑性主要有以下两个原因：（1）晶粒越细小，在一定的体积中存在位错的数目越多，在材料变形量一致的情况下，变形分散在更多的晶粒中，晶粒内和晶界处的变形差异小，变形均匀，应力集中相对小，使得材料在断裂前能承受更多的应变；（2）晶粒越细小，晶界越多，在裂纹扩展的过程中能吸收更多的能量，因此具有更高的断裂韧性。

从图 4.23 应力-应变曲线可以看出，在拉伸实验的初始阶段，Pb-Mg-10Al-1B-Sc 合金的应力与应变呈线性关系，处于弹性变形阶段；随着载荷增加，进入屈服阶段，应力-应变曲线有明显的屈服现象；载荷继续增加，进入均匀塑性变形阶段，由于形变强化的作用，应力快速增加；最后 Pb-Mg-10Al-1B-Sc 合金断裂，且合金断裂出现在应力的最大值处，这表明合金的断裂仍属于脆性断裂。此外，值得注意的是，室温单向拉伸强度达到屈服强度后，在塑性变形阶段出现反复屈服的现象，使塑性变形阶段呈锯齿状，被称为锯齿流变现象（Portevin-Le Chatelier，PLC 效应）。Pb-Mg-10Al-1B-Sc 合金中 Pb 元素以脆性 Mg_2Pb 金属间化合物的形式存在，很难发生塑性变形，因此发生变形的主要是 α-Mg 和 $Mg_{17}Al_{12}$ 相。而锯齿屈服在 Mg-Al 合金中拉伸中普遍存在。目前关于出现 PLC 效应主要的理论基础是动态应变时效（dynamic strain aging，DSA）。DSA 的宏观特征是在一定的温度应变下合金内部的溶质原子与位错相互作用，阻碍位错的运动，使位错在运动过程中被反复钉扎，因此在单向拉伸的应力-应变曲线上塑性变形阶段出现反复屈服现象[11]。这种位错在运动过程中被反复钉扎使材料被强化[12]。锯齿屈服的类型目前有 5 种，分别是 A 型锯齿、A+B 型锯齿、C 型锯齿、D 型锯齿和 E 型锯齿[11~14]。A 型锯齿在应力-应变曲线上表现为应力值突然增加后下降，主要是由于滑移带从试样的一段在拉伸过程中向另一端移动而产生，通常出现在低温高应变的情况下。B 型锯齿在应力-应变曲线上表现为细小锯齿的反复出现，通常伴随 B 型锯齿出现，即 A+B 型锯齿。B 型锯齿一般出现在低应变速率和高温情况下。C 型锯齿在塑性变形阶段应力值突然下降，然后上升，且在应力-应变曲线上锯齿的方向朝下，主要是因为位错挣脱溶质原子的钉扎。

D 型锯齿的主要特征是在塑性变形阶段曲线上出现一层一层的平台。A 型锯齿在高应变速率下会转变为 E 型锯齿，主要特征是规律的波动。

从图 4.23 中可以发现，在塑性变形阶段，Pb-Mg-10Al-1B-Sc 合金的应力-应变曲线上应力值突然降低，而后增加，锯齿方向朝下，这与 C 型锯齿的特征一致。此外，在未加合金元素 Sc 的 Pb-Mg-10Al-1B 合金中也出现了锯齿屈服现象，因此 Pb-Mg-10Al-1B-Sc 合金的锯齿屈服与 Sc 元素无关。根据动态应变时效机制，宏观上连续的塑性变形过程中，在微观上位错运动在晶粒中是不连续的。可动位错在运动过程中被障碍阻拦到下一次启动所需的时间称为等待时间。在等待时间内，溶质原子通过扩散向可动位错偏聚，当偏聚的溶质原子足够多时，可实现对可动位错的钉扎。因此，要产生 PLC 效应，需要溶质原子偏聚。在 Pb-Mg-10Al-1B 合金中，B 元素以 AlB_2 的形式偏析在 α-Mg 和 $Mg_{17}Al_{12}$ 相界面的间隙位置。在外加应力作用下，可动位错通过热激活的方式克服 AlB_2 钉扎而实现脱钉，位错在局部区域的集体脱钉导致 PLC 带和应力跌落。这种反复的"钉扎—脱钉"过程形成了周期性锯齿形应力曲线。Pb-Mg-10Al-1B 合金和 Pb-Mg-10Al-1B-Sc 合金的锯齿流变现象的解释有待于合金在变形过程中的位错运动以及 PLC 效应的进一步观察和分析。

图 4.24 所示为 Pb-Mg-10Al-1B-Sc 合金的单向拉伸断口形貌。图 4.24（a）~（f）分别对应合金元素 Sc 的含量（质量分数）为 0、0.2%、0.4%、0.6%、0.8% 和 1%。从图 4.24 中可以发现 Pb-Mg-10Al-1B-Sc 合金断口形貌特征相近，这表明合金元素 Sc 的加入对断裂方式影响较小，合金元素 Sc 含量不同的合金其断裂机制相同。表 4.9 中 Pb-Mg-10Al-1B-Sc 合金的伸长率都低于 5%，这表明合金的断裂方式仍属于脆性断裂。图 4.24 中断口形貌可含有两个明显特征：图 4.24（a）中区域 A 有明显的撕裂，应该是在单向拉伸过程中裂纹扩展形成的；图 4.24（a）中 B 区域断口平整。

为了更加详细地分析断口形貌，选取 Pb-Mg-10Al-1B-0.4Sc 合金的断口为代表进行放大，图 4.25 所示为 Pb-Mg-10Al-1B-0.4Sc 合金的断口形貌放大图。图 4.25 中断口的区域大致可以分为两个类型，在图 4.25 中分别用 A 和 B 表示。按照断裂过程中的宏观塑性变形，Pb-Mg-10Al-1B-Sc 合金的断裂都属于脆性断裂。按照断裂时断口裂纹扩展判断，图 4.25 中 B 区域断口平直，存在小平面，因此 B 区域属于穿晶断裂；而 A 区域并不存在连续或者不连续的脆性第二相，因此 A 区域也属于穿晶断裂。按照断裂的微观机制，图 4.25 中 B 区域断口平整，是沿着特定的晶面断裂，因此属于解理断裂；而 A 区域存在台阶，有直线状滑移的痕迹，是沿着滑移面滑移形成的，因此 A 区域属于剪切断裂。

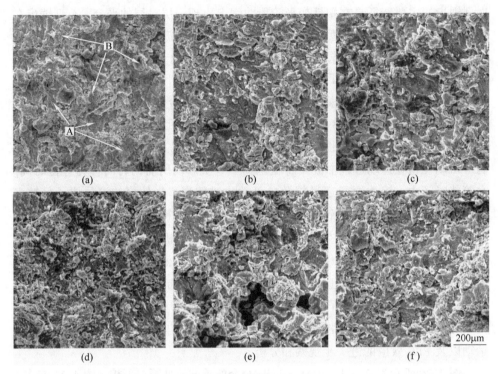

图 4.24   铸态 Pb-Mg-10Al-1B-Sc 合金（Sc=0、0.2%、0.4%、0.6%、0.8%、1%（质量分数））拉伸断口形貌

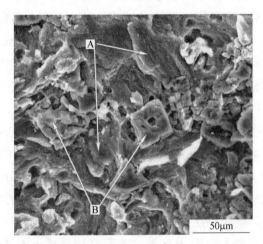

图 4.25   铸态 Pb-Mg-11.5Al-1B-0.4Sc 合金拉伸断口形貌

　　图 4.26 所示为 Pb-Mg-10Al-1B-Sc 合金的维氏硬度。从图 4.26 中可以发现，维氏硬度和单向拉伸抗拉强度具有相同变化趋势，即随着 Sc 含量的增加，

Pb-Mg-10Al-1B-Sc 合金的维氏硬度先上升后下降，在 Sc 含量为 0.4%（质量分数）时，该合金具有最高的维氏硬度（175HV），而未添加合金元素 Sc 的 Pb-Mg-10Al-1B 合金的维氏硬度为 162HV。Pb-Mg-10Al-1B-Sc 合金硬度的提高是由于合金元素 Sc 的加入细化合金的晶粒，使其力学性能提升。

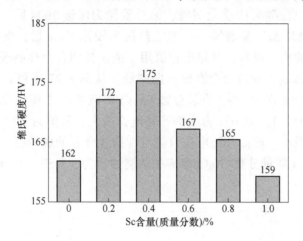

图 4.26 铸态 Pb-Mg-10Al-1B-0.4Sc 合金的维氏硬度

4.7 合金元素 Sc 对 Pb-Mg-10Al-1B 合金腐蚀性能的影响

由于核辐射防护材料的应用环境为包含卤族元素离子（Cl^-、Br^- 和 I^-）的冷却水，因此必须考虑核辐射防护材料在卤化物溶液中的腐蚀行为。为了保证核反应堆安全可靠地运行，研究屏蔽材料在卤化盐中的耐蚀性是非常有必要的。然而本书前面分析表明，Pb-Mg-10Al-1B 核辐射防护材料在 NaCl 溶液中的耐蚀性最差，因此在本节中主要研究 Pb-Mg-10Al-1B-Sc 合金（Sc = 0、0.2%、0.4%、0.6%、0.8%、1%（质量分数））在 3.5%（质量分数）NaCl 溶液的腐蚀行为，通过测量合金的开路电位、电位动态极化曲线、电化学阻抗谱、腐蚀表面形貌和腐蚀产物，探讨该合金在 NaCl 溶液中的腐蚀机理。

4.7.1 电化学腐蚀

4.7.1.1 开路电位

开路电位（OCP）是指在不给整个系统添加外在电势时的电势，亦即被测电极相对于参比电极的电位。图 4.27 所示为 Pb-Mg-10Al-1B-Sc 合金（Sc = 0、0.2%、0.4%、0.6%、0.8%、1%（质量分数））在 3.5%（质量分数）NaCl 溶液中的 OCP 随时间的变化曲线。OCP 通常被视为对样品表面腐蚀状态的响应[15]。从图 4.27 可以发现，Pb-Mg-10Al-1B-Sc 合金的 Sc 含量虽然不同，但这些合金在 3.5%（质量分数）NaCl 溶液中的开路电位具有相似的变化规律。随着 Pb-Mg-10Al-1B-Sc 合金在溶液中浸泡时间的延长，合金在 3.5%（质量分数）NaCl 溶液中的 OCP 分为三个阶段：第一个阶段为刚浸泡在 3.5%（质量分数）NaCl 溶液时，电位随时间变化缓慢；第二阶段为浸泡 300s 后，合金的电位随时间变化率（$\Delta E/\Delta t$）显著增加；第三阶段为浸泡 900s 后，电位随时间变化处于一个稳定的值。通常，开路电位值用于描述被测合金样品表面状态和电化学行为，OCP 值越大对应合金腐蚀倾向越低。从图 4.27 中可以发现，随着 Sc 含量的增加，合金在 3.5%（质量分数）NaCl 溶液中的平衡电位先升高，后降低，Pb-Mg-10Al-1B-0.6Sc 合金的开路电位最大，其值为 -1.53V，表明该合金的腐蚀倾向最小。然而开路电位只能定性描述合金的腐蚀行为，为了定量分析合金在 3.5%（质量分数）NaCl 溶液中的腐蚀行为，需进一步分析合金的极化曲线和阻抗谱。

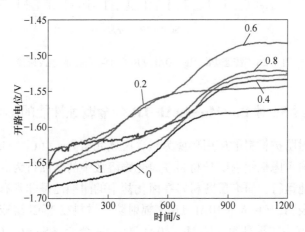

图 4.27　Pb-Mg-10Al-1B-Sc 合金（Sc = 0、0.2%、0.4%、0.6%、0.8% 和 1%）
（质量分数）在 3.5%（质量分数）NaCl 溶液中浸泡 1200s 的开路电位

4.7.1.2　极化曲线

图 4.28 所示为 Pb-Mg-10Al-1B-Sc 合金（Sc = 0、0.2%、0.4%、0.6%、0.8%、1%（质量分数））在 3.5%（质量分数）NaCl 溶液中的动电位极化曲线。从图 4.28 可以发现，这些 Pb-Mg-10Al-1B-Sc 合金在 3.5%（质量分数）NaCl 溶液中的极化曲线变化趋势相近，表明合金在 3.5%（质量分数）NaCl 溶液中的腐蚀机理相似。腐蚀电位 E_{corr}、腐蚀电流 i_{corr}、阳极 Tafel 斜率 β_a 和阴极 Tafel 斜率 β_c 可通过 Tafel 外推方法[16]从极化曲线获得，结果见表 4.10。

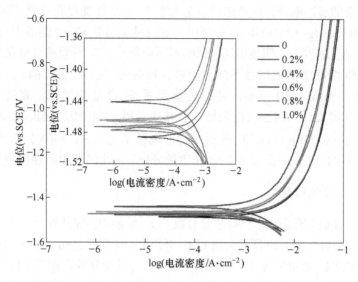

图 4.28 Pb-Mg-10Al-1B-Sc 合金（Sc=0、0.2%、0.4%、0.6%、0.8% 和 1%
（质量分数））在 3.5%（质量分数）NaCl 溶液中的极化曲线
（扫描书前二维码看彩图）

表 4.10 Pb-Mg-10Al-1B-Sc 合金（Sc=0、0.2%、0.4%、0.6%、
0.8% 和 1%）（质量分数）极化曲线的塔菲尔拟合结果

Sc 含量（质量分数）/%	$I_{corr}/\mu A \cdot cm^{-2}$	E_{corr}/V	$\beta_a/mV \cdot dec^{-1}$	$\beta_c/mV \cdot dec^{-1}$
0	0.932	-1.485	66.451	70.843
0.2	0.660	-1.467	79.102	74.171
0.4	0.570	-1.457	74.522	66.159
0.6	0.370	-1.440	50.360	53.457
0.8	0.559	-1.464	68.925	64.461
1	0.926	-1.471	66.038	67.299

已知 Pb-Mg-10Al-1B-Sc 合金的显微组织主要由 α-Mg、$Mg_{17}Al_{12}$ 和 Mg_2Pb
组成。α-Mg、$Mg_{17}Al_{12}$ 和 Mg_2Pb 在 3.5%（质量分数）NaCl 溶液中的自腐蚀电位
分别为 -1.669V、-1.2V 和 -1.002V，因此 Mg 最先被腐蚀。一般地，镁含量高
的复合材料在中性盐溶液中受到腐蚀，阳极分支通常是镁失去电子发生溶解反
应，阴极分支是析氢反应。从 Pb-Mg-10Al-1B-Sc 合金的极化曲线图 4.28 可知，
阴极极化区存在线性塔菲尔区，表明析氢反应相对稳定[17]。此外，从图 4.28 还可
以看出，极化曲线的阳极分支没有明显的钝化阶段，说明 Pb-Mg-10Al-1B-Sc 合
金表面形成的保护氧化膜不完整[18]。同时从图 4.28 还可以发现，添加合金元素
Sc 后，Pb-Mg-10Al-1B-Sc 合金的腐蚀电位都高于未添加合金元素 Sc 的 Pb-Mg-

10Al-1B 合金的腐蚀电位，这意味着合金元素 Sc 的添加能提高合金的耐蚀性。不同 Sc 含量的 Pb-Mg-10Al-1B-Sc 合金在 3.5%（质量分数）NaCl 溶液中的腐蚀电位 E_{corr} 和腐蚀电流密度 i_{corr} 明显不同，说明不同合金元素 Sc 含量的合金在 3.5%（质量分数）NaCl 溶液中的耐蚀性不同。通常，较高的 E_{corr} 和较低的 i_{corr} 对应较好的耐腐蚀性。由表 4.10 可知，随着合金元素 Sc 含量的增加，腐蚀电流密度 i_{corr} 先减小后增大，而腐蚀电位先增大后减小。Pb-Mg-10Al-1B-0.6Sc 的腐蚀电流密度 i_{corr}（0.370μA/cm²）最低，腐蚀电位 E_{corr}（-1.440V）最大。因此，Pb-Mg-10Al-1B-0.6Sc 合金在 3.5%（质量分数）NaCl 溶液中耐蚀性最好。

4.7.1.3　交流阻抗

为了进一步研究合金在 3.5%（质量分数）NaCl 溶液中的腐蚀行为，对合金的阻抗谱进行测试和分析。图 4.29 所示为在 1200s 开路电位测量后，Pb-Mg-10Al-1B-Sc 合金（Sc=0、0.2%、0.4%、0.6%、0.8% 和 1%）（质量分数）在 3.5%（质量分数）NaCl 溶液中的 Nyquist 阻抗图、Bode 图、合金表面等效电路以及等效电路表面模型。图 4.29（a）、（b）中，点为实验值，实线为等效电路拟合结果。从图 4.29 可以看出，用等效电路图拟合的结果与实验测得的值高度吻合，表明该等效电路能准确描述 Pb-Mg-10Al-1B-Sc 合金在 NaCl 溶液中的电极体系。图 4.29（a）中，所有合金的 Nyquist 曲线在整个频率范围内表现出 2 个容抗弧。一般地，高频区的电容弧与电荷转移反应有关，中低频区的电容弧与电解液通过腐蚀产物膜的导电性有关[19]。图 4.29（b）是阻抗模 $|Z|$ 和相位角随频率变化的 Bode 图。一般来说，$|Z|$ 值越大，极化电阻越大，合金的耐蚀性强[20,21]。图 4.29（b）中阻抗模 $|Z|$ 与频率的 Bode 图表明，对于 Pb-Mg-10Al-1B-Sc 合金（Sc=0、0.2%、0.4%、0.6%、0.8% 和 1%）（质量分数）从高频到低频阻抗模值增加。此外，Pb-Mg-10Al-1B-Sc 合金的阻抗模值随着 Sc 含量从 0% 到 1%（质量分数）在相同的频率下阻抗模值先增后减；当合金元素 Sc 的含量为 0.6%（质量分数）时，合金的阻抗模值最大。图 4.29（b）中相位角与频率的 Bode 图表明，Pb-Mg-10Al-1B-Sc 合金都有 2 个波峰，这与 Nyquist 曲线中 2 个容抗环相一致。此外，相位角的缝宽和峰高与合金的耐蚀性相关，相位角与频率的关系曲线中，相位角的缝宽越宽，峰高越高，表明 Pb-Mg-10Al-1B-Sc 合金具有更高的耐蚀性。从图 4.29（b）相位角与频率的 Bode 图中可以发现，随着合金元素 Sc 含量从 0 增加到 1%（质量分数），相位角的峰高和峰宽先增大后较小，Sc 的含量为 0.6%（质量分数）的合金具有最宽的峰宽和最高的峰高，表明 Pb-Mg-10Al-1B-0.6Sc 合金在 3.5%（质量分数）NaCl 溶液中耐蚀性较好，这与开路电位、极化曲线和 Nyquist 曲线的结果一致。

为了分析 Pb-Mg-10Al-1B-Sc 合金在 3.5%（质量分数）NaCl 溶液中的腐蚀机理，图 4.29（c）、（d）分别描绘了界面反应的等效电路和示意图，其中 R_s 代表溶

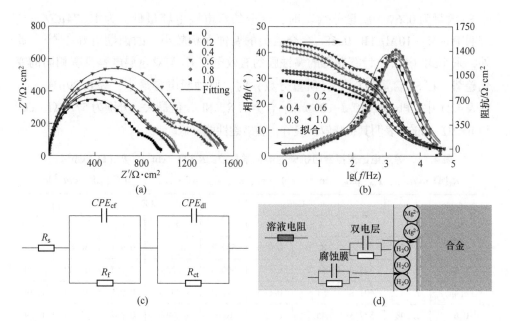

图 4.29　Pb-Mg-10Al-1B-Sc 合金（Sc=0、0.2%、0.4%、0.6%、0.8% 和 1%（质量分数））

在 3.5%（质量分数）NaCl 溶液中的阻抗谱图

（a）Nyquist 图；（b）Bode 图；（c）等效电路图；（d）等效电路的示意图

液电阻，CPE_{dl} 代表腐蚀双电层，R_{ct} 是电荷转移电阻；CPE_f 是腐蚀产物膜的电容，R_f 是腐蚀产物膜电阻[22]。当合金表面与 3.5%（质量分数）NaCl 溶液接触时，Mg 溶解并在界面产生 Mg 离子，对应的元件是等效电路中的双层，可以通过考虑电荷转移电阻并联的 CPE_{dl} 来分析[23,24]。腐蚀产物的形成伴随着腐蚀膜的形成，腐蚀膜阻碍了界面离子的扩散。CPE 是被用来解释局域电化学阻抗谱[25]，相位角元件（CPE）被用来拟合等效电路中的阻抗数据。双层电容可以用 Brug 公式[24]计算：

$$C_{dl} = CPE_{dl}^{1/n}(1/R_s + 1/R_{ct})^{(n-1)/n} \tag{4.17}$$

式中，C_{dl} 为双电层的有效电容，$\mu F/cm^2$；Y_0 为 CPE 的非理想电容，主要由杂质、表面氧化膜和裂纹引起的色散效应[26,27]。

Orazem[28~30]提出介电电容 C_f 可由以下公式计算：

$$C_f = Y_0^{1/n}[R_sR_f/(R_s + R_f)]^{(1-n)/n} \tag{4.18}$$

式中，C_f 为腐蚀膜的有效电容，$\mu F/cm^2$；R_f 为膜电阻。

采用图 4.29（c）所示的等效电路对阻抗谱进行拟合，获得的溶液电阻、双电层参数和腐蚀膜层参数（Y_0 和 n）见表 4.11。利用上述拟合参数，并通过式（4.17）和式（4.18）可以计算获得双电层电容 C_{dl} 和腐蚀膜层电容 C_f。由表 4.11 可知，Pb-Mg-10Al-1B-Sc 合金的双电层电容 C_{dl} 先降低后增加，当合金元素 Sc 含量为 0.6% (质量分数) 时, 合金的双电层电容最低, 为 12.74μF/cm², 表明 Pb-Mg-10Al-1B-0.6Sc 合金表面的腐蚀面积较小, 耐蚀性更好[31,32]。此外, 采用式 (4.2) 计算获得的腐蚀膜的有效电容 C_f 与双电层电容具有相同的变化趋势, 在 Sc 含量为 0.6% (质量分数) 时, 腐蚀膜电容最小, 为 0.29μF/cm²。在表 4.11 中, Pb-Mg-10Al-1B-0.6Sc 合金的 R_{ct} 和 R_f 值最大, 分别为 577.3Ω·cm² 和 1063Ω·cm², 表明其抗降解性最好, 膜破裂性能最低。

表 4.11   等效电路图拟合阻抗谱的电化学参数: $R_s(\Omega \cdot cm^2)$、$R_{ct}(\Omega \cdot cm^2)$、$R_f(\Omega \cdot cm^2)$、$Y_{01}(\mu\Omega \cdot cm^{-2} \cdot s^n)$、$n_1$、$n_2$、$C_{dl}(\mu F \cdot cm^{-2})$ 和 $C_f(\mu F \cdot cm^{-2})$

Sc 含量 /%	R_s	R_{ct}	CPE$_{dl}$		R_f	CPE$_f$		C_{dl}	C_f
			Y_{01}	n_1		Y_{01}	n_2		
0	2.159	301	82.0	0.708	682.2	0.462	0.961	36.86	0.58
0.2	2.344	325.6	58.2	0.761	800.8	0.324	0.965	20.49	0.40
0.4	2.437	401.8	51.9	0.696	912.2	0.3097	0.961	19.79	0.39
0.6	2.598	577.3	45.7	0.737	1063	0.2403	0.967	12.74	0.29
0.8	2.514	323.5	50.8	0.709	913.3	0.380	0.981	17.48	0.48
1	2.072	319.9	67.2	0.752	763.7	0.425	0.961	21.21	0.54

合金元素 Sc 的加入对 Pb-Mg-10Al-1B 合金的耐蚀性有增强作用, 是因为晶粒细化提高了该合金的耐蚀性[32~35]。这是由于晶粒细化后晶界增多, 晶界阻碍腐蚀过程中腐蚀模层的扩散, 提高了合金的耐蚀性[36]。晶粒细化后有利于腐蚀过程中形成连续的保护膜, 可以有效减缓腐蚀[37]。上述扫面电镜结果表明, 合金元素 Sc 的加入可以显著提高合金的晶粒大小。即合金元素 Sc 的加入细化了 Pb-Mg-10Al-1B 合金的晶粒尺寸, 有利于提高合金的耐蚀性。

4.7.2　腐蚀形貌和腐蚀机制

为了阐述 Pb-Mg-10Al-1B-Sc 合金在 3.5% (质量分数) NaCl 溶液中的腐蚀机制, 将 Pb-Mg-10Al-1B-Sc 合金在 3.5% (质量分数) NaCl 溶液中浸泡 20min 后观察合金的表面的腐蚀形貌, 结果如图 4.30 所示。图 4.30 (a) ~ (f) 分别对应合金元素 Sc 含量为 0、0.2%、0.4%、0.6%、0.8% 和 1% (质量分数)。已知合金中的主要的三个相 α-Mg、$Mg_{17}Al_{12}$ 和 Mg_2Pb 的腐蚀电位分别是 -1.669V、-1.200V 和 -1.002V, α-Mg 相的腐蚀电位最低, α-Mg 应该最先被腐蚀。从图 4.30 可知, 尽管 Mg_2Pb 的自腐蚀电位较高, 由于 Mg_2Pb 的化学性质活泼, 易与氧发生氧化反应, 从而导致 Mg_2Pb 相腐蚀严重。因此在 Pb-Mg-10Al-1B-Sc 合金中 α-Mg 和 Mg_2Pb 最先被腐蚀; 而 $Mg_{17}Al_{12}$ 相的自腐蚀电位较高, 且化学性能稳定, 因此最不易被腐蚀。Pb-Mg-10Al-1B-Sc 合金在 3.5%（质量分数）NaCl 溶液中的腐蚀形貌相似，这是因为 Sc 的加入并没有改变合金的相组成，因而 Pb-Mg-10Al-1B-Sc 合金与 Pb-Mg-10Al-1B 合金的腐蚀机制是一样。

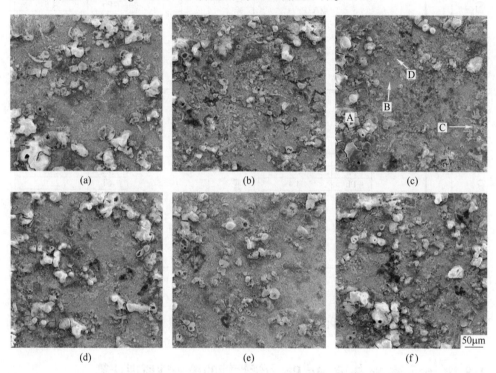

图 4.30　Pb-Mg-10Al-1B-Sc 合金（Sc=0、0.2%、0.4%、0.6%、0.8% 和 1%）（质量分数）在 3.5%（质量分数）NaCl 溶液中的腐蚀形貌

此外，对图 4.30 中的腐蚀产物进行 EDS 能谱分析，结果如图 4.31 所示。A 区域对应的铸态合金组织为 Mg_2Pb，经过腐蚀后 A 区域的 EDS 中有大量的 O，未发现 Pb 原子，表明 Mg_2Pb 发生氧化后被腐蚀的产物是 MgO。而 B 点的 EDS 结果表明，B 点的 Mg 和 Al 原子比接近 17:12，说明 $Mg_{17}Al_{12}$ 在 NaCl 溶液中没有被腐蚀。图 4.31（c）~（d）表明，只有部分 Mg 被腐蚀生成了 $MgCl_2$。Mg 合金在中性卤化钠溶液中的腐蚀过程通常包括阳极溶解和阴极氢逸出。因此，Pb-Mg-10Al-1B-Sc 合金阴极反应对应于溶解氧的还原反应，其反应式为：

$$2H_2O + O_2 + 4e^- \longrightarrow 4OH^- \tag{4.19}$$

合金的阳极反应主要是 Mg 的溶解：

$$Mg \longrightarrow Mg^{2+} + 2e^- \tag{4.20}$$

$$Mg^{2+} + Cl^- \longrightarrow MgCl_2 \tag{4.21}$$

$$Mg^{2+} + 2OH^- \longrightarrow Mg(OH)_2 \tag{4.22}$$

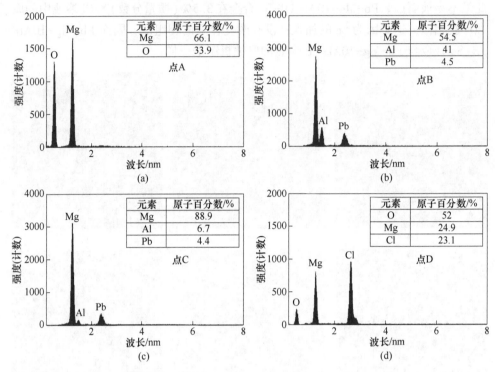

图 4.31　图 4.30（c）中 Pb-Mg-10Al-1B-0.4Sc 合金的点 A、B、C 和 D 的 EDS 结果

4.8　合金元素 Sc 掺杂 Mg_2Pb 力学性能的第一性原理计算

　　Pb-Mg-10Al-1B 合金的主要相组成包括 α-Mg、$Mg_{17}Al_{12}$ 和 Mg_2Pb。一方面 Mg_2Pb 具有高的弹性模量和强度，因此在材料中具有第二相强化的作用，提高了材料的强度；另一方面，Mg_2Pb 硬且脆以及抗氧化性差，使该合金加工性能差、强度和伸长率显著降低，严重限制了该合金的应用。合金化是提升合金性能的主要措施，实验结果表明合金元素 Sc 的添加可以细化晶粒，在显著提升合金强度的同时不降低伸长率。为了探究 Sc 掺杂对 Mg_2Pb 性质的影响，通过第一性原理计算了 Sc 掺杂 Mg_2Pb 的弹性性能和电子结构等。

4.8.1　结构性质和缺陷形成能

　　Mg_2Pb 具有反萤石结构，空间群为 $Fm\bar{3}m$，其晶体结构如图 4.32（a）所示。Mg_2Pb 单晶（晶格常数 $a=6.836\text{Å}$）具有 4 个 Pb 原子和 8 个 Mg 原子，其中 Pb 原子位于 $(0, 0, 0)a$，Mg 原子位于 $(1/4, 1/4, 1/4)a$ 和 $(-1/4, -1/4, -1/4)a$。本节首先建立了 2×2×2 的 Mg_2Pb 超晶胞，并掺杂 1 个 Sc 原子，超胞包含 64 个

原子，如图 4.32（b）所示。Mg 原子位于面心立方 Pb 的四面体空隙位置，因此，Sc 在 Mg_2Pb 中的掺杂存在 3 个可能的 Sc 掺杂位置，即八面体空隙位置（I-$Mg_{64}ScPb_{32}$）、Sc 取代 Pb 原子（S_{Pb}-$Mg_{64}Pb_{31}Sc$）和 Sc 替换 Mg 原子（S_{Mg}-$Mg_{63}ScPb_{32}$）。掺杂和未掺杂系统的优化晶格结果见表 4.12。[41] Mg_2Pb 的晶格参数和实验数据的理论预测差异在 2% 以内，表明本节设置的计算参数是合理可行的。与 Mg_2Pb 相比，Sc 掺杂使晶体结构产生一定晶格畸变，这是由于 Sc、Mg 和 Pb 之间原子半径的差异所致。从表 4.12 可以清晰地发现，Sc 掺杂间隙位置比取代 Mg 和 Pb 原子产生的晶格畸变大。

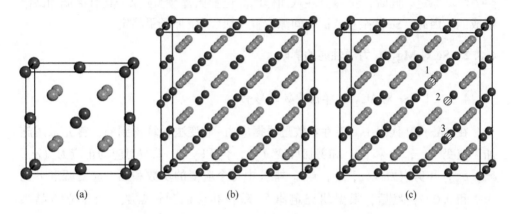

(a)　　　　　　　(b)　　　　　　　(c)

图 4.32　Mg_2Pb 单胞模型（a）2×2×2 Mg_2Pb 超胞模型（b）和 Mg_2Pb 超胞中可能存在的 Sc 掺杂位点（c）

图中◎原子代表掺杂的 Sc 原子，1、2 和 3 位分别代表 Sc 取代的 Mg 原子位置、
Sc 取代的 Pb 原子位置和 Sc 掺杂八面体间隙位置

表 4.12　Mg_2Pb 及 Sc 掺杂 Mg_2Pb 的结构参数及形成能

相	$a/Å$	$V/Å^3$	E_f/eV
$Mg_{64}Pb_{32}$	13.881	2674.47	
	13.672	2555.62	
Sc-S_{Pb}	13.935	2705.96	7.22
Sc-S_{Mg}	13.892	2681.26	-3.24
Sc-I	13.923	2699.08	-4.26

为了评价 Sc 掺杂 Mg_2Pb 的热力学稳定性，可以通过以下公式计算 3 个 Sc 掺杂位置的缺陷形成能（E_f）[38~40]：

$$E_f(D) = E_{total}[D] - E_{total}[Mg_{64}Pb_{32}, bulk] - \sum n_i u_i \qquad (4.23)$$

式中，$E_f(D)$ 为超胞中掺杂的缺陷形成能；$E_{total}[D]$ 为超胞中有一个掺杂原子的总能量；$E_{total}[Mg_{64}Pb_{32}, bulk]$ 为超胞 $Mg_{64}Pb_{32}$ 的总能量；u_i 是 i 型原子的化学势；n_i 为在形成缺陷时已从超胞中移除（$i<0$）或添加到超胞中（$i>0$）的 i 型原子的数量。

表 4.12 也列出了 Sc 在 Mg_2Pb 不同掺杂位置的掺杂形成能。从表 4.12 可以发现，Sc 原子掺杂八面体间隙位置（$I-Mg_{64}ScPb_{32}$）和替换 Mg 原子（$S_{Mg}-Mg_{63}ScPb_{32}$）的 $Sc-Mg_2Pb$ 体系形成能为负值，而 Sc 原子替换 Pb 原子（$S_{Pb}-Mg_{64}Pb_{31}Sc$）的缺陷形成能为正值，表明 Sc-I 和 $Sc-S_{Mg}$ 热力学稳定，而 $Sc-S_{Pb}$ 热力学不稳定。同时，Sc 掺杂在八面体间隙位置比替换 Mg 原子具有更低的缺陷形成能。因此，Sc 掺杂在八面体间隙位置比取代 Mg 原子更稳定。

4.8.2   Sc 对 Mg_2Pb 力学性能的影响

4.8.2.1   Sc 对 Mg_2Pb 弹性常数的影响

在 CASTEP 代码中，弹性常数是根据应力-应变法计算得到的，首先采用施加正应变（ε_x，ε_y 和 ε_z）和剪切应变（γ_x，γ_y 和 γ_z），获得对应的正应力（σ_x，σ_y，σ_x）和剪应力（τ_x，τ_y，τ_z）。本节中每个应变的步数和最大应变幅度分别为 7 和 0.003；然后，根据胡克定律[42]获得相应的弹性常数。对于立方晶系 Mg_2Pb，它有 3 个独立弹性常数（C_{11}，C_{12} 和 C_{44}）。表 4.13 和表 4.14 分别列出了 Mg_2Pb 和 Sc 掺杂的 Mg_2Pb 的弹性常数 C_{ij} 和弹性柔度常数 s_{ij} 的计算结果[44,45]。

表 4.13 Mg_2Pb 和 Sc 掺杂 Mg_2Pb 的弹性常数 C_{ij} (GPa)

相	C_{11}	C_{12}	C_{44}
	67.4	23.5	31.0
Mg_2Pb	68.5	23.7	31.5
	71.7	22.1	30.9
$Sc-S_{Mg}$	47.1	28.1	17.6
Sc-I	48.3	25.5	16.3

表 4.14 Mg_2Pb 和 Sc 掺杂 Mg_2Pb 的弹性柔度矩阵 s_{ij} 计算值

相	s_{11}	s_{12}	s_{44}
Mg_2Pb	0.01935	-0.00477	0.03565
$Sc-S_{Mg}$	0.03833	-0.01433	0.05696
Sc-I	0.03262	-0.01128	0.06118

相	s_{11}	s_{12}	s_{44}
Y–S$_{Mg}$	0.02190	−0.00603	0.04797
Y–I	0.03385	−0.01187	0.05799

晶体的弹性常数关系式可以用来评价其机械稳定性。根据 Born-Huang 晶格动力学理论，立方晶体的机械稳定性标准为[43]：

$$C_{11} > 0, \quad C_{44} > 0, \quad C_{11} > |C_{12}|, \quad (C_{11} + 2C_{12}) > 0 \tag{4.24}$$

从表4.13可以发现，Mg₂Pb 及其 Sc 掺杂体系的弹性常数 C_{ij} 值满足立方晶体的机械稳定性标准，表明 Mg₂Pb 及其 Sc 掺杂体系都是机械稳定的。对于立方晶体，由于 $C_{11}=C_{22}=C_{33}$，所以立方晶体沿 x、y 和 z 轴的线性可压缩性相同。此外，Sc-I 和 Sc-S$_{Mg}$ 的 C_{11} 值明显低于 Mg₂Pb 的 C_{11} 值，表明 Sc 掺杂的 Mg₂Pb 线性可压缩性沿 x、y 和 z 轴减小。C_{12} 表示在（110）面沿着 [1$\bar{1}$0] 方向的抗剪应力。Sc-I 和 Sc-S$_{Mg}$ 的 C_{12} 值大于 Mg₂Pb 的 C_{12} 值，表明 Sc 掺杂的 Mg₂Pb 比 Mg₂Pb 在（110）面沿着 [1$\bar{1}$0] 方向有较大的抗变形能力。C_{44} 表示（100）平面中沿 [001] 方向的剪切应力。在表4.13 中，Sc-I 和 Sc-S$_{Mg}$ 的 C_{44} 值小于 Mg₂Pb 的 C_{44} 值，表明 Sc 掺杂的 Mg₂Pb 在（100）平面中沿 [001] 方向具有较小的剪切应力。

4.8.2.2　Sc 对 Mg₂Pb 弹性模量的影响

由于在工程应用中使用更多的是多晶材料，而非单晶材料，因此，研究多晶材料的弹性模量对于工程应用具有更实际的指导意义。多晶材料的弹性模量可以通过 Voigt-Reuss-Hill 近似[46~48]获得。对于立方 Mg₂Pb 和 Sc 掺杂 Mg₂Pb，体模量 B 和剪切模量 G 的 Voigt、Reuss 和 Hill 近似表达式为[49]：

$$B_V = B_R = (C_{11} + 2C_{12})/3 \tag{4.25}$$
$$G_V = (C_{11} - C_{12} + 3C_{44})/5 \tag{4.26}$$
$$G_R = 5(C_{11} - C_{12})C_{44}/[4C_{44} + 3(C_{11} - C_{12})] \tag{4.27}$$
$$B_H = (B_V + B_R)/2 \tag{4.28}$$
$$G_H = (G_V + G_R)/2 \tag{4.29}$$

式中，B_V、B_R、B_H 和 G_V、G_R、G_H 分别为 B 和 G 的 Voigt、Reuss 和 Hill 近似。

杨氏模量 E 和泊松比 ν 可由 B_H 和 G_H 计算得出：

$$E = 9BG/(3B + G) \tag{4.30}$$
$$\nu = (3B - 2G)/(6B + 2G) \tag{4.31}$$

表4.15 为 Mg₂Pb 和 Sc 掺杂 Mg₂Pb 的弹性模量、泊松比和柯西压力（$C_{12}-C_{44}$），以及其他理论[50]和实验的结果[51]。显然，Mg₂Pb 的弹性模量与其他理论[50]和实验[51]结果吻合良好，表明使用的计算参数是有效的。体积模量反映了

材料在弹性体系下对外部均匀压缩的抵抗力。体积模量定义为压力增加与体积减小的比率，它是抗压强度的度量[52]。高的体积模量对应于高的抗压缩性。从表4.15可以发现，Mg_2Pb 的体模量 B 值最高（38.1GPa），而 Sc 掺杂 Mg_2Pb 的体模量 B 低于 Mg_2Pb，表明 Sc 掺杂使 Mg_2Pb 的体模量降低。

剪切模量是在剪切应力作用下，在弹性变形率的有限范围内，剪切应力与剪切应变之比，反映材料抵抗剪切应变的能力。在表4.15中，Mg_2Pb 具有最大的剪切模量（27.1GPa），而 Sc 掺杂 Mg_2Pb 的剪切模量值小于 Mg_2Pb，表明 Sc 掺杂使 Mg_2Pb 在剪切应力下的变形阻力减小。此外，对于立方晶体，剪切模量与弹性常数 C_{44} 有关，而较大的 C_{44} 对应于较大的剪切模量。Mg_2Pb 具有最大的 C_{44}（31.0GPa），与 Mg_2Pb 的剪切模量最大相一致。

表4.15 Mg_2Pb 和 Sc 掺杂 Mg_2Pb 体积模量 B(GPa)、剪切模量 G(GPa)、杨氏模量 E(GPa)、泊松比 ν、Pugh 模量比 G_H/B_H 和柯西压力（$C_{12}-C_{44}$）（GPa）的计算值

相	B	G_V	G_R	G_H	E	G_H/B_H	$C_{12}-C_{44}$	ν
	38.1	27.4	26.6	27.1	65.7	0.71	−7.49	0.21
Mg_2Pb	38.6	—	—	27.5	66.7	0.71		0.21
	38.6	—	—	28.3	68.2	0.73	—	0.21
$Sc-S_{Mg}$	34.44	14.33	13.11	13.72	36.33	0.40	10.55	0.32
$Sc-I$	33.10	14.36	13.92	14.14	37.14	0.43	9.16	0.31

杨氏模量是固体刚度的量度，被定义为在弹性变形范围内的单轴应力与单轴变形之比。从表4.15中可以发现，Mg_2Pb 的杨氏模量 E 最大（65.7GPa），而掺杂系统的杨氏模量明显小于 Mg_2Pb，表明 Sc 掺杂使 Mg_2Pb 的杨氏模量降低。泊松比是指当材料受到单轴拉伸或压缩时，横向正应变与轴向正应变的绝对值之比，它可用于表征材料在线性弹性状态下的稳定性。泊松比在−1.0～0.5 的范围内，表明相应的材料是稳定的。Mg_2Pb，$Sc-S_{Mg}$ 和 $Sc-I$ 的泊松比分别为 0.213、0.324 和 0.313，在−1.0～0.5 的范围内，因此，Mg_2Pb 和 Sc 掺杂 Mg_2Pb 在线性弹性范围内是稳定的。

立方晶体材料的固有延展性和脆性可通过 G_H/B_H[53]、ν[54] 和柯西压力（$C_{12}-C_{44}$）进行评估。如果材料满足 $\nu<0.33$，$G_H/B_H>0.57$，$C_{12}-C_{44}<0$，则材料为脆性；否则，材料是延展性的。从表4.15可以发现，Mg_2Pb 的 ν、G_H/B_H 和 $C_{12}-C_{44}$ 满足脆性条件，尽管 Sc 掺杂 Mg_2Pb 的 G_H/B_H 和 $C_{12}-C_{44}$ 满足延展性条件，但其泊松比 ν 仍然小于 0.33，说明 Sc 掺杂 Mg_2Pb 仍为脆性，Sc 掺杂降低了 Mg_2Pb 的脆性。

4.8.2.3　Sc 对 Mg₂Pb 弹性各向异性的影响

对于工程材料而言，弹性各向异性十分重要，因此，研究 Mg₂Pb 和 Sc 掺杂 Mg₂Pb 的弹性各向异性是有必要的。通常，弹性各向异性可以用各向异性指数来描述，例如通用弹性各向异性指数 $(A^U)^{[55]}$、各向异性压缩因子 (A_{comp})、各向导性剪切因子 $(A_{shear})^{[56]}$ 和 （100） 平面剪切因子 $(A_1)^{[57]}$。其表达式如下：

$$A^U = 5G_V/G_R + B_V/B_R - 6 \tag{4.32}$$

$$A_{comp} = 100\% \times (B_V - B_R)/(B_V + B_R) \tag{4.33}$$

$$A_{shear} = 100\% \times (G_V - G_R)/(G_V + G_R) \tag{4.34}$$

$$A_1 = 4C_{44}/(2C_{11} - 2C_{12}) \tag{4.35}$$

通常，材料的各向异性指数 $A^U = A_{shear} = 0$ 且 $A_1 = 1$，表明材料是各向同性的。A^U、A_{shear} 和 $|1-A_1|$ 与 0 的偏差越大，表明各向异性越强。Mg₂Pb 和 Sc 掺杂 Mg₂Pb 的各向异性指数 A^U、A_{shear} 和 A_1 值见表 4.16。从表 4.16 可以发现，Sc 替换 Mg 原子和掺杂八面体间隙位置后通用各向异性指数 A^U 比 Mg₂Pb 的大，表明 Sc 掺杂后增强了弹性各向异性。Sc 替换 Mg 原子比掺杂八面体间隙位置对弹性各向异性的改变更显著，这与 A_{shear} 的结论相一致。此外，使用剪切各向异性因子 (A_1) 和 1 的差来表征 Mg₂Pb 和 Sc 掺杂 Mg₂Pb 的剪切各向异性，较大的 $|1-A_1|$ 表示较高的各向异性。从表 4.16 可以发现，Sc 取代 Mg 原子具有最大的 $|1-A_1|$ 值，表明 Sc 取代 Mg 原子在 （100）、（010） 和 （001） 平面中具有最高的剪切各向异性。

表 4.16　计算得出的 Mg₂Pb 和 Sc 掺杂 Mg₂Pb 的弹性各向异性指数
$(A^U、A_{shear}、A_{comp}、A_1)$

相	A^U	A_{shear}	A_{comp}	A_1
Mg₂Pb	0.180	1.481	0	1.412
Sc-S$_{Mg}$	0.549	4.380	0	1.853
Sc-I	0.215	1.767	0	1.430

弹性各向异性与晶体结构中原子在不同方向上的排列有关，因此还可以通过三维 （3D） 表面结构对弹性各向异性进行直观表征。对于立方晶体，可以根据以下表达式计算体积模量 B、剪切模量 G 和杨氏模量 E 的各向异性[58,59]：

$$1/B = (S_{11} + 2S_{12})(l_1^2 + l_2^2 + l_3^2) \tag{4.36}$$

$$1/G = S_{44} + 4(S_{11} - S_{12} - S_{44}/2)(l_1^2l_2^2 + l_2^2l_3^2 + l_1^2l_3^2) \tag{4.37}$$

$$1/E = S_{11} - 2(S_{11} - S_{12} - S_{44}/2)(l_1^2l_2^2 + l_2^2l_3^2 + l_1^2l_3^2) \tag{4.38}$$

式中，S_{ij} 为弹性柔顺常数，l_i 为方向余弦。

根据弹性各向异性的表达式，弹性模量的 3D 表面构造如图 4.33 所示。通常，弹性模量的 3D 表面构造呈球形表明相应的材料是各向同性的，与球形的偏差越大表示各向异性越大。图 4.33（a）所示为 Mg_2Pb 和 Sc 掺杂 Mg_2Pb 的体积模量的 3D 表面构造，可以看出 Mg_2Pb 和 Sc 掺杂 Mg_2Pb 的体积模量是各向同性的，这与 Mg_2Pb 和 Sc 掺杂 Mg_2Pb 的 A_{comp} 值为零一致。Sc 替换 Mg 原子和掺在 Mg_2Pb 的八面体间隙位置对其体积模量的弹性各向异性影响较小。从图 4.33（b）可以发现，剪切模量 G 的 3D 表面构造与球体相差较大，表明 Mg_2Pb 和 Sc 掺杂 Mg_2Pb 的剪切模量是各向异性的。从图 4.33（b）还可以发现，Sc 替换 Mg 原子的 3D 图与球体的偏差最大，表明 Sc 替换 Mg 原子增强剪切各向异性，这与 $Sc-S_{Mg}$ 的各向异性剪切因子 A_{shear} 值（4.380%）最大相一致。此外，Sc 掺杂 Mg_2Pb 的八面体间隙位置与 Mg_2Pb 的剪切模量 3D 表面构造相似，表明 Sc 掺杂 Mg_2Pb 的八面体间隙位置对其剪切模量的各向异性影响较小。

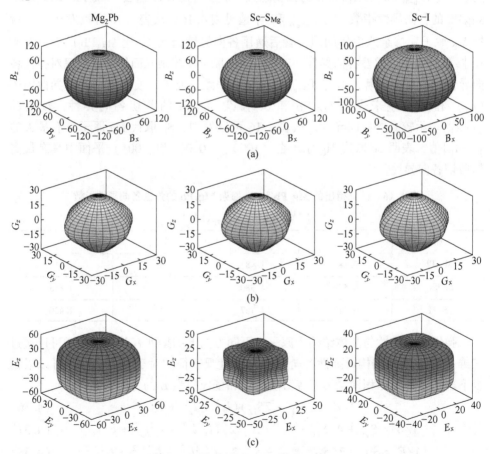

图 4.33 Mg_2Pb 和 Sc 掺杂 Mg_2Pb 的体积模量、剪切模量和杨氏模量的表面 3D 结构（GPa）

（扫描书前二维码看彩图）

杨氏模量 E 可通过体积模量和剪切模量计算获得，因此杨氏模量可以反映材料更多的信息。从图 4.33 （c）可以发现，Sc 替换 Mg 原子和掺杂八面体间隙位置的 3D 表面比 Mg$_2$Pb 与球体的偏差大，表明 Sc 掺杂使 Mg$_2$Pb 的剪切模量各向异性增强。此外，图 4.33 （c）表明，Sc 替换 Mg 原子对杨氏模量的各向异性的改变更加显著。

为了进一步阐明 Mg$_2$Pb 和 Sc 掺杂 Mg$_2$Pb 在 （001）晶面上的弹性各向异性，图 4.34 给出了 Mg$_2$Pb 和 Sc 掺杂 Mg$_2$Pb 在 （001）晶面上的投影。同时，Mg$_2$Pb 和 Sc 掺杂 Mg$_2$Pb 的方向弹性模量见表 4.17。对于立方系统，由于晶格对称性，原子在 ［100］、［010］ 和 ［001］ 中具有相同的排列，因此它们在 ［100］、［010］ 和 ［001］ 上具有相同的弹性常数（B、G 和 E）。从图 4.34 可以清楚地发现，Mg$_2$Pb 和 Sc 掺杂 Mg$_2$Pb 的体模量的投影是圆形的，表明 Mg$_2$Pb 和 Sc 掺杂 Mg$_2$Pb 的体积模量是各向同性的，这与 A_{comp} 的结果相一致。在图 4.34 （b）和表 4.17 中，Sc 取代 Mg 原子具有最高的剪切各向异性。在图 4.34 （c）中，可以清楚地看到 Sc 替换 Mg 原子的杨氏模量具有最高的弹性各向异性。

此外，从表 4.17 可以看出，Mg$_2$Pb、Sc-S$_{Mg}$ 和 Sc-I 的 $E_{[110]}/E_{[100]}$ 比值分别为 1.193、1.460 和 1.254，表明合金元素 Sc 掺杂增强了杨氏模量的各向异性，而 Sc 替换 Mg 原子对弹性各向异性的增强更显著。

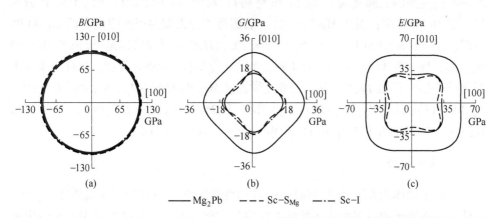

图 4.34 Mg$_2$Pb 和 Sc 掺杂 Mg$_2$Pb 在 （001）晶面上的体积模量、剪切模量和杨氏模量的投影

表 4.17 **Mg$_2$Pb 和 Sc 掺杂 Mg$_2$Pb 的 3 个主要方向的方向弹性模量** （GPa）

掺杂体系	B		G		E	
	［100］	［110］	［100］	［110］	［100］	［110］
Mg$_2$Pb	101.9	101.9	28.1	23.9	51.7	61.7
Sc-S$_{Mg}$	103.4	103.4	17.6	12.3	26.1	38.1
Sc-I	99.3	99.3	16.3	13.4	30.7	38.5

4.9   Mg₂Pb 低指数表面计算

在 Pb-Mg-10Al-B 合金中，Mg_2Pb 与 α-Mg 的界面是决定复合材料力学性能的重要因素。因此，研究 Mg_2Pb 的表面性质是了解 Mg_2Pb 与 α-Mg 的界面的必要前提。因此，本小节对 Mg_2Pb 的低指数表面（001）、（110）和（111）的表面结构、表面能和电子性质进行了计算与分析。

4.9.1   表面原子模型

本节采用平板（slab）模型模拟 Mg_2Pb 的表面性能，并采用周期边界条件，在表面模型的顶面和底面之间加入厚度为 15Å 的真空层，以避免二者间产生相互作用；利用平板（slab）模型，对（001）、（110）和（111）面进行收敛测试，找出合适的厚度，以保证表面具有体相内部特征；为了防止平板（slab）内的虚拟偶极子对能量的影响，对所有表面进行自洽计算。在表面结构优化过程中，所有的原子都得到了充分的弛豫。

由于低指数表面往往是密排面，因此较稳定，选择 Mg_2Pb 的（001）、（110）和（111）三种低指数表面进行计算。对于 $Mg_2Pb(001)$ 非化学计量比表面具有两种不同类型的表面终端（Mg 和 Pb 终端）；对于 $Mg_2Pb(110)$ 化学计量比表面仅存在 MgPb 终端；对于 $Mg_2Pb(111)$ 表面有两种类型的表面终端，即 Mg 和 Pb 终端；此外，$Mg_2Pb(111)$ 表面的 Mg 和 Pb 终端的次亚层可以是 Pb 或者 Mg，因此，对于 $Mg_2Pb(111)$ 表面，有 4 种类型的表面平板（slab）模型。因此，本节主要分析了七种不同的表面结构，即非化学计量 $Mg_2Pb(001)$-Mg、$Mg_2Pb(001)$-Pb、$Mg_2Pb(111)$-Pb、$Mg_2Pb(111)$-Mg(Mg) 和 $Mg_2Pb(111)$-Mg(Pb)，化学计量 $Mg_2Pb(110)$-MgPb 和 $Mg_2Pb(111)$-Mg 表面，如图 4.35 所示。

4.9.2   表面弛豫

相比于块体内部，由于表面层的对称性被破坏，表面原子的配位数（CN）降低，表面原子的位置相比于块体内部发生变化，因此，有必要利用表面弛豫来研究表面结构。对于 7 种不同类型的表面平板（slab）模型，层间原子弛豫可以写成[60]：

$$\Delta d_{ij} = (d_{ij} - d_{ij,\text{bulk}})/d_{ij,\text{bulk}} \tag{4.39}$$

式中，$d_{ij,\text{bulk}}$ 和 d_{ij} 分别表示松弛前后第 j 层和第 i 层之间的距离。Δd_{ij} 正值表示板块模型的层间距是松弛后的膨胀，而负值表示收缩。对所考虑的 Mg_2Pb 的低指数表面，在完全弛豫后，发现与沿法线方向的原子位移相比，平面内原子位移的变化可以忽略不计。$Mg_2Pb(001)$ 面的表面弛豫结果见表 4.18。表面原子的收

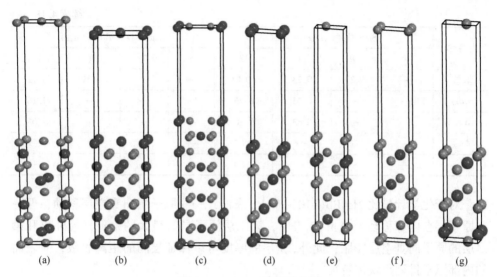

图 4.35 Mg$_2$Pb 低指数表面

（a）Mg 终止的非化学计量（001）表面；（b）Pb 终止的非化学计量（001）表面；（c）MgPb 终止的化学
计量（110）表面；（d）Pb 终止的非化学计量（111）表面；（e）Mg（Mg）终端的非化学计量（111）
表面；（f）Mg（Pb）终端的非化学计量（111）表面；（g）MgPb 终止的化学计量（111）表面
（扫描书前二维码看彩图）

缩和膨胀主要集中在外层 4 个原子层，而随着原子层的增加，层间距趋于块体的内部。对于（001）表面弛豫后的层间距变化，Mg$_2$Pb(001)-Mg 的最外层 4 个原子层向外移动，而 Mg$_2$Pb(001)-Pb 则从第三层原子向外移动。此外，Mg$_2$Pb(001)-Pb 表面具有最大的膨胀率，Δd_{12} 膨胀率大于 12%，而 Mg$_2$Pb(001)-Mg 表面具有较小的膨胀率，Δd_{12} 膨胀率小于 3%。这表明 Mg$_2$Pb(001)-Mg 表面比 Mg$_2$Pb(001)-Pb 表面更稳定。其原因是 Mg$_2$Pb(001)-Pb 表面比 Mg$_2$Pb(001)-Mg 表面具有更高的表面能，导致 Pb 终端表面原子弛豫更多。厚度为 11 层或 9 层的 Mg$_2$Pb(001)-Pb 表面模型和 Mg$_2$Pb(001)-Mg 表面模型的层间距得到收敛，使表面模型的内部原子排列与块体 Mg$_2$Pb 相似。

表 4.18 Mg$_2$Pb(001) 终止于 Mg 和 Pb 的表面的原子弛豫

内层/%	Slab 厚度、nMg-终止面				Slab 厚度、nPb-终止面			
	7	9	11	13	5	7	9	11
Δd_{12}	1.92	2.40	2.88	2.96	6.64	12.01	13.41	13.75
Δd_{23}	2.36	2.24	1.32	1.30	6.32	5.60	5.79	5.84
Δd_{34}	0.56	1.04	0.50	0.58	—	-0.17	-0.24	-0.15
Δd_{45}	0.54	0.24	0.30	0.11	—	3.30	2.42	2.11

内层/%	Slab 厚度、nMg-终止面				Slab 厚度、nPb-终止面			
	7	9	11	13	5	7	9	11
Δd_{56}	—	0.37	0.73	-0.01	—	—	0.59	0.12
Δd_{67}	—	—	0.53	0.26	—	—	—	1.16
Δd_{78}	—	—	0.43	0.30	—	—	—	1.03
Δd_{89}	—	—	—	0.05	—	—	—	—
Δd_{910}	—	—	—	1.59	—	—	—	—

对于化学计量比 $Mg_2Pb(110)$-MgPb 表面，一些原子层向真空层移动，但一些原子层在内部移动。表4.19 表明，第二层原子具有最大的弛豫，最外层和第二层的原子向真空层膨胀；此外，9 层的厚度可以保证层间的距离收敛，使表面的内部原子排列呈块体特征。

表4.19 $Mg_2Pb(110)$ 和 Pb 终止 (111) 表面的原子弛豫

内层/%	Slab 厚度、n(110) 晶面				Slab 厚度、n(111) Pb-终止面				
	5	7	9	11	7	10	13	16	19
Δd_{12}	1.68	0.44	0.18	0.17	17.98	32.38	37.50	40.34	40.91
Δd_{23}	2.85	1.87	1.99	2.05	-6.24	-11.47	-12.93	-13.89	-14.15
Δd_{34}	—	0.31	-0.24	-0.38	15.79	26.24	27.67	29.03	29.52
Δd_{45}	—	0.48	0.06	0.26	—	-2.70	-4.14	-4.46	-4.16
Δd_{56}	—	—	0.47	0.03	—	1.84	0.76	0.38	0.04
Δd_{67}	—	—	0.07	-0.10	—	—	5.25	6.10	6.07
Δd_{78}	—	—	—	0.45	—	—	2.47	-0.10	0.04
Δd_{89}	—	—	—	-0.11	—	—	—	0.40	-0.11
Δd_{910}	—	—	—	—	—	—	—	1.55	3.41
Δd_{1011}	—	—	—	—	—	—	—	—	0.51
Δd_{1112}	—	—	—	—	—	—	—	—	0.73

对于 (111) 表面，包括非化学计量的 Pb-、Mg(Mg)、Mg(Pb)-终端和化学计量的 $Mg_2Pb(111)$-Mg 表面，弛豫结果见表4.20。对于 Mg-、Mg(Mg)-、Mg(Pb) 终端的 (111)，最外层和第三层向内部移动，第二层和第四层向真空层移动。

表 4.20 Mg₂Pb(111)Mg(Mg)-和 Mg(Pb)-终端的表面的原子弛豫

内层/%	Slab 厚度、nMg(Mg)-终止面				Slab 厚度、nMg(Pb)-终止面			
	5	8	11	14	7	10	13	16
Δd_{12}	−17.21	−11.03	−15.87	−15.54	−48.32	−43.62	−44.94	−45.36
Δd_{23}	29.85	21.41	28.01	28.21	24.98	20.80	19.99	19.67
Δd_{34}	—	−7.46	−4.00	−3.30	−8.61	−6.72	−6.66	−6.48
Δd_{45}	—	3.64	1.15	0.90	—	9.25	10.02	8.83
Δd_{56}	—	—	0.11	2.57	—	1.84	−2.31	−1.45
Δd_{67}	—	—	—	2.49	—	—	0.53	−0.03
Δd_{78}	—	—	—	−0.58	—	—	−1.83	−0.51
Δd_{89}	—	—	—	—	—	—	—	2.17
Δd_{910}	—	—	—	—	—	—	—	−0.89
Δd_{1011}	—	—	—	—	—	—	—	−0.29

对于 Mg₂Pb(111)-Pb 表面，最外层和第三层的原子向内部移动，而第二层和第四层的原子向真空层移动。对于 4 种（111）表面，最大弛豫发生在最外层原子上。Mg₂Pb(111)-Mg(Mg) 表面比 Pb-、Mg-、Mg(Pb) 终端表面具有最大的收缩/膨胀结果，表明 Mg₂Pb(111)-Mg(Mg) 表面比其他（111）表面更稳定。从表 4.20 和表 4.21 可以发现，非化学计量 Pb-、Mg(Mg)-、Mg(Pb)-（111）和化学计量 Mg₂Pb(111)-Mg 表面的层数分别为 16、11、13 和 9 可以确保表面内部呈块体特征。

表 4.21 化学计量（111）表面的原子弛豫

内层/%	Slab 厚度、n 化学计量（111）晶面			
	6	9	12	15
Δd_{12}	−43.37	−45.60	−45.79	−46.05
Δd_{23}	17.93	21.27	20.04	20.90
Δd_{34}	−2.01	−6.69	−6.22	−6.50
Δd_{45}	—	10.98	9.42	9.69
Δd_{56}	—	−0.74	−1.68	−2.49
Δd_{67}	—	—	0.26	0.76
Δd_{78}	—	—	0.78	0.19
Δd_{89}	—	—	—	0.91
Δd_{910}	—	—	—	−0.39

4.9.3 表面能

为了说明不同 Mg₂Pb 表面的稳定性，通过以下表达式计算了这些 Mg₂Pb 表

面的表面能[61,62]:

$$\sigma = \frac{1}{2A}(E_{slab} - N_{Mg}u_{Mg}^{slab} - N_{Pb}u_{Pb}^{slab} - PV - TS) \tag{4.40}$$

式中，E_{slab} 为弛豫后的平板（slab）模型总能量；u_{Mg}^{slab} 和 u_{Pb}^{slab} 分别为平板（slab）模型中 Mg 和 Pb 的化学势；N_{Mg} 和 N_{Pb} 分别为平板（slab）模型中 Mg 和 Pb 原子的数量；A、V、P、T 和 S 分别为平板（slab）模型的表面积、体积、压力、温度和熵。

由于第一原理模拟处于基态，PV 和 TS 可以忽略不计。

Mg_2Pb 块体的化学势（$u_{Mg_2Pb}^{bulk}$）可以表示如下：

$$u_{Mg_2Pb}^{bulk} = 8u_{Mg}^{slab} + 4u_{Pb}^{slab} \tag{4.41}$$

将式（4.41）代入式（4.40），表面能可表示为：

$$\sigma = (1/2A)(E_{slab} - (N_{Pb}/4)u_{Mg_2Pb}^{bulk} + (2N_{Pb} - N_{Mg})u_{Mg}^{slab}) \tag{4.42}$$

由于化学计量比表面满足 $2N_{Pb} = N_{Mg}$，因此，化学计量比表面能可以表示为：

$$\sigma = (1/2A)(E_{slab} - (N_{Pb}/4)u_{Mg_2Pb}^{bulk}) \tag{4.43}$$

对于非化学计量表面，$2N_{Pb} \neq N_{Mg}$。因此，在计算表面能时，需要考虑平板（slab）模型中 Mg 原子的化学势。目前尚无公认的表面能计算方法。然而，根据 Sun 等人[63,64]给出的方法，可以获得非化学计量比 Mg_2Pb 表面的表面能。

将 $\Delta u_{Mg} = u_{Mg}^{slab} - u_{Mg}^{bulk}$ 代入式（4.43）变为：

$$\sigma = (1/2A)(E_{slab} - (N_{Pb}/4)u_{Mg_2Pb}^{bulk} + (2N_{Pb} - N_{Mg})\Delta u_{Mg} + (2N_{Pb} - N_{Mg})u_{Mg}^{bulk}) \tag{4.44}$$

式中，$u_{bulk}^{Mg_2Pb}$ 和 u_{bulk}^{Mg} 分别代表体相 Mg_2Pb 和 Mg 的总能量。

平板（slab）模型中 Mg 和 Pb 原子的化学势小于其在体中的化学势，即：

$$\Delta u_{Mg} = u_{Mg}^{slab} - u_{Mg}^{bulk} \leq 0 \tag{4.45}$$

$$\Delta u_{Pb} = u_{Pb}^{slab} - u_{Pb}^{bulk} \leq 0 \tag{4.46}$$

此外，块体 $Mg_2Pb(\Delta H_f)$ 的形成焓可以通过 Mg_2Pb 总能量与 hcp-Mg 和 fcc-Pb 原子的能量之差得到。

$$u_{Mg_2Pb}^{bulk} = 8u_{Mg}^{bulk} + 4u_{Pb}^{bulk} + \Delta H_f \tag{4.47}$$

结合式（4.41）和式（4.47）：

$$8u_{Mg}^{slab} + 4u_{Pb}^{slab} = 8u_{Mg}^{bulk} + 4u_{Pb}^{bulk} + \Delta H_f \tag{4.48}$$

即：

$$8\Delta u_{Mg} + 4\Delta u_{Pb} = \Delta H_f \tag{4.49}$$

与式（4.45）、式（4.46）和式（4.47）结合，有

$$\Delta H_f \leq 8\Delta u_{Mg} \leq 0 \tag{4.50}$$

$$-0.256 \leq \Delta u_{Mg} \leq 0 \tag{4.51}$$

将上述 Δu_{Mg} 范围引入式（4.44）中可以得到 Mg_2Pb 的表面能随 Δu_{Mg} 变化的函数。

　　为了进一步研究上述 7 种 Mg$_2$Pb 表面的稳定性，计算 Mg$_2$Pb 的表面能。根据式 (4.44)，将式 (4.51) 所示的 Δu_{Mg} 的范围带入式 (4.44)，获得 Mg$_2$Pb 的表面能 (σ) 与 Δu_{Mg} 的函数，如图 4.36 所示。根据表面能的计算公式，可以获得 7 种不同的低指数表面的表面能，见表 4.22。图 4.36 中，Δu_{Mg} 的最小值代表贫镁的状况，Δu_{Mg} 较大值代表富镁状况。从图 4.36 中可以清晰地发现，Mg$_2$Pb(110)-MgPb 和 Mg$_2$Pb(111)-Mg 化学计量表面的表面能与 Δu_{Mg} 无关，而其他 5 个非化学计量表面能与 Δu_{Mg} 线性相关。

表 4.22　表面的总能量、表面积 A、Mg(N_{Mg}) 和 Pb(N_{Pb}) 原子数，$\Delta u_{Mg} = -0.256$eV 时的 σ_1 和 $\Delta u_{Mg} = 0$eV 时的 σ_2 的表面能

晶面	E_{slab}/eV	N_{Mg}	N_{Pb}	A/Å^2	σ_1/J·m^{-2}	σ_2/J·m^{-2}
Mg$_2$Pb(001)-Mg	-32176.61	24	10	48.14	1.1235	0.9531
Mg$_2$Pb(001)-Pb	-39967.34	16	10	48.14	0.6215	0.792
Mg$_2$Pb(110)-MgPb	-39682.95	22	11	34.04	0.4627	0.4627
Mg$_2$Pb(111)-Pb	-19696.09	10	6	20.84	0.6924	0.8892
Mg$_2$Pb(111)-Mg(Mg)	-12768.08	8	3	20.84	1.3495	1.1527
Mg$_2$Pb(111)-Mg(Pb)	-15402.85	9	4	20.84	0.8631	0.7646
Mg$_2$Pb(111)-Mg	-14429.81	8	4	20.84	0.4089	0.40894

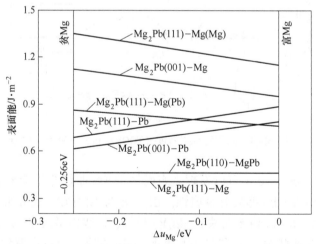

图 4.36　计算出的 7 种 Mg$_2$Pb 表面的表面能是 Δu_{Mg} 的函数

　　Mg$_2$Pb(001)-Mg、Mg$_2$Pb(111)-Mg(Mg) 和 Mg$_2$Pb(111)-Mg(Pb) 的表面能在 Δu_{Mg} 为 -0.256 ~ 0 的范围内随 Δu_{Mg} 的增加而减小；而 Mg$_2$Pb(001)-Pb 和 Mg$_2$Pb(111)-Pb 的表面能则随 Δu_{Mg} 的增加而增大。此外，表 4.22 和图 4.36 表

明化学计量比表面具有较低的表面能，表明化学计量比表面比非化学计量比表面更稳定。此外，化学计量比的 $Mg_2Pb(111)$ - Mg 表面对应于最低表面能 $(0.4089J/m^2)$，表明 $Mg_2Pb(111)$-Mg 表面在所考虑的低指数表面中是最稳定的。非化学计量比表面的稳定性随环境（富 Mg 和贫 Mg 条件）而变化，而化学计量比表面的稳定性不随环境而变化。

4.9.4 表面电子性能

本节通过 Mg_2Pb 晶体与 Mg_2Pb 表面态密度分析了 Mg_2Pb 晶体与 Mg_2Pb 表面的电子结构与特征，图4.37 所示为 Mg_2Pb 晶体的态密度。图4.38 ~图4.40 所示分别为 Mg_2Pb 的（001）、（110）和（111）表面的总态密度（TDOS）和分态密度（PDOS），费米能级（E_f）用黑色垂直虚线表示。与图4.37 所示的 Mg_2Pb 晶体的态密度相比，可以清晰地发现，其中低指数表面的态密度曲线发生了显著变化。这是由于表面的存在破坏了晶体内部的对称性，使表面的原子位置发生变化。

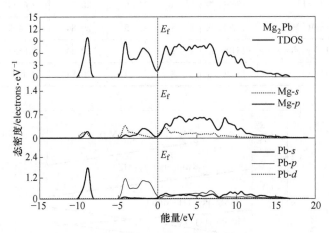

图4.37　Mg_2Pb 晶体的总态密度（TDOS）和分态密度（PDOS）

从图4.38 ~图4.40 中可以发现，表面的 TDOS 曲线穿过费米能级，表明低指数表面与块体 Mg_2Pb 都具有金属性。由态密度图可知，表面平板（slab）模型的内层 Mg 和 Pb 的 PDOS 与块状 Mg_2Pb 相似，但表面平板（slab）模型外层原子的分态密度和块状 Mg_2Pb 存在显著变化。表面平板（slab）模型中 Mg 原子的最外层分态密度与第三和第五层 Mg 原子的分态密度完全不同。这表明表面电子的占据态相比于块体发生了变化。对于 Mg 终端的表面，例如 $Mg_2Pb(001)$ -Mg、$Mg_2Pb(111)$ - Mg(Mg) 和 $Mg_2Pb(111)$ - Mg(Pb)，原子层从表面移动到内部，这些表面的分态密度趋于块状，并且表面电子的占据态迅速降低。与内部的 Mg

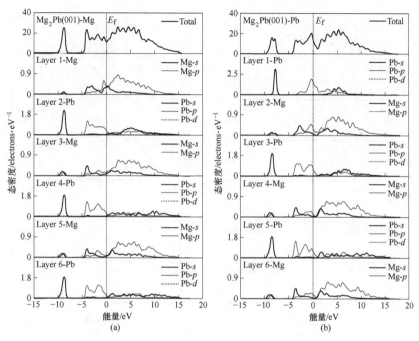

图 4.38　Mg₂Pb(001) 表面结构的 TDOS 和分层 PDOS

(a) Mg₂Pb(001) – Mg 表面；(b) Mg₂Pb(001) – Pb 表面

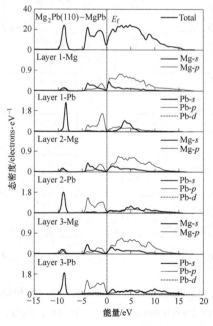

图 4.39　Mg₂Pb(110) – MgPb 表面的 TDOS 和分层 PDOS

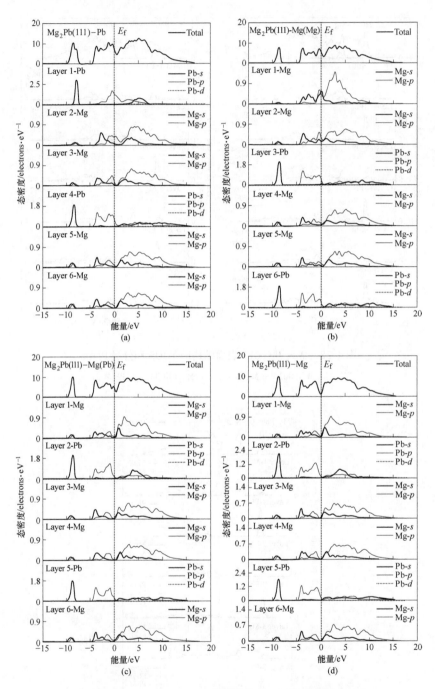

图 4.40 Mg$_2$Pb 的 (111) 表面结构的 TDOS 和分层 PDOS

(a) Mg$_2$Pb(111)-Pb 终止的表面；(b) Mg$_2$Pb(111)-Mg(Mg) 终止的表面；

(c) Mg$_2$Pb(111)-Mg(Pb) 终止的表面；(d) Mg$_2$Pb(111)-Mg 表面

原子相比，表面最外层的 Mg 原子的分态密度向高能区转移，这导致相应的表面金属性能增强，稳定性降低。此外，可以发现，$Mg_2Pb(111)-Mg(Mg)$ 和 $Mg_2Pb(111)-Mg(Pb)$ 表面的费米能级向左移动。

对于 Pb 终端表面，如 $Mb_2Pb(001)-Pb$ 和 $Mg_2Pb(111)-Pb$，与表面平板（slab）模型的内层原子态密度相比，表面外层原子的态密度向高能区域转移，这使 Pb 终端的表面金属性能增强、稳定性降低；此外，$Mg_2Pb(001)-Pb$ 和 $Mg_2Pb(111)-Pb$ 表面的费米能级向低能量方向移动。随着原子从表面移动到内部，原子态密度趋向于块体 Mg_2Pb。对于 $Mg_2Pb(110)-MgPb$ 终端的表面，在最外层包含 Mg 和 Pb 原子；对于 $Mg_2Pb(110)-MgPb$ 和 $Mg_2Pb(111)-Mg$ 表面，态密度的曲线与块状 Mg_2Pb 的曲线相似。$Mg_2Pb(111)-Mg$ 的最外面的 Mg 原子的态密度在费米能级的右侧比内部的 Mg 原子具有更高的占据状态。在 $Mg_2Pb(111)-Mg(Pb)$ 和 $Mg_2Pb(111)-Mg(Mg)$ 表面中可以发现相同的现象。这是由于切割 $Mg_2Pb(111)$ 平面上存在的悬空键导致力平衡被破坏。与块体内层相比，低指数表面中，表面电子的非局域化顺序为 $Mg_2Pb(001)>Mg_2Pb(110)>Mg_2Pb(111)$。这表明 $Mg_2Pb(111)$ 表面是最稳定的。

4.10　Mg/Mg₂Pb 界面性质的第一性原理计算

界面性质对于复合材料的性能具有重要的作用，结合上节对 Mg_2Pb 低指数表面的计算发现 $Mg_2Pb(110)-MgPb$ 和 $Mg_2Pb(111)-Mg$ 表面能最低，表明这两个表面最稳定。因此，选择 $Mg(0001)/Mg_2Pb(110)$ 半共格界面和 $Mg(0001)/Mg_2Pb(111)$ 非共格界面作为研究对象，采用第一性原理计算这两种界面结构的稳定性、界面能和界面的电子结构。

4.10.1　界面模型

4.10.1.1　Mg(0001)/Mg₂Pb(110) 界面

已知 Mg_2Pb 为反萤石晶体的立方结构，空间群 $Fm\bar{3}m$，晶格参数 $a=b=c=6.94\text{Å}$。密排六方 Mg 的晶格参数 $a=b=3.21\text{Å}$，$c=5.21\text{Å}$[65]。由表 4.23 可知，$Mg(0001)/Mg_2Pb(110)$ 界面的晶格错配度为 8.43%，因此 $Mg(0001)/Mg_2Pb(110)$ 界面是半共格界面。对于半共格界面，通常采用三明治模型，$Mg(0001)/Mg_2Pb(110)$ 界面模型通过 2 个 $Mg(0001)$ 层中间放置 $Mg_2Pb(110)$ 表面平板（slab），如图 4.41 所示。为了保证计算的准确性，在建立界面模型时选择合理的表面模型的原子层。先前对 Mg_2Pb 表面和 Mg 表面[66]的收敛性测试表明，一个 9 层的 $Mg_2Pb(110)-MgPb$ 表面平板（slab）放置在两个 5 层的 $Mg(0001)$ 表面平板（slab）中间建立界面模型；同时在两个 Mg 表面平板（slab）的两边加

7.5Å 的真空层，避免两个 Mg 表面平板（slab）间产生相互作用，如图 4.41 所示。对于 Mg(0001)/Mg₂Pb(110) 界面模型包含 67 个原子，其中包含 9 个 Pb 原子和 58 个 Mg 原子；在 58 个 Mg 原子中有 18 个 Mg 原子为 Mg2Pb(110) 表面的 Mg 原子，剩余的 40 个 Mg 原子为 Mg(0001) 表面的 Mg 原子。

表 4.23　Mg(0001)/Mg₂Pb(110) 和 Mg(0001)/Mg₂Pb(111) 界面的
Mg 和 Mg₂Pb 平板（slab）的平面晶格参数和取向

结合界面	Mg slab			Mg₂Pb slab			界面模型			错配度
	u_1/nm	ν_1/nm	θ/(°)	u_2/mm	ν_2/mm	θ/(°)	u/nm	ν/nm	θ/(°)	/%
Mg(0001)/Mg₂Pb(110)	6.42	5.56	90	6.92	4.89	90	6.59	5.34	90	8.43
(3×3)Mg(0001)/Mg₂Pb(111)	9.63	9.63	120	9.78	9.78	120	9.71	9.71	120	0.82

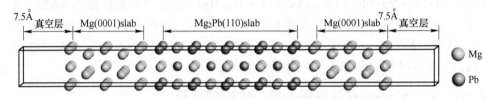

图 4.41　Mg(0001)/Mg₂Pb(110) 界面原子结构，
超胞模型中具有两个相同界面的类三明治平板（slab）模型
（扫描书前二维码看彩图）

4.10.1.2　Mg(0001)/Mg₂Pb(111) 界面

由于 Mg(0001) 表面板块的晶格参数 $a = b = 3.21$Å，Mg₂Pb(111) 表面平板（slab）的晶格参数 $a = b = 9.78$Å，晶格错配度为 67%，因此 Mg(0001)/Mg₂Pb(111) 界面类型是非共格界面。为了保证晶格错配度，将 Mg₂Pb(111) 表面平板（slab）沿着 c 轴叠加在 3×3 的 Mg(0001) 表面平板（slab）。Mg₂Pb 的表面计算表明 12 层的 Mg₂Pb(111) 可以确保平板（slab）模型的内层趋向于块体。超胞的晶格参数为 $a = b = 9.71$Å，以保证 Mg(0001) 面和 Mg₂Pb(111) 的晶格错配度在 5% 以下；同时在 Mg₂Pb(111) 表面平板（slab）的顶部放置一个 15Å 的真空，避免 Mg(0001) 和 Mg₂Pb(111) 表面平板（slab）间产生相互作用。

4.10.2　Mg/Mg₂Pb 界面的原子结构

4.10.2.1　Mg(0001)/Mg₂Pb(110) 界面

图 4.42 所示为 Mg(0001)/Mg₂Pb(110) 界面的三种可能的原子堆积顺序

（OT、MT 和 HCP）。对于顶位（OT）模型，界面处 Mg₂Pb 侧第一层的 Mg 和 Pb
原子都在 Mg(0001) 侧原子的正上方。而桥位（MT）模型，界面处 Mg₂Pb 侧第
一层的 Mg 和 Pb 原子处在 Mg(0001) 侧两个 Mg 原子的中间。同时，对于空位
（HCP）模型，界面处 Mg₂Pb 侧第一层的 Mg 和 Pb 原子位于 Mg(0001) 侧的中空
位点。Mg(0001)/Mg₂Pb(110) 界面结构优化前后的原子结构如图 4.42 所示。显
然，图 4.42 中结构与优化后界面的原子排布并没有发生明显的变化，表明 OT、
MT 和 HCP 结构稳定，没有发生界面重构。

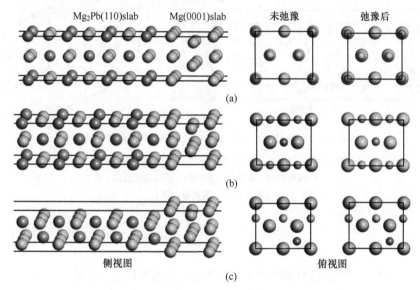

图 4.42　Mg(0001)/Mg₂Pb(110) 界面的界面原子结构

(a) 顶位 OT；(b) 桥位 MT；(c) HCP 位（左图是界面堆叠顺序的侧视图，
中间和右图分别是优化前后的界面结构俯视图；Mg 和 Pb 原子分别为橙色和蓝紫色）

（扫描书前二维码看彩图）

4.10.2.2　Mg(0001)/Mg₂Pb(111) 界面

由于 Mg(0001)/Mg₂Pb(111) 是非共格界面，因此界面处的原子并不能严格
对应顶位、桥位和空位，而是顶位与桥位的组合和空位与桥位的组合。图 4.43
所示为 Mg(0001)/Mg₂Pb(111) 界面的两种可能的原子堆积顺序（OT+MT 和
HCP+MT）。由图 4.43 (a) 可以看出 Mg₂Pb(111) 侧第一层的镁原子位于
Mg(0001) 侧 Mg 原子的顶位和桥位；由图 4.43 (b) 可以看出 Mg₂Pb(111)
侧第一层的 Mg 原子和第二层的 Pb 原子位于 Mg(0001) 侧 Mg 原子的空位和桥
位。由图 4.43 可以明显发现，Mg(0001)/Mg₂Pb(111) 界面结构弛豫后在界面处
的原子位置没有发生明显的变化，但是原子在界面法线方向位置发生变化。

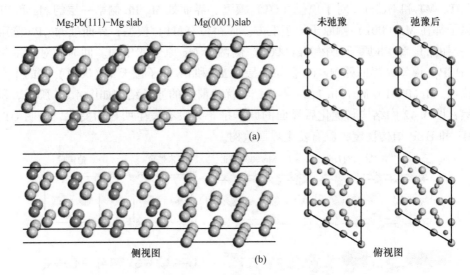

图 4.43　Mg(0001)/Mg$_2$Pb(111) 界面的界面原子结构

(a) OT 和 MT；(b) HCP 位和 MT 位（左图是界面堆叠顺序的侧视图；

中间和右图分别是优化前后的界面结构俯视图）

（扫描书前二维码看彩图）

4.10.3　吸附功

　　界面的结合强度可以用吸附功或者界面结合能来评估。吸附功是将单位面积的界面分割为两个自由的表面所需要的能量。吸附功越大，表明界面处原子的结合越强。界面吸附功（W_{ad}）可以用下面的公式计算[67,68]：

$$W_{ad} = (E_{Mg}^{slab} + E_{Mg_2Pb}^{slab} - E_{Mg/Mg_2Pb})/A \tag{4.52}$$

式中，E_{Mg}^{slab}、$E_{Mg_2Pb}^{slab}$ 和 $E_{Mg/Mg2Pb}$ 分别为镁表面、Mg$_2$Pb 表面和 Mg/Mg$_2$Pb 界面的总能量；A 为对应的界面的面积。对于三明治模型的半共格界面，面积为 $2A$。

　　为了确定 Mg/Mg$_2$Pb 界面的界面间距（d_0），计算了没有结构优化的界面结构的界面吸附功。改变 Mg/Mg$_2$Pb 界面两侧自由表面的间距，d 的范围为 1.8 ~ 3.2Å，间隔 0.2Å，计算得到界面吸附功。最佳的界面间距的 d_0 是界面吸附功与界面间距最小值对应的界面间距。采用 UBER（universal binding energy relation）关系拟合界面吸附功与界面间距的关系[69, 70]：

$$W_{ad}(x) = -W_{ad}[1 + (x - d_0)/l]\exp[-(x - d_0)/l] \tag{4.53}$$

式中，$W_{ad}(x)$ 和 d_0 分别为最小吸附功及对应的界面间距；l 为拟合常数，与 d 同数量级。

　　采用 UBER 方法拟合 Mg(0001)/Mg$_2$Pb(110) 和 Mg(0001)/Mg$_2$Pb(111) 界

面吸附功（W_{ad}）和界面间距（d）的关系曲线显示在图 4.44 中。通过界面吸附功（W_{ad}）和界面间距（d）的关系曲线获得最佳的界面间距（d_0），然后根据获得的 d_0 值对两种界面的 5 种不同的原子堆垛模型进行结构弛豫，以使界面结构达到平衡状态。利用结构弛豫后的平衡状态结构，重新计算 5 种类型界面间距（d_0）和吸附功（W_{ad}）。结构弛豫后的界面间距（d_0）和吸附功（W_{ad}）值见表4.24。此外，从图 4.44 中可以观察到，界面类型和原子堆垛方式对界面吸附功和界面间距有显著的影响。OT 的 Mg(0001)/Mg₂Pb(110) 界面吸附功最小，界面间距最大，而 HCP 的 Mg(0001)/Mg₂Pb(110) 界面吸附功最大，界面间距小。Mg(0001)/Mg₂Pb(111) 界面的两种堆垛方式对界面吸附功和界面间距影响较小，二者很接近。

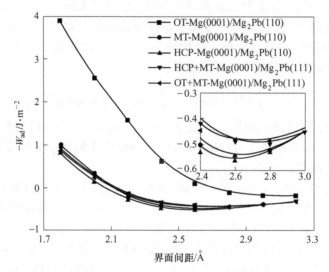

图 4.44 不同原子堆垛 Mg(0001)/Mg₂Pb(110) 和 Mg(0001)/Mg₂Pb(111) 界面模型的 UBER 曲线

表 4.24 **Mg(0001)/Mg₂Pb(110) 和 Mg(0001)/Mg₂Pb(111)**
界面未弛豫和弛豫模型的吸附功和界面间距

界面模型	堆叠方式	未弛豫		弛豫		
		d_0/Å	W_{ad}/J·m⁻²	d_0/Å	W_{ad}/J·m⁻²	γ_{int}/J·m⁻²
Mg(0001)/Mg₂Pb(110)	OT	3.0	0.18	2.94	0.28	1.30
	MT	2.6	0.51	2.58	0.62	0.96
	HCP	2.6	0.50	2.56	0.65	0.92
Mg(0001)/Mg₂Pb(111)	OT-MT	2.8	0.44	2.73	0.57	1.19
	HCP-MT	2.8	0.45	2.75	0.61	1.16

由表 4.24 可以看出，结构弛豫后 5 种不同堆垛方式的界面间距略微减小，而界面吸附功弛豫后都显著增加。其中 HCP - MT - Mg(0001)/Mg₂Pb(111) 界面

结构弛豫后吸附功增加最为显著。此外，从表 4.24 还可以发现，HCP – Mg(0001)/Mg$_2$Pb(111) 界面具有最大的吸附功 （0.65J/m^2） 和最小的界面间距 （2.56Å），因此 HCP – Mg(0001)/Mg$_2$Pb(110) 界面最稳定。

4.10.4 界面能

为了研究界面的热力学稳定性，计算了上述五种类型的界面能。界面能 （γ_{int}） 被定义为由于界面形成而导致的体系每单位面积的多余能量，界面能本质上是由于界面处原子化学键和结构的变化造成的。如果界面两侧的材料完全不同，界面能通常是正值，这是由结构不匹配引起的界面应变导致的；界面能为负值表面该界面在热力学上不稳定，负的界面能将驱使界面处的原子扩散穿过界面，即界面合金化，甚至形成金属间化合物。通常界面能为正值且越小，表明界面越稳定，而界面能太大或者为负值，表明界面在热力学上不稳定。由于在本节界面计算中 Mg$_2$Pb 的界面都是化学计量比表面，因此可以从界面系统的总能量中减去相应体相的总能量来计算界面能：

$$\gamma_{\text{int}} = \frac{1}{A}\left(E_{\text{Mg/Mg}_2\text{Pb}}^{\text{total}} - \frac{N_{\text{Mg}}}{2}u_{\text{Mg}}^{\text{bulk}} - N_{\text{Mg}_2\text{Pb}}u_{\text{Mg}_2\text{Pb}}^{\text{bulk}} \right) \tag{4.54}$$

式中，$E_{\text{Mg/Mg}_2\text{Pb}}^{\text{total}}$ 为弛豫后的界面总能量；N_{Mg} 为界面 Mg(0001) 侧 Mg 原子的个数；$N_{\text{Mg}_2\text{Pb}}$ 为 Mg$_2$Pb(110) 和 Mg$_2$Pb(111) 侧对应体相 Mg$_2$Pb 的原子个数；A 为自由表面形成的界面面积。

由于 Mg(0001)/Mg$_2$Pb(110) 和 Mg(0001)/Mg$_2$Pb(111) 界面侧的 Mg$_2$Pb 自由表面都是化学计量比的，因此界面的界面能是个定值，不会随化学式的变化而改变。通过公式计算的 5 种堆垛方式的界面能见表 4.24。从表 4.24 中可以清晰地发现，5 种界面模型的界面能均为正值，表面这 5 种界面都是热力学稳定的。

在 Mg(0001)/Mg$_2$Pb(110) 界面中，HCP 型界面的界面能 （0.92J/m^2） 最低，而 OT 堆垛模型的界面能 （1.30J/m^2） 最高，这表明 Mg(0001)/Mg$_2$Pb(110)界面中 HCP 型界面热力学最稳定，而顶位界面模型热力学稳定性最低。Mg(0001)/Mg$_2$Pb(111) 界面的两种堆垛模型的界面能相差较小，HCP-MT 型界面的界面能较 OT-MT 界面的界面能低，表明 HCP-MT 型界面比 OT-MT 界面热力学更加稳定。

4.10.5 界面电子性能

为了进一步分析 Mg/Mg$_2$Pb 界面的键和特性，本节通过差分电荷密度和态密度探究界面的电子结构和键合特性。图 4.45 和 4.46 分别为 Mg(0001)/Mg$_2$Pb(110) 和 Mg(0001)/ Mg$_2$Pb(111) 界面沿 c 轴的差分电荷密度。图 4.45 （a） ~ （c） 分别是 Mg(0001)/Mg$_2$Pb(110) 原子堆垛方式为顶位、桥位和 HCP 位置的差分电荷密度图。

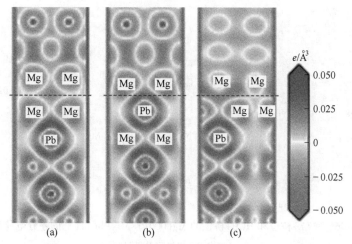

图 4.45　顶位、桥位和 HCP 位 Mg(0001)/Mg$_2$Pb(110) 的差分电荷密度
(扫描书前二维码看彩图)

由图 4.45 可以看出界面处的电荷密度相比界面内部的电荷密度发生了较小的变化。由于 Mg$_2$Pb(110) 侧上有 Mg 原子和 Pb 原子，而 Mg(0001) 只有 Mg 原子，显示出界面原子间有电荷聚集，表明界面有原子之间成键。与界面内部的 Mg(0001) 侧相比，界面处 Mg 原子之间的电子聚集比内层多，表明界面处 Mg-Mg 金属键增强。Mg$_2$Pb 中的 Mg-Pb 键主要是共价-离子混合键，图 4.45（b）显示出界面处 Mg 和 Pb 原子附件聚集了大量的电子，表明界面处 Mg-Pb 键的共价性增强，离子键减弱。

图 4.46 所示为 Mg(0001)/Mg$_2$Pb(111) 界面的两原子堆垛方式沿着 c 轴的差分电荷密度。图中红色代表得到电子，蓝色代表失去电子。图 4.46 表明，Mg(0001) 侧的 Mg 原子周围失去电子，且失去的电子分布在 Mg 原子周围，这是典型的金属键的特征；而 Mg$_2$Pb(111) 侧的 Mg 原子和 Pb 原子附近呈蓝色，表明 Mg 原子和 Pb 原子都失去电子，而失去的电子主要分布在 Mg 原子和 Pb 原子之间，表明 Mg-Pb 有离子键的特征。界面两侧的原子都是 Mg 原子，两侧的 Mg 原子比内层电子失去更多电子，表明界面处键合增强，有利于界面稳定。

为了进一步说明界面的电子性能，图 4.47 和图 4.48 分别给出了 Mg(0001)/Mg$_2$Pb(110) 和 Mg(0001)/Mg$_2$Pb(111) 界面两侧的分态密度（PDOS）。从 PDOS 曲线可以得到一些重要的信息。图 4.47（a）、（b）和（c）分别是 Mg(0001)/Mg$_2$Pb(110) 的顶位、桥位和 HCP 位置。界面层原子的 PDOS 形状与亚层和内层的 PDOS 形状明显不同，表明电荷在界面局部重新分布。从图 4.47 可以看出 Mg$_2$Pb(110) 侧的 Mg 原子比 Mg(0001) 侧的 Mg 原子在费米能级右侧的价带具有更高的占据态，表明 Mg$_2$Pb(110) 侧原子有共价键的特征，这与先前研究

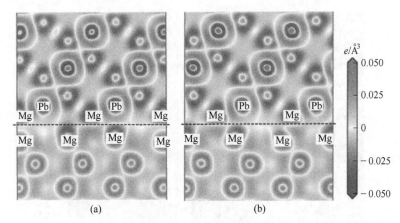

图 4.46　顶位+桥位和 HCP+桥位的 Mg(0001)/Mg₂Pb(111) 的差分电荷密度

（扫描书前二维码看彩图）

Mg₂Pb 中 Mg-Pb 具有共价键-离子键混合的特性相一致。图 4.47、图 4.48 中，界面层原子的电子占据态与内层电子占据态相比略高，表明界面的形成电子在界面处局部重新分布较少，界面层原子之间的化学键和内层一致。

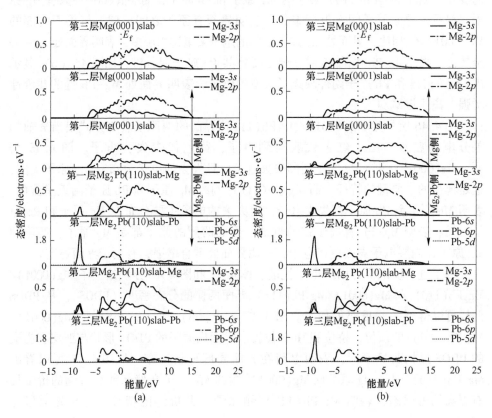

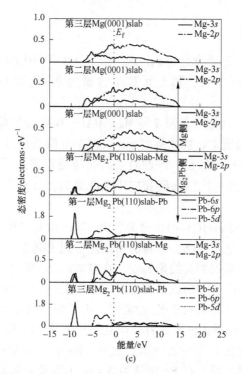

(c)

图 4.47 顶位、桥位和 HCP 位的 Mg(0001)/Mg₂Pb(110) 界面两侧的分态密度

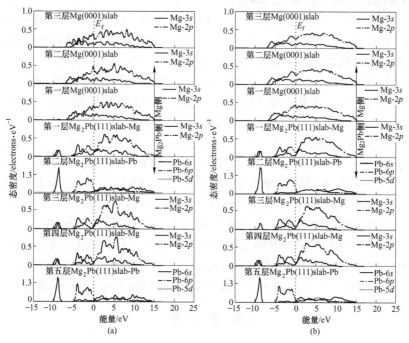

图 4.48 顶位+桥位和 HCP+桥位的 Mg(0001)/Mg₂Pb(111) 界面两侧的分态密度

4.11　本章小结

（1）研究了 Y 元素含量对 Pb-Mg-10Al-1B 合金组织形貌的影响，加入 Y 元素，Mg_2Pb+Pb 共晶细化，稀土元素 Y 含量为 0.4% 和 1% 时，组织更为细小、均匀、致密。

（2）分析了 Y 元素含量对 Pb-Mg-10Al-1B 合金拉伸性能和压缩性能的影响，随着 Y 含量的增加，抗拉强度呈现先增加后降低而后又增加的趋势，但断裂机制仍呈现脆性断裂的特征，同时合金的抗压强度得到了一定的增强；Pb-Mg-10Al-1B-0.4Y 合金的抗拉强度和抗压强度最高，分别为 97MPa 和 586MPa，伸长率为 1.81%。

（3）相比 Pb-Mg-10Al-1B 合金，Pb-Mg-10Al-1B-0.4Y 合金自腐蚀电流密度降低，自腐蚀电位升高，材料的耐蚀性得到了提高。Pb-Mg-10Al-1B-0.4Y 合金的腐蚀形貌结果表明腐蚀最易发生在富 Mg 相。NaF 溶液中存在 MgF_2 产物，在腐蚀过程中，试样表面形成了 MgF_2 薄膜，阻止了合金进一步腐蚀。

（4）在 Pb-Mg-10Al-1B-Sc 合金中，由于部分硼原子以 AlB_2 的形式存在于 α-Mg 和 $Mg_{17}Al_{12}$ 相界面间隙位置，反复钉扎位错，使 Pb-Mg-10Al-1B-Sc 合金的单向拉伸曲线存在 C 型锯齿屈服。此外，随着 Sc 含量的增加，合金的抗拉强度和维氏硬度先增后减，在 Sc 含量为 0.4%（质量分数）时具有最高的抗拉强度（140MPa）和维氏硬度（175HV）。

（5）随着 Sc 含量的增加，Pb-Mg-10Al-1B-Sc 合金的在 3.5% NaCl 溶液中的耐蚀性先提高，后降低，Pb-Mg-10Al-1B-0.6Sc 合金具有最低的双电层电容 17.48μF/cm² 和腐蚀膜层电容 0.29μF/cm²。

（6）Sc 掺杂对 Mg_2Pb 弹性常数和弹性模量的影响较小；泊松比 ν、G_H/B_H 和柯西压力 $C_{12}-C_{44}$ 表明，Mg_2Pb 的脆性较大，Sc 掺杂可使 Mg_2Pb 的脆性降低。Mg_2Pb 的低指数表面中化学计量比表面（110）和（111）的表面能最低，分别为 0.4089J/m² 和 0.4627J/m²，化学计量比表面（110）和（111）最稳定。

（7）半共格界面 Mg(0001)/Mg_2Pb(110) 和非共格界面 Mg(0001)/Mg_2Pb(111) 的第一性原理计算结果表明，顶位的 Mg(0001)/Mg_2Pb(110) 界面最不稳定，具有最高的界面能 1.30J/m² 和最低的界面吸附功 0.28J/m²。桥位和 HCP 位的 Mg(0001)/Mg_2Pb(110) 和顶位-桥位和 HCP-桥位的 Mg(0001)/Mg_2Pb(111) 具有的界面吸附功的界面能相差较小，表明这 4 类界面都趋向于稳定。其中 HCP-Mg(0001)/Mg_2Pb(110) 界面具有最大的界面吸附功（0.65J/m²）和最低界面能（0.92J/m²），表明 HCP-Mg(0001)/Mg_2Pb(110) 界面最稳定。

参 考 文 献

[1] Lü Y, Wang Q, Zeng X, et al. Effects of rare earths on the microstructure, properties and

fracture behavior of Mg–Al alloys [J]. Materials Science and Engineering A, 2000, 278 (1–2): 66–76.

[2] 齐福刚, 张丁非, 张孝华, 等. 稀土 Y 对 Mg–Zn–Mn 镁合金显微组织和力学性能的影响 (英文) [J]. 中国有色金属学报 (英文版), 2014, 24 (5): 1352–1364.

[3] 王斌, 易丹青, 周玲伶, 等. 稀土元素 Y 和 Nd 对 Mg–Zn–Zr 系合金组织和性能的影响 [J]. 金属热处理, 2005, 30 (7): 9–13.

[4] 陈蓉, 胥钧耀, 张丁非, 等. Y 含量对 ZM21 镁合金组织和力学性能的影响 (英文) [J]. 稀有金属材料与工程, 2019, 48 (7): 2084–2090.

[5] 许春香, 张学勇, 杨家灼. Y 对 ZA84 镁合金显微组织和力学性能的影响 [J]. 新技术新工艺, 2010 (8): 94–98.

[6] 谢卫东, 宁旭, 王春光, 等. Sr、Y 对 AZ31 镁合金显微组织与力学性能的影响 [J]. 热加工工艺, 2011 (1): 21–23, 26.

[7] 马宏, 彭晓东, 谢卫东. 稀土 Y 对镁合金显微组织及腐蚀性能的影响 [J]. 腐蚀科学与防护技术, 2011 (3): 27–31.

[8] 段永华, 孙勇, 彭明军, 等. 金属键化合物 Mg_2Pb 的电子结构和弹性性质 [J]. 中国有色金属学报, 2009, 19 (10): 1835–1839.

[9] Baranek P, Schamps J, Noiret I. Ab initio studies of electronic structure, phonon modes, and elastic properties of Mg_2Si [J]. The Journal of Physical Chemistry B, 1997, 101 (45): 9147–9152.

[10] Feng W, Sun S, Bo Y U, et al. First principles investigation of binary intermetallics in Mg–Al–Ca–Sn alloy: Stability, electronic structures, elastic properties and thermodynamic properties [J]. Transactions of Nonferrous Metals Society of China, 2016, 26 (1): 203–212.

[11] Rodriguez P. Serrated plastic flow [J]. Bulletin of Materials Science, 1984, 6 (4): 653–663.

[12] 钱匡武, 彭开萍, 陈文哲. 金属动态应变时效中的 "锯齿屈服" [J]. 福建工程学院学报, 2003, 1 (1): 4–8.

[13] Rodriguez P, Venkadesan S. Serrated Plastic Flow Revisited [J]. Solid State Phenomena, 1995, 42–43: 257–266.

[14] 许志强. 核电结构材料的力学行为及微观组织分析 [D]. 上海: 上海交通大学, 2015.

[15] Song G, Stjohn D. The effect of zirconium grain refinement on the corrosion behavior of magnesium–rare earth alloy MEZ [J]. Journal of Light Metals, 2002, 2 (1): 1–16.

[16] Mansfeld F. Tafel slopes and corrosion rates obtained in the pre–Tafel region of polarization curves [J]. Corrosion Science, 2005, 47 (12): 3178–3186.

[17] Li J, Jiang Q, Sun H, et al. Effect of heat treatment on corrosion behavior of AZ63 magnesium alloy in 3.5wt.% sodium chloride solution [J]. Corrosion Science, 2016, 111: 288–301.

[18] Li J, Zhang B, Wei Q, et al. Electrochemical behavior of Mg–Al–Zn–In alloy as anode materials in 3.5wt.% NaCl solution [J]. Electrochimica Acta, 2017, 238: 156–167.

[19] Cai S, Lei T, Li N, et al. Effects of Zn on microstructure, mechanical properties and corrosion

behavior of Mg–Zn alloys [J]. Materials Science and Engineering C, 2012.

[20] Zander D, Zumdick N A Influence of Ca and Zn on the microstructure and corrosion of biodegradable Mg–Ca–Zn alloys [J]. Corrosion Science, 2015, 93: 222–233.

[21] Ge M Z, Xiang J Y, Yang L, et al. Effect of laser shock peening on the stress corrosion cracking of AZ31B magnesium alloy in a simulated body fluid [J]. Surface and Coatings Technology, 2017, 310: 157–165.

[22] Liu Z L, Liu Y, Liu X Q, et al. Effect of Minor Zn Additions on the Mechanical and Corrosion Properties of Solution – Treated AM60 – 2% RE Magnesium Alloy [J]. Journal of Materials Engineering and Performance, 2016, 25 (7): 2855–2865.

[23] Baril G, Galicia G, Deslouis C, et al. An Impedance Investigation of the Mechanism of Pure Magnesium Corrosion in Sodium Sulfate Solutions [J]. Journal of the Electrochemical Society, 2007, 154 (2): C108–C113.

[24] Brug, G. The analysis of electrode impedances complicated by the presence of a constant phase element [J]. Journal of Electroanalytical Chemistry and Interfacial Electrochemistry, 1984, 176 (1–2): 275–295.

[25] Jorcin J B, Orazem M E, Pébère N, et al. CPE analysis by local electrochemical impedance spectroscopy [J]. Electrochimica Acta, 2006, 51 (8–9): 1473–1479.

[26] Conde A, Damborenea J D. Evaluation of exfoliation susceptibility by means of the electrochemical impedance spectroscopy [J]. Corrosion Science, 2000, 42 (8): 1363–1377.

[27] Zhang Y, Yan C, F Wang, et al. Electrochemical behavior of anodized Mg alloy AZ91D in chloride containing aqueous solution [J]. Corrosion Science, 2005, 47 (11): 2816–2831.

[28] Chen Y M, Nguyen A S, Orazem M E, et al. Identification of Resistivity Distributions in Dielectric Layers by Measurement Model Analysis of Impedance Spectroscopy [J]. Electrochimica Acta, 2016, 219: 312–320.

[29] Gomes M P, Costa I, Pébère N, et al. On the corrosion mechanism of Mg investigated by electrochemical impedance spectroscopy [J]. Electrochimica Acta, 2019, 306: 61–70.

[30] Tribollet B, Kittel J, Meroufel A, et al. Corrosion mechanisms in aqueous solutions containing dissolved H$_2$S. Part 2: Model of the cathodic reactions on a 316L stainless steel rotating disc electrode [J]. Electrochimica Acta, 2014, 124: 46–51.

[31] Udhayan R, Bhatt D P. On the corrosion behaviour of magnesium and its alloys using electrochemical techniques [J]. Journal of Power Sources, 1996, 63 (1): 103–107.

[32] Li J, Jiang Q, Sun H, et al. Effect of heat treatment on corrosion behavior of AZ63 magnesium alloy in 3.5wt.% sodium chloride solution [J]. Corrosion Science, 2016, 111: 288–301.

[33] Birbilis N, Ralston K D, Virtanen S, et al. Grain character influences on corrosion of ECAPed pure magnesium [J]. Corrosion Engineering, Science and Technology, 2010, 45 (3): 224–230.

[34] Wu P, Xu F, Deng K, et al. Effect of extrusion on corrosion properties of Mg–2Ca–χAl (χ=

0, 2, 3, 5) alloys [J]. Corrosion Science, 2017, 127: 280-290.

[35] Liao J, Hotta M, Motoda S, et al. Atmospheric corrosion of two field - exposed AZ31B magnesium alloys with different grain size [J]. Corrosion Science, 2013, 71: 53-61.

[36] Aung N N, Zhou W. Effect of grain size and twins on corrosion behaviour of AZ31B magnesium alloy [J]. Corrosion Science, 2010, 52 (2): 589-594.

[37] Argade G R, Panigrahi S K, Mishra R. S. Effects of grain size on the corrosion resistance of wrought magnesium alloys containing neodymium [J]. Corrosion Science, 2012, 58: 145 - 151.

[38] Zhang S B, Northrup J E. Chemical potential dependence of defect formation energies in GaAs: Application to Ga self-diffusion [J]. Physical Review Letters, 1991, 67 (17): 2339.

[39] Laks D B, Van de Walle C G, Neumark G F, et al. Native defects and self-compensation in ZnSe [J]. Physical Review B, 1992, 45 (19): 10965.

[40] Van de Walle C G, Laks D B, Neumark G F, et al. First-principles calculations of solubilities and doping limits: Li, Na, and N in ZnSe [J]. Physical Review B, 1993, 47 (15): 9425.

[41] Ramachandran V, Ibrahim M M. Third-order elastic constants and the low-temperature limit of the Grüneisen parameter of Mg_2Pb on axe's shell model [J]. Journal of Low Temperature Physics, 1982, 47 (3): 351-353.

[42] Wang A J, Shang S L, Du Y, et al. Structural and elastic properties of cubic and hexagonal TiN and AlN from first-principles calculations [J]. Computational Materials Science, 2010, 48 (3): 705-709.

[43] Born M, Huang K. Dynamical Theory of Crystal Lattices [M]. Oxford: Oxford University Press, 1998.

[44] Duan Y, Sun Y, Peng M, et al. Calculated structure, elastic and electronic properties of Mg_2Pb at high pressure [J]. Journal of Wuhan University of Technology, 2012, 27 (2): 377-381.

[45] Wakabayashi N, Ahmad A A Z, Shanks H R, et al. Lattice dynamics of Mg_2Pb at room temperature [J]. Physical Review B, 1972, 5 (6): 2103.

[46] Voight W. Handbook of Crystal Physics [M]. Teubner, Berlin, 1928.

[47] Reuss A. Calculation of the flow limits of mixed crystals on the basis of the plasticity of monocrystals [J]. Zeitschrift für Angewandte Mathematik und Mechanik, 1929, 9: 49-58.

[48] Hill R. The elastic behaviour of a crystalline aggregate [J]. Proceedings of the Physical Society A, 1952, 65 (5): 349.

[49] Wu Z, Zhao E, Xiang H, et al. Crystal structures and elastic properties of superhard IrN_2 and IrN_3 from first principles [J]. Physical Review B, 2007, 76 (5): 054115.

[50] Duan Y H, Sun Y, Feng J, et al. Thermal stability and elastic properties of intermetallics Mg_2Pb [J]. Physica B, 2010, 405 (2): 701-704.

[51] Chung P L, Danielson G C. USACE Report [M]. US: The MIT Press, 1966.

[52] Bao L, Qu D, Kong Z, et al. Anisotropies in elastic properties and thermal conductivities of

trigonal TM$_2$C (TM=V, Nb, Ta) carbides [J]. Solid State Sciences, 2019, 98: 106027-106037.

[53] Pettifor D G. Theoretical predictions of structure and related properties of intermetallics [J]. Materials Science and Technology, 1992, 8 (4): 345-349.

[54] Pugh S F. Relations between the elastic moduli and the plastic properties of polycrystalline pure metals [J]. Philosophical Magazine, 2009, 45 (367): 823-843.

[55] Ranganathan S I, Ostoja-Starzewski M. Universal Elastic Anisotropy Index [J]. Physical Review Letters, 2008, 101 (5): 055504.

[56] Vahldiek F W, Mersol S A. Anisotropy in Single-Crystal Refractory Compounds [M]. US: Springer, 1968.

[57] Ravindran P, Fast L, Korzhavyi P A, et al. Density functional theory for calculation of elastic properties of orthorhombic crystals: Application to TiSi$_2$ [J]. Journal of Applied Physics, 1998, 84 (9): 4891-4904.

[58] Nye J F. Physical properties of crystals: Their representation by tensors and matrices [M]. London: Oxford University Press, 1985.

[59] Hearmon R. An Introduction to Applied Anisotropic Elasticity [M]. London: Oxford University Press, 1961.

[60] Jiao Z, Liu Q J, Liu F S, et al. Structural and electronic properties of low-index surfaces of NbAl$_3$ intermetallic with first-principles calculations [J]. Applied Surface Science, 2017, 419: 811-816.

[61] Pang Q, Zhang J, Xu K W, et al. Structural, electronic properties and stability of the (1×1) PbTiO$_3$ (111) polar surfaces by first-principles calculations [J]. Applied Surface Science, 2009, 255 (18): 8145-8152.

[62] Liu L. First-principles study of polar Al/TiN (111) interfaces [J]. Acta Materialia, 2004, 52 (12): 3681-3688.

[63] Sun S P, Li X P, Wang H J, et al. First-principles investigations on the electronic properties and stabilities of low-index surfaces of L$_{12}$-Al$_3$Sc intermetallic [J]. Applied Surface Science, 2014, 288 (1): 609-618.

[64] Zhang H Z, Wang S Q. First-principles study of Ti$_3$AC$_2$ (A=Si, Al) (001) surfaces [J]. Acta Materialia, 2007, 55 (14): 4645-4655.

[65] Kittel C. Introduction to solid state physics [M]. New York: Wiley, 1976.

[66] Chen Y, Dai J, Song Y. Stability and hydrogen adsorption properties of Mg/Mg$_2$Ni interface: A first principles study [J]. International Journal of Hydrogen Energy, 2018, 43 (34): 16598-16608.

[67] Xian Y, Qiu R, Wang X, et al. Interfacial properties and electron structure of Al/B$_4$C interface: A first-principles study [J]. Journal of Nuclear Materials, 2016, 478: 227-235.

[68] Jian L, Yang Y, Li L, et al. Interfacial properties and electronic structure of β-SiC

(111)/α- Ti(0001)： A first principle study ［J］. Journal of Applied Physics, 2013, 113 （2）: 307-7895.

［69］ Smith J R, Hong T, Srolovitz D J. Metal-Ceramic Adhesion and the Harris Functional ［J］. Physical Review Letters, 1994, 72 （25）: 4021-4024.

［70］ Waghmare U V, Bulatov V, Kaxiras E, et al. Microalloying for ductility in molybdenum disilicide ［J］. Materials Science and Engineering A, 1999, 261 （1-2）: 147-157.

5 铅硼复合核辐射防护
材料的热压缩行为研究

由于铅硼复合核辐射防护材料在常温下塑性变形能力差，使得在常温下变形加工具有一定难度，因此对该合金的高温塑性变形行为进行研究十分必要，从中可以找出流变应力、应变、应变速率和变形温度之间的关系规律，同时可以在一定程度上了解微观组织在热加工过程中的变化，为进行深入理论分析和数值模拟提供必要的实验依据。

本章利用热压缩试验获得的高温应力-应变曲线，分析高温流变应力随变形温度，变形速率变化的规律，同时建立 Pb-Mg-Al-B 和 Pb-Mg-Al-B-Y(Sc) 铅硼复合核辐射防护材料的高温应变应力方程模型，探讨动态再结晶临界条件等。

5.1 Pb-Mg-10Al-0.5B 铅硼复合核辐射防护材料的热压缩行为研究

5.1.1 热压缩应力-应变曲线

图 5.1 所示为 Pb-Mg-10Al-0.5B 合金经过热压缩实验后在不同应变速率和温度下呈现的真应力-真应变曲线。这些曲线典型的变化就是在压缩初始阶段真应力随真应变的增加而迅速增加，在达到其峰值后缓慢下降，最后达到稳态阶段。从图 5.1 可以清楚地看到在同一应变速率下，所有的真应力随着温度的升高而降低。产生这一现象的主要原因是由于压缩温度的升高，金属原子的热振动振幅增加、原子间的相互作用减弱。

在图 5.1 中，绝大多数真应力-真应变曲线在真应力达到峰值后，出现了明显的稳态阶段，这是由于加工硬化作用和动态软化达到平衡。加工硬化是由位错塞积引起的，软化作用是由动态回复和动态再结晶引起的[1]，值得注意的是在变形速率为 $10s^{-1}$，变形温度为 493K、533K 时并没有明显的稳态阶段。这可能是由在高应变速率和低温度下不完全的动态再结晶或者试样开裂引起的。

Pb-Mg-10Al-0.5B 合金的流变应力与热变形参数相关。此处以峰值应力为例阐述热变形参数对流变应力的影响。表 5.1 列出了不同应变速率和变

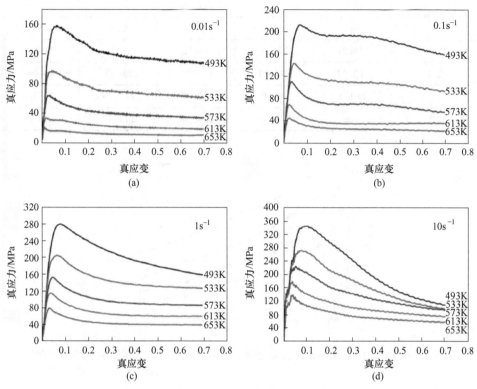

图 5.1　Pb-Mg-10Al-0.5B 合金的真应力-真应变曲线

(a) $0.01s^{-1}$；(b) $0.1s^{-1}$；(c) $1s^{-1}$；(d) $10s^{-1}$

形温度下的峰值应力。图 5.2 所示为峰值应力与应变速率和变形温度的关系。综合分析表 5.1 和图 5.2，可以看出在同一变形温度下峰值应力随着应变速率的增加而增加；这一现象是因为应变速率高时，变形过程所需时间相应缩短，动态再结晶进行不够充分，结晶的形核数量减少，导致合金的软化效果减弱，峰值应力也相应增加；当压缩变形速率减小时，动态再结晶的时间变长，形核率增加，使得加工硬化的效果变弱。同时还可以看出，在同一变形速率下峰值应力随着温度升高而降低。这是由于变形温度升高，材料的热激活作用增强，进而使得动态再结晶的形核率增大，晶核长大的驱动力增大，促进了动态再结晶的软化过程；同时温度升高使得材料的临界切应力降低，滑移系增加，变形阻力减少。总的来说，变形条件对流变应力的影响是，变形速率越高，越不利于动态再结晶的充分进行，流变应力越高；温度越高，材料的动态再结晶进行的越充分，流变应力越低。

表 5.1　Pb-Mg-10Al-0.5B 合金在不同变形条件下的峰值应力　(MPa)

变形速率/s⁻¹	变形温度/K				
	493	533	573	613	653
0.01	158.28	97.04	67.72	33.26	21.08
0.1	212.13	143.04	110.21	68.37	44.04
1	280.6	205.85	152.78	114.78	78.36
10	346	272.36	224.38	179.17	139.09

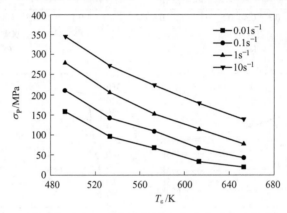

图 5.2　Pb-Mg-10Al-0.5B 合金流变峰值应力与应变速率、变形温度的关系曲线

5.1.2　本构模型

5.1.2.1　确定 n 值

合金的热变形是一个受热激活控制的过程,可以通过应变速率 $\dot{\varepsilon}$、温度 T 和流变应力 σ 之间的关系来描述其流变行为。对应变速率 $\dot{\varepsilon}$、温度 T 和流变应力 σ 之间的数学表达式的研究结果主要有以下 3 种。

在低应力条件下,合金的流变可用指数模型来描述[2]:

$$\ln\dot{\varepsilon} = \ln A_1 - Q/(RT) + n_1\ln\sigma \qquad (5.1)$$

高应力条件下,合金的流变可以用幂指数模型来描述[3]:

$$\ln\dot{\varepsilon} = \ln A_2 - Q/(RT) + \beta\sigma \qquad (5.2)$$

所有应力条件下,合金的流变可以用双曲正弦函数来描述[4]:

$$\ln\dot{\varepsilon} = \ln A - Q/(RT) + n\ln[\sinh(\alpha\sigma)] \qquad (5.3)$$

由式 (5.1) 及式 (5.2) 可知, n_1 和 β 分别是 $\ln\sigma$-$\ln\dot{\varepsilon}$ 和 σ-$\ln\dot{\varepsilon}$ 的斜率,将表 5.1 中不同应变速率下的峰值应力代入式 (5.1) 及式 (5.2),通

过 Origin 软件得到图 5.3。由图 5.3（a）和（b）分别可得 $n_1 = 5.787$，$\beta = 0.0445$，进而得到 $\alpha = \beta/n_1 = 0.0077$。

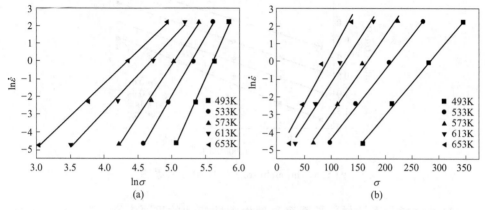

图 5.3　特征应力与应变速率之间的关系

（a）$\ln\sigma - \ln\dot{\varepsilon}$；（b）$\sigma - \ln\dot{\varepsilon}$

将表 5.1 中不同应变速率下的峰值应力及上述所求 α 值代入式（5.3）中，通过一元线性回归可得图 5.4 中斜率 $n = 3.934$。

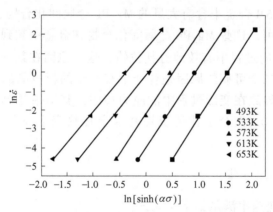

图 5.4　$\ln\dot{\varepsilon} - \ln[\sinh(\alpha\sigma)]$ 关系

5.1.2.2　确定 Q 值

对于特定应变速率下的 Q 值，可以通过式（5.4）的偏微分公式求得：

$$Q = R\left\{\frac{\partial\ln\dot{\varepsilon}}{\partial\ln[\sinh(\alpha\sigma)]}\right\}_T\left\{\frac{\partial\ln[\sinh(\alpha\sigma)]}{\partial(1/T)}\right\}_{\dot{\varepsilon}} = RnS \qquad (5.4)$$

n 已经得出，S 值为图 5.5 中 $1000/T - \ln[\sinh(\alpha\sigma)]$ 曲线的斜率，R 为气体常数（8.314J/（mol·K））。所以 $Q = 129.259$kJ/mol。

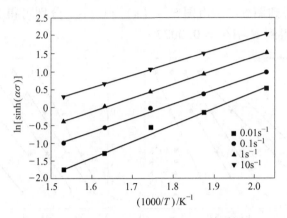

图 5.5 $\ln[\sinh(\alpha\sigma)]$-1000/T 关系图

热激活能是表征材料是否容易发生塑性变性的重要参数。Pb-Mg-10Al-0.5B 核辐射防护材料的热激活能是 129.259kJ/mol，远远高于传统的铅合金，比如 Pb-Sb 合金（63kJ/mol）[5]、Pb-Sn 共晶合金（81.1kJ/mol）[6]，而且接近于纯镁的激活能（135kJ/mol）[7]，有两个可能的原因导致了这一现象，第一个是金属间相和位错之间相互作用的影响。由于添加了较多的 Mg，Pb-Mg-10Al-0.5B 合金中含有大量的 Mg_2Pb 金属间化合物，由于 Mg-Pb 之间强的共价键作用，这些 Mg_2Pb 金属间化合物在合金中起到非常大的加强作用[8]，在热变形的过程中有效地钉扎位错，这一原因在某一程度上引起热激活能的提高。第二个可能的原因是合金中有大量的粗枝晶的存在，枝晶可防止晶界滑移，并导致在变形过程中的应力集中，其结果是热激活能增加，这让 Pb-Mg-10Al-0.5B 合金比传统铅基合金在热变形过程中有更高的热激活能。

5.1.2.3   确定 A 值

Z 参数与应变速率满足如下关系式：

$$Z = \dot{\varepsilon}\exp[Q/(RT)] = A[\sinh(\alpha\sigma)]^n \qquad (5.5)$$

对式（5.5）两边取对数可得：

$$\ln Z = \ln A + n\ln[\sinh(\alpha\sigma)] \qquad (5.6)$$

$\ln A$ 的值可以从线性回归曲线 $\ln[\sinh(\alpha\sigma)]$-$\ln Z$（图 5.6）的截距得到，进而得到 $A = 1.037 \times 10^{11}$。

由上述公式得到的峰值本构方程的各参数值列见表 5.2。由此得到 Pb-Mg-10Al-0.5B 核辐射防护材料的峰值应力本构模型为：

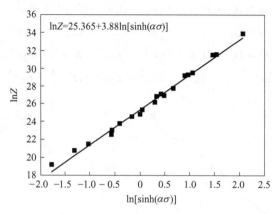

图 5.6　ln[sinh(ασ)]-lnZ 关系

表 5.2　峰值应力本构方程各参数值

n_1	β	α	Q	A
5.787	0.0445	0.0077	129.259	1.037×10^{11}

$$\dot{\varepsilon} = 1.037 \times 10^{11} [\sinh(0.0077\sigma)]^{3.934} \exp[-129259/(RT)] \qquad (5.7)$$

根据双曲正弦函数的定义，可以将峰值应变变形为含有 Z 参数的函数：

$$\sigma = \frac{1}{\alpha} \ln\left\{ \left(\frac{Z}{A}\right)^{1/n} + \left[\left(\frac{Z}{A}\right)^{2/n} + 1 \right]^{1/2} \right\} \qquad (5.8)$$

将式（5.7）中的未知量数值代入式（5.8），可得：

$$\sigma = \frac{1}{0.0077} \ln\left\{ \left(\frac{Z}{1.037 \times 1011}\right)^{1/3.934} + \left[\left(\frac{Z}{1.037 \times 1011}\right)^{2/3.934} + 1 \right]^{1/2} \right\}$$

$$(5.9)$$

其中 $Z = \dot{\varepsilon}\exp[129259/(RT)]$。

应变对高温流变应力的影响通常被认为是微不足道的，因此一般在式（5.4）计算中忽略应变。然而，最近的研究表明应变可以影响变形活化能 Q。此外，应变对材料常数（即 α、n 和 $\ln A$）也存在明显的影响。因此，提出应变耦合方程，为了建立最终的本构方程从而准确完整地预测流动应力。参照求特征峰值应力求本构参数的方法，在应变为 0.1~0.7 之间，每隔 0.1 取对应的应变值，求出对应应变值特定的本构方程参数值（α、n、Q、$\ln A$），由于材料参数与应变量之间为非线性关系，可假定材料参数为应变量的函数。目前，众多学者都采用五次多项式拟合来确定参数之间的关系[9~11]，即应变对本构方程的影响通过假定某一应变下对应的热激活能和其他材料参数是应变的五次多项式函数确定。α、n、Q 及 $\ln A$ 等参数多项式拟合的结果如图 5.7 和表 5.3 所示。

$$\alpha = B_0 + B_1\varepsilon + B_2\varepsilon^2 + B_3\varepsilon^3 + B_4\varepsilon^4 + B_5\varepsilon^5 \tag{5.10}$$

$$n = C_0 + C_1\varepsilon + C_2\varepsilon^2 + C_3\varepsilon^3 + C_4\varepsilon^4 + C_5\varepsilon^5 \tag{5.11}$$

$$Q = D_0 + D_1\varepsilon + D_2\varepsilon^2 + D_3\varepsilon^3 + D_4\varepsilon^4 + D_5\varepsilon^5 \tag{5.12}$$

$$\ln A = E_0 + E_1\varepsilon + E_2\varepsilon^2 + E_3\varepsilon^3 + E_4\varepsilon^4 + E_5\varepsilon^5 \tag{5.13}$$

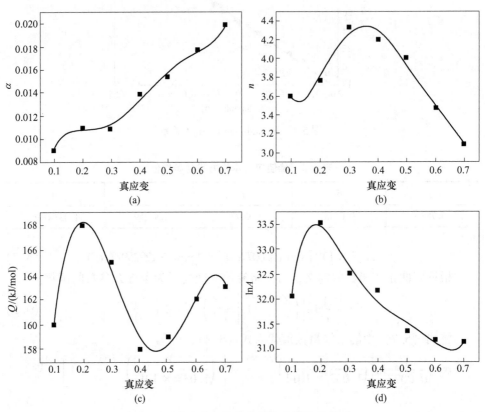

图 5.7　真应力与本构方程各参数值的关系

(a)α；(b)n；(c)Q；(d)$\ln A$

表 5.3　α、n、Q、$\ln A$ 各参数值的多项式的拟合结果 （x 代表多项式系数 B，C，D，E）

拟合结果	x_0	x_1	x_2	x_3	x_4	x_5
α	−0.00304	0.23028	−1.46	4.28068	−5.63636	2.75
n	5.58686	−41.34995	282.5125	−769.08712	912.84091	−400.83333
Q	126.757662	520.179069	−215.5810	310.8180	−842.51110	−804.10208
$\ln A$	22.97767	159.60507	−876.79608	2168.32297	−2544.7697	1150.45417

为了确定 Pb-Mg-10Al-0.5B 合金的热变形本构方程的准确性，采用相关

系数误差法（R）、平均相对误差法（$MARE$）和均方根误差法（$RMSE$）三种标准误差评估方法来判定预测计算值与实验值的吻合度，三种评估方法公式如下[12]：

$$R = \frac{\sum_{1}^{n} (e_i - \bar{e})(c_i - \bar{c})}{\sqrt{\sum_{1}^{n} (e_i - \bar{e})^2 \sum_{1}^{n} (c_i - \bar{c})^2}} \qquad (5.14)$$

$$MARE = \frac{1}{n} \sum_{1}^{n} \left| \frac{e_i - c_i}{e_i} \right| \times 100\% \qquad (5.15)$$

$$RMSE = \sqrt{\frac{1}{n} \sum_{1}^{n} (e_i - c_i)^2} \qquad (5.16)$$

式中，e_i 和 c_i 分别为实验值和计算值；$\bar{e}$ 和 $\bar{c}$ 分别为平均实验值和计算值；n 为验证中使用的数据对的总数。

式（5.14）中如果相关系数 R 的值接近 1，证明预测计算值与实验数据吻合度很高；否则，如果 R 值接近 0 意味着预测计算值与实验数据相差很大。由于使用相关系数误差法存在一定的偏差，即有时 R 值很高，但误差较大[13]，所以本节还用了两种更加准确的判断误差方法：平均相对误差法（$MARE$）和均方根误差法（$RMSE$）。

图 5.8 所示为实验值和预测计算的流变应力值之间的比较，图中横坐标表示实验流变应力值，纵坐标表示预测计算值，左起水平倾斜 45°的虚线表示一条完美拟合曲线，如果实验值和预测数据对应点的刚好落在该拟合线上，则证明他们是完全吻合的。由图 5.8（a）可知，相关系数值（R）、平均相对误差值（$MARE$）、均方根误差值（$RMSE$）分别是 0.9961、3.596% 和 6.180，并且只有少数的点落在 10% 误差线外，说明根据本构方程计算出的预测结果非常准确。图 5.8（b）所示为去除掉温度 493K 后其他温度和应变速率下的应力值对比，可以发现相关系数值（R）提高到 0.9986，平均相对误差值（$MARE$）、均方根误差值（$RMSE$）分别降低到 3.445% 和 3.048，说明该本构方程对低温下的预测值比在高温下误差要大。但总体来说，预测结果还是非常准确的。

5.1.3　动态再结晶临界条件

5.1.3.1　硬化率曲线

在材料的应力-应变曲线中峰值应力的产生是加工硬化和动态软化相互竞争共同作用的结果，因此在达到峰值应力之前，动态再结晶已经发生，动态再结晶的发生依赖于基体内位错的不断积累，其临界点可以通过硬化率曲线确定。采用

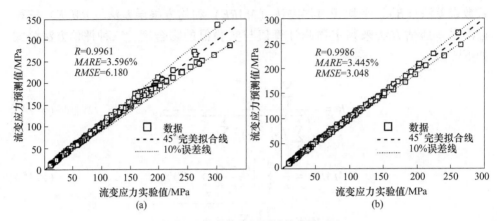

图5.8 实验值与预测计算值的对比

（a）流变应力实验值/MPa；（b）流变应力实验值/MPa

硬化率的方法测量材料的再结晶临界条件，必须取得流变应力曲线上每个点的斜率，由图5.1中Pb-Mg-10Al-0.5B合金的真应力-真应变曲线所知，每条曲线具有局部上下波动的特征，直接对其求导是极其困难的，所以必须先把每条曲线拟合成一条光滑的曲线。以应变速率为$0.01s^{-1}$的真应力-真应变曲线为例，拟合曲线如图5.9所示，拟合方程形式为式（5.17），得到拟合方程后，再对拟合方程求导，得到$\theta = d\sigma/d\varepsilon$，最后绘制应力-硬化率曲线，求出临界条件。

$$\sigma = A_0 + A_1\varepsilon + A_2\varepsilon^2 + A_3\varepsilon^3 + A_4\varepsilon^4 + A_5\varepsilon^5 + A_6\varepsilon^6 + A_7\varepsilon^7 + A_8\varepsilon^8 + A_9\varepsilon^9$$

$$(5.17)$$

式中，σ 为应力；ε 为应变；$A_0 \sim A_9$ 为待定常数。

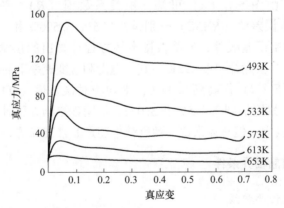

图5.9 Pb-Mg-10Al-0.5B合金在应变速率为$0.01s^{-1}$时拟合的真应力-真应变曲线

以材料在变形温度493K，应变速率$0.01s^{-1}$为例，通过Origin拟合可得待定系数，见表5.4，其他加工条件下的拟合曲线待定参数在此不再赘述。

表5.4 温度为493K，应变速率 $0.01s^{-1}$ 时的应力-应变曲线拟合参数

参数	拟合值	参数	拟合值
A_0	6.60813	A_5	16694700
A_1	6761.89921	A_6	-33478000
A_2	-115900.7118	A_7	40868300
A_3	1012280	A_8	-27739400
A_4	-5216740	A_9	8021470

　　求得对各应力-应变下的加工硬化率后，绘制出加工硬化率曲线，如图5.10所示。由图5.10可以看出，在变形的初始阶段，硬化率 θ 值迅速降低；随着变形量的进一步加大，θ 值下降的趋势变缓，也就是说，在变形初期，合金内位错密度迅速增加，加工硬化现象明显，但随着应变量的增加，加工硬化的作

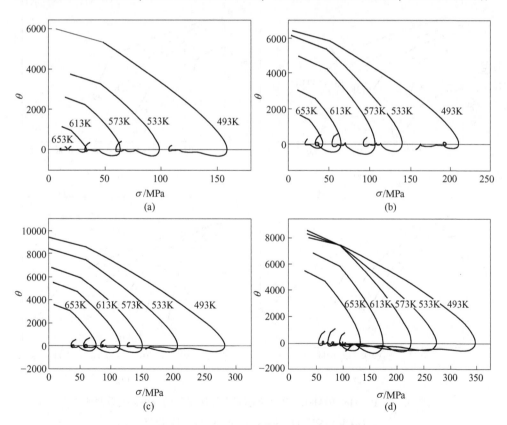

图5.10 Pb-Mg-10Al-0.5B 合金应力与硬化率的关系

(a) $0.01s^{-1}$；(b) $0.1s^{-1}$；(c) $1s^{-1}$；(d) $10s^{-1}$

用逐渐减小，当位错缠结形成亚晶并逐渐发生动态再结晶时，加工硬化所引起的应力增长变得十分缓慢，在硬化率的下降过程中，其变化速率随着应力值的不同而发生不同的变化，硬化率曲线上存在着几个明显的拐点，其中，当硬化率的值下降为 0 时，曲线斜率改变方向，这预示着流变应力达到峰值，该点对应着峰值应力 σ_p 和峰值应变 ε_p。在这之后硬化率曲线慢慢趋向一条水平直线，这说明材料内部加工硬化和动态再结晶等引起的软化达到了动态平衡。

5.1.3.2 动态再结晶临界条件

材料在发生动态再结晶时，不仅 θ-σ 曲线出现拐点，而且曲线 $\ln\theta$-ε 也呈现明显的拐点特征。各变形条件下的 $\ln\theta$-ε 曲线如图 5.11 所示，曲线中箭头所指拐点为动态再结晶临界点。

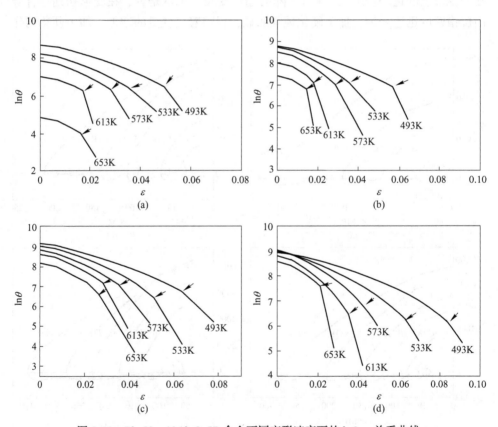

图 5.11 Pb-Mg-10Al-0.5B 合金不同变形速率下的 $\ln\theta$-ε 关系曲线
(a) 0.01s^{-1}；(b) 0.1s^{-1}；(c) 1s^{-1}；(d) 10s^{-1}

由图 5.11 可以看出，随着变形温度的上升，对应的发生动态再结晶的临界应变降低；随着应变速率的降低，对应的发生动态再结晶的临界应变也降低，这表明变形温度的上升和应变速率的降低，让动态再结晶更容易发生，这与流变应力-应变曲线分析所得结果一致。根据图 5.11 可确定该合金在不同变形条件下的临界应变（ε_c），见表 5.5；综合上节确定的峰值应变（ε_p）（表 5.6）可以寻找临界应变（ε_c）和峰值应变（ε_p）与加工条件 Z 的关系（表 5.7）。

表 5.5 Pb-Mg-10Al-0.5B 合金不同变形条件下的临界应变（ε_c）

$\dot{\varepsilon}/\mathrm{s}^{-1}$	温度/K				
	493	533	573	613	653
0.01	0.04955	0.03120	0.02007	0.01126	0.00707
0.1	0.05955	0.03787	0.02686	0.0178	0.01683
1	0.06335	0.05035	0.03558	0.02849	0.02663
10	0.08161	0.06094	0.04091	0.03063	0.02782

表 5.6 Pb-Mg-10Al-0.5B 合金不同变形条件下的峰值应变（ε_p）

$\dot{\varepsilon}/\mathrm{s}^{-1}$	温度/K				
	493	533	573	613	653
0.01	0.06272	0.04052	0.02448	0.01463	0.00873
0.1	0.06845	0.04353	0.03236	0.02228	0.02187
1	0.07821	0.06216	0.04339	0.03392	0.03133
10	0.09832	0.07342	0.05051	0.03521	0.03759

表 5.7 Pb-Mg-10Al-0.5B 合金不同变形条件下的 ln$Z$ 值

$\dot{\varepsilon}/\mathrm{s}^{-1}$	温度/K				
	493	533	573	613	653
0.01	26.93066	24.56400	22.52775	20.75725	19.20366
0.1	29.23325	26.86658	24.83034	23.05984	21.50624
1	31.53583	29.16917	27.13292	25.3624	23.80883
10	33.83842	31.47175	29.43551	27.66501	26.11141

将表 5.5、表 5.6 中的数值取对数，再与表 5.7 中的数据对数值线性拟合，可得如下关系式：

$$\ln\varepsilon_c = -7.4168 + 0.1502\ln Z \tag{5.18}$$
$$\ln\varepsilon_p = -7.1104 + 0.1463\ln Z \tag{5.19}$$

由此可确定 Pb-Mg-Al-0.5B 合金发生动态再结晶的临界应变和峰值应变与 Z 因子之间的关系为：

$$\varepsilon_c = 6.01 \times 10^{-4} Z^{0.15} \tag{5.20}$$

$$\varepsilon_p = 8.17 \times 10^{-4} Z^{0.15} \tag{5.21}$$

当材料加工的加工条件确定时，可以通过上述公式来推断该材料在高温变形中的动态再结晶临界应变和峰值应变。

5.1.4　热加工图

5.1.4.1　功率耗散图和失稳图

基于实验获得的 Pb-Mg-10Al-0.5B 合金在塑性变形行为过程中的实验数据，选取真应变为 0.1、0.3、0.5、0.7 时，不同变形温度、应变速率和流变应力值，见表 5.8。

表 5.8　Pb-Mg-10Al-0.5B 合金在不同变形条件下的流变应力　　（MPa）

应变 ε	应变速率 $(\dot{\varepsilon}/\mathrm{s}^{-1})$	变形温度/K				
		493	533	573	613	653
0.1	0.01	149.88	87.932	50.712	28.316	15.07
	0.1	205.64	123.59	81.367	43.36	30.691
	1	274.59	191.39	127.6	89.21	57.385
	10	345.88	265.04	203.41	141.68	104.69
0.3	0.01	119.09	71.44	40.938	21.954	11.874
	0.1	192.9	109.22	69.992	34.138	25.216
	1	213.23	142.88	94.804	63.59	41.379
	10	240.56	182.79	143.14	100.02	74.174
0.5	0.01	111.24	65.476	36.973	20.163	11.293
	0.1	178.49	104.89	65.345	35.088	23.779
	1	179.02	131	87.302	60.142	39.053
	10	185.32	142.32	113.39	84.293	63.929
0.7	0.01	108.5	60.942	34.27	18.604	10.416
	0.1	145.34	92.672	55.077	35.074	21.356
	1	160.75	126.24	85.266	59.07	38.643
	10	169.32	137.6	94.296	75.012	58.464

从表 5.8 可以看出，当应变和应变速率一定时，流变应力随变形温度的升高而减小；当应变和变形温度一定时，流变应力随应变速率的增大而增大。根据动态模型理论可知，只有当材料的流变应力与应变速率满足指数关系时建立的加工图才可靠。根据表 5.8 中的实验数据，分别绘制不同应变时 Pb-Mg-10Al-0.5B 合金流变应力对数值与应变速率对数值之间的关系图，如图 5.12 所示。由图

5.12 可见,当温度一定时,直线相关系数均在 90% 以上,二者之间满足较好的线性关系。因此,使用动态材料模型建立合金的加工图是可靠的。

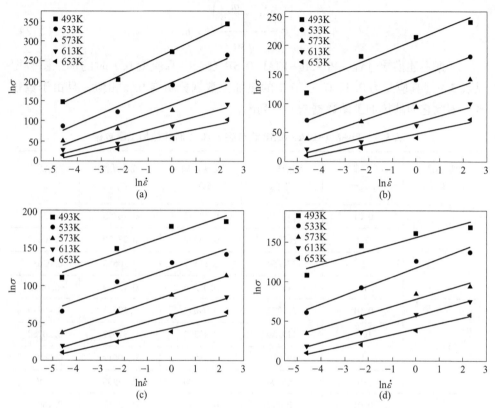

图 5.12 Pb-Mg-Al-0.5B 合金不同应变下流变应力对数值与应变速率对数值的关系

(a) $\varepsilon=0.1$; (b) $\varepsilon=0.3$; (c) $\varepsilon=0.5$; (d) $\varepsilon=0.7$

通常使用插值法求解应变速率指数 m,即构建真应力对数与应变速率的对数的拟合多项式,为了保证 m 计算值的精度,一般采用三次多项式来拟合 $\ln\sigma$ 和 $\ln\dot{\varepsilon}$ 的函数关系:

$$\ln\sigma = A + B\ln\dot{\varepsilon} + C(\ln\dot{\varepsilon})^2 + D(\ln\dot{\varepsilon})^3 \qquad (5.22)$$

根据 m 的定义,对式 (5.22) 两边同时求导,可得:

$$m = \left[\frac{\partial(\ln\sigma)}{\partial(\ln\dot{\varepsilon})}\right]_{T,\varepsilon} = B\ln\dot{\varepsilon} + 2C\ln\dot{\varepsilon} + 3D(\ln\dot{\varepsilon})^2 \qquad (5.23)$$

式 (5.22)、式 (5.23) 中,A、B、C、D 均为拟合常数,均可以在 Origin 软件导出。

根据式 (5.23) 可求出 m 值,再根据 $\eta = \dfrac{2m}{m+1}$ 可求出 η 值;同理,采用三

次多项式拟合 $\ln\left(\dfrac{m}{m+1}\right)$ 与 $\ln\dot\varepsilon$ 的函数关系，接着用式 (5.24) 求出 ξ 值：

$$\xi(\dot\varepsilon) = \frac{\partial\ln\left(\dfrac{m}{m+1}\right)}{\partial\ln\dot\varepsilon} + m \tag{5.24}$$

根据上述推导过程，Pb-Mg-10Al-0.5B 合金在真应变 0.1 时的加工图数据见表5.9（真应变为0.3、0.5、0.7 的热加工数据分析与 0.1 相似，且由于数较多，因此它们的热加工图数据未一一列出）。

表5.9 Pb-Mg-10Al-0.5B 合金在 $\varepsilon=0.1$ 时的热加工图数据

变形温度 /K	应变速率 $\dot\varepsilon$/s^{-1}	流变应力 /MPa	应变速率敏感 指数 m	耗散系数 η	失稳系数 ξ
493	0.01	149.88	0.13872	0.24365	0.13721
	0.1	205.64	0.13372	0.23590	0.10249
	1	274.59	0.11517	0.20655	0.02635
	10	345.88	0.08306	0.15339	-0.09120
533	0.01	87.932	0.09652	0.17605	0.46249
	0.1	123.59	0.18397	0.31077	0.30788
	1	191.39	0.18077	0.30619	0.04021
	10	265.04	0.08690	0.15990	-0.34052
573	0.01	50.712	0.21595	0.35519	0.16923
	0.1	81.367	0.19750	0.32986	0.18002
	1	127.6	0.19612	0.32792	0.20858
	10	203.41	0.21178	0.34954	0.25491
613	0.01	28.316	0.04042	0.07771	1.23275
	0.1	43.36	0.28923	0.44869	0.64699
	1	89.21	0.29723	0.45825	-0.01479
	10	141.68	0.064419	0.12102	-0.75260
653	0.01	15.07	0.336269	0.50329	0.27356
	0.1	30.691	0.285935	0.44471	0.242675
	1	57.385	0.26204	0.41526	0.24731
	10	104.69	0.26457	0.41843	0.28743

　　根据不同应变条件下计算出来的 η 值和 ξ 值，结合变形温度（T）和应变速率的对数值（$\ln \dot{\varepsilon}$），可分别得到 Pb-Mg-10Al-0.5B 的功率耗散图和失稳图，分别如图 5.13 和图 5.14 所示。

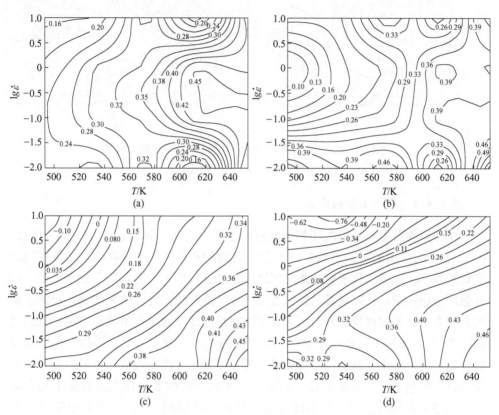

图 5.13　Pb-Mg-10Al-0.5B 合金在不同应变下的功率耗散图

（a）0.1；（b）0.3；（c）0.5；（d）0.7

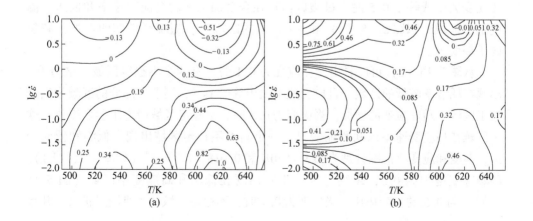

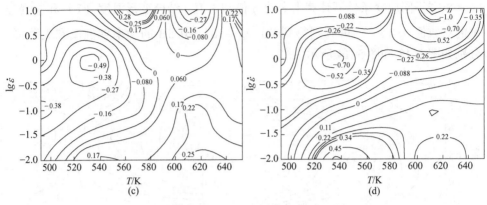

图 5.14　Pb-Mg-10Al-0.5B 合金在不同应变下的失稳图

(a) 0.1；(b) 0.3；(c) 0.5；(d) 0.7

5.1.4.2　热加工图的建立

将功率耗散图和失稳图在相同坐标系下进行叠加，可以得到 Pb-Mg-10Al-0.5B 合金的热加工图，如图 5.15 所示。在这些热加工图中等高线上的值对应功率耗散效率，区域 I 代表安全加工区域；区域 II 对应 ξ 值为负的不稳定区域，用浅色阴影面积表示；区域 III 的耗散参数（η）是负的，代表破裂区域，用深色阴影面积表示，并用虚线隔开。区域 III 试样在热压缩试验过程中将会出现严重裂纹或碎裂[14]。显然 Pb-Mg-10Al-0.5B 合金的热加工随着应变的增加发生着明显的变化：低耗散率区域的变形温度低和应变速率高，而高耗散率区域的高变形温度和低应变速率下，如图 5.15 (a) ~ (c) 不稳定区域 II 由在高应变速率和低温的小区域的两部分组成，然后随着应变从 0.1 增加到 0.7，两部分逐渐增大至合并成一个大区域（图 5.15 (d) 中区域 II）。随着应变的增加，合金的安全区域逐渐减小，并朝着合金在高变形温度和低应变率下的压缩区域移动。当真实应变大于或等于 0.5 时，破裂区出现在合金加工图的高应变速率和低压缩温度加工区域，如图 5.15 (c) 和 (d) 中的区域 III。随着真应变的增加，破裂区扩展明显。

从图 5.15 (a) 可以看出，在应变为 0.1 时，有两个不稳定区域（区域 II）出现在耗散率较低的区域，且应变速率大于等于 $1s^{-1}$，剩下大部分的区域为安全加工区域。随着应变的增加，当应变为 0.3 时，不稳定区域产生了明显变化，这一区域在高应变速率区间收缩明显，一个新的不稳定区域出现在低温和低应变区，温度和应变率范围分别为 493 ~ 570K 和 0.018 ~ 1.334 s^{-1}（如图 5.15 (b)）。随着应变增加到 0.5，裂纹（区域 III）出现在低温和高应变率区域（图 5.15 (c)）。与 0.5 的应变相比，当应变为 0.7 时，不稳定区域 II 和 III 明显扩大，并且

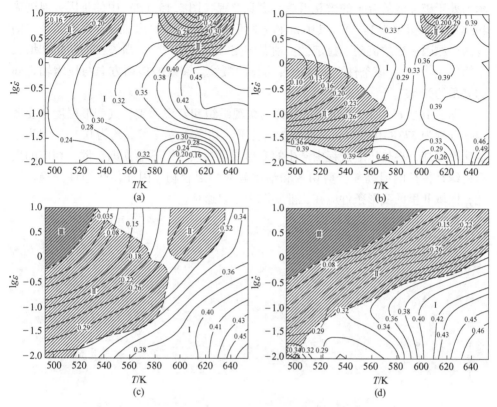

图 5.15 Pb-Mg-10Al-0.5B 合金在不同应变下的热加工图
(a) 0.1；(b) 0.3；(c) 0.5；(d) 0.7

合并成一个大的区域，图 5.15 (d) 表明安全区域（区域 I）随应变的增加而减小。从图 5.15 可以得出结论，Pb-Mg-10Al-0.5B 合金的加工图对应变有高度敏感性。因此，有必要选择一个合适的加工图，用于优化的加工参数进行生产铅基合金。根据 Pb-Mg-10Al-0.5B 合金在不同应变合金加工图的应变图观测，一个明显的动态再结晶区域（功率耗散效率高于 0.38）分布在温度范围为 600～653K 和应变率范围为 0.01～0.3s^{-1} 的区域。

5.1.5 热压缩显微组织演变

图 5.16 所示为 Pb-Mg-10Al-0.5B 合金在应变为 0.7 时的热压缩微观组织和与之对应的宏观形貌。试样的初始显微组织和宏观形貌如图 5.16 (a) 所示，可以看出原始 Pb-Mg-10Al-0.5B 合金里存在大量的粗枝晶。在不同压缩应变速率和温度下热压缩试样的显微组织和宏观形貌转变如图 5.16 (b) ～(e) 所示。很明显，随着压缩温度的增加再结晶组织的大小发生了明显变化。图 5.16 (b) 所

示为处于破碎区的合金的微观组织和宏观形貌（图5.15（d）中的Ⅲ区，温度为493K、应变速率为1s^{-1}），其中 m 和 η 的值是负的。因此，如果 m 具有负值，则有两个原因造成的流动不稳定性：动态应变时效是第一个，微裂纹的萌生和增长是第二个[15,16]。该条件下试样出现明显的裂纹。裂纹的传播方向与压缩轴之间的夹角约为45°。

图5.16（c）所示为位于失稳区的微观组织和宏观形貌，其变形温度和变形速率分别为573K 和 1s^{-1}，在此加工条件下，功率耗散效率 η 约为0.15。因为应变速率较高，在热压缩过程中产生的变形能量在热压缩不能立即扩散，相应的典型组织是拉长的粗晶粒，剪切带和细化晶粒的混合物，因而使热塑性失稳。因此，区域Ⅱ里的变形条件应在工业实践中予以避免。

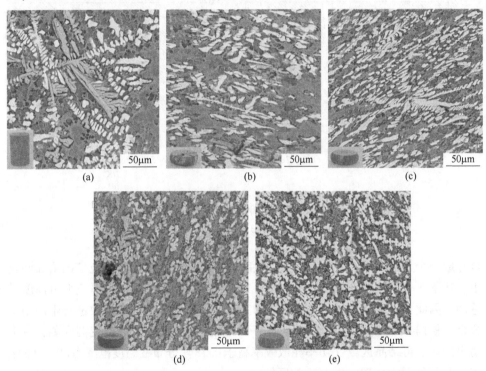

图5.16 原始试样（a）与不同加工条件下的微观组织（左下角插图为宏观形貌）：
493K，1s^{-1}（b），573K，1s^{-1}（c），613K，0.1s^{-1}（d），653K，0.01s^{-1}（e）

图5.16（d）所示为微观组织和宏观形貌在613K 和 0.1s^{-1} 压缩条件下的压缩图像，位于图5.15（d）中的安全区域，η 大约是0.4。在低层错能金属中，功耗效率0.35时发生完全动态再结晶。动态再结晶形核发生在高能区域，如晶界、孪晶晶界和变形带。在图5.16（d）中发现有大量精细的动态再结晶晶粒，但没有明显的缺陷，包括孔隙、裂缝或剪切带，表明图5.16（d）的微观组织是

典型的动态再结晶组织。

图 5.16 (e) 所示为合金在变形温度为 653K，应变速率为 $0.01s^{-1}$ 时的微观组织结构和宏观形貌，同样位于图 5.15 (d) 中的安全区域，其中耗散率 η 高于 0.46，接近 0.5。如果金属具有高的堆垛层错能，其功耗效率最高 (η) 为约 0.5。该加工条件下微观结构的特点是细小的动态再结晶晶粒均匀分布在合金中。它可能是在该加工条件下最初的压缩阶段 DRX 优先发生，首先使初始组织转换为细小晶粒结构，进而导致在以后的稳定阶段塑性增加。在 Pb-Mg-10Al-0.5B 合金的流变应力-应变中，在变形条件为 653K 和 $0.01s^{-1}$ 时的曲线是最完整、最稳定的 DRX 曲线。

一般合金的最佳热处理工艺通常是在 $\eta>0.35$ 的动态再结晶 DRX 区域进行选择。对 Pb-Mg-10Al-0.5B 合金而言，其动态再结晶变形条件是温度范围为 600 ~ 653K 和应变率范围为 $0.01 \sim 0.3s^{-1}$。图 5.17 所示为 Pb-Mg-10Al-0.5B 合金原始试样及其在 573K、$1s^{-1}$ 和 653K、$0.01s^{-1}$ 的 TEM 照片。原始试样的 TEM 显微照片（图 5.17 (a)）表明，合金的初始晶粒尺寸较大，没有观察到细小的晶粒，晶界清晰可见。当试样在 573K 和 $1s^{-1}$ 变形时，图 5.17 (b) 表明此时合金组织为一个典型的变形显微组织特征，即只存在晶粒细化，而并未发现动态再结晶晶粒。值得注意的是图 5.17 (b) 中有台阶状结构。台阶状结构形成的原因可能是由于变形导致位错移动，位错在晶界处堆积从而形成台阶。图 5.17 (c) 所示为 Pb-Mg-10Al-0.5B 合金在 653K 时高温变形的动态再结晶组织。一般来说，热变形会导致金属材料的位错密度和移动增加，当位错密度达到一个临界点时合金发生动态再结晶。在一些具有高能量的区域，如晶界、晶界变形带和孪晶界，十分容易发生动态再结晶。此外，在高温下位错移动和晶界迁移的能力增加，从而引起热变形过程中动态再结晶晶粒生长。根据图 5.15 ~ 图 5.17 可得，Pb-Mg-10Al-0.5B 合金的最佳热加工工艺参数为 600 ~ 653K 和 $0.01 \sim 0.3s^{-1}$。

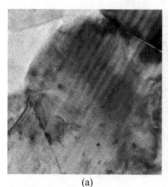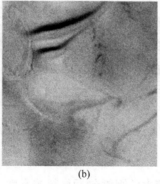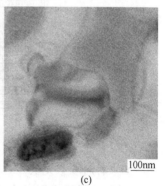

100nm

(a)　　　　　　　(b)　　　　　　　(c)

图 5.17　原始试样与不同加工条件下的试样的 TEM 照片

(a) 原始试样；(b) 573K, $1s^{-1}$；(c) 653K, $0.01s^{-1}$

5.1.6　热挤压数值模拟

5.1.6.1　热挤压模型的建立与参数设置

A　模型的简化

在进行热压缩模拟时，拟采用卧式挤压机对 Pb-Mg-10Al-0.5B 合金进行塑形变形，因此，建模时考虑到模具和坯料皆为圆柱形，选取挤压模型的 1/36 进行分析，以减少计算量，节约计算时间，其简化图如图 5.18 所示，挤压凹模内径 90mm，挤压半角 60°，挤压比 6.25。挤压速度 0.5mm/s、1mm/s、2mm/s、3mm/s，挤压温度 533K、573K、613K、653K。

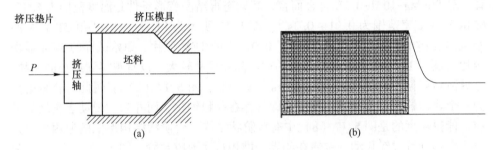

图 5.18　模具(a)示意图及模具简化图(b)

B　网格划分

将坯料整体划分 2mm×2mm 的正方形网格，如图 5.19 所示。

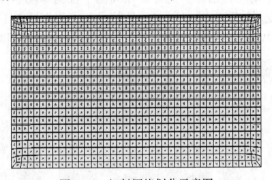

图 5.19　坯料网格划分示意图

C　材料参数定义

对于金属热成型影响较大的因素包括材料的密度、泊松比、杨氏模量和热导率，由于有限元软件 MSC. Marc 中没有 Pb-Mg-10Al-0.5B 合金的数据库，因此必须通过二次开发建立该合金数据库。材料的应力-应变曲线通过热压缩实验获得，在不同温度、不同应变速率上的每条曲线上选取 20 个点建立 usrPbMgAlB. mat 流变应力文件；材料的密度通过阿基米德排水法测得；泊松比和杨氏模量通过热压缩实验得到，热导率与传导系数通过热导仪测量得到，材料参数见表 5.10、表 5.11。表 5.10 和表 5.11 中的单位为有限元分析中的质量（kg）-长度（mm）-时间（s）单位制。材料参数通过表格（Table）的方式拟合到模型参数定义中。

表 5.10　Pb-Mg-10Al-0.5B 合金的物理性能

密度/t·mm^{-3}	硬度（HB）	泊松比	杨氏模量/MPa
3.31×10^{-6}	112	0.3	3.9×10^4

表 5.11　不同温度下 Pb-Mg-10Al-0.5B 合金的比热容和导热系数

温度/K	比热容/mm^2·(s^2·K)$^{-1}$	导热系数/kg·mm·(s^3·K)$^{-1}$
323	1.044×10^{-9}	82.675
373	1.083×10^{-9}	88.538
423	1.122×10^{-9}	94.161
473	1.162×10^{-9}	99.673
523	1.201×10^{-9}	103.754
573	1.241×10^{-9}	107.926
623	1.283×10^{-9}	112.562
673	1.319×10^{-9}	115.425

D　接触定义

接触定义是非常复杂的非线性问题，定义过程涉及接触前物体的运动和接触后物体之间的相互作用，甚至有时候还要考虑接两个接触面之间的摩擦和传热。无法穿透是定义两个接触面的必要条件，Marc 软件所支持的直接接触迭代算法可以解决各种接触体问题，包括可变形接触体（计算应力和温度分布）、刚性接触体（不计算变形和应力，接触过程中温度保持常数）与有热传导的刚性接触体（不计算变形和应力，接触过程中考虑刚体的热传导）。

如果定义顺序错误，两个接触面之间可能会发生接触穿透现象，在有限元分析中通常理想的接触体定义顺序关系为：先定义变形体，后定义刚体；在可变形的接触体中，先定义较软的材料，后定义较硬的材料；先定义网格较密的变形体，后定义网格较疏的变形体；先定义几何形状凸的接触体，后定义几何形状凹的接触体；先定义体积较小的接触体，后定义体积较大的接触体[17]。本节将坯料定义为变形体（Deformable），将挤压凸模、挤压凹模定义为刚体（Geometric），将两侧和底面的边界约束面定义为对称面（Symmetry）。

E 网格重划分定义

为了避免后续计算时网格畸变过大，无法计算，必须采用网格重划分技术，使得网格可以基于变形后的边界对前一步的网格进行重新划分，使计算顺利进行。本模型的重划分方式为 Patran Tetra，重划分准则为在网格变形达到既定值时马上进行重划分 (immediate)，设置单元长度 (element edge length) 为 0.8。

F 定义工况提交运行

在工况选项窗口中勾选之前的接触列表、网格重划分列表，在求解控制卡中勾选出现非正定时指定强行求解 (non-positive definite) 和增步量没有收敛但继续下一步分析 (proceed when not converged) 选项，在摩擦类型中选择库仑反正切 (Coulomb arctangent)，然后进行检查，在确定没有系统提示错误和警告的前提下提交模型运算。在模型运算的过程中可以通过监控框口 (monitor) 实时观察，通过窗口输出对存在的问题进行检查并及时更正。

5.1.6.2 模拟结果分析

A 挤压过程中的等效应力分布

图 5.20 所示为挤压温度 573K、挤压速度 1mm/s 时，挤压时间步第 15、30、

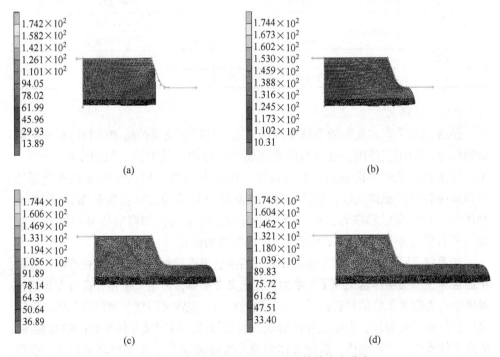

图 5.20 挤压速度为 1mm/s 时的等效应力分布

(扫书前二维码看彩图)

45、60 步的等效应力分布图，从图可知，挤压初期应力主要集中在与凹模锥角相接触区域，当坯料经过凹模圆角时应力变大，经过凹模圆角后应力迅速降低后升高，进入终挤阶段时圆角处应力始终最大，其他部分区域均匀。

B 挤压过程中的等效应变分布

图 5.21 所示为挤压温度 573K、挤压速度 1mm/s，15、30、45、60 步的等效应变分布图。

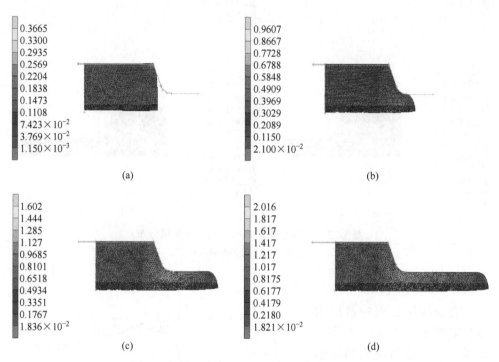

图 5.21　挤压速度为 1mm/s 时的等效应变分布
（扫描书前二维码看彩图）

从图 5.21 中可以看出挤压初期应力主要集中在与凹模锥角相接触的区域，所以锥角处颜色变化明显，当坯料经过凹模圆角以及定径带时，应变分布不均匀，随后应变分布逐步均匀化，坯料的最大变形区位于凹模圆角处，在挤压筒内的金属变形量很小。

C 挤压过程中的温度场分布

图 5.22 所示为挤压温度 573K、挤压速度 1mm/s 时，挤压时间步第 15、30、45、60 步的温度分布图，由图可知，由于摩擦生热和变形热的原因，与凹模出口接触的变形区的温度高于其他区域，当坯料离开定径带时，由于与模具间的热传导作用温度明显下降。

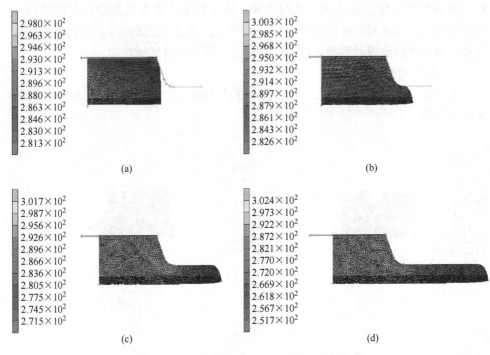

(a)

(b)

(c)

(d)

图 5.22 挤压速度为 1mm/s 时的温度场分布

（扫描书前二维码看彩图）

D 挤压过程中的挤压力分布

合金挤压过程中挤压力变化如图 5.23 所示。由图可以看出，在金属流入凹模模孔瞬间挤压力几乎达到峰值，这是因为材料在填充过程中直径增大，需要克服挤压筒壁的摩擦力增大，随着凸模行程的增加，挤压力逐步减少，这是因为，在挤压凹模椎体填充结束时金属的流动性质改变，导致变形区体积减小，坯料与挤压筒接触面积变小，摩擦力减小，从而导致挤压力减小。

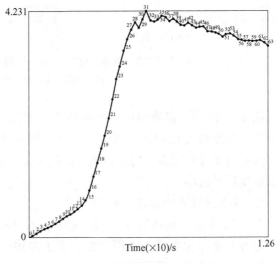

图 5.23 挤压过程挤压力变化

E　不同挤压速度对 Pb-Mg-10Al-0.5B 合金挤压过程的影响

图 5.24 所示为挤压温度为 573K，其他条件不变，不同挤压速度下（0.5mm/s、1mm/s、2mm/s、3mm/s）第 30 个时间步的温度场分布情况。由于挤压速度增大，应变速率也增大，导致变形区在短时间之内积聚大量摩擦热及变形热，使得坯料在变形区及出口温度升高。如图 5.24（a）所示，由于挤压速度过低，热量集中在坯料后端，中间区域由于坯料与挤压筒的热传递，温度上升不明显。图 5.24（b）、（c）挤压速度正常，温度分布均匀，高温集中在挤压筒出口处。图 5.24（d）所示为挤压速度 3mm/s 时的温度分布图。由于挤压速度过快在 17 步的时候已经停止了运动，并且有限元单元格畸变严重。

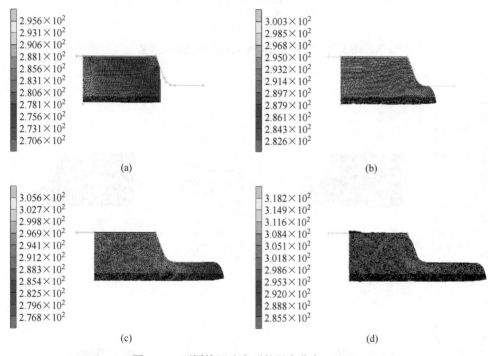

图 5.24　不同挤压速度下的温度分布（573K）

（扫描书前二维码看彩图）

图 5.25 所示为最大挤压力与挤压速度的关系，当挤压速度为 0.5mm/s、1mm/s、2mm/s 时挤压力增大不明显，但是挤压速度在 3mm/s 时，挤压力突然增大 20%，从图 5.25 中可以看出，虽然挤压速度增大时坯料的温度和流动速度增加，但挤压速度太快，挤压过程中金属的加工硬化速度比软化速度快，因此挤压力会随着挤压速度的增加而升高。

F　不同挤压温度对 Pb-Mg-10Al-0.5B 合金挤压过程的影响

图 5.26 所示为挤压速度为 1mm/s，其他条件不变，不同变形温度下

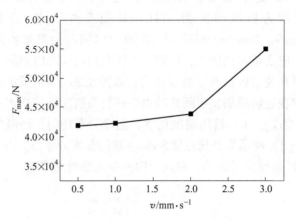

图 5.25 挤压速度与最大挤压力之间的关系

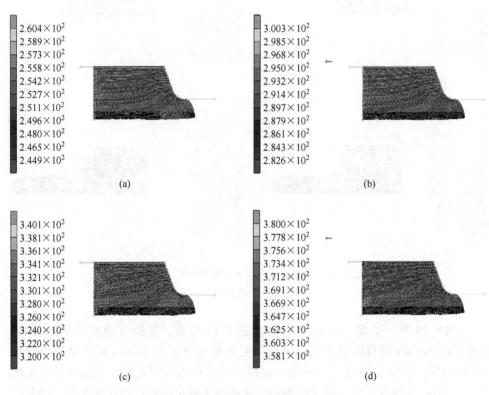

图 5.26 不同挤压温度下的温度场分布
(a) 533K；(b) 573K；(c) 613K；(d) 653K
(扫描书前二维码看彩图)

（533K、573K、613K、653K）第 30 个时间步的温度分布场，从图中可以看出挤压过程中温度分布情况大致类似，最高温度出现于凹模出口接触的变形区，随着坯料从挤压口出来，温度逐渐减低。

图 5.27 所示为最大挤压力与挤压温度之间的关系，相比于图 5.25 可以看出挤压温度对挤压力的影响比挤压速度要大，基本呈现出负线性相关。这是因为挤压温度升高，软化作用增大，使得挤压力变小。考虑到挤压力越小，挤压越能顺利进行，挤压温度宜为 613 ~ 653K。

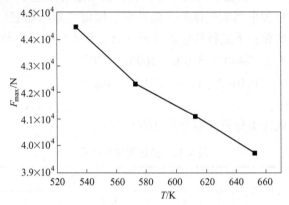

图 5.27　挤压温度与最大挤压力之间的关系

根据模具与坯料的温度差，挤压可分为等温挤压和差温挤压。在差温模拟中，模具一般比坯料低 25K[18]，因此差温挤压的坯料温度为 533K、573K、613K、653K。将模具温度设为 503K、543K、573K、613K，等温挤压坯料温度与模具温度一致。图 5.28 所示为差温挤压和等温挤压的挤压力比较。从图 5.28 可以看出，在坯料温度相同的情况下，等温挤压所需的挤压力比差温挤压的挤压力小，说明等温挤压更有利于材料的挤压变形。

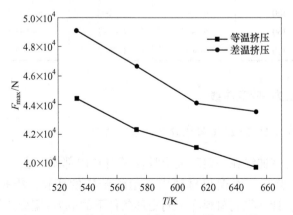

图 5.28　等温挤压、差温挤压的挤压力比较

5.2 Pb-Mg-10Al-xB (x=0，0.4，0.8) 铅硼复合核辐射防护材料的热压缩行为研究

根据 Gleeble 3500 热/力模拟试验机的技术参数以及材料熔点和材料特性，对 Pb-Mg-10Al-xB (x=0，0.4，0.8) 铅硼复合核辐射防护材料进行单道次等温恒应变速率压缩实验。实验过程中，采用电阻加热升温，升温速度 5℃/s，加热到变形温度 (T_g)，保温 3~5min 后，然后以恒定应变速率 ($\dot{\varepsilon}$) 进行热压缩变形；压缩实验全程采用氩气保护。此外为了保留高温压缩变形后样品的组织，压缩样品在氩气的保护下进行快速油冷至室温。具体实验工艺参数如下：

变形温度 (T_g)：240℃、300℃、360℃、420℃；

变形速率 (ε)：$0.01s^{-1}$、$0.1s^{-1}$、$1s^{-1}$、$10s^{-1}$；

变形量：50%。

实验过程中试样编号及变形参数见表 5.12。

表 5.12 热压缩试样编号

试样	变形温度/℃	变形速率/s^{-1}			
		0.01	0.1	1	10
1 号 (x=0)	240	1-1-1	1-1-2	1-1-3	1-1-4
	300	1-2-1	1-2-2	1-2-3	1-2-4
	360	1-3-1	1-3-2	1-3-3	1-3-4
	420	1-4-1	1-4-2	1-4-3	1-4-4
3 号 (x=0.4)	240	3-1-1	3-1-2	3-1-3	3-1-4
	300	3-2-1	3-2-2	3-2-3	3-2-4
	360	3-3-1	3-3-2	3-3-3	3-3-4
	420	3-4-1	3-4-2	3-4-3	3-4-4
5 号 (x=0.8)	240	6-1-1	6-1-2	6-1-3	6-1-4
	300	6-2-1	6-2-2	6-2-3	6-2-4
	360	6-3-1	6-3-2	6-3-3	6-3-4
	420	6-4-1	6-4-2	6-4-3	6-4-4

5.2.1 热压缩应力-应变曲线

5.2.1.1 流变应力-应变曲线分析

流变应力-应变曲线在一定程度上反映了材料内部流变应力与变形条件之间的关系，同时从宏观上表现出材料内部组织结构的变化。根据热压缩试验的载荷-位移数据，计算得到材料在不同变形条件下的应力-应变曲线。

图 5.29 所示为 1 号试样在同一温度、不同应变速率条件下的应力-应变曲线。从图 5.29 中可以看出，应力-应变曲线都有明显的 3 个阶段，说明了该试样在高温变形过程中应力-应变曲线具有明显的动态再结晶特征。应变速率为 $10s^{-1}$ 时，其应力-应变曲线呈波浪形，这是由于动态再结晶引起的软化与再结晶晶粒的变形及其重新硬化交替发生，即出现交替发生软化—硬化—软化的现象。另外，在变形温度较高（T_{ε}>573K）且应变速率较大（$\dot{\varepsilon}=10s^{-1}$）时，在应力-应变曲线上表现出屈服降落现象。这可能是由于材料在高温下以滑移机制进行变形时，各个滑移系位错运动的总和就是总的宏观塑性应变，在变形温度较高且应变速率较大的塑性变形中，材料初始组织中可动位错密度较低，材料的临界切应力较大，流变应力快速增加，随着更多滑移系的开动而产生交滑移后，可动位错密度大幅提高，位错运动速率随之而下降，导致了临界切应力的下降，从而在应力-应变曲线上出现明显的屈服降落现象。

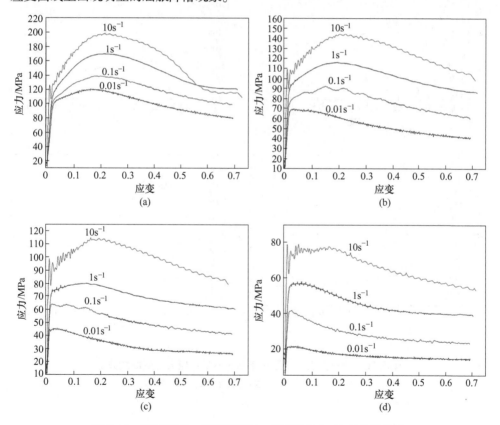

图 5.29　变形温度、变形速率与 1 号试样应力-应变曲线关系

(a) 513K；(b) 573K；(c) 633K；(d) 693K

　　从图5.29还可以看出，变形温度一定时，1号试样的流变应力随着变形速率的升高而升高。这可能是由于应变速率增加，一方面使得单位时间内产生的位错密度增加，增大了材料的加工硬化程度；另一方面导致材料的变形时间缩短，动态再结晶形核数目减小，加工软化程度降低，从而使合金的流动应力值相应增大。

　　图5.30和图5.31所示分别为3号试样和5号试样在同一温度，不同应变速率条件下的应力-应变曲线。从图5.29~图5.31可以看出，3个试样的应力应变曲线有着相同的特征和变化规律。

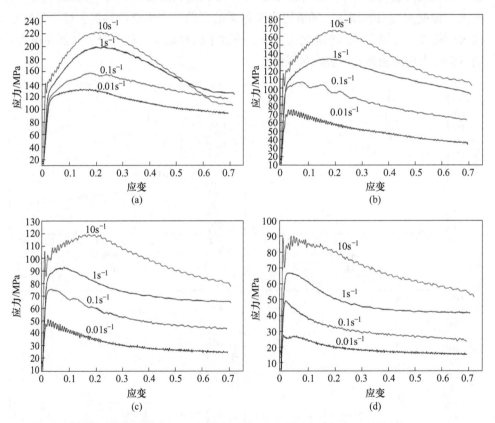

图 5.30　变形温度、变形速率与3号试样应力应变曲线关系

(a) 513K；(b) 573K；(c) 633K；(d) 693K

5.2.1.2　变形条件对流变应力峰值的影响

Pb-Mg-Al-xB 合金的应力-应变曲线随着温度、应变速率和成分的改变而呈

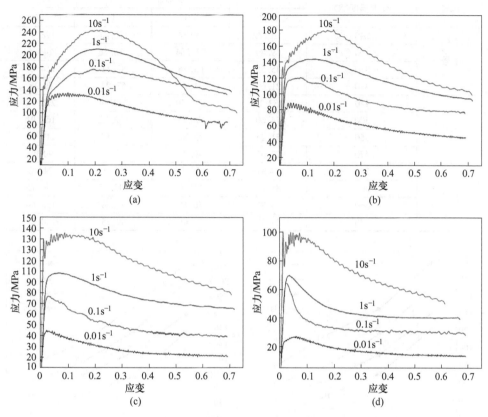

图 5.31   变形温度、变形速率与 5 号试样应力应变曲线关系
(a) 513K；(b) 573K；(c) 633K；(d) 693K

现不同的峰值。表 5.13 记录了 1 号、3 号、5 号试样应力-应变曲线的峰值。图 5.32 所示为 1 号、3 号、5 号试样流变应力峰值与温度、应变速率的关系曲线。结合表 5.13 和图 5.32 可以看出，随着变形温度升高和变形速率降低，试样流变应力峰值逐渐降低。这是由于在变形过程中，随着变形温度的升高，析出的 Mg₂Pb 又重新溶解，萌生位错的位错源减少，使得变形过程中位错密度降低，从而导致试样的流变应力峰值下降。随着应变速率的增大，流变应力峰值增大。这可能是由于在变形过程中，随着应变速率的增大，一方面使得单位时间内产生的位错密度增加，增大了材料的加工硬化程度；另一方面导致材料的变形时间缩短，动态再结晶形核数目减小，加工软化程度降低，使得合金的流动应力值相应增大，从而导致材料的流变峰值应力升高。

表 5.13 Pb-Mg-Al-xB 合金流变应力峰值

试样	变形温度/℃	变形速率/s⁻¹			
		0.01	0.1	1	10
1号	240	120.79	139.03	170.41	198.47
	300	69.80	92.264	116.36	144.4
	360	45.55	63.86	80.11	114.67
	420	21.60	41.76	57.94	79.18
3号	240	132.17	157.59	200.34	222.38
	300	74.60	106.89	133.72	167.01
	360	51.24	75.22	93.17	118.92
	420	27.67	49.37	66.98	90.09
5号	240	134.65	175.16	210.03	242.6
	300	88.83	120.6	143.95	180.75
	360	44.72	76.45	98.24	135.64
	420	27.31	64.45	69.75	100.27

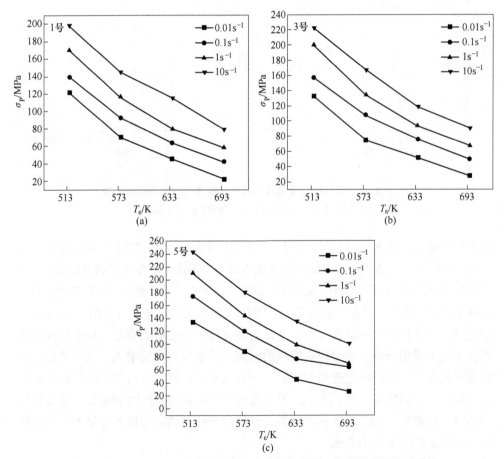

图 5.32 Pb-Mg-Al-xB 合金流变应力峰值与温度、应变速率的关系曲线

图 5.33 所示为试样流变应力峰值与成分的关系曲线。结合表 5.13、图 5.32 和图 5.33 可以看出，应变速率和变形温度一定时，材料的流变应力峰值随着硼含量增加而增大。可能这是由于硼的加入，生成的高熔点相成为了位错的萌生源，在变形过程中材料的位错密度较大，从而使得流变应力峰值较高。而在应变速率较低、变形温度较高条件下，即 $\dot{\varepsilon}=0.01\mathrm{s}^{-1}$，$T_\varepsilon=633\mathrm{K}$ 或 693K 时，随着硼含量增加，流变应力峰值基本不变。这是可能是由于变形温度较高时，试样的流变应力峰值很小，而且应变速率较低时，很容易实现动态软化作用与加工硬化作用达到平衡，进入稳态变形阶段。导致了在该变形条件下，硼含量增加对材料的影响很小，表现出的流变应力峰值变化不大。

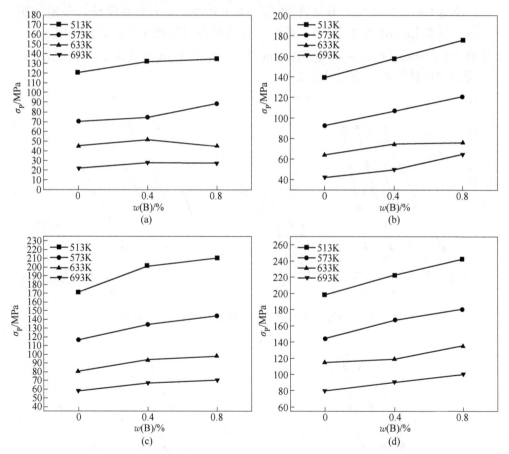

图 5.33   Pb-Mg-Al-xB 合金流变应力峰值与成分的关系曲线

(a) 0.01s⁻¹；(b) 0.1s⁻¹；(c) 1s⁻¹；(d) 10s⁻¹

5.2.2   材料热变形特征本构方程

流变应力是指材料在一定变形温度、应变速率及变形量等条件下的屈服极限，是合金塑性变形能力的最基本的参数之一[19]。本构方程是指金属材料在发生热变形的过程中，变形金属的流变应力和变形参数（如应变速率、变形温度等）之间的函数关系[20]，通过本构方程可以描述在塑性加工过程中材料的多种变形特征。金属高温变形行为能够从宏观上反映材料的微观变形机制及其微观组织演化。材料高温变形过程中主要的影响因素有变形温度、变形速率以及变形量；而材料的高温变形本构关系能够描述成型过程中流变应力与和变形参数（如应变速率、变形温度等）之间的依赖关系[21,22]。

5.2.2.1 本构模型参数确定

绘制 1 号、3 号和 5 号试样的 $\ln\dot\varepsilon - \ln\sigma$ 和 $\ln\dot\varepsilon - \sigma$ 关系曲线，分别如图 5.34、图 5.35 和图 5.36 所示。通过拟合结果得到参数 n_1、β 值，其中 n_1、β 分别为 $\ln\dot\varepsilon - \ln\sigma$ 和 $\ln\dot\varepsilon - \sigma$ 关系曲线的斜率，见表 5.14 和表 5.15。根据 $\alpha = \beta/n_1$ 算出对应试样的 α 值，见表 5.16。

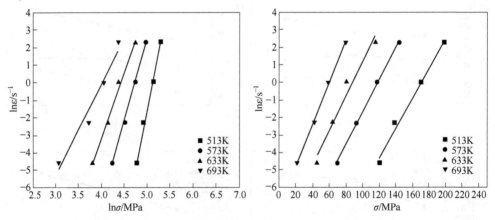

图 5.34　1 号试样应变速率与特征应力值之间的关系曲线

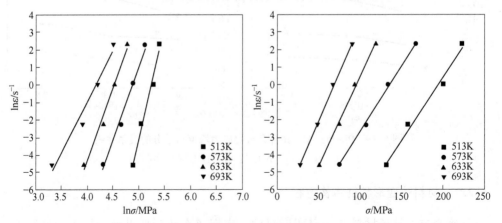

图 5.35　3 号试样应变速率与特征应力值之间的关系曲线

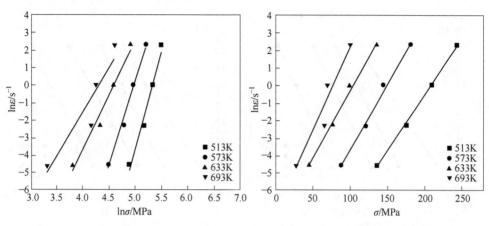

图 5.36 5 号试样应变速率与特征应力值之间的关系曲线

表 5.14 特征方程参数 n_1 线性拟合结果

参数		513K	573K	633K	693K	平均值
n_1 值	1 号对应 n_1	13.53385	9.50874	7.63229	5.24418	8.979765
	3 号对应 n_1	12.53257	8.57829	8.25273	5.80211	8.791425
	5 号对应 n_1	11.59981	9.85982	6.25885	5.0345	8.188245

表 5.15 特征方程参数 β 线性拟合结果

参数		513K	573K	633K	693K	平均值
β 值	1 号对应 β	0.08615	0.09264	0.09952	0.12158	0.099973
	3 号对应 β	0.07237	0.07561	0.10375	0.11212	0.090963
	5 号对应 β	0.06403	0.07646	0.07745	0.09607	0.078503

表 5.16 特征方程参数 α 线性拟合结果

参数	试样	参数值
α 值	1 号对应 α	0.011133
	3 号对应 α	0.010347
	5 号对应 α	0.009587

由得到的 α 值和流变应力峰值得到 $\ln\dot{\varepsilon}-\ln[\sinh(\alpha\sigma)]$ 关系曲线，如图 5.37 所示，通过线性回归方法求得斜率 n 的值，见表 5.17。

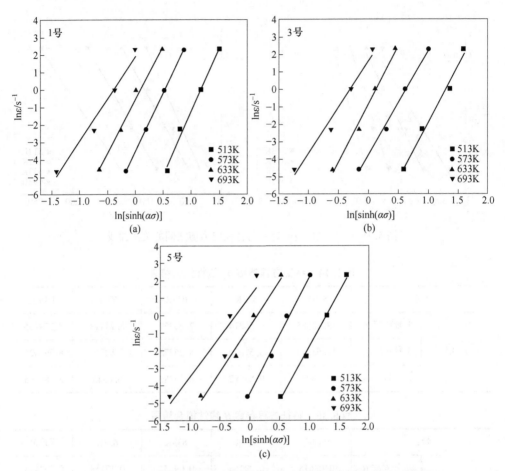

图 5.37　Pb-Mg-Al-xB 屏蔽材料应变速率与流变应力之间的关系曲线

(a) 1 号；(b) 3 号；(c) 5 号

表 5.17　特征方程参数 n 线性拟合结果

参数		513K	573K	633K	693K	平均值
n 值	1 号对应 n	7.26641	6.75424	6.16663	4.85829	6.261393
	3 号对应 n	6.59879	5.99837	6.75926	5.28576	6.160545
	5 号对应 n	6.25514	6.70387	5.21744	4.63457	5.702755

在相同应变速率下，可得到 $\ln[\sinh(\alpha\sigma)]$-$1/T$ 的关系曲线，如图 5.38 所示。通过线性回归方求得斜率值见表 5.18，再将对应的 n、R 值代入求出热变激活能 Q，见表 5.19。从表 5.19 可知，1 号、3 号、5 号试样的硼含量逐渐增加，对应的热变激活能 Q 下降。这说明随着 B 含量的增加，材料发生稳态再结晶所

需的温度及流变应力下降，可能是由于 B 含量的增加，使得共晶成分点右移，导致共晶组织含量减少，材料形变过程中晶界的阻碍作用减弱，稳态再结晶过程更容易发生。从图 5.38 可知，Pb-Mg-Al-xB 屏蔽材料的变形温度与特征应力之间具有非常好的线性关系，说明 Pb-Mg-Al-xB 屏蔽材料高温变形时流变应力 σ 与变形温度 T_ε 之间存在双曲正弦函数关系。

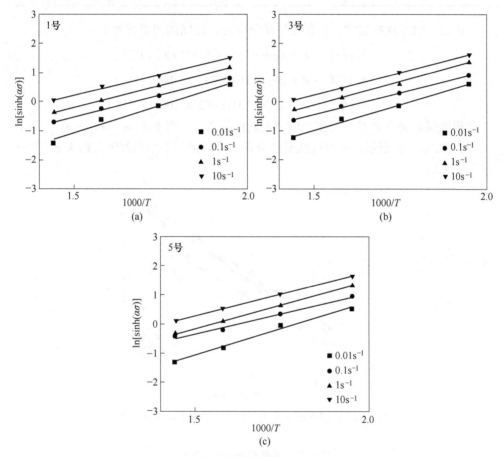

图 5.38 Pb-Mg-Al-xB 屏蔽材料变形温度与特征应力值之间的关系曲线

（a）1 号；（b）3 号；（c）5 号

表 5.18 热变形激活能中间参数 $Q/(nR)$ 的线性拟合结果

参数		513K	573K	633K	693K	平均值
$Q/(nR)$ 值	1 号对应 $Q/(nR)$	3.80934	3.00347	3.0732	2.89262	3.194658
	3 号对应 $Q/(nR)$	3.52623	2.9774	3.2598	3.05013	3.20339
	5 号对应 $Q/(nR)$	3.72481	2.80724	3.23086	2.978	3.185228

表 5.19 Pb-Mg-Al-xB 屏蔽材料热变形激活能 Q 值

参数	试样	参数值
Q/kJ·mol^{-1}	1 号对应 Q	166.305
	3 号对应 Q	164.0737
	5 号对应 Q	151.0203

因此，对于这些试样，Z 参数与流变应力 σ 之间的关系式如下：

1 号试样　$Z = \dot{\varepsilon}\exp(166.305 \times 1000/(RT))$

3 号试样　$Z = \dot{\varepsilon}\exp(164.0737 \times 1000/(RT))$

5 号试样　$Z = \dot{\varepsilon}\exp(151.0203 \times 1000/(RT))$

根据高温变形 Z 参数与流变应力之间的关系，可得 $\ln Z$-$\ln[\sinh(\alpha\sigma)]$ 关系曲线，如图 5.39 所示。通过线性回归分析，可以得到斜率和截距分别为 n 和 $\ln A$ 的值，见表 5.20。

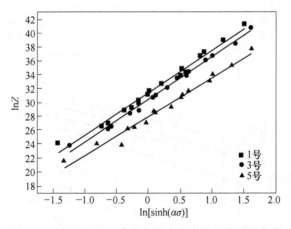

图 5.39　高温变形 Z 参数与流变应力之间的关系曲线

表 5.20 特征应力方程参数值

参数	1 号	3 号	5 号
n	6.15331	6.11994	5.62263
$\ln A$	31.43136	30.47101	27.96505
A	4.47163×10^{13}	1.71×10^{13}	1.4×10^{13}

从图 5.40 中可以看出，Pb-Mg-Al-xB 合金的高温变形本构模型参数（n_1、β、α、n、Q、A 等）随着硼含量的增加都呈线性下降趋势。

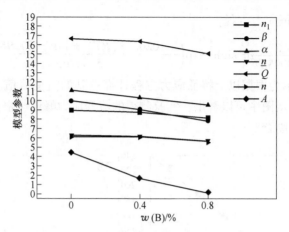

图5.40　硼含量与模型参数间的关系曲线

5.2.2.2　高温变形特征应力模型

将前面求得的 Q、n、A 和 α 等模型参数代入流变应力峰值的本构方程式，即可得到 Pb-Mg-Al-xB 屏蔽材料高温热变形时应变速率方程。

1 号试样应变速率方程：

$$\dot{\varepsilon} = 4.47163 \times 10^{13} \left[\sinh(0.011133\sigma) \right]^{6.15331} \exp\left(\frac{-166.305 \times 10^3}{RT} \right)$$

3 号试样应变速率方程：

$$\dot{\varepsilon} = 1.71 \times 10^{13} \left[\sinh(0.010347\sigma) \right]^{6.1764} \exp\left(\frac{-164.0737 \times 10^3}{RT} \right)$$

5 号试样应变速率方程：

$$\dot{\varepsilon} = 1.4 \times 10^{13} \left[\sinh(0.009587\sigma) \right]^{5.9896} \exp\left(\frac{-151.0203 \times 10^3}{RT} \right)$$

因此，特征应力 σ 的本构方程为：

$$\sigma = \frac{1}{\alpha} ar \sinh\left[\exp\left(\frac{Q/(RT) + \ln\dot{\varepsilon} - \ln A}{n} \right) \right] \qquad (5.25)$$

将对应模型参数 Q、n、A 和 α 代入特征应力本构模型即式（5.25），可得到 Pb-Mg-Al-xB 合金高温热变形时特征应力方程。

1 号试样特征应力方程：

$$\sigma = \frac{1}{0.011133} ar \sinh\left[\exp\left(\frac{166305/(RT) + \ln\dot{\varepsilon} - 31.43136}{6.15331} \right) \right]$$

3 号试样特征应力方程：

$$\sigma = \frac{1}{0.010347} ar \sinh\left[\exp\left(\frac{164073.7/(RT) + \ln\dot{\varepsilon} - 30.47101}{6.11994} \right) \right]$$

5 号试样特征应力方程：

$$\sigma = \frac{1}{0.009587} ar \sinh \left[\exp \left(\frac{151020.3 / (RT) + \ln \dot{\varepsilon} - 27.96505}{5.62263} \right) \right]$$

图 5.41 所示为根据以上特征应力方程计算得到的流变峰值应力与实验流变应力峰值比较。从图中可以看出，实验测得的流变应力峰值与根据特征应力本构模型计算值基本吻合。

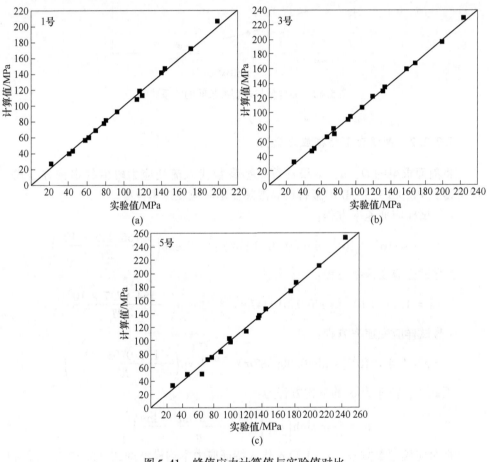

图 5.41　峰值应力计算值与实验值对比

(a) 1 号；(b) 3 号；(c) 5 号

5.2.2.3　稳态流变应力模型

材料在热压缩变形过程中，当变形量达到某一个数值以后加工硬化和再结晶软化之间达到平衡时，材料进入稳态变形阶段，流变应力会趋于一个恒定的数值，称为稳态变形阶段。但前面提出的流变应力峰值应力本构模型，只是描述了流变应力峰值与变形温度和应变速率之间的关系。为了更加详细描述材料稳态变形阶段的流变应力随变形温度、应变速率和应变的变化规律，还必须建立Pb-Mg-Al-xB 合金高温变形稳态流变应力本构模型，这样才能够为数值模拟提供可靠的参数。

为了描述材料高温变形稳态流变应力随变形温度、应变速率和应变的变化规律，Zuzin 等提出了稳态流变应力模型。

$$\sigma = a_1 \varepsilon^n \dot{\varepsilon}^m \exp(-bT) \tag{5.26}$$

式中，n 为材料硬化指数；m 为应变速率敏感系数；b 为温度系数。

对式（5.26）两边取对数得

$$\ln\sigma = \ln a_1 + n\ln\varepsilon + m\ln\dot{\varepsilon} - bT \tag{5.27}$$

根据图 5.29 ~ 图 5.31 中 Pb-Mg-Al-xB 合金应力应变曲线，选取稳态变形阶段真应变范围在 0.2 ~ 0.5 之间的流变应力、变形温度、应变速率和应变等的实验测量值进行多元线性回归分析，结果见表 5.21。

表 5.21　Pb-Mg-Al-xB 合金稳态流变应力本构模型的多元线性回归结果

参数	a_1	n	m	b
1 号	6076.11	-0.24066	0.14644	0.0076
3 号	6959.271	-0.26954	0.14968	0.00777
5 号	10822.9	-0.2847	0.15456	0.00849

将对应模型参数 a_1、n、m、b 代入稳态流变应力模型，可得到 Pb-Mg-Al-xB 合金的高温热变形时稳态流变应力模型。

1 号试样稳态流变应力模型：

$$\sigma = 6076.11\varepsilon^{-0.24066}\dot{\varepsilon}^{0.14644}\exp(-0.0076T)$$

3 号试样稳态流变应力模型：

$$\sigma = 6959.27\varepsilon^{-0.26954}\dot{\varepsilon}^{0.14968}\exp(-0.0078T)$$

5 号试样稳态流变应力模型：

$$\sigma = 10822.90\varepsilon^{-0.28470}\dot{\varepsilon}^{0.15456}\exp(-0.0085T)$$

从稳态流变应力模型可以看出，Pb-Mg-Al-xB 合金在高温稳态变形阶段，流变应力随应变速率增加而增大，具有正的应变速率敏感系数，而且硬化指数 n 为负值，这与之前应力应变曲线分析结果相吻合，表明 Pb-Mg-Al-xB 合金在高温稳态变形阶段，由于回复使位错消失和 Mg_2Pb 重溶使位错萌生源减少所引起的位错密度下降速度大于应变硬化过程引起的位错增殖速度，即再结晶的软化作用大于硬化作用，导致材料中的位错密度逐渐下降，材料变形抗力降低，使得流变应力曲线不断减小，材料表现出近似稳态流变特征。从表 5.21 还可以看出，随着 B 含量的增加，材料稳态流变模型参数 a_1、m、b 都呈增长趋势，n 呈下降趋势。

根据稳态流变应力模型，对稳态流变阶段进行模拟，选取变形温度为 693K，在不同应变速率情况下条件下的流变应力曲线并与实测曲线对比，结果如图 5.42 所示。从图 5.42 可知，变形温度较高（693K）、应变速率较低（$<10\mathrm{s}^{-1}$）时的模拟计算值与实验值有较高的拟合精度。说明在稳态流变阶段此模型能够比较准确预测 Pb-Mg-Al-B 合金高温变形时的流变应力行为，能较准确地描述稳态流变阶段材料流变应力与变形温度、应变速率和应变之间的变化规律。

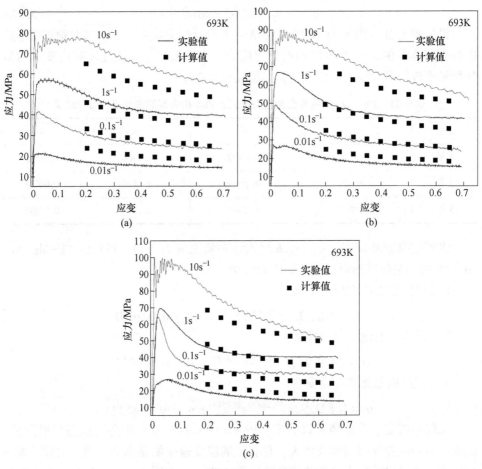

图 5.42　模拟值与实测值的比较

（a）1 号；（b）3 号；（c）5 号

5.2.3 动态再结晶临界条件分析

在高温变形过程中，材料能否发生动态再结晶，宏观上与变形条件即 Z 值大小及变形量有关；微观上，主要取决于材料变形过程中的位错分布与密度，也就是说发生动态再结晶条件与位错密度是否达到某个临界值有关[23,24]。

当变形条件确定，即 Z 一定时，随着应变量的增大，材料内部微观组织会发生一系列变化：加工硬化—动态回复—部分再结晶—完全再结晶，动态再结晶临界应变通常作为判断材料在高温变形过程中是否发生动态再结晶的关键条件，对材料高温变形过程中的工艺控制具有非常重要的指导意义。而动态再结晶的临界应变与峰值应变有一定的关系；发生完全再结晶的临界应变量就是稳态应力起始点对应的应变量[25,26]。在高温变形条件发生改变时，材料的临界应变与稳态应变量也会随之发生改变。因此，本节探讨 Mg-Pb-Al-B 屏蔽材料在高温变形时，其临界应变量、峰值应变量和高温变形条件即 Z 值之间的定量关系。

5.2.3.1 硬化率曲线

虽然通过该屏蔽材料的流变应力-应变曲线无法直接获得材料的动态再结晶临界条件，但可以通过确定发生动态再结晶的临界应力来确定临界应变。动态再结晶的临界应变，可以通过加工硬化率-应力图或加工硬化率-应变图确定。将真应力对真应变的导数即 $\theta = \mathrm{d}\sigma/\mathrm{d}\varepsilon$，定义为加工硬化率 θ，对应于真实应力-应变曲线上某一应变下的切线斜率或真应力变化率。加工硬化率能够反映不同真应变下材料的加工硬化程度，是表征流变应力随应变变化速率的一个变量[27,28]。

图 5.43 和图 5.44 所示为不同变形条件下 Mg-Pb-Al-B 屏蔽材料的加工硬化率-应力 (θ-σ) 曲线。图中 Mg-Pb-Al-B 屏蔽材料的硬化率随着高温流变应力的增大而降低，当高温流变应力达到峰值应力时，$\theta = \mathrm{d}\sigma/\mathrm{d}\varepsilon = 0$。之后，硬化率会发生方向改变并逐渐减小的过程，而后硬化率曲线基本上保持不变。说明试样内部组织发生的应变硬化与动态再结晶软化之间是经过不断的相互作用而逐渐达到平衡的，处于平衡状态的应变硬化速率与动态再结晶软化速率基本相等。

从图 5.43 可以看出在变形速率为 0.01s⁻¹ 时，试样的硬化率在高温变形初期阶段迅速降低，且随着变形温度升高，材料的硬化率降低。这可能是由于在变形初期，随着恢复软化作用逐渐增加，导致材料的硬化率降低。而且变形温度升高时，Mg_2Pb 重溶使位错萌生源减少，从而导致材料硬化率的下降。

从图 5.44 可以看出在变形温度为 693K，应变速率增大时，材料的硬化率随之增大，但材料的最大硬化率并不规律，这可能是由于在变形温度为 693K 条件下，回复作用和 Mg_2Pb 重溶使得位错的萌生源急剧减少，导致在变形开始时位错密度较低，使得材料的最大硬化率并不规律。

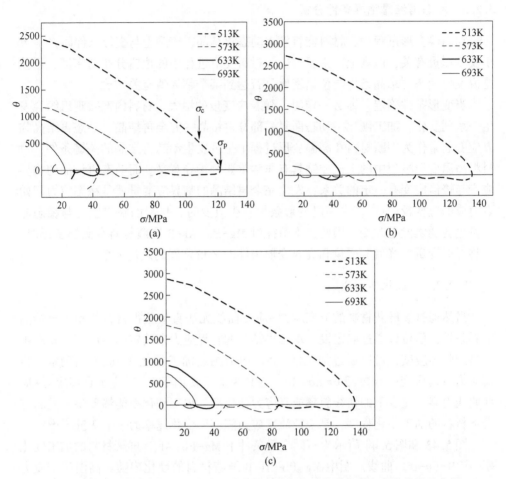

图 5.43   变形速率为 0.01s^{-1} 时不同变形温度条件下的硬化率和应力的关系曲线

(a) 1 号；(b) 3 号；(c) 5 号

　　图 5.45、图 5.46 所示为 Pb-Mg-Al-xB 合金在不同变形条件下的硬化率和应变的关系曲线，即 θ-ε 曲线。由图 5.45 可见，试样在硬化率最大时所对应的应变和峰值应变随着变形温度的升高而降低。从图 5.46 可知，试样在硬化率最大时所对应的应变和峰值应变随着应变速率增大而增大。

　　在给定变形条件的情况下，即 Z 值确定情况下，这些特征值都可以通过 θ-ε 曲线进行确定。同时，θ-ε 曲线也可以反映 Pb-Mg-Al-xB 合金高温变形时的动态再结晶的演化过程。也就是说，在高温变形条件情况下即 Z 值一定时，随着应变变化量的逐渐增大，θ-ε 曲线能很好地反映 Pb-Mg-Al-xB 合金由不完全动态再结晶到完全动态再结晶的逐渐演化过程。

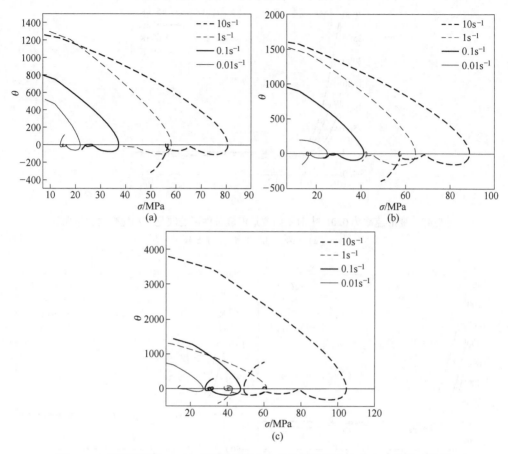

图 5.44　变形温度为 693K 时不同变形速率条件下的硬化率和应力的关系曲线

（a）1 号；（b）3 号；（c）5 号

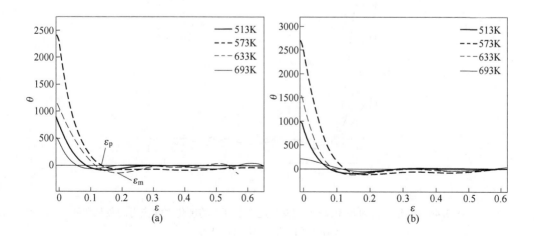

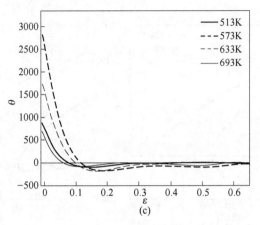

(c)

图 5.45　变形速率为 0.01s^{-1} 时不同变形温度条件下的硬化率和应变的关系曲线

(a) 1号；(b) 3号；(c) 5号

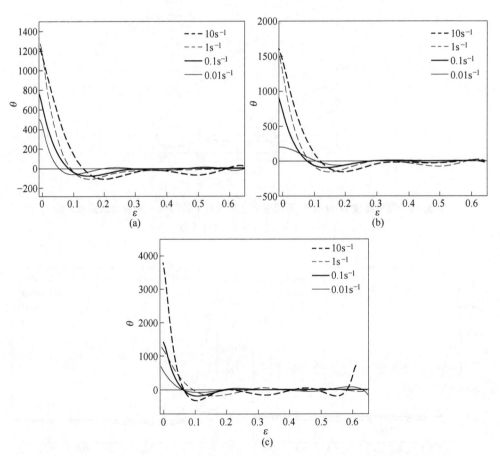

图 5.46　变形温度为 693K 时不同变形速率条件下的硬化率和应力的关系曲线

(a) 1号；(b) 3号；(c) 5号

5.2.3.2 动态再结晶临界条件

确定 Pb-Mg-Al-xB 合金高温变形过程中的动态再结晶临界条件，除了硬化率曲线即 θ-ε 曲线外，还可以根据 $\ln\theta$-ε 关系曲线来确定，如图 5.47 和图 5.48 所示。$\ln\theta$-ε 曲线上的拐点（箭头所示）对应于动态再结晶的临界点[29~31]。

$\ln\theta$-ε 关系曲线中出现的拐点所对应的应变值即为 Pb-Mg-Al-xB 合金高温变形过程中发生动态再结晶对应的临界应变值。从图 5.47 和图 5.48 中可以看出，Pb-Mg-Al-xB 合金在高温变形过程中，随着变形温度的升高发生动态再结晶对应的临界应变降低；随着应变速率的下降，动态再结晶发生的临界应变降低。这说明变形温度的升高和应变速率的降低，动态再结晶更容易发生，这与之前的流变应力-应变曲线分析结果相吻合。

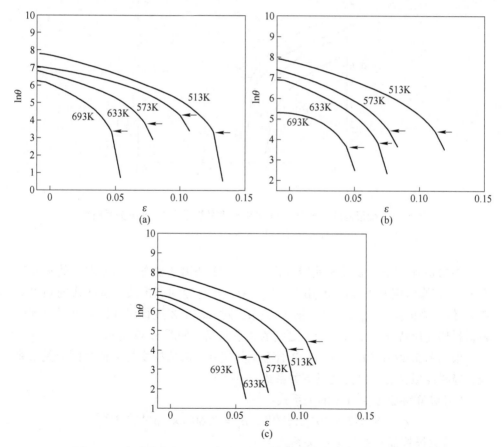

图 5.47　变形速率为 0.01s⁻¹ 时不同变形温度条件下的 $\ln\theta$-ε 关系曲线

（a）1 号；（b）3 号；（c）5 号

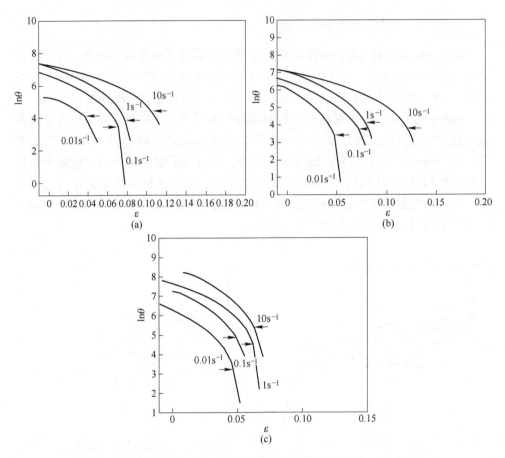

图 5.48　变形温度为 693K 时不同变形速率条件下的 $\ln\theta$-ε 关系曲线

(a) 1 号；(b) 3 号；(c) 5 号

　　根据 θ-σ 和 $\ln\theta$-ε 关系曲线分析，表 5.22 列出了动态再结晶曲线的临界应变 ε_c 值和峰值应变 ε_p 值。利用 Pb-Mg-Al-xB 合金动态再结晶型曲线的临界应变 ε_c 值和峰值应变 ε_p 值与 Z 因子的关系，对 $\ln\varepsilon$-$\ln Z$ 进行线性拟合可以得到屏蔽材料热变形特征应变与 Z 因子之间的关系曲线，如图 5.49 所示。

　　根据图 5.49 中 Pb-Mg-Al-xB 合金临界应变、峰值应变与 Z 值之间的关系曲线，经线性拟合后可以得到以下关系式：

　　1 号试样特征应变与 Z 的关系式：

$$\varepsilon_c = 5.047 \times 10^{-3} Z^{0.09718}, \quad \varepsilon_p = 7.606 \times 10^{-3} Z^{0.08766}$$

　　3 号试样特征应变与 Z 的关系式：

$$\varepsilon_c = 1.719 \times 10^{-2} Z^{0.05451}, \quad \varepsilon_p = 1.987 \times 10^{-2} Z^{0.05439}$$

　　5 号试样特征应变与 Z 的关系式：

$$\varepsilon_c = 8.341 \times 10^{-3} Z^{0.07959}, \quad \varepsilon_p = 9.003 \times 10^{-3} Z^{0.08641}$$

根据以上关系式，可以计算 Pb-Mg-Al-xB 合金在一定变形条件下发生动态再结晶的临界应变和峰值应变，为该材料在热加工过程中工艺参数的制定提供理论参考。

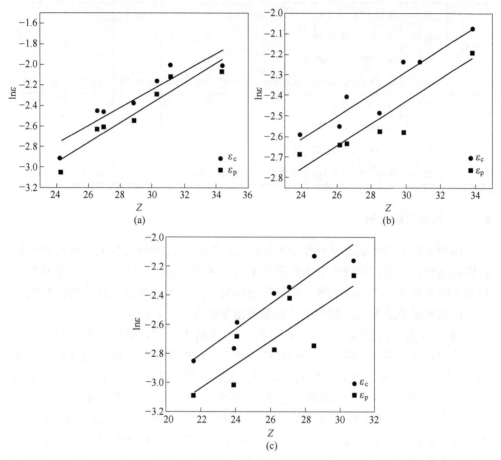

图 5.49　Pb-Mg-Al-xB 合金热变形特征应变与 Z 因子之间的关系曲线

（a）1 号；（b）3 号；（c）5 号

表 5.22　Pb-Mg-Al-xB 合金动态再结晶曲线的临界应变和峰值应变

试样	T_ε/K	$\dot{\varepsilon}=0.01\text{s}^{-1}$		$\dot{\varepsilon}=0.1\text{s}^{-1}$		$\dot{\varepsilon}=1\text{s}^{-1}$		$\dot{\varepsilon}=10\text{s}^{-1}$	
		ε_c	ε_p	ε_c	ε_p	ε_c	ε_p	ε_c	ε_p
1 号	513	0.12619	0.13328						
	573	0.10056	0.11484						
	633	0.07331	0.08511						
	693	0.04717	0.05426	0.07173	0.08596	0.07836	0.09275	0.11947	0.13415

续表 5.22

试样	T_ε	$\dot{\varepsilon}=0.01\mathrm{s}^{-1}$		$\dot{\varepsilon}=0.1\mathrm{s}^{-1}$		$\dot{\varepsilon}=1\mathrm{s}^{-1}$		$\dot{\varepsilon}=10\mathrm{s}^{-1}$	
		ε_c	ε_p	ε_c	ε_p	ε_c	ε_p	ε_c	ε_p
3 号	513	0.11183	0.126						
	573	0.0757	0.10699						
	633	0.07169	0.0899						
	693	0.06788	0.07498	0.07098	0.0781	0.07604	0.08326	0.10599	0.10699
5 号	513	0.1042	0.11526						
	573	0.08882	0.09593						
	633	0.06815	0.07525						
	693	0.04561	0.05782	0.0489	0.06284	0.06227	0.09218	0.06387	0.11867

5.2.4 热加工图分析

热加工图是利用动态材料模型绘制出来的图形，其将热成形工艺与成形性能有机地结合在一起，能清晰准确地反映金属在热变形过程中应变速率、变形温度与金属的成形性能之间的关系，对优化材料的热加工工艺参数、改善材料的加工性、控制组织及避免缺陷的产生具有重要指导作用。

图 5.50 所示为应变为 0.1、0.3、0.5、0.7 时 3 号试样的加工图。图中的等值曲线为功率耗散因子曲线，阴影区域表示 3 号试样在变形过程中的流变失稳区域。从图 5.50 可知，随着变形量的增加，失稳区域不断扩大，而 η 分布变化不大。从图 5.50 (d) 中可以看出，在变形温度为 240℃，应变速率 ≥0.1s^{-1} 时，3 号试样都处于失稳区域；变形温度 ≥380℃，η 值较小，能量消耗率较低。而在安全区域内，η 值较大区域分布对应的变形温度范围为 295～365℃，应变速率范围为 0.01～0.18s^{-1}，在该区域内功率耗散系数 $\eta \geq 37\%$，该区域也为最佳的热加工工艺参数范围。

综上分析 3 号试样最佳的加工参数范围为：变形温度为 295～365℃，应变速率 ($\dot{\varepsilon}$) 为 0.01～0.1845s^{-1}。

5.2.5 变形组织分析

5.2.5.1 热压缩试样宏观组织分析

Pb-Mg-Al-xB 合金在热压缩试验中，部分试样在变形温度为 513K 条件下出现开裂现象。图 5.51 所示为 3 号试样在变形温度为 513K 时的热压缩宏观形貌。

从图 5.51 (c)、(d)、(e) 可以看出试样上都存在沿 45°滑移线方向的延性

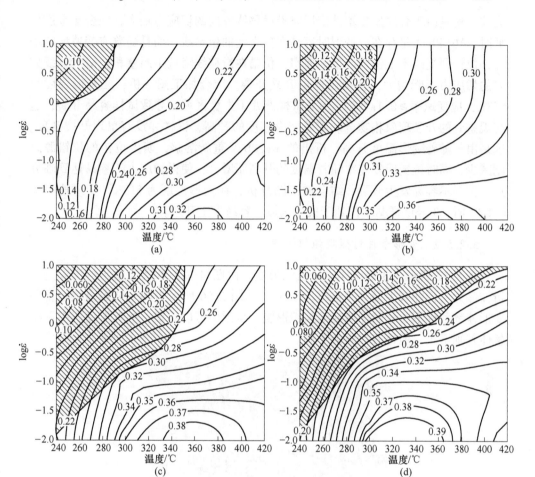

图 5.50　不同真应变条件下 3 号试样的热加工图

(a) ε=0.1；(b) ε=0.3；(c) ε=0.5；(d) ε=0.7

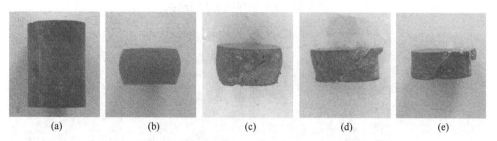

图 5.51　3 号试样在变形温度为 513K 条件下热压缩宏观形貌

(a) 原始试样；(b) 0.01s^{-1}；(c) 0.1s^{-1}；(d) 1s^{-1}；(e) 10s^{-1}

裂纹。这是由于金属发生塑性变形时沿滑移线方向的切应力最大,在变形温度较低时,Mg_2Pb大量存在,变形时容易产生大量的位错线,而且随着应变速度的增加,位错回复跟不上位错产生的速率,位错在滑移线附近不断塞积,沿滑移线方向的切应力不断增大,使得试样更容易开裂。结合加工图分析,在变形温度为513K,应变速率≥0.1s⁻¹时,3号试样都处于失稳区域,导致试样容易开裂,这与观察到的开裂现象相吻合。随着变形温度的升高,试样并没有出现开裂现象。这是由于随着变形温度升高,析出的Mg_2Pb又重新溶解,萌生位错的位错源急剧减少,同时位错回复速率随着温度的升高而增大,使得切应力不容易达到临界点,试样不容易发生开裂。结合加工图分析,在变形温度为513K,变形速率≥0.1s⁻¹时,3号试样基本都处于失稳区域,容易发生开裂。

5.2.5.2   变形条件对微观组织影响

图5.52所示为3号试样原始组织形貌。由图可知3号试样原始组织以先共析枝晶为主,并有少量共晶组织。图5.53~图5.56所示为同一变形温度,不同变形速率条件下3号试样的变形组织形貌。从图中可以看出,所有形变组织形貌整体差别不大,但也有细微的不同。

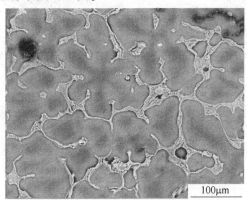

图5.52   3号试样原始组织形貌

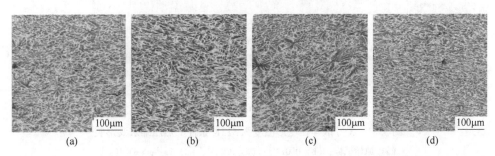

(a)   (b)   (c)   (d)

图5.53   变形温度为513K,不同变形速率时3号试样变形组织形貌

(a) 0.01s⁻¹; (b) 0.1s⁻¹; (c) 1s⁻¹; (d) 10s⁻¹

　　从图 5.53（b）～（d）中可以看到大部分晶粒沿着变形方向被拉长，呈纤维组织形状的，试样整体呈现局部流变特征，局部流变易成为裂纹形成源，从而导致材料失稳。结合加工图可以知道，在该变形温度条件下，变形速率≥0.1s^{-1}时，材料处于失稳区，这与组织观察结果相吻合。

　　从图 5.54（d）和图 5.55（d）中可以看出，有少量区域呈现局部流变特征，可能会导致材料失稳。从图 5.56 中可以看出，试样组织基本类似都呈现再结晶组织特征，结合加工图分析，在变形温度为 693K 条件下，试样基本都在安全区域，在热加工过程中，没有出现局部流变行为，试样都发生了动态再结晶过程。

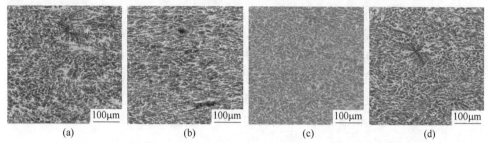

图 5.54　变形温度为 573K，不同变形速率时 3 号试样变形组织形貌

(a) 0.01s^{-1}；(b) 0.1s^{-1}；(c) 1s^{-1}；(d) 10s^{-1}

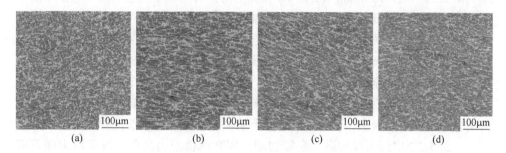

图 5.55　变形温度为 633K，不同变形速率时 3 号试样变形组织形貌

(a) 0.01s^{-1}；(b) 0.1s^{-1}；(c) 1s^{-1}；(d) 10s^{-1}

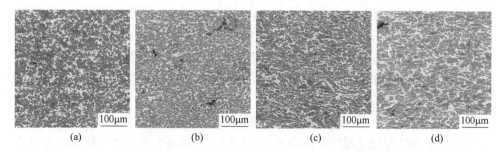

图 5.56　变形温度为 693K，不同变形速率时 3 号试样变形组织形貌

(a) 0.01s^{-1}；(b) 0.1s^{-1}；(c) 1s^{-1}；(d) 10s^{-1}

综合以上分析,对于 Pb-Mg-Al-xB 合金高温变形来说,变形温度在 573 ~ 633K、应变速率在 0.01 ~ 0.18s^{-1} 范围内时,将有利于发生动态再结晶及新晶粒形成,从而达到细化内部组织的目的。

5.3 Pb-Mg-10Al-1B 铅硼复合核辐射防护材料的热压缩行为研究

为了提高铅硼核辐射防护材料的中子射线屏蔽效果,Pb-Mg-10Al-1B 合金在 Pb-Mg-10Al-0.5B 合金和 Pb-Mg-10Al-xB 合金(x=0.4% 和 0.8%(质量分数))的基础上,增加了 B 的含量。Pb-Mg-10Al-0.5B 合金的中子射线衰减系数为 0.33cm^{-1},而 Pb-Mg-10Al-1B 合金的中子射线衰减系数提升至 0.95cm^{-1},提升效果十分明显。且 Pb-Mg-10Al-1B 合金的伸长率亦较 Pb-Mg-10Al-0.5B 合金的高,但抗拉强度有所下降。为了研究分析 Pb-Mg-10Al-1B 核辐射防护材料高温流变行为,本节分析了其流变应力随变形温度、应变速率、变形程度等变形条件变化的情况,建立其高温流变应力本构模型,绘制热加工图,为 Pb-Mg-10Al-1B 核辐射防护材料的加工打下理论基础。

5.3.1 热压缩应力-应变曲线

图 5.57 所示为 Pb-Mg-10Al-1B 核辐射防护材料在不同应变速率和变形温度下的高温等温压缩变形流变应力-应变曲线。从图 5.57 中可以看出,Pb-Mg-10Al-1B 核辐射防护材料流变应力-应变曲线在 453 ~ 613K 温度范围内、应变量达到某一定值时会呈现稳态变形特征,说明此流变应力-应变曲线具有明显的动态再结晶特征,即流变应力达到峰值后,随着应变的增大,流变应力会缓慢下降到稳态;同时也说明 Pb-Mg-10Al-1B 核辐射防护材料在高温变形过程中的软化机制以动态再结晶为主,而且在稳态变形阶段具有负的应变硬化指数。

从图 5.57 中还可以知道,变形初期,即在峰值应力之前,流变应力随着应变程度的不断增加而快速增加,即发生加工硬化。此后,随着应变程度的增加,材料内部积聚的能量也增加,位错反应速率及各种缺陷的消失速率加快,导致材料内部的软化率增加,流变应力上升的速率减小而达到一个峰值。当应变达到或超过某一临界应变后,就会发生动态再结晶,由于新晶粒或亚晶的形成,导致位错密度减小,动态软化作用大于加工硬化作用,使流变应力逐渐降低。当动态软化作用与加工硬化作用达到平衡时,即位错产生的速度与消耗的速度相同,变形就会进入稳态变形阶段。

表 5.23 列出了 Pb-Mg-10Al-1B 核辐射防护材料的流变应力-应变曲线随温度与应变速率的改变呈现的不同峰值。在相同的变形温度下,流变峰值应力随应变速率的增大而增大,如在 533K 变形,应变速率从 0.01s^{-1} 增大到 0.1s^{-1} 时,该材料的峰值应力由 113.84MPa 增大到 240.66MPa,说明 Pb-Mg-10Al-1B 核辐射

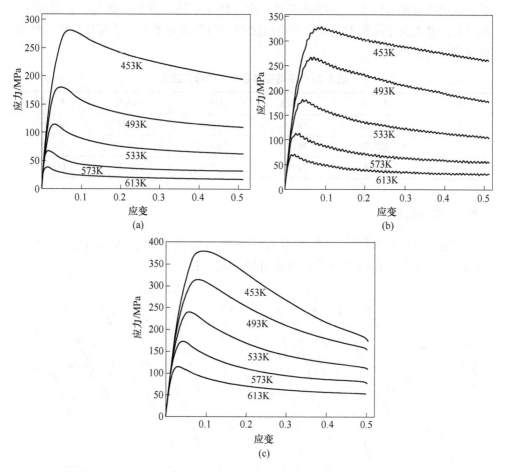

图 5.57 Pb-Mg-10Al-1B 合金热压缩变形流变应力-应变曲线

(a) $0.01s^{-1}$; (b) $0.1s^{-1}$; (c) $1s^{-1}$

防护材料在该实验条件下具有正的应变速率敏感性，即应变速率越大、温度越低，流变应力-应变曲线达到稳态变形阶段的应变就越大，变形越困难。这主要是因为 Pb-Mg-10Al-1B 核辐射防护材料在变形过程中，当应变速率增大时，单位应变的变形时间缩短，位错产生和运动的数量增加，位错速度增大，但由于变形时间缩短，位错攀移及位错反应等引起的软化率相对较低；同时，由动态再结晶所提供的软化时间缩短，而硬化过程相对加剧，故提高了该材料变形的临界切应力。

在相同的应变速率下，随着变形温度的升高，流变峰值应力均降低。例如 Pb-Mg-10Al-1B 核辐射防护材料在应变速率为 $0.1s^{-1}$，变形温度从 453K 升高到 613K 时，流变应力值从 325.61MPa 减小到 71.18MPa。这是因为随着温度的升高，该核辐射防护材料中各原子热振动的振幅增大，各原子间的相互作用力减弱，位错滑移阻力减小，新滑移不断产生，使变形抗力降低；此外，在高温下，该材料的动态再结晶引起的软化程度也随温度的升高而增大，从而导致材料的流变峰值应力降低。

表 5.23　不同变形条件下的峰值应力　　　　（MPa）

$\varepsilon/\text{s}^{-1}$	453/K	493/K	533/K	573/K	613/K
0.01	282.22	180.41	113.84	67.42	38.28
0.1	325.61	264.27	180.74	112.84	71.18
1	380.98	314.97	240.66	172.24	115.41

5.3.2　本构模型

将表 5.23 中不同变形条件下的峰值应力数据分别代入式（5.1）和式（5.2）中，利用 Origin 软件进行线性回归，得到图 5.58。

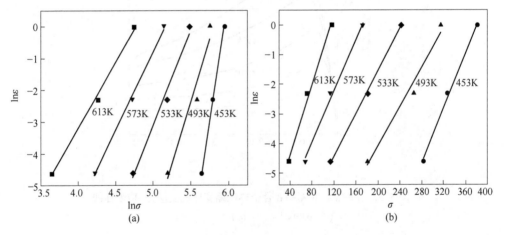

图 5.58　应变速率与流变应力之间的关系曲线

(a) $\ln\varepsilon-\ln\sigma$；(b) $\ln\varepsilon-\sigma$

从图 5.58（a）$\ln\varepsilon-\ln\sigma$ 和（b）$\ln\varepsilon-\sigma$ 关系图的数据拟合结果可以得到 $n_1 = 7.66$ 和 $\beta = 0.044$。因此，$\alpha = \beta/n_1 = 0.006\text{MPa}^{-1}$。将峰值应力和所求得的 α 值代入式（5.3）中，用 Origin 软件进行线性回归分析，可以得到图 5.59。

由图 5.58、图 5.59 可以看出，通过对热压缩试验数据的回归分析，在变形温度一定时，流变应力（峰值）满足线性关系，且线性相关系数均在 0.97 以上，其中图 5.59 中的 $\ln\varepsilon-\ln[\sinh(\alpha\sigma)]$ 的关系曲线呈现良好的线性相关性，相关系数在 0.99 以上，所以选取双曲正弦函数描述不同变形条件下应变速率与流变应力之间的关系。从图 5.59 可以发现，当变形温度发生变化时，直线的斜率会

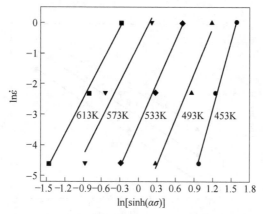

图 5.59 应变速率与流变应力之间的关系曲线

有稍微的变化，说明变形激活能 Q 随温度变化而有所变化，进一步证明 Pb-Mg-10Al-1B 核辐射防护材料高温变形过程也是一种类似高温蠕变的热激活过程。

在热加工过程中，变形温度对材料热变形时的流变应力有着非常重要的影响，它是材料热加工变形时的一个极其重要参数。从表 5.23 可以看出，在同一应变速率条件下，Pb-Mg-10Al-1B 核辐射防护材料高温变形时的流变峰值应力随温度的升高而减小。这是因为随着热变形温度的提高，热激活过程增强，使得空位和原子的扩散率增加，提高了非晶扩散的速率，与此同时，由于动态再结晶随温度升高而加快，短时间内消耗大量的位错，削弱了 Pb-Mg-10Al-1B 核辐射防护材料变形时所产生的加工硬化，从而使流变应力降低。

在应变率一定的情况下，对式（5.3）进行变换可得：

$$\ln[\sinh(\alpha\sigma)] = A' + 1000 \times B'/T \tag{5.28}$$

式中，$A' = (\ln\varepsilon - \ln A)/n$；$B' = Q/(1000nR)$。

将表 5.23 中不同变形条件下的流变峰值应力代入式（5.28）进行计算，即可绘制出 $\ln[\sinh(\alpha\sigma)]$-$1000/T$ 关系曲线图，如图 5.60 所示。

从图 5.60 可知，变形温度与流变应力之间呈较好的线性关系，且相关系数大于 0.99，由此证明了 Pb-Mg-10Al-1B 核辐射防护材料在高温变形时流变应力 σ 与变形温度 T 之间满足双曲正弦函数关系式。

在前面已经分别讨论了 Pb-Mg-10Al-1B 核辐射防护材料高温变形时，应变速率、变形温度对流变应力的影响。在材料热变形过程中，变形温度 T 和应变速率 ε 对流变应力 σ 的影响可归结为复合因子的影响，即 Z 参数。因此，采用 Z 参数来综合分析应变速率、变形温度对 Pb-Mg-10Al-1B 核辐射防护材料高温变形流变应力的影响，具体表达式见式（5.5）。式（5.5）包含了变形温度和应变速率两个参数，其物理意义为温度补偿的应变速率因子。根据 Z 参数的变换式（5.6）可以讨论 Z（不同变形温度、不同应变速率下）参数与流变峰值应力之间的关系，如图 5.61 所示。

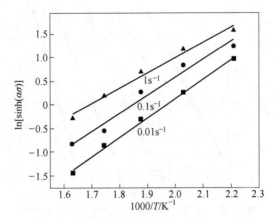

图 5.60 形变温度与流变应力之间的关系曲线

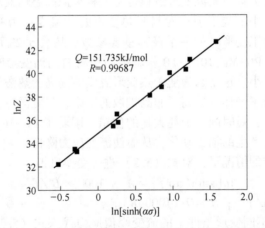

图 5.61 高温变形 Z 参数与流变应力之间的关系曲线

图 5.61 表明，温度补偿应变速率 Z 的自然对数和流变峰值应力 σ 的双曲正弦项的自然对数之间满足线性关系，且相关系数为 0.99，可用包含 Arrhenius 项的 Z 参数来描述 Pb-Mg-10Al-1B 核辐射防护材料在高温压缩变形时的流变峰值应力与变形温度和应变速率之间的关系，说明 Pb-Mg-10Al-1B 核辐射防护材料高温变形时受热激活控制。

根据前面的分析，双曲正弦函数关系式能更好地解释 Pb-Mg-10Al-1B 核辐射防护材料在高温热变形时流变峰值应力与变形温度和应变速率之间的关系。因此，采用双曲正弦函数关系式来建立 Pb-Mg-10Al-1B 核辐射防护材料高温流变峰值应力本构模型。

从图 5.59 的 $\ln\dot{\varepsilon}-\ln[\sinh(\alpha\sigma)]$ 关系图中各线的斜率平均值求得 $n=4.982$。根据

图 5.60 中 $\ln[\sinh(\alpha\sigma)]-1000/T$ 关系求得斜率的平均值为 3732.48，则 $Q=(3732.48\times 4.892\times8.31)\text{J/mol}=151.735\text{kJ/mol}$；且图 5.60 的截距平均值为 −6.883。

再对式（5.3）进行变换得

$$\ln[\sinh(\alpha\sigma)] = \frac{1}{n}\ln\frac{\dot{\varepsilon}}{A} + \frac{Q}{nRT} \qquad (5.29)$$

故有 $\dfrac{1}{n}\ln\dfrac{\dot{\varepsilon}}{A} = -6.883$，可求得 A 的平均值为 2.89×10^{14}。

将上面计算所得的参数代入式（5.29）中，有

$$\dot{\varepsilon} = A[\sinh(\alpha\sigma)]^n \exp\left(-\frac{Q}{RT}\right) \qquad (5.30)$$

从而得到 Pb-Mg-10Al-1B 核辐射防护材料高温流变峰值应力本构模型为：

$$\dot{\varepsilon} = 2.89\times10^{14}[\sinh(0.006\sigma)]^{4.982} \times \exp\left(\frac{-151735}{RT}\right) \qquad (5.31)$$

式（5.31）为 Pb-Mg-10Al-1B 核辐射防护材料高温变形时的应变速率方程，描述了流变峰值应力与变形温度和应变速率之间的相互关系，可为 Pb-Mg-10Al-1B 核辐射防护材料以后的热变形研究提供理论依据。

图 5.62 所示为根据式（5.31）计算得到的流变峰值应力值与实验测得的流变应力峰值比较。从图 5.62 可以看出，实验峰值应力与根据流变应力本构模型计算出来的峰值应力基本吻合。

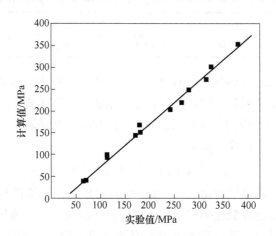

图 5.62 理论计算流变应力与实测峰值比较

将 α 和 n 代入 Zener-Hollomon 参数 Z 的函数关系式，可得包含 Arrhenius 项的 Z 参数来描述的流变应力 σ、应变速率 $\dot{\varepsilon}$ 和温度 T 之间的本构关系式：

$$\sigma = \frac{1}{0.006}\ln\left\{\left(\frac{Z}{2.89 \times 10^{14}}\right)^{\frac{1}{4.982}} + \left[\left(\frac{Z}{2.89 \times 10^{14}}\right)^{\frac{2}{4.982}} + 1\right]^{\frac{1}{2}}\right\} \qquad (5.32)$$

将 Q 值代入式（5.5）可得 Z 参数的表达式：

$$Z = \dot{\varepsilon}\exp[151735/(RT)]$$

从图 5.57 中可以看出，Pb-Mg-10Al-1B 核辐射防护材料在热压缩变形过程中存在一个稳态变形阶段，即在热压缩变形过程中，当变形量达到某一个数值以后，材料的流变应力会趋于一个恒定的数值。但前面提出的流变峰值应力本构模型，即式（5.31）及式（5.32）只是描述了流变峰值应力与变形温度和应变速率之间的关系，因此，为了综合描述 Pb-Mg-10Al-1B 核辐射防护材料高温变形稳态阶段的流变应力随变形温度、应变速率和应变的变化规律，为数值模拟提供可靠的参数，还必须建立 Pb-Mg-10Al-1B 核辐射防护材料高温变形时的稳态流变应力本构模型。

此外，本节采用稳态流变应力模型式（5.26）、式（5.27）来描述 Pb-Mg-10Al-1B 核辐射防护材料高温变形时的稳态流变应力与变形温度、应变速率和应变之间的关系。

综合图 5.57 应力-应变曲线情况，取真应变在 0.1 ~ 0.5 之间的实测流变应力值、变形温度值、应变速率和应变值进行多元线性回归分析，回归分析结果见表 5.24。

表 5.24   Pb-Mg-10Al-1B 核辐射防护材料稳态本构模型的多元线性回归结果

$\ln a_1$	n	m	b	复相关系数
11.4260	-0.30734	0.17437	0.0128	0.9745

从表 5.24 可知，Pb-Mg-10Al-1B 核辐射防护材料高变形时的稳态流变应力与变形温度、应变速率和应变之间的相互关系能较好地用式（5.33）表达，其复相关系数大于 0.97。因此，可以得到 Pb-Mg-10Al-1B 核辐射防护材料高温变形时的稳态流变应力本构模型如下：

$$\sigma = 9.024 \times 10^4 \varepsilon^{-0.30734} \dot{\varepsilon}^{0.17437} e^{-0.0128T} \qquad (5.33)$$

由回归分析结果可以看出，Pb-Mg-10Al-1B 核辐射防护材料进入高温稳态变形时，流变应力随应变速率的增加而增大，m 值大于零，该核辐射防护材料为正应变速率敏感材料，这与前面所述的实验结果相吻合。应变硬化指数 n 小于零，这与对 Pb-Mg-10Al-1B 核辐射防护材料高温流变应力-应变曲线存在负的应变硬化指数的分析结果相吻合。表明该材料在高温塑性稳态变形阶段，由于动态再结晶等引起的位错密度降低速度大于由应变硬化过程引起的位错增殖速度，随着变形量增加，Pb-Mg-10Al-1B 核辐射防护材料中的位错密度逐渐减小，该材料发生软化，使流变应力呈略有减小的趋势，表现出近似稳态流变特征。

利用式（5.33），即 Pb-Mg-10Al-1B 核辐射防护材料高温变形稳态流变应力本构模型，对该材料的稳态流变应力进行预测，如图 5.63 所示。图中曲线为实测值，散点为拟合计算值。从图 5.63 中可知，当变形温度较高（>493K），应变速率较低（<1s^{-1}）时计算值与实验值有较高的拟合精度。因此，用此方法建立的稳态流变应力本构模型能够比较准确预测 Pb-Mg-10Al-1B 核辐射防护材料高温变形时的稳态流变应力行为。该本构模型可以比较准确地描述 Pb-Mg-10Al-1B 核辐射防护材料高温稳态流变应力与变形温度、应变速率和应变之间的变化规律。这一计算结果为该屏蔽材料进一步的高温变形研究提供了可靠理论支持。

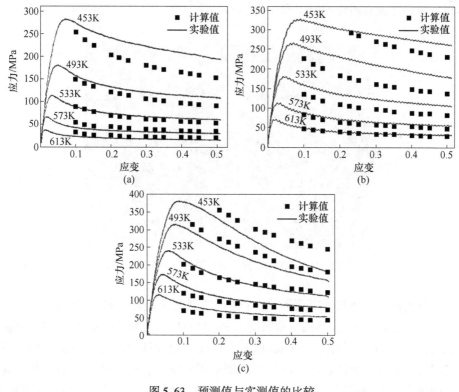

图 5.63　预测值与实测值的比较

(a) 0.01s^{-1}；(b) 0.1s^{-1}；(c) 1s^{-1}

5.3.3　热压缩显微组织演变

从 Pb-Mg-10Al-1B 核辐射防护材料的高温流变应力行为研究结果可以知道，该核辐射防护材料在高温变形过程主要发生动态再结晶，其对材料的性能有决定性影响。动态再结晶作为一种重要的软化与晶粒细化机制，对控制 Pb-Mg-

10Al-1B 核辐射防护材料变形组织、改善塑性成形能力以及提高材料力学性能具有十分重要的意义。

本节主要探讨分析 Pb-Mg-10Al-1B 核辐射防护材料在不同变形条件下合金的微观组织组成相及形貌特征变化，研究高温变形条件对该核辐射防护材料动态再结晶的影响，同时还探讨了发生动态再结晶的临界条件，为 Pb-Mg-10Al-1B 核辐射防护材料的热加工工艺制定提供一定参考。

图 5.64 所示为 Pb-Mg-10Al-1B 核辐射防护材料原始试样显微组织的 SEM 照片。从图 5.64 中可以看出，该核辐射防护材料中主要存在两种共晶组织，即 $Pb+Mg_2Pb$ 和 $Mg+Mg_{17}Al_{12}$，且各相均匀分布。$Pb+Mg_2Pb$ 共晶组织主要以块状形式存在；而 $Mg+Mg_{17}Al_{12}$ 共晶组织为枝状晶形式。这两种共晶组织占有非常大的体积，对该屏蔽材料性能起主要作用。

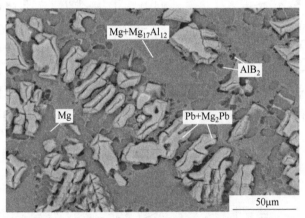

图 5.64　Pb-Mg-10Al-1B 核辐射防护材料原始组织 SEM 照片

在分析高温变形过程中变形温度对材料显微组织的影响时，选取应变速率为 $0.1s^{-1}$、真应变为 0.5，不同变形温度下 Pb-Mg-10Al-1B 核辐射防护材料高温变形的组织，其 SEM 照片如图 5.65 所示。由图 5.65 可以看出，在 453～613K 高温变形后，该核辐射防护材料内部组织明显得到细化，但随着变形温度的变化，细化的效果会有所不同。根据应力-应变曲线分析可知，Pb-Mg-10Al-1B 核辐射防护材料在高温变形过程中的软化机制主要以动态再结晶为主，因此，变形温度变化会影响该核辐射防护材料高温变形过程中的动态再结晶过程，从而导致细化效果的不同。当变形温度低于 453K 时，由于变形温度较低，不利于晶界的移动，因而延长了再结晶的孕育期，降低了再结晶晶核的形核率及生长速度，使该核辐射防护材料在高温变形过程的再结晶过程不完全，如图 5.65（a）所示，大部分组织被破碎、拉长，只有少量的细颗粒出现。随着变形温度的升高，Z 值减小，原子的运动能力增强，应变产生大量空位，位错的滑移、攀移能力增强，位错相互销毁和重组更加彻底和完善，位错的可动距离增大，由此形成完整的晶粒，如图 5.65（b）~（d）所示，该核辐射防护材料内部组织明显得到细化，出现大量细颗粒并弥散分布。当变形温度达到 613K 时，由图 5.65（e）可见，该核辐射防护材料内部组织明显粗化，并呈向某区域集中趋势。说明随着变形温度升高，动态再结晶行为容易进行，再结晶晶粒也容易长大，而且也利于晶界的迁移。因此，Pb-Mg-10Al-1B 核辐射防护材料在一定的应变速率条件下高温变形，变形温度在 493~573K 范围内时，易于通过发生动态再结晶达到细化内部组织的目的。

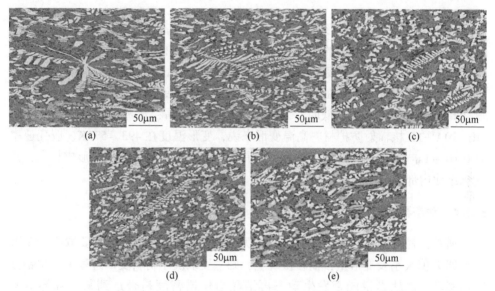

图 5.65　不同温度下 Pb-Mg-10Al-1B 核辐射防护材料的微观组织照片（$\dot{\varepsilon} = 0.1\text{s}^{-1}$）

(a) 453K；(b) 493K；(c) 533K；(d) 573K；(e) 613K

除了变形温度对材料的显微组织有影响，材料的显微组织演变还需要考虑应变速率的影响。图 5.66 所示为变形温度为 573K，真应变为 0.5 时，不同应变速率下 Pb-Mg-10Al-1B 核辐射防护材料高温变形组织的 SEM 形貌。当变形的应变速率较高时，由于应变速率大，变形时间短，再结晶过程不完全，由图 5.66（a）可见，组织中细颗粒的形成数量相对较少。随着应变速率降低和变形时间的延长，有利于再结晶过程的完成和晶界的迁移，易于形成完整的再结晶晶粒，如图 5.66（b）所示，当应变速率降到 0.1s⁻¹ 时，组织中出现大量细小颗粒并弥散分布。随着应变速率进一步降低，应变速率为 0.01s⁻¹ 时，从图 5.66（c）可以看出组织尺寸增大，说明在较高的变形温度下，随着应变速率的降低动态再结晶更加明显，晶粒尺寸也更容易增大。

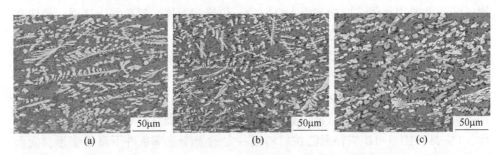

图 5.66 不同应变速率下 Pb-Mg-10Al-1B 核辐射防护材料的微观组织照片 (T=573K)

(a) $1s^{-1}$；(b) $0.1s^{-1}$；(c) $0.01s^{-1}$

因此，材料在高温变形过程中，随着变形温度升高和变形应变速率的降低，即随着 Z 值的降低，原子的运动能力增强，应变产生的空位浓度增加，有利于位错的滑移和攀移；位错密度下降，同时位错储能增加的速率降低，从而导致激发动态再结晶形核所需的临界位错密度对应的临界应变量增大。所以，只有当温度较高，而应变速率足够低时，才易于再结晶及新晶粒形成、长大。对于 Pb-Mg-10Al-1B 核辐射防护材料高温变形来说，变形温度在 493～573K、应变速率在 0.01～1s^{-1} 范围内选取时，将有利于其发生动态再结晶及新晶粒形成长大，而达到细化内部组织的目的。

5.3.4 动态再结晶发生的临界条件

通常，材料在高温变形过程中，宏观上能否发生动态再结晶主要取决于变形条件即 Z 值大小及变形量；而在微观上，则主要取决于材料变形过程中的位错分布与密度，也就是说能否发生动态再结晶与位错密度是否达到某个临界值有关[32,33]。当 Z 值一定时，随着应变量的增大，材料内部微观组织会发生一系列变化：加工硬化—动态回复—部分再结晶—完全再结晶，动态再结晶临界应变通常作为判断材料在高温变形过程中是否发生动态再结晶的关键条件，对材料高温变形过程中的工艺控制具有非常重要的指导意义。有关研究表明，发生动态再结晶的临界应变与峰值应变有一定的定量关系[34]；稳态应力开始点所对应的稳态应变量，即为发生完全再结晶的临界应变量[35]。当高温变形条件发生改变时，材料的临界应变与稳态应变量也会随之发生改变。因此，本节将探讨 Pb-Mg-10Al-1B 核辐射防护材料在高温变形时，其临界应变量、峰值应变量和高温变形条件即 Z 值之间的定量关系。

5.3.4.1 硬化率曲线

Pb-Mg-10Al-1B 核辐射防护材料在高温变形过程中，发生的动态再结晶临界应变无法直接通过实验测得，即无法直接通过该核辐射防护材料的流变应力–应变曲线来确定，因此，采用硬化率来研究确定该核辐射防护材料高温变形过程中发生动态再结晶的临界应变，即通过确定发生动态再结晶的临界应力来确定临界应变。硬化率为流变应力对应变的导数，也就是不同变形条件下的流变应力曲线的斜率，即 $\theta = d\sigma/d\varepsilon$，它是表征流变应力随应变变化率的一个变量。图 5.67 所示为该核辐射防护材料在不同高温变形条件下的硬化率曲线。从图 5.67 中可以看出，Pb-Mg-10Al-1B 核辐射防护材料的硬化率在高温变形初期阶段迅速降低，当变形温度升高时，该核辐射防护材料的硬化率降低；当应变速率增大时，该核辐射防护材料的硬化率随之增大。以图 5.67（a）为例，随着 Pb-Mg-10Al-1B 核辐射防护材料高温流变应力的增大，硬化率降低的速率逐渐降低，直至开始发生动态再结晶，而此时的流变应力也达到了一个临界值，随后硬化率曲线的方向发生改变。当流变应力达到峰值应力时，即 $\theta = d\sigma/d\varepsilon = 0$，这之后，硬化率会经过一个逐渐改变方向的减小过程，而后硬化率曲线基本上保持不变，说明材料内部组织的应变硬化与动态再结晶软化之间是经过不断的相互作用而逐渐达到平衡的，处于平衡状态的应变硬化速率与动态再结晶软化速率基本相等。

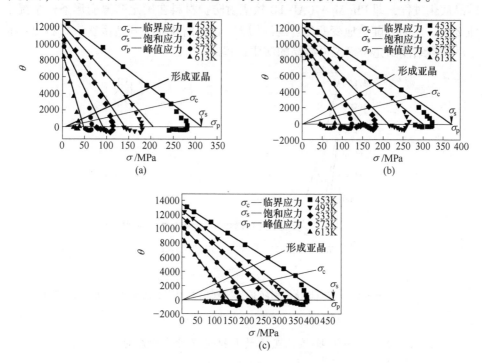

图 5.67 Pb-Mg-10Al-1B 核辐射防护材料硬化率和应力的关系曲线

(a) $\dot{\varepsilon} = 0.01s^{-1}$；(b) $\dot{\varepsilon} = 0.1s^{-1}$；(c) $\dot{\varepsilon} = 1s^{-1}$

材料在高温变形过程中的临界应力、峰值应力、最大可能的应力（即为饱和应力）以及亚晶形成的开始点或动态再结晶的开始点与终了点都可以通过材料的高温变形过程中的硬化率曲线进行计算和预测[36]。从图 5.67 中可以看出，Pb-Mg-10Al-1B 核辐射防护材料的所有硬化率曲线出现拐点以后，硬化率都基本保持平衡。利用 McQueen 等人[37,38]提出的研究方法，可以确定 Pb-Mg-10Al-1B 核辐射防护材料高温变形过程中发生动态再结晶的临界应力、流变峰值应力及最大可能的应力，甚至还可以推测亚晶的形成。例如，在变形温度为 533K、应变速率为 0.1s⁻¹ 时，Pb-Mg-10Al-1B 核辐射防护材料发生动态再结晶的临界应力为 167.50MPa，流变峰值应力为 180.74MPa，最大可能应力即饱和应力为 213.79MPa，其亚晶形成时的应力可能为 147.25MPa。

图 5.68 所示为 Pb-Mg-10Al-1B 核辐射防护材料在不同高温变形条件下硬化率随应变量变化而变化的关系曲线，即 θ-ε 曲线。由图 5.68 可见，该材料的最大硬化率对应的应变与峰值应变随着变形温度的升高而降低，或者是随着应变速率增大而降低。在给定变形条件下，即 Z 值确定，可以通过 θ-ε 曲线进行确定。同时，θ-ε 曲线也可以反映 Pb-Mg-10Al-1B 核辐射防护材料高温变形时动态再结晶演化过程，即 Pb-Mg-10Al-1B 核辐射防护材料在确定高温变形条件情况下即 Z 值一定时，随着应变变化量逐渐增大，θ-ε 曲线能很好地反映该材料由不完全动态再结晶到完全动态再结晶的演化过程。

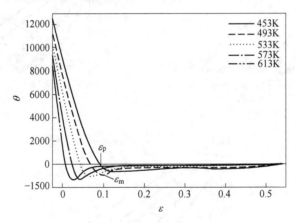

图 5.68 Pb-Mg-10Al-1B 核辐射防护材料硬化率和应变的关系曲线（0.1s⁻¹）

5.3.4.2 临界应变、峰值应变及最大软化率对应的应变

探讨 Pb-Mg-10Al-1B 核辐射防护材料高温变形过程中的动态再结晶临界条件，即为确定该核辐射防护材料高温变形过程中的临界应变、峰值应变及最大软化率对应的应变与变形条件即 Z 之间的相互关系。根据该核辐射防护材料的流变应力-应变曲线、硬化率-应力曲线及硬化率-应变曲线，及其这些曲线所对应的

临界应变、峰值应变和最大软化率对应的应变，便可以绘制出 ε_p-ε_c、$\ln\varepsilon_p$-$\ln Z$ 和 $\ln\varepsilon_m$-$\ln Z$ 的关系曲线，如图 5.69 及图 5.70 所示。

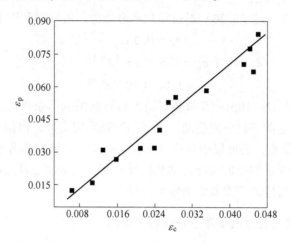

图 5.69 Pb-Mg-10Al-1B 核辐射防护材料峰值应变与临界应变的关系曲线

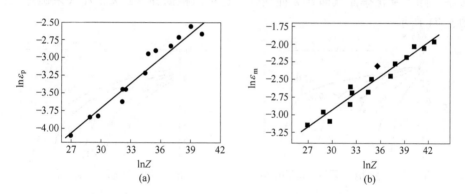

图 5.70 Pb-Mg-10Al-1B 核辐射防护材料峰值应变、
最大软化率对应的应变与 Z 之间的关系曲线
(a) $\ln\varepsilon_p$-$\ln Z$；(b) $\ln\varepsilon_m$-$\ln Z$

根据图 5.69 中 Pb-Mg-10Al-1B 核辐射防护材料峰值应变与临界应变的关系曲线，经线性拟合后，得到峰值应变（ε_p）与临界应变（ε_c）的关系式：

$$\varepsilon_p = 1.7942\varepsilon_c - 0.00117 \tag{5.34}$$

根据图 5.70 中 Pb-Mg-10Al-1B 核辐射防护材料的峰值应变、最大软化率所对应的应变与 Z 值之间的关系曲线，经线性拟合后可以得到以下关系式：

$$\ln\varepsilon_p = 0.1166\ln Z - 6.502 \tag{5.35}$$
$$\ln\varepsilon_p = 0.0807\ln Z - 6.432 \tag{5.36}$$

由此可以说 $\ln\varepsilon_p$、$\ln\varepsilon_m$ 与 $\ln Z$ 之间呈线性关系，其中 $Z = \dot{\varepsilon}\exp[151735/(RT)]$，式中的激活能为平均值。

将式（5.34）~式（5.36）经过简化和分析后，可以得到以下关系式：

$$\varepsilon_c = 0.56\varepsilon_p \tag{5.37}$$

$$\varepsilon_p = 1.5 \times 10^{-3}Z^{0.12} \tag{5.38}$$

$$\varepsilon_m = 1.61 \times 10^{-3}Z^{0.081} \tag{5.39}$$

因此，当 Pb-Mg-10Al-1B 核辐射防护材料高温变形条件已经被确定即 Z 值一定时，该核辐射防护材料发生动态再结晶的临界应变可以根据式（5.37）及式（5.39）来进行预测，还可以根据式（5.37）~式（5.39）事先确定该核辐射防护材料在高温变形过程中的动态再结晶临界应变、完全动态再结晶发生时的应变即最大软化率所对应的应变及流变峰值应变。

5.3.4.3　动态再结晶临界条件的物理意义

在确定 Pb-Mg-10Al-1B 核辐射防护材料发生动态再结晶的临界应变方法中，除了硬化率曲线即 θ-ε 曲线外，还可以根据 $\ln\theta$-ε 关系曲线来确定，如图 5.71 所示。

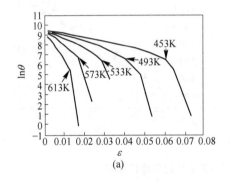
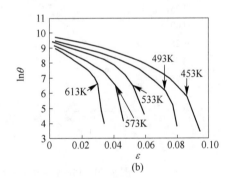

图 5.71　$\ln\theta$ 与 ε 之间的关系曲线

(a) $\dot{\varepsilon} = 0.01\mathrm{s}^{-1}$；(b) $\dot{\varepsilon} = 1\mathrm{s}^{-1}$

从图 5.71 可以知道，$\ln\theta$-ε 关系曲线中出现的拐点所对应的应变值即为 Pb-Mg-10Al-1B 核辐射防护材料发生动态再结晶的临界应变值，如箭头标注，这与前面通过 θ-σ 关系曲线确定的动态再结晶临界应变值是相等的，例如变形温度为 533K、应变速率为 $0.01\mathrm{s}^{-1}$ 时，采用这两种关系曲线确定的动态再结晶临界应变都为 0.03。图 5.71 中的曲线拐点即为该辐射防护材料发生动态再结晶的临界应变点。通过对 $\ln\theta$-ε 关系曲线进行比较分析，结果显示，Pb-Mg-10Al-1B 核辐射防护材料在高温变形过程中，随着变形温度升高该核辐射防护材料的发生动态再结晶临界应变降低；或者随着应变速率降低，该核辐射防护材料的发生动态再结晶临界应变也随着降低。

对有关金属或合金高温变形时的动态再结晶过程的研究表明，高温变形过程中发生动态再结晶时的温度补偿应变速率 Z 值的自然对数与动态再结晶临界条件存在某种对应关系[39]。在对 Pb-Mg-10Al-1B 核辐射防护材料高温变形过程的研究中发现，在高温变形条件不变的情况下，Z 值一定，$\ln Z$ 与发生动态再结晶临界应变 ε_c 及最大软化率 ε_m 所对应的应变之间存在对应的关系，即式 (5.39)、式 (5.40)。

5.3.5 热挤压数值模拟

热挤压是金属材料成型的重要手段之一。前述的高温压缩行为研究与分析的目的就是为实现 Pb-Mg-10Al-1B 核辐射防护材料的热成型加工探索理论支撑。热挤压过程是非常复杂的非线性过程，涉及复杂的金属流变及热力学等，难以用解析解来准确描述这个复杂的过程。自从 Lee 和 Kobayashi[40] 在塑性加工领域成功地将有限元法（FEM）引入以来，国内外已有许多学者应用有限元方法对许多金属材料的热挤压塑性成型问题进行过数值模拟，如镁合金、铝合金、铜合金及钛合金等。在金属材料的工艺参数及工模具优化等方面取得了很多研究成果[41,42]。本节利用前述的本构模型，采用 DEFORM-3D 有限元软件对 Pb-Mg-10Al-1B 核辐射防护材料热挤压过程进行数值模拟研究，为 Pb-Mg-10Al-1B 核辐射防护材料热挤压加工提供参考依据。

5.3.5.1 热挤压模型的建立与参数设置

A 几何模型建立

根据实验要求，采用立式锥模热挤压法将 Pb-Mg-10Al-1B 核辐射防护材料预成型为棒材。因此，建模时考虑棒材为对称件，取其 1/4 进行模拟分析。采用三维绘图软件 Pro/E4.0 建立简化的几何模型，并转换成 ＊.STL 格式文件调入 DEFORM-3D 前处理。如图 5.72 所示，挤压筒内径为 40mm，锭坯尺寸长为 40mm，直径为 39mm，凹模半角为 63°，工作带长度为 5mm。

B 材料模型建立

以 Pb-Mg-10Al-1B 核辐射防护材料进行分析，挤压成形过程中单位挤压力很大，材料发生剧烈流动，变形过程中弹性变形很小，可以忽略不计，因而材料类型适合于用各向同性的刚塑性材料。材料模型建立的关键在于材料本构关系的描述，本构关系模型将直接影响变形行为的准确性及模拟精度。本书已根据 Pb-Mg-10Al-1B 核辐射防护材料热压缩试验得到了流变应力-应变曲线并建立了材料本构关系模型，在此只需把本构关系模型中的参数分别输入即

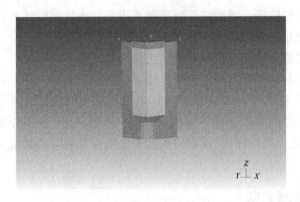

图 5.72　Pb-Mg-10Al-1B 核辐射防护材料挤压模型
(扫描书前二维码看彩图)

可。由于还要对挤压过程进行热力耦合分析，故选择的模具材料（H13 钢）性
能参数为：杨氏模量 $E = 210000\text{N/mm}^2$，密度 $\rho = 7760\text{kg/m}^3$，泊松比 $\mu = 0.3$，
比热容 $c = 5.6\text{N/(mm}^2 \cdot \text{℃})$，热传导率 $k = 28.4\text{N/(s} \cdot \text{℃})$，热膨胀系数为
$11.5 \times 10^{-6}/\text{℃}$。

　　C　网格划分及再划分

　　有限元分析的精度和效率与单元密度和单元几何形态之间存在密切关系，因
此对于实际的挤压过程进行有限元模拟时，必须合理划分网格。对于模拟坯料，
初始单元数目为 30000，节点数目为 6525，网格是边长约为 2mm 的四面体单元；
由于还要进行热力耦合分析，故也对凹模、挤压筒及垫片进行网格划分，如图
5.73 所示。由于加工过程中工件往往变形较大，导致局部网格畸变过大，无法
进行计算，必须对初始网格重新划分，划分边长为 2mm。

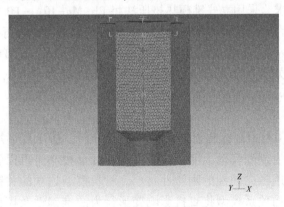

图 5.73　网格划分示意图
(扫描书前二维码看彩图)

D　模拟计算关键问题处理

（1）摩擦边界条件：选用的摩擦定律是库伦类型。摩擦剪切应力 τ_f 通常表示为：

$$\tau_f = m\left(\frac{\bar{\sigma}}{\sqrt{3}}\right) \qquad (5.40)$$

式中，m 为摩擦因子（$0 \leqslant m \leqslant 1$）；$\bar{\sigma}$ 为变形材料的有效流变应力。

FEM 模型要考虑工件与模具之间的接触面元素，这些元素既相互接触，阻止发生点穿情况，摩擦的影响可以由式（5.40）定义；又可以评估接触面的相对滑移速度。在此次挤压模拟研究中，接触体之间的摩擦因子取 $m=0.3$。

（2）初始条件：为了研究变形温度、变形速度及挤压比对挤压成形过程的影响规律，模拟中采用的相关参数分别为初始温度：220～340℃；初始速度（v）：1～20mm/s；挤压比（λ）：6～36.5。为了防止挤压件与模具之间因温差而产生裂纹，对模具进行预热，模具温度低于坯料温度 50～100℃。

（3）接触分析：按照接触体的定义，把 Pb-Mg-10Al-1B 核辐射防护材料棒材试样视为刚黏塑性变形体，将凸模、挤压筒、凹模定义为刚体，忽略它们的变形，其中凸模定义为有初始速度的可动刚体，而挤压筒、凹模固定不动。轴心线定义为对称轴。接触体之间的接触容限为 0.0275mm。

（4）增量步数的选取：模拟过程中，模拟步长的确定是非常重要的，DEFORM-3D 软件提供了两种计算步长方式，分别由时间或模具行程决定。在此次模拟中选用时间步长，设为 0.01s。计算机每隔 0.01s 保存一次数据，使模拟过程连贯。

（5）迭代控制与收敛：综合考虑模拟过程中求解效率、计算精度、收敛性等问题，此次模拟中选用共轭梯度迭代求解法，迭代法用 Newton–Raphson 迭代法。

（6）热传导和热演化特征可以用能量平衡方程来描述：

$$(kT_i)_i + \dot{r} - (\rho c_p T) = 0 \qquad (5.41)$$

式中，k 为热导率；r 为热产生的比例；T 为温度；ρ 为材料密度；$(kT_i)_i$ 和 $(\rho c_p T)$ 分别代表热传导比例和内部热产生比例。

材料由于塑性变形而在变形体内产生热的比例可表示为：

$$r = \alpha \sigma \varepsilon \qquad (5.42)$$

式中，α 为由应变能转变成热能的百分比（通常 $\alpha = 90\%$）。

塑性变形能量剩余的部分与内部结构变化有关，挤压变形材料和模具相对移动引起的摩擦热准确值无法知道，因为在整个挤压过程中摩擦因子都在变化。温度在工件和模具上的分布可以通过解离散化能量平衡方程（5.42）获得。

5.3.5.2   模拟结果分析

A   Pb-Mg-10Al-1B 核辐射防护材料挤压过程中的应力分布

图 5.74 所示为挤压速度及温度分别为 5mm/s、260℃时挤压过程中第 10、20、30、40 步的等效应力分布情况。从图 5.74 中可以知道，在挤压开始进行后，坯料与挤压筒接触的边沿由于摩擦的产生而受到较大应力作用，随着挤压进行，由于受到凹模口阻挡及摩擦影响，在整个挤压过程中，变形区应力总是受到较大应力作用，且拐角处及死区出现最大应力，出挤压模后应力很快减小。

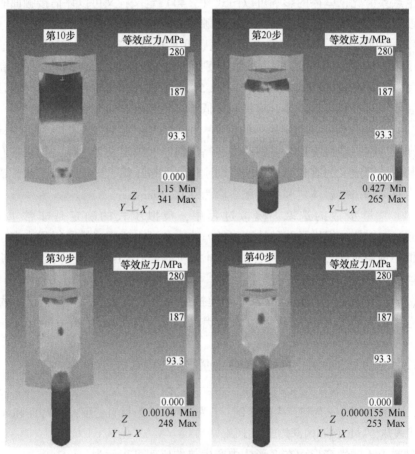

图 5.74   Pb-Mg-10Al-1B 核辐射防护材料挤压过程中的等效应力分布
（扫描书前二维码看彩图）

B   Pb-Mg-10Al-1B 核辐射防护材料挤压过程中的等效应变分布

图 5.75 所示为挤压速度及温度分别为 5mm/s、260℃时挤压过程中第 10、20、30、40 步的等效应变分布情况。由图 5.75 可以看出，由于摩擦力的作用，

塑性应变首先发生在与凹模接触的区域，随着工件进入变形区，中心区域由于受到来自边沿流动金属的挤压而发生较强烈的塑性应变，当受挤压金属进入定径带时，由于受到强烈的应力作用发生强烈的应变，故而此时塑性应变最大的区域转移到该处，直至整个挤压过程完成。

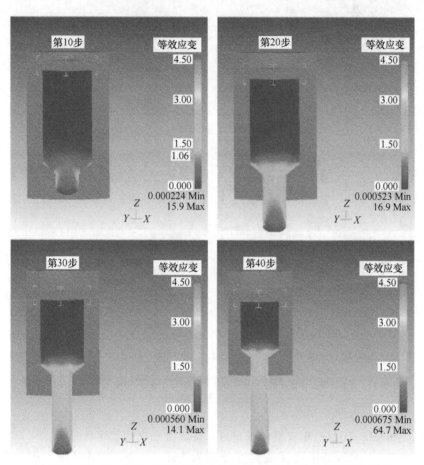

图 5.75 Pb-Mg-10Al-1B 核辐射防护材料挤压过程中的等效应变分布

（扫描书前二维码看彩图）

C Pb-Mg-10Al-1B 核辐射防护材料挤压过程中的等效应变速率分布

图 5.76 所示为挤压速度及温度分别为 5mm/s、260℃时挤压过程中第 10、20、30、40 步的等效应变速率分布情况。等效应变速率呈环形状分布，从挤压垫片附近开始向凹模口方向升高，高应变速率主要集中在凹模的拐角处（变形区的拐角处）及死区。在变形区与定径带交界处，应变速率达到最大值后，往出口方向应变速率慢慢变小，最后趋于零。

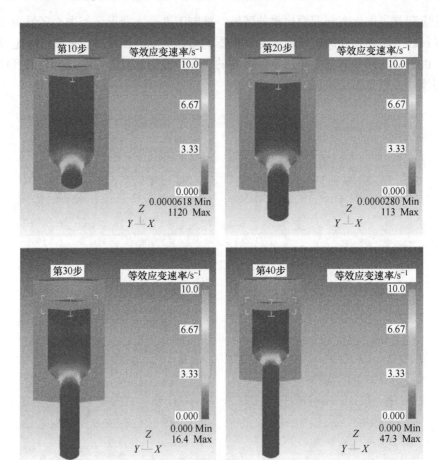

图 5.76   Pb-Mg-10Al-1B 核辐射防护材料挤压过程中的等效应变速率分布
（扫描书前二维码看彩图）

D   Pb-Mg-10Al-1B 核辐射防护材料挤压过程中的流速场分布

图 5.77 所示为挤压速度及温度分别为 5mm/s、260℃时挤压过程中第 10、20、30、40 步的流速场分布。由图 5.77 可知，坯料在凹模入口处附近流速开始增加，由于受模具的阻挡及摩擦的存在，越靠近模口流速越大，越靠近中心流速也越大，当到达凹模中心的定径带附近时，流速达到最大（约为 24mm/s）。在图 5.76 中还可以看出，随着挤压的进行和变形的进一步深入，在挤压筒及凹模具接触附近的合金受到阻挡，流速接近零，从而形成死区。

E   Pb-Mg-10Al-1B 核辐射防护材料挤压过程中的温度分布

图 5.78 所示为 Pb-Mg-10Al-1B 核辐射防护材料试样在挤压速度及温度分别为 5mm/s、260℃时挤压成形过程中第 10、20、30、40 步的温度分布云图。

挤压开始后，坯料在挤压筒内除了与挤压模具接触及热传递导致接触面温度降

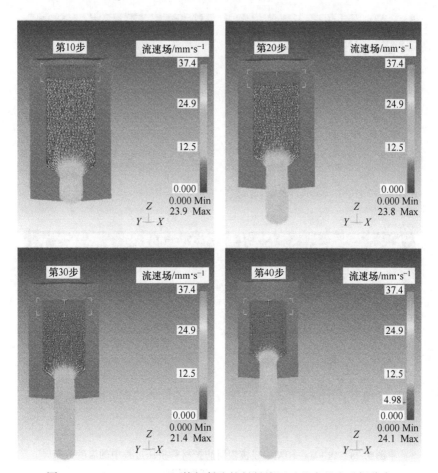

图 5.77 Pb-Mg-10Al-1B 核辐射防护材料挤压过程中的流速场分布
（扫描书前二维码看彩图）

低外，坯料的温度在凹模变形区附近开始升高；在变形区，坯料由于塑性变形产生了热，此外坯料与凸模、挤压角、凹模发生摩擦也产生了热，导致坯料在变形区内急剧升温；在定径带温度达到最高，随后在热传导作用下，温度由表面至心部逐渐升高。出挤压模后由于与空气发生热对流作用导致温度下降，但降温较慢。

F 变形参数对 Pb-Mg-10Al-1B 核辐射防护材料挤压过程的影响

a 对不同挤压比的分析

设定挤压速度为 5mm/s，挤压温度为 260℃，以及挤压比分别为 6、10、14、18、22、25、30、34、36.5，对挤压过程中的挤压力进行模拟计算研究，并绘制最大挤压力与挤压比（λ）对数的关系图，如图 5.79 所示。从图 5.79 中可知，在挤压过程中最大挤压力（F）随着挤压比对数（$\ln\lambda$）增大而增大，且基本呈线性关系。即随着挤压比增大，会显著提高挤压力。控制挤压比不超过 25，有

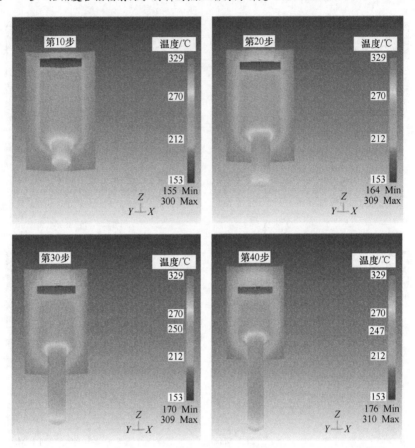

图 5.78　Pb-Mg-10Al-1B 核辐射防护材料挤压过程中的温度分布

(扫描书前二维码看彩图)

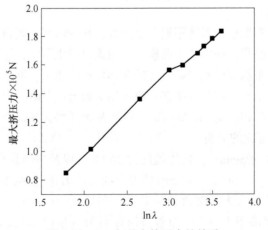

图 5.79　ln λ 与最大挤压力的关系

利于 Pb-Mg-10Al-1B 核辐射防护材料热挤压顺利进行。

　　b　对不同挤压速度的分析

　　设定挤压温度为 260℃，其他条件不变，选取不同的挤压速度对挤压过程进行模拟。图 5.80 所示为不同挤压速度下的温度分布情况。从图 5.80 中可以看出，随着挤压速度的增大（$v=1mm/s$、$5mm/s$、$10mm/s$、$15mm/s$、$20mm/s$），应变速率也增大，导致变形区在短时间内积聚大量的变形热，使坯料在变形区及出口温度升高。

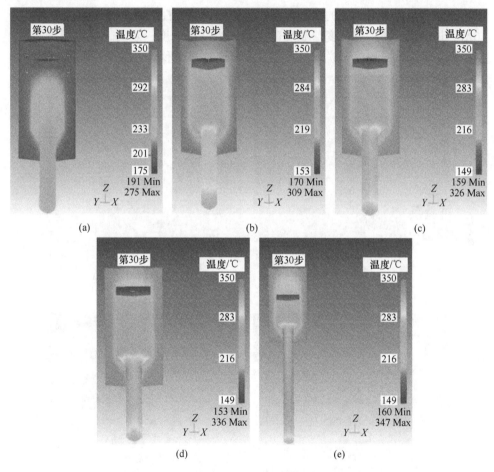

图 5.80　不同挤压速度下的温度分布（260℃）

（a）1mm/s；（b）5mm/s；（c）10mm/s；（d）15mm/s；（e）20mm/s

（扫描书前二维码看彩图）

　　如图 5.80（a）所示，当挤压速度过低时，坯料在挤压筒内由于热传递导致温度下降，可能导致挤压不能顺利进行；当挤压速度过高时，短时间内积聚的大量的变形热会使材料表面的温升过高，在材料制品表面出现热裂现象，如图 5.80（e）所示。

　　c　对不同挤压温度的分析

　　设定挤压速度为 5mm/s，其他条件一定时，分别选取不同挤压温度（220℃、260℃、300℃、340℃）进行模拟。温度分布情况如图 5.81 所示，根据模拟结果可以得到，随着挤压温度的升高，合金制品出口温度也相应地上升为 242～296℃、284～306℃、308～330℃、352～361℃。如果出口温度过高将会产生热裂现象，对 Pb-Mg-10Al-1B 核辐射防护材料而言，挤压温度宜在 220～300℃之间选取。

　　由图 5.81 可知，温度对挤压力的影响作用远远超过挤压速度。由图 5.82 可以看出最大挤压力与温度的关系为近似斜率为负的线性关系。在选定的 Pb-Mg-10Al-1B 核辐射防护材料变形温度范围内，当挤压速度一定时，坯料温度越高，挤压力显著降低，也就是说坯料在变形区变形时的变形抗力显著下降。

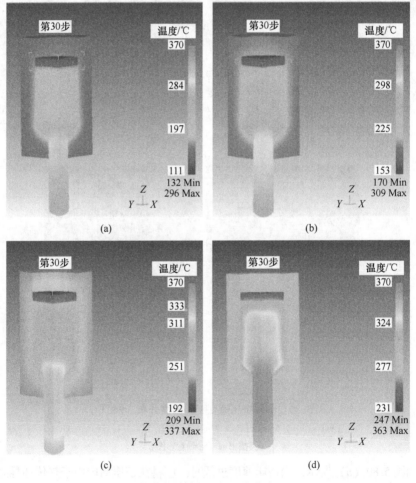

图 5.81　不同挤压温度下的温度分布（5mm/s）

(a) 220℃；(b) 260℃；(c) 300℃；(d) 340℃

（扫描书前二维码看彩图）

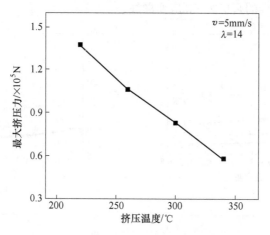

图 5.82　挤压温度与最大挤压力关系

5.4　Pb-Mg-10Al-1B-0.4Y 铅硼复合核辐射防护材料的热压缩行为研究

　　Pb-Mg-10Al-1B 合金在添加合金元素 Y（0.4%）（质量分数）后制备的 Pb-Mg-10Al-1B-0.4Y 合金力学性能相比于其他的成分更好，因此本节选定 Pb-Mg-10Al-1B-0.4Y 合金进行进一步的热压缩行为研究。由前面的显微组织分析已知，Pb-Mg-10Al-1B-0.4Y 合金晶粒较为粗大，塑性较低，导致其加工性能较差。因此，Pb-Mg-10Al-1B-0.4Y 合金的塑性变形需要在高温下进行，通过高温热压缩试验研究其高温变形行为。流动应力作为材料在高温下的基本性质，是制定热加工工艺的重要参数。唯象的传统 Arrhenius 本构模型和基于物理的改进 Arrhenius 模型是预测金属和合金压缩行为的两个基本模型。

　　本节分析 Pb-Mg-10Al-1B-0.4Y 合金高温变形的应力-应变曲线，建立了传统的 Arrhenius 本构模型和改进的 Arrhenius 多元线性回归模型。为了比较这两种模型的精度，引入相关系数（r）、平均绝对相对误差（MARE）和均方根误差（RMSE），对 Pb-Mg-10Al-1B-0.4Y 合金的高温流变应力进行预测。基于热压缩实验应力、应变数据，绘制热加工图，确定 Pb-Mg-10Al-1B-0.4Y 合金的最佳工艺参数。

5.4.1　热压缩应力-应变曲线

　　流变应力是评价材料成形的一项重要参数，材料性能和变形条件是影响流动应力的两个主要因素。材料性能与材料的微观组织、化学成分以及制备工艺等有关；变形条件包括材料加工时的变形温度和应变速率。流动应力与变形条件的关系可用真应力-真应变曲线直观地表述。图 5.83 所示为不同变形条件下 Pb-Mg-

10Al-1B-0.4Y 合金的真应力-真应变曲线。

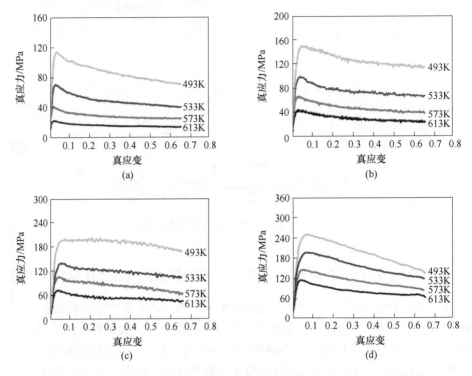

图 5.83   Pb-Mg-10Al-1B-0.4Y 在不同变形条件下的真应力-真应变曲线

(a) $0.001s^{-1}$; (b) $0.01s^{-1}$; (c) $0.1s^{-1}$; (d) $1s^{-1}$

由图 5.83 可以看出，流动应力在初始阶段不断增大，达到峰值应力后逐渐减小，最终达到稳定状态。流动应力的变化源于材料变形过程中加工硬化和加工软化之间的相互作用[43~45]。在热压缩过程中，位错密度的增加导致加工硬化，而位错的移动导致加工软化。在压缩初期，加工硬化起主导作用，流变应力继续上升；在达到峰值应力后，流变应力随着变形量的增加而减小。这是由于在这一阶段，变形使位错获得了更多的能量，从而导致位错的攀移和滑移，因而加工软化起主要作用。当加工硬化和加工软化达到竞争平衡时，流动应力处于稳定状态。

表 5.25 列出了 Pb-Mg-10Al-1B-0.4Y 合金不同变形条件下的峰值应力。由表 5.25 可以看出，在相同温度下，峰值应力随应变速率的增加而增加。这是由于在高应变速率下，变形时间减少，位错数量增加。同时，在相同应变率下，峰值应力随温度的升高而减小。其原因在于，随着温度的升高，合金的流动性增加，并产生移动位错，造成峰值应力增加。

表 5.25 Pb-Mg-10Al-1B-0.4Y 合金在不同变形条件下的峰值应力

$\dot{\varepsilon}/\mathrm{s}^{-1}$	流变应力/MPa			
	493K	533K	573K	613K
0.001	114.01	70.78	41.44	22.54
0.01	150.90	99.58	68.05	44.09
0.1	201.26	140.22	105.73	73.57
1	250.87	197.50	146.09	115.95

为了进一步探讨影响 Pb-Mg-10Al-1B-0.4Y 合金流变应力的因素，图 5.84 (a)~(e) 分别绘制了应变、应变率、温度和应力之间的关系。

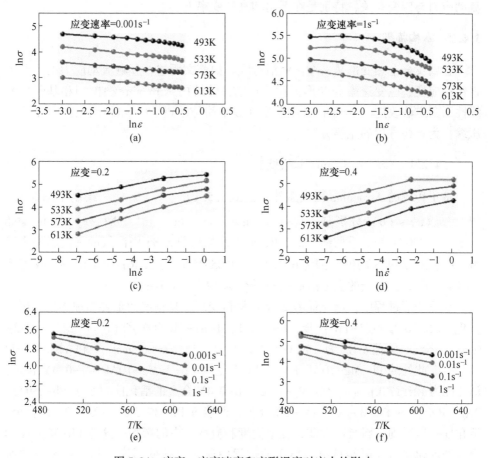

图 5.84 应变、应变速率和变形温度对应力的影响

(a)(b) $\ln\sigma$-$\ln\varepsilon$；(c)(d) $\ln\sigma$-$\ln\dot{\varepsilon}$；(e)(f) $\ln\sigma$-T

从图 5.84（a）（b）可以看出，应力变化趋势是随着应变的增加而减小的，这种现象在许多合金的热变形试验中得到了验证[45,46]；如图 5.84（b）所示，在较低温度下，应力先略微增加，然后逐渐减小。产生这种现象的主要原因是高应变和低变形温度导致的位错积累和不完全动态再结晶（DRX），使得 Pb-Mg-10Al-1B-0.4Y 合金流变应力略有增加。从图 5.84（c）和（d）可以看出，在相同温度下，较大的应变速率对应着较大的流变应力。这一现象可以解释为随着应变速率的增加变形时间缩短，材料加工硬化程度随着位错密度的增加而提高，从而导致了流变应力的增加。从图 5.84（e）和（f）可以看出，当应变率相同时，较低的温度对应较高的流变应力。在最低变形温度（493K）下，Pb-Mg-10Al-1B-0.4Y 合金具有最高的流变应力。众所周知，移动位错随着温度的升高而增加，从而导致应力降低。因此，除变形条件（变形温度和应变速率）外，流动应力与应变有关，特别是在低温和高应变率下。

5.4.2   本构模型

金属及合金热变形是一个热激活过程。如前文所述，影响流动应力的主要因素包括应变、应变速率和变形温度。目前，传统的 Arrhenius 型模型和基于多元线性回归方法改进的 Arrhenius 型模型（以下简称改进 Arrhenius 型模型）是构造压缩行为本构方程的主要方法。

5.4.2.1   传统 Arrhenius 本构模型

基于传统的 Arrhenius 型模型的表达式（5.1）~式（5.4），绘制了图 5.85。图 5.85（a）~（d）分别是 $\ln\dot{\varepsilon}-\ln\sigma$、$\ln\dot{\varepsilon}-\sigma$、$\ln\dot{\varepsilon}-\ln[\sinh(\alpha\sigma)]$ 和 $\ln[\sinh(\alpha\sigma)]-1000/T$ 的关系曲线。n_1、β、n 和 S 可从图 5.85 中曲线的平均斜率中获得，n_1、β、n 和 S 的值分别为 6.277、0.06055MPa^{-1}、3.561 和 4.093K，α 值为 0.0108。因此，合金的变形激活能 Q 的值为 121.178kJ/mol。

在热变形过程中，活化能 Q 是反映材料变形难易程度的重要物理参数。研究发现，Pb-30Mg-9Al-1B 合金、Pb-39Mg-10Al-1B 合金和 Pb-39.5Mg-10Al-0.5B 合金的 Q 值分别为 159.094kJ/mol[47]、151.254kJ/mol[48] 和 128.372kJ/mol[49]。此处的 Pb-Mg-10Al-1B-0.4Y 合金为 Pb-39Mg-10Al-1B-0.4Y 合金，活化能为 121.178kJ/mol。Pb-Mg-10Al-1B-0.4Y 合金的活化能要小于 Pb-39Mg-9Al-1B 合金和 Pb-39Mg-10Al-1B 合金，但接近 Pb-39.5Mg-10Al-0.5B 合金。活化能一般受到材料自身性质、变形温度和应变速率的影响。这些 Pb-Mg-Al-B 合金的活化能差异可能是由于热压缩过程中所采用的变形温度和应变率不同所致。Pb-39.5Mg-10Al-0.5B 合金的变形温度范围为 493~653K，与本书研究结果一致。因此，Pb-Mg-10Al-1B-0.4Y 合金与 Pb-39.5Mg-10Al-0.5B 合金的活

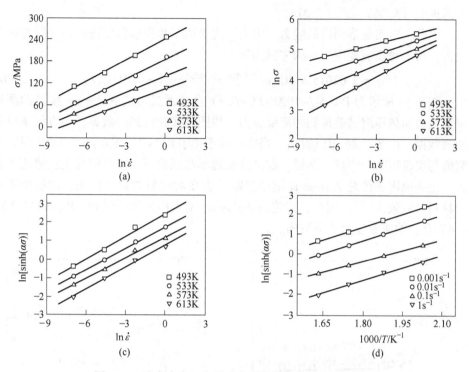

图 5.85　流变应力、变形速率和变形温度的关系曲线

(a) $\ln\dot{\varepsilon}$-$\ln\sigma$；(b) $\ln\dot{\varepsilon}$-σ；(c) $\ln\dot{\varepsilon}$-$\ln[\sinh(\alpha\sigma)]$；(d) $\ln[\sinh(\alpha\sigma)]$-$1000/T$

化能差别很小。此外，Y 的加入会导致合金微观结构的改变，从而导致活化能的变化。

图 5.85 中 n 和 $\ln A$ 的值分别是图 5.85 中拟合线的斜率和截距。通过作图得到 n 为 3.534，$\ln A$ 为 15.192。由 $\ln Z$-$\ln[\sinh(\alpha\sigma)]$ 图得到的 n 值 (3.534) 与由 $\ln\dot{\varepsilon}$-$\ln[\sinh(\alpha\sigma)]$ 中得到的 n 值 (3.561) 吻合较好。

将得到的 A、Q、n 和 α 值代入式 (5.5)，Pb-Mg-10Al-1B-0.4Y 合金的传统 Arrhenius 本构方程用双曲正弦函数表示如下：

$$\dot{\varepsilon} = 3.961 \times 10^6 [\sinh(0.0108\sigma)]^{3.561}\exp[-121178/(RT)] \tag{5.43}$$

因此，得到关于 Z 的本构方程如下：

$$\sigma = \frac{1}{0.0108}\ln\left\{\left(\frac{Z}{3.961 \times 10^6}\right)^{1/3.561} + \left[\left(\frac{Z}{3.961 \times 10^6}\right)^{1/3.561} + 1\right]^{1/2}\right\} \tag{5.44}$$

$$Z = \dot{\varepsilon}\exp[121178/(RT)] \tag{5.45}$$

一般情况下，稳态流变应力可根据双幂 Arrhenius 本构模型进行计算，计算

公式见式 (5.26)、式 (5.27)。

因此, 对实验范围内的应力、应变、应变速率和变形温度进行多元线性回归分析, 得出稳态流变应力本构方程如下:

$$\sigma = 5.02015 \times 10^4 \; \varepsilon^{-0.15805} \; \dot{\varepsilon}^{0.18594} \exp(-0.01102T) \tag{5.46}$$

图 5.86 所示为 Pb-Mg-10Al-1B-0.4Y 合金通过传统 Arrhenius 模型预测的流变应力和热压缩试验得到的流变应力, 线图是实验得到的数据, 小方框是模型预测数据。由图 5.86 可以看出, 当应变速率小于 $0.1s^{-1}$、温度高于 533K 时, 预测值与实验值吻合很好。然而, 在高应变速率和低温下, 预测值与实验值相差很大。主要原因是传统 Arrhenius 模型忽略了应变对材料常数的影响, 模型中考虑的材料常数较少[50]。因此, 传统的 Arrhenius 型本构方程预测 Pb-Mg-10Al-1B-0.4Y 合金的流变应力并不精确。

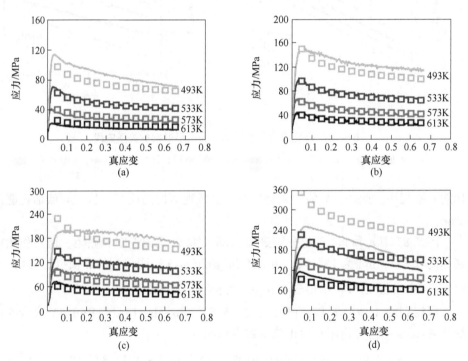

图 5.86 在不同实验条件下传统 Arrhenius 模型的预测值 (方框) 与实验值 (实线)
(a) $0.001s^{-1}$; (b) $0.01s^{-1}$; (c) $0.1s^{-1}$; (d) $1s^{-1}$

5.4.2.2 基于应变分段的改进型 Arrhenius 模型

研究热变形的本构模型不能忽略许多材料常数的影响, 因此需要综合考虑材料常数 (Q、α、n 和 lnA) 对应变的依赖性, 建立适合于 Pb-Mg-10Al-1B-0.4Y

合金的本构方程。通过多元线性回归方法改进的 Arrhenius 型模型已被广泛用于建立此类合金的本构方程[51~53]。首先根据热压缩试验条件，计算了应变范围为 0.05~0.65（间隔为 0.05）的材料常数，见表 5.26。通过多元线性回归拟合得到材料常数的多项式函数。

表 5.26　不同应变下 Pb-Mg-10Al-1B-0.4Y 合金的材料常数

应变	α/MPa^{-1}	n	$Q/\mathrm{kJ \cdot mol^{-1}}$	$\ln A$
0.05	0.0113	3.923	146.490	30.816
0.1	0.0120	3.653	160.724	30.342
0.15	0.0126	3.5889	163.382	30.976
0.2	0.0133	3.536	165.553	30.711
0.25	0.0140	3.508	169.972	32.345
0.3	0.0146	3.518	170.013	32.317
0.35	0.0151	3.525	167.445	31.834
0.4	0.0157	3.515	170.893	32.467
0.45	0.0161	3.546	175.865	32.734
0.5	0.0168	3.566	171.663	32.542
0.55	0.0169	3.610	170.117	32.266
0.6	0.0170	3.683	170.423	32.415
0.65	0.0178	3.745	172.040	32.869

表 5.27 列出了 5 个多项式非线性回归拟合（从 3 阶多项式到 7 阶多项式）的拟合优度（R^2）。R^2 值越接近于 1 表示回归线与材料常数的值有更好的拟合度；反之，拟合度较差。从表 5.27 可以看出，六阶多项式拟合的拟合优度值最高。因此，采用六阶多项式来进行线性拟合。

表 5.27　材料常数的拟合优度（α, n, Q, $\ln A$）

材料常数	3	4	5	6	7
α	0.9947	0.9949	0.9957	0.9973	0.9970
n	0.8998	0.9636	0.9856	0.9887	0.9873
Q	0.8686	0.8771	0.9139	0.9300	0.8852
$\ln A$	0.7250	0.8006	0.7774	0.8228	0.7217

图 5.87 和表 5.28 给出了 Pb-Mg-10Al-1B-0.4Y 合金的材料常数的拟合结果。根据拟合结果显示，随着应变的增加，α、Q 和 $\ln A$ 普遍增大，而 n 则有先减小后增大的趋势。

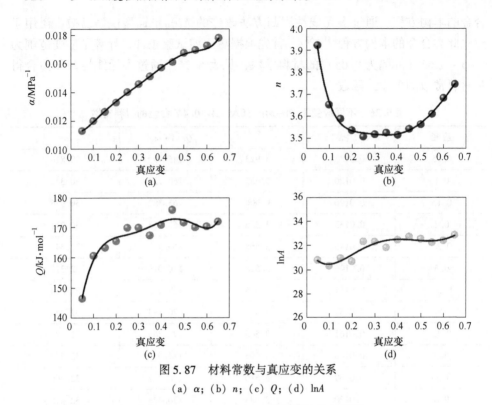

图 5.87   材料常数与真应变的关系

(a) α; (b) n; (c) Q; (d) ln$A$

表 5.28 α、n、Q 和 ln$A$ 的多项式拟合结果

(x 为多项式拟合方程 $y = x_0 + x_1\varepsilon + x_2\varepsilon^2 + x_3\varepsilon^3 + x_4\varepsilon^4 + x_5\varepsilon^5 + x_6\varepsilon^6$ 的待定系数)

y	α/MPa^{-1}	n	Q/kJ · mol^{-1}	ln$A$
x_0	0.0115	4.4547	122.2482	33.7962
x_1	−0.0183	−14.8408	650.6466	−99.1459
x_2	0.3925	97.5863	−3614.2125	991.1532
x_3	−2.1772	−333.6159	8947.7482	−4345.0857
x_4	5.9514	614.2774	−7161.2046	9873.6588
x_5	−7.8761	−572.3295	−5164.4576	−11361.0859
x_6	4.0014	213.2439	7614.2199	5220.7058

将六阶多元线性回归拟合得到的材料常数与应变代入多项式得到:

$$\alpha = 0.0115 - 0.0183\varepsilon + 0.3925\varepsilon^2 - 2.1772\varepsilon^3 + 5.9514\varepsilon^4 - 7.8761\varepsilon^5 + 4.0014\varepsilon^6 \tag{5.47}$$

$$n = 4.4547 - 14.8408\varepsilon + 97.5863\varepsilon^2 - 333.6159\varepsilon^3 + 614.2774\varepsilon^4 - 572.3295\varepsilon^5 + 213.2439\varepsilon^6 \tag{5.48}$$

$$Q = 122.2482 + 650.6446\varepsilon - 3614.2125\varepsilon^2 + 8947.7482\varepsilon^3 - 7161.2046\varepsilon^4 - 5164.4576\varepsilon^5 + 7614.2199\varepsilon^6$$

$$(5.49)$$

$$\ln A = 33.7962 - 99.1459\varepsilon + 991.1532\varepsilon^2 - 4345.0857\varepsilon^3 + 9873.6588\varepsilon^4 - 11361.0859\varepsilon^5 + 5220.7058\varepsilon^6$$

$$(5.50)$$

将式 (5.47)~式 (5.50) 代入传统的 Arrhenius 型模型,得到含应变的本构方程如下:

$$\sigma = \frac{1}{\sigma(\varepsilon)}\ln\left\{\left(\frac{\dot{\varepsilon}\exp[Q(\varepsilon)/(RT)]}{A(\varepsilon)}\right)^{1/n(\varepsilon)} + \left[\left(\frac{\dot{\varepsilon}\exp[Q(\varepsilon)/(RT)]}{A(\varepsilon)}\right)^{1/n(\varepsilon)} + 1\right]^{0.5}\right\}$$

$$(5.51)$$

为了更直观地检验改进的 Arrhenius 模型对 Pb-Mg-10Al-1B-0.4Y 合金的预测精度,通过图 5.88 描述预测的流动应力和实验流动应力。结果表明,改进的 Arrhenius 模型的预测值与实验值吻合较好。在较低的温度 (493K) 和较高的应变率 (1s⁻¹) 下,当应变大于 0.4 时,预测值与实验结果仍略有不一致,说明改进的 Arrhenius 模型在低温和高应变率下仍存在局限性。然而,改进的 Arrhenius

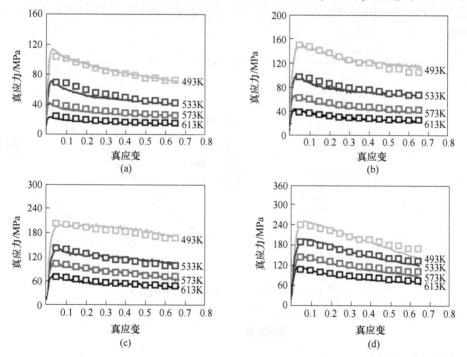

图 5.88 不同应变速率下改进型 Arrhenius 模型对流变应力的预测值 (方框) 与实验值 (实线)
(a) 0.001s⁻¹; (b) 0.01s⁻¹; (c) 0.1s⁻¹; (d) 1s⁻¹

模型在本研究的大多数压缩条件下是可行和可靠的。

5.4.2.3   两种本构模型预估性能比较

为了评价传统的 Arrhenius 型本构模型和改进的 Arrhenius 型本构模型的预测精度，同样引入了相关系数（r）、平均绝对误差（MARE）和均方根误差（RMSE），其表达式见式（5.14）~式（5.16）。通过（$1-r$）、MARE 和 RMSE 值来表示实验值和预测值之间的符合度；值越小代表实验值和预测值之间的符合度越好。图 5.89 所示为实验流变应力与预测流变应力的比较。虚线代表了实验值和预测结果之间的完美一致性，数据越靠近虚线，预测值的精度越高。

对于传统的 Arrhenius 模型和改进的 Arrhenius 模型，r 值分别为 0.9534 和 0.9911。此外，传统 Arrhenius 模型的 MARE 和 RMSE 的值分别为 11.780% 和 21.169，均大于改进的 Arrhenius 模型（MARE=7.227%，RMSE=7.447）。此外，可以看出，图 5.89（b）中的实验值和预测值的一致性比图 5.89（a）中的一致性好得多。类似地，在图 5.86 和图 5.88 中，改进的 Arrhenius 模型在所有变形条件下都具有较高的预测精度，而传统的 Arrhenius 模型在低温和高应变率下的预测精度比较低。因此，与传统的 Arrhenius 本构模型相比，改进的 Arrhenius 本构模型对 Pb-Mg-10Al-1B-0.4Y 合金在本实验条件下流变应力的预测具有较高的精度。

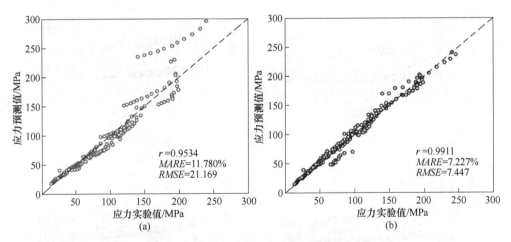

图 5.89   实验应力值与预测应力值的关系

（a）传统 Arrhenius 模型；（b）改进 Arrhenius 模型

5.4.3   热加工图

图 5.90 所示为 Pb-Mg-10Al-1B-0.4Y 合金在 0.05、0.25、0.45 和 0.65 真

应变下的热加工图。每个图中的等高线表示功率耗散因子 η。区域 A 代表负 η 值的开裂区域，区域 B 代表负 ξ 值的不稳定区域，剩余区域是加工安全区域。总的来说，功率耗散因子越大，说明加工过程中材料微观结构演化所需的能量越大，这对材料加工更有利。从图 5.90 可以看出，随着应变增加，功率损耗因子 η 减小；随着变形量增加，特别是当应变超过峰值应变时，再结晶的形核速率和长大速率将增大，动态再结晶可以充分进行，导致合金中大部分组织为再结晶晶粒。在变形的这一阶段，温度和应变速率对组织的影响不明显，组织演化所需的能量减小，从而 η 值减小。

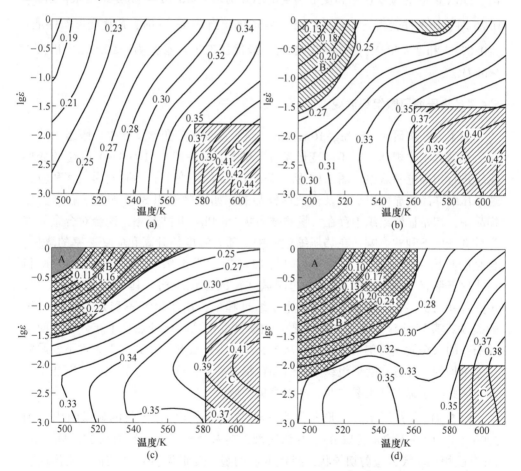

图 5.90 不同应变下 Pb-Mg-10Al-1B-0.4Y 合金的热加工图

(a) 0.05；(b) 0.25；(c) 0.45；(d) 0.65

此外，在不同真应变的 Pb-Mg-10Al-1B-0.4Y 合金加工图中，可以观察到 4 个明显的特征：(1) 随着温度的升高和应变速率的降低，功率耗散因子增大；(2) 在真应变为 0.05 时，没有发现不稳定区 (图 5.90 (a))，失稳区出现在 0.25 ~ 0.65 的真应变处 (图 5.90 (b) ~ (d))；(3) 失稳区逐渐向高温低应变速率区扩展；(4) 随着真应变增大到 0.45 和 0.65，出现开裂区。

通过图 5.90 可以发现，Pb-Mg-10Al-1B-0.4Y 合金的热加工图对应变更为敏感。有必要优化合适的工艺参数。对于具有低层错能的金属，动态再结晶 (DRX) 通常发生在加工图中的 $\eta>0.35$ 处。在图 5.90 中，阴影区域 C 表示动态再结晶区域。由此可见，不同应变下的最佳工艺参数是不同的。当应变为 0.05 时，DRX 区域的应变速率和变形温度范围分别是 $\dot{\varepsilon} \leqslant 0.02s^{-1}$ 和 $T \geqslant 575K$；当 $\varepsilon = 0.25$ 时，该条件变为 $\dot{\varepsilon} \leqslant 0.03s^{-1}$ 及 $T \geqslant 560K$；当 $\varepsilon = 0.45$ 时，最优变形条件是 $\dot{\varepsilon} \leqslant 0.07s^{-1}$ 和 $T \geqslant 582K$；当 $\varepsilon = 0.65$ 时，最优加工工艺参数为 $\dot{\varepsilon} \leqslant 0.01s^{-1}$ 以及 $T \geqslant 587K$。

5.4.4   热压缩显微组织演变

为了进一步研究 Pb-Mg-10Al-1B-0.4Y 合金在热变形过程中显微组织的变化，总结其变化规律，对不同变形条件下的 Pb-Mg-10Al-1B-0.4Y 合金的变形组织进行扫描电镜观察。图 5.91 所示为在 0.65 的应变下，不同变形温度和应变速率压缩样品的显微组织以及未变形样品的初始显微组织 SEM 照片。在未变形样品中，初始显微组织中存在大量的枝晶状 Mg_2Pb+Pb 共晶相，这会对合金的力学性能造成不利的影响。在热压缩过程中，随着温度的升高和应变速率的降低，合金的晶粒尺寸逐渐变小，分布也更加均匀。图 5.91 (b) 所示为 493K 和 $1s^{-1}$ 时开裂区 (图 5.90 (d) 中的区域 A) 的微观结构，其中 m 值为 -0.08，η 值为 -0.18。在开裂区，试样在热压缩过程中，由于流变不稳定，出现明显的裂纹或直接破碎。流变失稳主要是由塑性变形功转化的热量不充分和界面滑移引起的未释放应力集中引起的。从图 5.91 (b) 可知，在此加工条件下，晶粒尺寸不均匀，并且在变形组织中仍然存在粗大晶粒，这对合金的机械性能非常不利。因此在选择热加工参数时，必须避免区域 A。

图 5.91 (c) 所示为变形条件为 $T = 533K$ 和 $\dot{\varepsilon} = 0.1s^{-1}$ 时的显微组织 (图 5.90 (d) 中的不稳定区域 B)。在该区域，功率损耗因子 η 约为 0.23。Mg_2Pb+Pb 共晶相仍较大，呈剪切带状，择优取向明显。变形温度相对较低，变形应变速率相对较高，因此变形能仍不能通过扩散完全释放。这种不稳定区域在加工过程中也是应该避免的。图 5.91 (d) 所示为加工条件为 573K 和 $0.01s^{-1}$ 下压缩的 Pb-Mg-10Al-1B-0.4Y 合金的显微组织 (图 5.90 (d) 中未标记的安全区域，应变率灵敏度 m 为 0.19，功率耗散系数 η 为 0.32)。如上所述，对于具有低堆垛错能的金属，动态再结晶 (DRX)将出现在功率效率大于 0.35 的区域，当前的变

形区域更接近 DRX 区域。从图 5.91（d）可以看出，虽然晶粒尺寸小，择优取向不明显，但在 Pb-Mg-10Al-1B-0.4Y 合金中仍然存在一些枝晶状的 Mg_2Pb 相。图 5.92（a）是在此加工条件下样品的放大扫描电镜图像，以便更为详细观察晶粒。如图 5.91（d）所示，初始的大晶粒被破碎和细化，然而，从图 5.92（a）可以看出，剪切带仍然存在，并且没有明显的 DRX 颗粒。

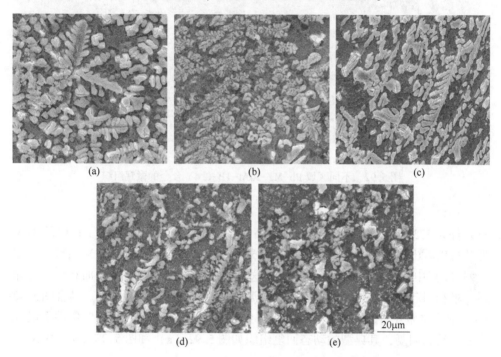

图 5.91 Pb-Mg-10Al-1B-0.4Y 不同变形条件下的显微组织

（a）原始显微组织；（b）493K，$1s^{-1}$；（c）533K，$0.1s^{-1}$；（d）573K，$0.01s^{-1}$；（e）613K，$0.001s^{-1}$

图 5.91（e）所示为在 613K 和 $0.001s^{-1}$ 下（图 5.90（d）的区域 C）热压缩的合金的微观结构，其中 η 值为 0.39，高于 0.35。在此加工条件下，可以看出晶粒略微长大，较细的晶粒均匀分布在相对较大的晶粒之间。这些细小的晶粒主要分布在相对较大的晶界中，这种现象证实了 DRX 是优先在晶界形核的。因此，可以推断，细小晶粒是由 DRX 形成的。在图 5.92（b）中用箭头标记了这些细晶粒的局部细节。同时，在图 5.92（b）中 613K 和 $0.001s^{-1}$ 的真应力-真应变曲线显示了 Pb-Mg-10Al-1B-0.4Y 合金在热加工过程中 DRX 的稳态。

图 5.93 所示为在不同加工条件下 Pb-Mg-10Al-1B-0.4Y 合金的透射电子显微镜 TEM 照片。图 5.93（a）是原始样品的透射电镜显微 TEM 照片。从图 5.93（a）中可以看出，初始样品晶粒粗大、无细晶、晶界清晰。图 5.93（b）是在变

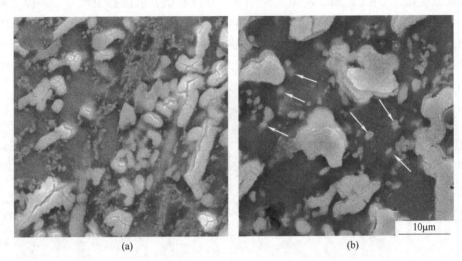

图 5.92　不同区域 Pb-Mg-10Al-1B-0.4Y 合金的微观组织

(a) 573K, $0.01s^{-1}$；(b) 613K, $0.001s^{-1}$

形条件为 573K 和 $0.01s^{-1}$ 下变形的样品的 TEM 照片。由图 5.93（b）中的 TEM 照片可以看出，这是一种典型的变形晶粒组织，但仍没有出现 DRX 晶粒。在图 5.93（b）中，晶粒之间存在微裂纹，这可能是由于位错密度的增加和位错在晶界上堆积引起的。此外，当温度达到热激活条件时，发生动态回复。结合图 5.92（a）中沿拉伸方向的显微晶粒，可以得到在 573K 和 $0.01s^{-1}$ 的变形条件下晶粒会发生动态回复，其典型的动态回复组织如图 5.92（a）和图 5.93（b）所示。

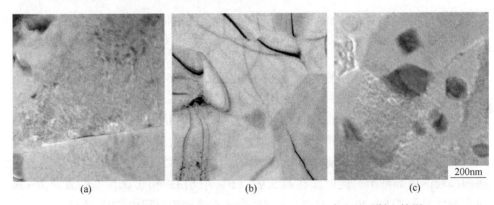

图 5.93　不同变形条件下 Pb-Mg-10Al-1B-0.4Y 合金的透射电镜图

(a) 原始试样；(b) 573K, $0.01s^{-1}$；(c) 613K, $0.001s^{-1}$

图 5.93（c）所示为 613K 和 $0.001s^{-1}$ 变形条件下的典型 DRX 晶粒。随着变

形继续，合金中位错密度不断增加，位错缠结形成胞状结构，在高温下形成亚晶粒，这将是再结晶的核心。再结晶行核后，新旧晶粒应变能的差异引起界面迁移，这一过程称为动态再结晶晶粒长大。一般认为，最佳工艺参数的选择范围为动态再结晶稳定区，即功率损耗因子大于 0.35 的区域。因此，图 5.90 （d） 中的 C 区域可以被选择作为最佳加工参数范围。结果表明，在 0.65 应变下，Pb-Mg-10Al-1B-0.4Y 屏蔽材料的最佳工艺参数范围为 $0.001s^{-1} \leqslant \dot{\varepsilon} \leqslant 0.01s^{-1}$ 以及 $587K \leqslant T \leqslant 613K$。

5.5　Pb-Mg-10Al-1B-0.4Sc 铅硼复合核辐射防护材料的热压缩行为研究

由于 Pb-Mg-10Al-1B-Sc 在常温下合金晶粒较为粗大、塑性较低，导致其加工性能较差。因此，Pb-Mg-10Al-1B-Sc 合金的塑性变形需要在高温下进行，通过高温热压缩试验，研究其高温变形行为。而 Sc 含量为 0.4% （质量分数） 的 Pb-Mg-10Al-1B-0.4Sc 合金力学性能相比于其他的成分较好，因此本节选定了 Pb-Mg-10Al-1B-0.4Sc 合金进行进一步的研究，分析 Pb-Mg-10Al-1B-0.4Sc 合金高温变形的应力–应变曲线，建立 Zuzin 型本构模型和改进的 Arrhenius 多元线性回归模型。为了比较这两种模型的精度，同样引入了相关系数 r、平均绝对相对误差 MARE 和均方根误差 RMSE，对 Pb-Mg-10Al-1B-0.4Sc 合金的高温流变应力进行预测。基于热压缩实验应力、应变数据，绘制出热加工图，确定 Pb-Mg-10Al-1B-0.4Sc 合金的最佳工艺参数。

5.5.1　应力–应变曲线分析

流变应力是评价材料成形的一项重要参数，材料性能和变形条件是影响流动应力的两个主要因素。材料性能与材料的微观组织、化学成分以及制备工艺等有关；变形条件包括材料加工时的变形温度和应变速率。流动应力与变形条件的关系可用真应力–真应变曲线直观地进行表述。

图 5.94 所示为不同变形条件下，Pb-Mg-10Al-1B-0.4Sc 合金在热压缩实验不同应变速率和温度下呈现的真应力–真应变曲线。由图 5.94 可以看出，流动应力在初始阶段真应力随真应变的增加而迅速增加，达到峰值应力后逐渐减小，最终达到稳定状态。流动应力的变化源于材料变形过程中加工硬化和加工软化之间的相互作用。在热压缩过程中，位错密度的增加导致加工硬化，而位错的移动导致加工软化。在合金压缩初期，加工硬化起主导作用，流变应力持续上升；在达到峰值应力之后，流变应力随着变形量增加而减小。这是因为在这一阶段，变形使位错获得了更多的能量，从而导致位错的滑移和攀移，因而加工软化起主要作用。当加工硬化和加工软化达到动态平衡时，流动应力处于稳定状态。

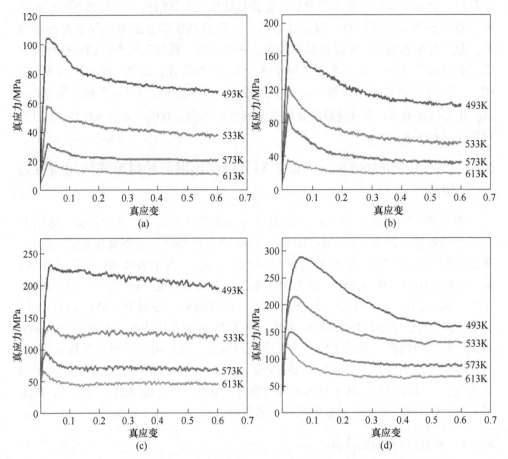

图 5.94　Pb-Mg-10Al-1B-0.4Sc 合金在不同变形条件下的真应力-真应变曲线

(a) 0.001s⁻¹; (b) 0.01s⁻¹; (c) 0.1s⁻¹; (d) 1s⁻¹

　　为了进一步探讨影响 Pb-Mg-10Al-1B-0.4Sc 合金流变应力的因素，图 5.95 (a) ~ (e) 分别绘制了应变、应变速率、变形温度和应力之间的关系。

　　从图 5.95 (a) 和 (b) 可以看出，应力变化趋势随着应变的增加而减小。然而，在图 5.95 (b) 中的较低温度下，应力先略微增加，然后逐渐减小。产生这种现象的主要原因是高应变和低变形温度导致的位错积累和不完全动态再结晶 (DRX)，导致 Pb-Mg-10Al-1B-0.4Sc 合金流变应力略有增加。从图 5.95 (c) 和 (d) 可以看出，在相同温度下，较大的应变速率对应着较大的流变应力。这一现象可以解释为随着应变速率的增加变形时间对应缩短，材料加工硬化程度随着位错密度的增加而提高，从而导致流变应力的增加。从图 5.95 (e) 和 (f) 可以看出，当应变速率相同时，较低的温度对应较高的流变应力。在最低变形温度 (493K) 下，Pb-Mg-10Al-1B-0.4Sc 合金具有最高的流变应力。移动位错数

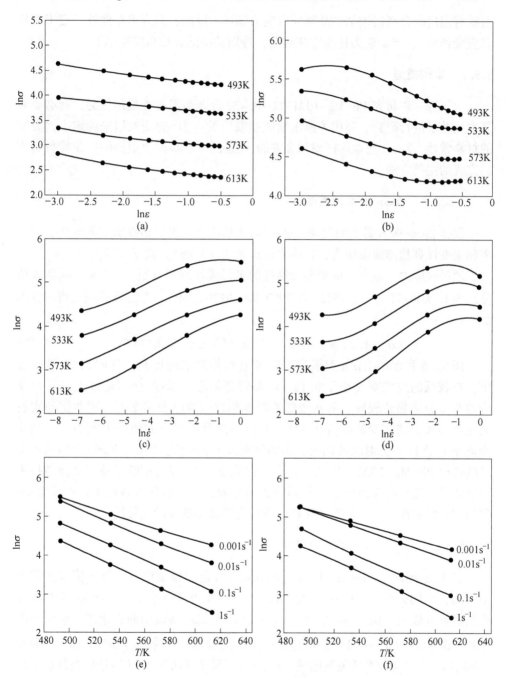

图 5.95　应变、应变速率和变形温度对应力的影响

(a) 应变速率=0.001s⁻¹；(b) 应变速率=1s⁻¹；

(c)(e) 应变=0.2；(d)(f) 应变=0.4

量随着温度的升高而增加，从而导致应力降低。因此，除变形条件外（变形温度和应变速率），流动应力还与应变有关，特别是在低温和高应变率下。

5.5.2 本构模型

为了进一步研究 Pb-Mg-10Al-1B-0.4Sc 合金高温塑性变形行为，有必要对其本构关系进行研究。利用等温压缩试验获得的应力-应变数据来确定本构方程的材料常数。Zuzin 型本构模型和改进的 Arrhenius 型本构模型是构造压缩行为本构方程的主要方法。

5.5.2.1 Zuzin 型本构模型

根据 Zuzin 等人提出的双幂 Arrhenius 本构模型，可以根据给定的温度、应变率和应变计算稳态流变应力，具体表达式见式（5.26）、式（5.27）。

通过对应力、应变、应变率和温度的多元线性回归分析，a_1、n'、m 和 b 值分别为 $1.2808×10^5$、-0.1582、0.2069 和 0.0128。因此，稳态流动应力可以预测如下：

$$\sigma = 1.2808 \times 10^5 \varepsilon^{-0.1582} \dot{\varepsilon}^{0.2069} \exp(-0.0128T) \tag{5.52}$$

图 5.96 所示为 Zuzin 型模型的实验值和预测值的比较。从图 5.96 可以看出，在较低的应变率（小于 $0.1s^{-1}$）和较高的应变温度（533K 以上）下，预测值与实验值吻合较好；而在较低的温度和较高的应变速率下，预测值与实验值相差很大，在应变速率为 $0.001 \sim 0.1s^{-1}$ 的范围内预测值小于实验值；当应变速率大于 $1s^{-1}$ 且温度较低时，预测值则大于实验值。因此，Zuzin 型模型不能准确模拟 Pb-Mg-10Al-1B-0.4Sc 合金的流变应力。Zuzin 型模型与实验结果不一致的原因是没有考虑应变对流动应力的影响，所用材料常数较少。由于 Zuzin 型模型的局限性，该方程通常在特定的应变率和温度范围内使用。

5.5.2.2 Arrhenius 型本构模型

表 5.29 列出了 Pb-Mg-10Al-1B-0.4Sc 合金的峰值应力。将峰值应力带入 Arrhenius 本构方程中，可获得 Pb-Mg-10Al-1B-0.4Sc 合金的 Arrhenius 本构方程的材料常数 n_1、β、n 和 S。基于传统的 Arrhenius 型模型的表达式，绘制了图 5.97，图 5.97（a）~（d）分别是 $\ln\dot{\varepsilon}$-$\ln\sigma$、$\ln\dot{\varepsilon}$-σ、$\ln\dot{\varepsilon}$-$\ln[\sinh(\alpha\sigma)]$ 和 $\ln[\sinh(\alpha\sigma)]$-$1000/T$ 的关系曲线。n_1、β、n 和 S 可从图 5.97 中这些曲线的平均斜率中获得，n_1、β、n 和 S 的值分别为 4.925、$0.0515MPa^{-1}$、3.444 和 4.931K，α 值为 0.0105。将 n 和 S 代入式（5.4），得到变形激活能 Q 的值为 141.198kJ/mol。

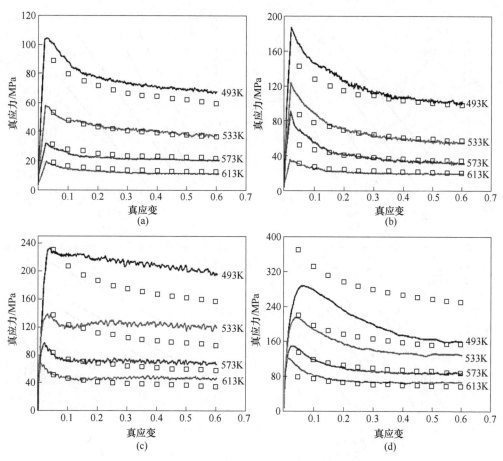

图 5.96　不同应变速率下 Zuzin 型模型的实验值和预测值

（a）0.001s⁻¹；（b）0.01s⁻¹；（c）0.1s⁻¹；（d）1s⁻¹

表 5.29　不同压缩条件下 Pb-Mg-10Al-1B-0.4Sc 合金的峰值流变应力

$\dot{\varepsilon}/s^{-1}$	峰值流变应力/MPa			
	493K	533K	573K	613K
0.001	104.59	57.69	31.69	19.38
0.01	187.33	123.66	90.91	35.44
0.1	232.58	138.06	96.14	67.13
1	287.82	215.09	149.38	121.46

　　根据 Z 值与流变应力 σ 的值绘制了 $\ln Z$ 和 $\ln[\sinh(\alpha\sigma)]$ 之间的关系图，如图 5.98 所示。n 和 $\ln A$ 的值分别是图 5.98 中拟合线的斜率和截距。通过作图得

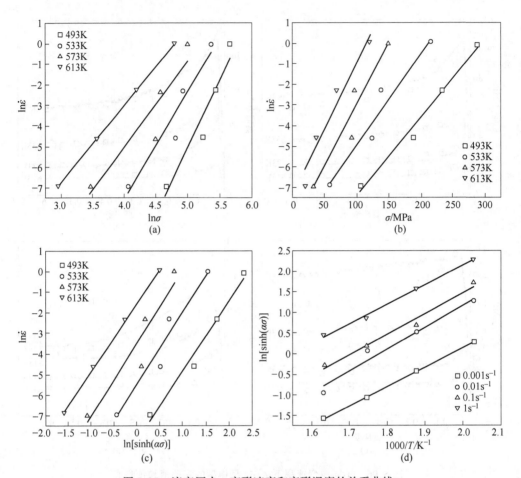

图 5.97　流变压力、变形速率和变形温度的关系曲线

（a）$\ln\dot{\varepsilon}$ -$\ln\sigma$；（b）$\ln\dot{\varepsilon}$ -σ；（c）$\ln\dot{\varepsilon}$ -
$\ln[\sinh(\alpha\sigma)]$；（d）$\ln[\sinh(\alpha\sigma)]$ -$1000/T$

到 n 为 3.438，$\ln A$ 为 26.264。由 $\ln Z$ -$\ln[\sinh(\alpha\sigma)]$ 图得到的 n 值（3.534）与由 $\ln\dot{\varepsilon}$ -$\ln[\sinh(\alpha\sigma)]$ 中得到的 n 值（3.444）吻合较好。

将得到的 A、Q、n 和 α 值代入式（5.3），Pb-Mg-10Al-1B-0.4Sc 合金的传统 Arrhenius 本构方程用双曲正弦函数表示如下：

$$\dot{\varepsilon} = 2.548 \times 10^{11} [\sinh(0.0105\sigma)]^{3.438} \exp[-141198/(RT)] \qquad (5.53)$$

此外，流变应力 σ 可由 Z 参数表示如下：

$$\sigma = \frac{1}{\alpha}\ln\left\{\left(\frac{Z}{A}\right)^{1/n} + \left[\left(\frac{Z}{A}\right)^{2/n} + 1\right]^{1/2}\right\} \qquad (5.54)$$

将 α、A 和 n 的值代入式（5.54），峰值应力下 Z 参数表示的本构方程如下：

$$\sigma = \frac{1}{0.0105}\ln\left\{\left(\frac{Z}{2.548\times10^{11}}\right)^{1/3.438} + \left[\left(\frac{Z}{2.548\times10^{11}}\right)^{2/3.438} + 1\right]^{1/2}\right\}$$

(5.55)

$$Z = \dot{\varepsilon}\exp[141198/(RT)]$$

(5.56)

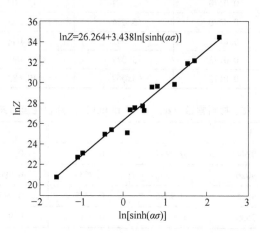

图 5.98 $\ln Z$ 和 $\ln[\sinh(\alpha\sigma)]$ 之间的关系

在上述传统的 Arrhenius 方程中，没有考虑应变对金属高温流动行为的影响。但事实上，应变对流动应力有很大的影响。最近的许多报道表明，材料常数随应变而变化。为了更准确地预测流变应力，需要在本构方程中确定应变的时间。因此，在建立 Pb-Mg-10Al-1B-0.4Sc 合金本构模型时，有必要考虑材料常数（Q、α、n 和 $\ln A$）对应变的依赖关系。多元线性回归中改进的 Arrhenius 模型已被广泛用于建立应变补偿的 Arrhenius 本构方程。根据实验数据，计算出应变 0.05 ~ 0.6（区间 0.05）范围内的材料常数（结果见表 5.30），对不同应变下的材料常数进行多项式拟合。表 5.31 列出了材料常数（从三阶到七阶多项式）的拟合度值（R^2）。R^2 值越接近 1，材料常数的拟合程度越好；反之，拟合程度较差。从表 5.31 可以看出，相比其他多项式，六阶多项式拟合的 R^2 值最接近 1。因此，采用六阶多项式来拟合材料常数。

表 5.30 不同变形应变下 Pb-Mg-10Al-1B-0.4Sc 合金的材料常数值

应变	α/MPa^{-1}	n	Q/kJ·mol^{-1}	$\ln A$
0.05	0.0111	3.415	153.642	29.217
0.1	0.0133	3.239	165.142	31.461
0.15	0.0147	3.206	171.849	32.803
0.2	0.0156	3.227	169.176	32.181
0.25	0.0164	3.150	165.528	31.341

续表 5.30

应变	α/MPa^{-1}	n	$Q/\mathrm{kJ \cdot mol}^{-1}$	$\ln A$
0.3	0.0166	3.129	161.821	30.612
0.35	0.0168	3.076	151.616	28.461
0.4	0.0170	3.072	147.909	27.689
0.45	0.0170	3.074	145.522	27.223
0.5	0.0171	3.091	143.048	26.721
0.55	0.0173	3.079	142.098	26.520
0.6	0.0172	3.067	140.683	26.253

表 5.31　材料常数（α、n、Q 和 $\ln A$）的拟合优度（R^2）

材料常数	3	4	5	6	7
α	0.9944	0.9984	0.9982	0.9989	0.9987
n	0.9026	0.8952	0.9534	0.9802	0.9753
Q	0.9535	0.9826	0.9828	0.9831	0.9794
$\ln A$	0.9539	0.9808	0.9817	0.9820	0.9779

　　表 5.32 和图 5.99 所示为用六阶多项式拟合材料常数的结果。可以看出，随着应变的增加，α 值增大，n 值减小，Q 和 $\ln A$ 值先增大后减小。

　　由六阶多项式得到的材料常数和应变的多项式函数如下：

$$\alpha = 0.0072 - 0.1049\varepsilon - 0.6291\varepsilon^2 + 2.5464\varepsilon^3 - 6.2627\varepsilon^4 + 8.1004\varepsilon^5 - 4.1716\varepsilon^6$$

$$(5.57)$$

$$n = 4.0716 - 21.2552\varepsilon + 205.5944\varepsilon^2 - 973.9386\varepsilon^3 + 2354.0455\varepsilon^4 -$$
$$2796.9175\varepsilon^5 + 1296.9303\varepsilon^6$$

$$(5.58)$$

$$Q = 135.9709 + 392.3149\varepsilon - 516.8812\varepsilon^2 - 6688.4679\varepsilon^3 + 24364.1854\varepsilon^4 -$$
$$30306.5013\varepsilon^5 + 12840.7446\varepsilon^6$$

$$(5.59)$$

$$\ln A = 25.8103 + 73.9337\varepsilon - 50.7339\varepsilon^2 - 1660.9092\varepsilon^3 + 5789.9919\varepsilon^4 -$$
$$7269.6560\varepsilon^5 + 3172.1220\varepsilon^6$$

$$(5.60)$$

　　将式（5.57）～式（5.60）代入传统的 Arrhenius 型模型，得到含应变的本构方程如下：

$$\sigma = \frac{1}{\alpha(\varepsilon)}\ln\left\{\left(\frac{\dot{\varepsilon}\exp[Q(\varepsilon)/(RT)]}{A(\varepsilon)}\right)^{1/n(\varepsilon)} + \left[\left(\frac{\dot{\varepsilon}\exp[Q(\varepsilon)/(RT)]}{A(\varepsilon)}\right)^{2/n(\varepsilon)} + 1\right]^{1/2}\right\}$$

$$(5.61)$$

表 5.32 α、n、Q 和 ln$A$ 的多项式拟合结果

(x_i 是多项式拟合方程 $y = x_0 + x_1\varepsilon + x_2\varepsilon^2 + x_3\varepsilon^3 + x_4\varepsilon^4 + x_5\varepsilon^5 + x_6\varepsilon^6$ 的待定系数)

x_i	α/MPa^{-1}	n	$Q/\text{kJ} \cdot \text{mol}^{-1}$	ln$A$
x_0	0.0072	4.0716	135.9709	25.8103
x_1	0.1049	−21.2552	392.3149	73.9337
x_2	−0.6291	205.5944	−516.8812	−50.7339
x_3	2.5464	−973.9386	−6688.4679	−1660.9092
x_4	−6.2627	2354.0455	24364.1854	5789.9919
x_5	8.1004	−2796.9175	−30306.5013	−7269.6560
x_6	−4.1716	1296.9303	12840.7446	3172.1220

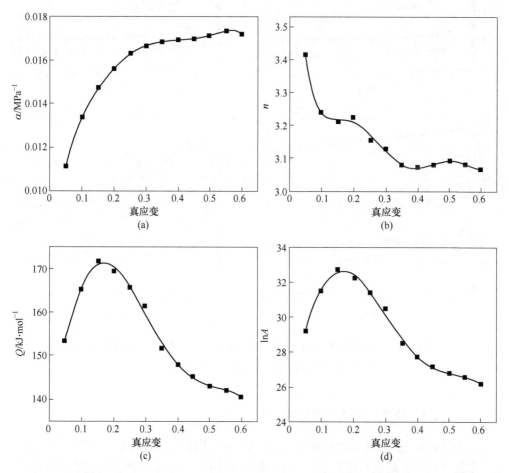

图 5.99 α (a)、n (b)、Q (c)、ln$A$ (d) 随应变的变化关系曲线

利用上述方法，计算了不同变形条件下在 0.05 ~ 0.6（区间 0.05）范围内的

真应变应力值。图 5.100 所示为 Arrhenius 类型本构模型的实验值和预测值之间的比较。可以看出，在低温（493K 和 533K）和高应变率（0.1s⁻¹ 和 1s⁻¹）下，预测值与实验值略有差异，表明 Arrhenius 模型在低温和高应变率下仍有局限性。然而，在大多数压缩条件下，实验值和预测值基本吻合。

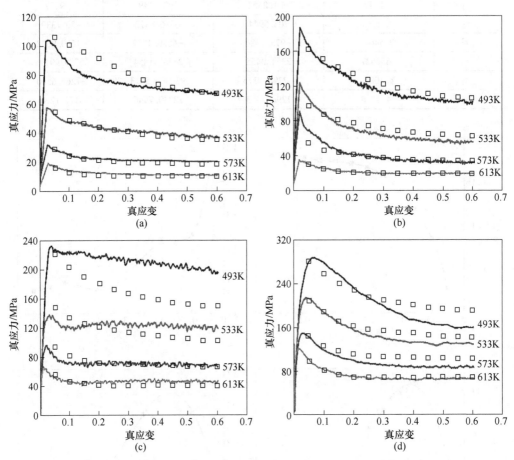

图 5.100　Arrhenius 模型（方框）的实验结果（实线）与预测值的对比
(a) 0.001s⁻¹；(b) 0.01s⁻¹；(c) 0.1s⁻¹；(d) 1s⁻¹

5.5.2.3　两种模型的预测结果分析

为了评价 Zuzin 型本构模型和 Arrhenius 型本构模型预测值的准确性，采用相关系数（r）、平均绝对相对误差（$MARE$）和均方根误差（$RMSE$）对其进行计算。图 5.101 所示为在整个应变、应变率和温度范围内，流动应力的实验值与 Zuzin 型本构模型和 Arrhenius 型本构模型预测值之间的比较。45°虚线表示实验值和预测值之间的完美拟合。

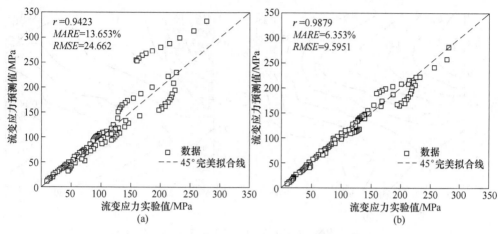

图 5.101 实验应力与预测应力的相关性

(a) Zuzin 型本构模型；(b) Arrhenius 型本构模型

从图 5.101 可以看出，从 Zuzin 型模型得到的 r、$MARE$ 和 $RMSE$ 值分别为 0.9423、13.653% 和 24.662。Arrhenius 型本构模型的 r 值（0.9879）大于 Zuzin 型本构模型的 r 值，而 Arrhenius 型本构模型的 $MARE$（6.353%）和 $RMSE$ 值（9.5951）小于 Zuzin 型本构模型。此外，图 5.101（b）中的实验值与预测值之间的匹配度比图 5.101（a）中的要好。同样，从图 5.96 和图 5.100 可以看出，Arrhenius 模型的预测值比 Zuzin 型模型的预测值更接近实验值。因此，与 Zuzin 型模型相比，Arrhenius 模型更能准确地预测 Pb-Mg-10Al-1B-0.4Sc 合金的流变应力。

5.5.3 热加工图研究

图 5.102 所示为 Pb-Mg-10Al-1B-0.4Sc 合金在不同真应变（0.2、0.4 和 0.6）下的热加工图。每条等高线上的数字表示 η 的值。一般来说，η 值为负的区域通常表示应避免的裂纹区，从图 5.102 可以看出没有裂纹区（$\eta < 0$）。阴影区域对应于 ξ 值为负的不稳定流动区域，其余区域对应于加工安全区域。一般来说，材料的功率损耗因子（η）越大，微观结构演化所需的能量越多，有利于材料的加工。从图 5.102 可以看出，在高应变率和低温区，随着应变的增加，功耗因子 η 减小。这是因为随着低温变形量的增加，再结晶形核和长大速率增大，导致大多数显微组织合金发生再结晶。在此变形阶段，组织变形所需能量减少，η 值降低。

另外，从不同应变下的 Pb-Mg-10Al-1B-0.4Sc 合金加工图可以看出，随着应变速率的降低和温度的升高，功耗因子 η 增大。当真应变为 0.2 时，没有不稳

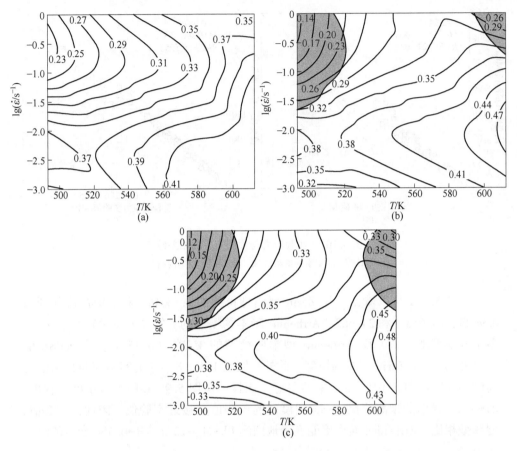

图 5.102　不同压力下 Pb-Mg-10Al-1B-0.4Sc 合金的热加工图

(a) 0.2；(b) 0.4；(c) 0.6

定区域（图 5.102（a））。当应变为 0.4 时（图 5.102（b）），存在两个不稳定区（阴影区），一个是高应变率低温区，另一个是高应变率高温区。应变为 0.6 时的失稳区域与应变为 0.4 时的失稳区域相似，应变为 0.6 时的失稳区域略大于应变为 0.4 时的失稳区域，说明失稳区域随应变的增大而增大。

由以上讨论可知，Pb-Mg-10Al-1B-0.4Sc 合金的耗散因子 η 对应变率和温度高度敏感。因此，有必要在图 5.102 的基础上选择合适的加工条件来优化 Pb-Mg-10Al-1B-0.4Sc 合金的加工工艺。对于具有低层错能的金属，动态再结晶（DRX）通常发生在加工图中的 $\eta > 0.35$ 处。从图 5.102 可以看出，当 $\dot{\varepsilon} \leqslant 0.017s^{-1}$，$T \geqslant 500K$（$\varepsilon = 0.2$）；$\dot{\varepsilon} \leqslant 0.016s^{-1}$，$T \geqslant 550K$（$\varepsilon = 0.4$）和 $\dot{\varepsilon} \leqslant 0.015s^{-1}$，$T \geqslant 550K$（$\varepsilon = 0.6$）时，损耗因子 $\eta > 0.35$。因此，优化的热处理工艺参数为 $T \geqslant 550K$，$\dot{\varepsilon} \leqslant 0.015s^{-1}$。

5.5.4　显微组织特征

图 5.103（a）所示为 Pb-Mg-10Al-1B-0.4Sc 合金的显微组织和热压缩试样。从图 5.103 中可以看出，Pb-Mg-10Al-1B-0.4Sc 合金中分布着灰色块状相（标记为 A）、灰色胞状细小相（标记为 B）和白色块状相（标记为 C）三种不同的相。A 相、B 相和 C 相的能谱分析结果如图 5.103（c）所示，灰色体相中 Mg、Pb 和 Al 的原子百分含量分别为 86.9%、8.4% 和 4.7%（A 相）。灰色胞状 B 相分别为 56.5%（Mg）、38.6%（Pb）和 4.9%（Al）。在白色块状 C 相中，Mg、Pb 和 Al 的原子分数分别为 66.5%、32.2% 和 1.3%。

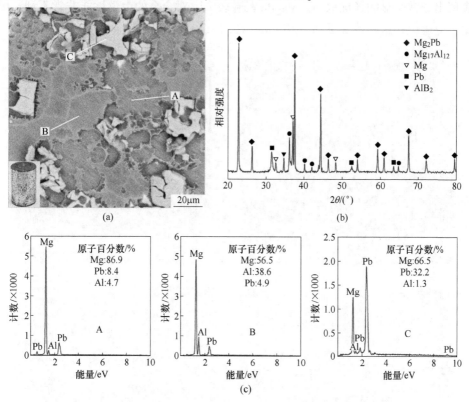

图 5.103　Pb-Mg-10Al-1B-0.4Sc 合金的显微组织与物相分析

（a）显微组织；（b）XRD 图谱；（c）A、B 和 C 相的 EDS 结果

图 5.103（b）所示为 Mg-Pb-Al-B-Sc 合金的 XRD 图谱。可以看出，Pb-Mg-10Al-1B-0.4Sc 合金由 Mg_2Pb、$Mg_{17}Al_{12}$、Mg、Pb 和 AlB_2 相组成。由于 Sc 和 B 的含量较少，在原始组织中没有检测到与 Sc 相关的相，也不能观察到 AlB_2 相。通过计算图 5.103（b）中 Mg/Pb 的原子比，得到 C 相中 Mg/Pb 的原子比为 2.06（接近 2∶1），B 相中的 Mg/Pb 原子比为 1.46（接近 17∶12）。因此，Pb-

Mg-10Al-1B-0.4Sc 合金的显微组织由 Mg 固溶体相（白色块状 A 相）、$Mg_{17}Al_{12}$ 析出物（灰色细小相 B 相）和 Mg_2Pb 共晶（灰色块状 C 相）组成。

图 5.104 所示为在不同温度和应变率（应变为 0.6）下 Pb-Mg-10Al-1B-0.4Sc 合金热压缩显微组织和压坯变化。图 5.105 所示为在不同温度和应变率（应变为 0.6）下 Pb-Mg-10Al-1B-0.4Sc 合金热压缩显微组织的放大照片。从图 5.104（a）可以看出，试样以 0.6% 的应变直接断裂，因此，图 5.102（c）中没有裂纹区（$\eta<0$）。但是在 493K 和 $1s^{-1}$ 温度下，该工艺条件位于不稳定区，不稳定参数 ξ 为 -0.108（$\xi<0$）。在压缩后的显微组织中，晶粒的变形量很大，并表现出非常明显的择优取向。Mg_2Pb 晶粒较大，对合金的力学性能非常不利，因此，应避免在这种情况下加工 Pb-Mg-10Al-1B-0.4Sc 合金。

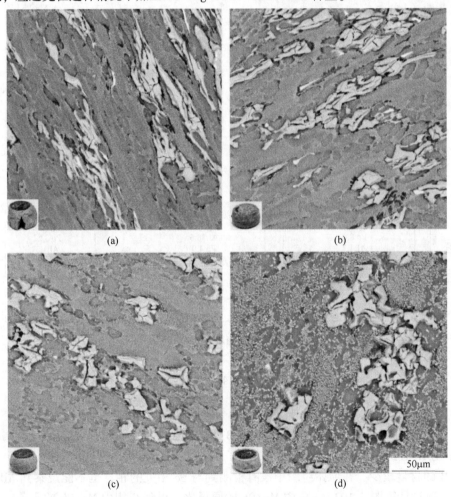

图 5.104   Pb-Mg-10Al-1B-0.4Sc 合金在不同变形条件下的显微组织
(a) 493K, $1s^{-1}$；(b) 533K, $0.1s^{-1}$；(c) 573K, $0.01s^{-1}$；(d) 613K, $0.001s^{-1}$

图 5.104（b）所示为在 533K 和 0.1s^{-1} 压缩条件下的显微组织和压坯，Mg_2Pb 晶粒仍然较大，表现为具有明显择优取向的剪切带。一般地，当 $\eta>0.35$ 时，材料在变形过程中就会发生 DRX。Pb-Mg-10Al-1B-0.4Sc 合金在 533K 和 0.1s^{-1} 压缩条件下变形时的功耗因数 η 约为 0.3（图 5.102（c））。在图 5.104（b）和图 5.105（b）中也没有发现 DRX 颗粒，因此，它不适合在这种条件下加工。

图 5.104（c）显示了在 573K 和 0.01s^{-1}（图 5.102（c）中的安全区）下压缩的合金的显微组织和压坯图像，其中功率损耗因子 η 为 0.41（大于 0.35）。从图 5.105（c）可以看出，DRX 晶粒出现在 Mg 固溶体相中（如箭头所示）。然而，DRX 晶粒的数量并不多。

图 5.104（d）所示为在 613K 和 0.001s^{-1} 下压缩合金的显微组织和压坯，η 约为 0.43，高于 0.35。在这种情况下，晶粒略有长大，较细的晶粒均匀分布在

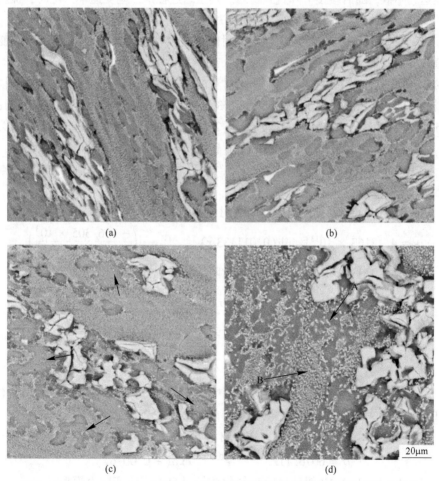

图 5.105　Pb-Mg-10Al-1B-0.4Sc 合金在不同变形条件下的显微组织放大照片

(a) 493K，1s^{-1}；(b) 533K，0.1s^{-1}；(c) 573K，0.01s^{-1}；(d) 613K，0.001s^{-1}

相对较大的晶粒之间，如图 5.105 （d） 所示。在图 5.105 （d） 中，不仅 Mg 固溶体相有 DRX 晶粒（箭头 A），而且 $Mg_{17}Al_{12}$ 相也有 DRX 晶粒，数量很多。显微组织的特点是合金中分布着最细小、最均匀的 DRX 晶粒。DRX 很可能发生在压缩初期，使原始组织转变为细晶组织，从而导致稳定后期塑性的提高。从图 5.102、图 5.104、图 5.105 可以看出，Pb-Mg-10Al-1B-0.4Sc 合金的最佳热加工工艺参数为：温度为 550 ~ 613K，应变速率为 0.001 ~ 0.015 s^{-1}。

5.6 本章小结

通过 Pb-Mg-10Al-0.5B 铅硼复合核辐射防护材料的应力-应变曲线分析，发现其具有明显的动态再结晶特征，即压缩初始阶段流变应力是随着应变的增加急剧增加达到峰值，随后缓慢下降直到稳态。热压缩过程中，应变速率一定时，流变应力随变形温度的升高而降低；变形温度一定时，流变应力随应变速率的增大而增大；Pb-Mg-10Al-0.5B 铅硼复合核辐射防护材料发生动态再结晶的临界应变和峰值应变与 Z 因子之间的关系为：$\varepsilon_c = 6.01 \times 10^{-4} Z^{0.15}$ 和 $\varepsilon_p = 8.17 \times 10^{-4} Z^{0.15}$；Pb-Mg-10Al-0.5B 铅硼复合核辐射防护材料的热加工图与显微组织分析表明该防护材料的最佳加工参数为变形温度 600 ~ 653K；应变速率 0.01 ~ 0.3 s^{-1}；在挤压比为 6.25、挤压半角为 60° 时，挤压速度在 1 ~ 2mm/s，挤压温度在 613 ~ 653K 内最为适宜，且等温挤压有利于 Pb-Mg-10Al-0.5B 铅硼复合核辐射防护材料的挤压变形。

（1）Pb-Mg-10Al-xB（x = 0，0.4，0.8）铅硼复合核辐射防护材料的本构方程如下。

Pb-Mg-10Al 铅硼复合核辐射防护材料本构方程：

$$\dot{\varepsilon} = 4.47163 \times 10^{13} [\sinh(0.011133\sigma)]^{6.15331} \exp\left(\frac{-166.305 \times 10^3}{RT}\right)$$

Pb-Mg-10Al-0.4B 铅硼复合核辐射防护材料本构方程：

$$\dot{\varepsilon} = 1.71 \times 10^{13} [\sinh(0.010347\sigma)]^{6.1764} \exp\left(\frac{-164.0737 \times 10^3}{RT}\right)$$

Pb-Mg-10Al-0.8B 铅硼复合核辐射防护材料本构方程：

$$\dot{\varepsilon} = 1.4 \times 10^{13} [\sinh(0.009587\sigma)]^{5.9896} \exp\left(\frac{-151.0203 \times 10^3}{RT}\right)$$

（2）根据稳态流变模型，真应变范围为 0.2 ~ 0.5 时，Pb-Mg-10Al-xB（x = 0，0.4，0.8）铅硼复合核辐射防护材料的稳态流变方程如下。

Pb-Mg-10Al 铅硼复合核辐射防护材料稳态流变应力模型：

$$\sigma = 6076.11 \varepsilon^{-0.24066} \dot{\varepsilon}^{0.14644} \exp(-0.0076T)$$

Pb-Mg-10Al-0.4B 铅硼复合核辐射防护材料稳态流变应力模型：

$$\sigma = 6959.271 \varepsilon^{-0.26954} \dot{\varepsilon}^{0.14968} \exp(-0.00777T)$$

Pb-Mg-10Al-0.8B 铅硼复合核辐射防护材料稳态流变应力模型：

$$\sigma = 10822.9\varepsilon^{-0.2847}\dot{\varepsilon}^{0.15456}\exp(-0.00849T)$$

（3）通过硬化率曲线分析，获得临界应变、峰值应变与 Z 值之间的关系方程如下。

Pb-Mg-10Al 铅硼复合核辐射防护材料特征应变与 Z 的关系式：

$$\varepsilon_c = 5.047 \times 10^{-3}Z^{0.09718}$$

$$\varepsilon_p = 7.606 \times 10^{-3}Z^{0.08766}$$

Pb-Mg-10Al-0.4B 铅硼复合核辐射防护材料特征应变与 Z 的关系式：

$$\varepsilon_c = 1.7193 \times 10^{-2}Z^{0.05451}$$

$$\varepsilon_p = 1.9867 \times 10^{-2}Z^{0.05439}$$

Pb-Mg-10Al-0.8B 铅硼复合核辐射防护材料特征应变与 Z 的关系式：

$$\varepsilon_c = 8.341 \times 10^{-3}Z^{0.07959}$$

$$\varepsilon_p = 9.003 \times 10^{-3}Z^{0.08641}$$

通过对 Pb-Mg-10Al-1.0B 铅硼复合核辐射防护材料在高温变形时的流变峰值应力分析，并利用回归分析方法得到了 Pb-Mg-10Al-1.0B 铅硼复合核辐射防护材料的流变峰值应力双曲正弦本构模型：

$$\dot{\varepsilon} = 2.89 \times 10^{14}[\sinh(0.006\sigma)]^{4.982}\exp\left(\frac{-151735}{RT}\right)$$

该本构方程也可用包含 Arrhenius 项的 Zener-Hollomon 参数来描述：

$$\sigma = \frac{1}{0.006}\ln\left\{\left(\frac{Z}{2.89 \times 10^{14}}\right)^{\frac{1}{4.982}} + \left[\left(\frac{Z}{2.89 \times 10^{14}}\right)^{\frac{2}{4.982}} + 1\right]^{\frac{1}{2}}\right\}$$

$$Z = \dot{\varepsilon}\exp\left(\frac{151735}{RT}\right)$$

Pb-Mg-10Al-1.0B 铅硼复合核辐射防护材料在高温变形过程中存在稳态变形特征，稳态流变应力随着变形温度、应变速率和应变的变化而发生变化，建立的该屏蔽材料稳态流变应力本构模型为：

$$\sigma = 9.024 \times 10^4\varepsilon^{-0.30734}\dot{\varepsilon}^{0.17437}e^{-0.0128T}$$

利用该模型对 Pb-Mg-10Al-1.0B 铅硼复合核辐射防护材料的稳态流变应力进行了预测，结果表明计算值与实验值有较高的拟合精度，此模型能够比较准确地预测该屏蔽材料高温变形时稳态流变应力行为。

Pb-Mg-10Al-1.0B 铅硼复合核辐射防护材料高温变形时发生动态再结晶临界条件、出现最大软化率时的条件与变形温度、应变速率之间的相互关系，即

$$\varepsilon_c = 0.56\varepsilon_p$$

$$\varepsilon_p = 1.5 \times 10^{-3}Z^{0.12}$$

$$\varepsilon_m = 1.61 \times 10^{-3}Z^{0.081}$$

利用有限元分析软件 DEFORM-3D，对 Pb-Mg-10Al-1.0B 铅硼复合核辐射防护材料热挤压过程进行了数值模拟，分析了热挤压过程中应力、应变场、应变速率、流速场和温度分布变化情况及变形参数对挤压过程的影响。其中着重分析讨论了变形参数对挤压过程的影响，模拟结果表明：挤压比（λ）控制在 25 以内、挤压速度及挤压温度分别在 5~15mm/s、200~300℃ 范围内选取，将有利于 Pb-Mg-10Al-1.0B 铅硼复合核辐射防护材料热挤压过程顺利进行。模拟结果可为实际生产中工艺参数的制定、优化提供参考。

Pb-Mg-10Al-1B-0.4Y 铅硼复合核辐射防护材料的流变应力受变形温度、应变速率和应变的影响：流变应力随应变速率的降低而降低；随变形温度以及应变的增加而减小。基于多元线性回归方法改进的 Arrhenius 模型得到的 Pb-Mg-10Al-1B-0.4Y 铅硼复合核辐射防护材料的应变、应变速率和变形温度本构方程如下：

$$\sigma = \frac{1}{\sigma(\varepsilon)}\ln\left\{\left(\frac{\dot{\varepsilon}\exp[Q(\varepsilon)/(RT)]}{A(\varepsilon)}\right)^{1/n(\varepsilon)} + \left[\left(\frac{\dot{\varepsilon}\exp[Q(\varepsilon)/(RT)]}{A(\varepsilon)}\right)^{1/n(\varepsilon)} + 1\right]^{0.5}\right\}$$

通过热加工图及变形组织分析，Pb-Mg-10Al-1B-0.4Y 铅硼复合核辐射防护材料的最优加工工艺参数范围为：$0.001s^{-1} \leq \dot{\varepsilon} \leq 0.01s^{-1}$ 以及 $587K \leq T \leq 613K$。

参 考 文 献

[1] Li B, Pan Q L, Zhang Z Y, et al. Characterization of flow behavior and microstructural evolution of Al-Zn-Mg-Sc-Zr alloy using processing maps [J]. Materials Science and Engineering A, 2012, 556 (11): 844-848.

[2] Galiyev A, Kaibyshev R, Gottstein G. Correlation of plastic deformation and dynamic recrystallization in magnesium alloy ZK60 [J]. Acta Materialia, 2001, 49: 1199-1207.

[3] Galiyev A, Kaibyshev R, Sakai T. Continuous dynamic recrystallization in magnesium alloy [J]. Materials Science Forum, 2003, 419 (422): 509-514.

[4] Sellars C M, McTegart W J. On the mechanism of hot deformation [J]. Acta Metallurgica, 1966, 14 (9): 1136-1138.

[5] Mahmudi R, Geranmayeh A R, Rezaee-Bazzaz A. Impression creep behavior of cast Pb-Sb alloys [J]. Journal of Alloys and Compounds, 2007, 427 (1): 124-129.

[6] Kashyap B P, Murty G S. Experimental constitutive relations for the high temperature deformation of a Pb-Sn eutectic alloy [J]. Materials Science Engineering, 1981, 50 (2): 205-213.

[7] Frost H J, Ashby M F. Deformation mechanism maps [M]. Oxford: Pergamon Press, 1982.

[8] Duan Y H, Sun Y, Peng M J, et al. First-principles investigation of the binary intermetallics in Pb-Mg-Al alloy: Stability, elastic properties and electronic structure [J]. Solid State Science, 2011, 13 (2): 455-459.

［9］ Jia Y, Cao F, Guo S. Hot deformation behavior of spray-deposited Al-Zn-Mg-Cu alloy ［J］. Materials and Design, 2014, 53: 79-85.

［10］ Yu H, Yu H S, Kim Y M. Hot deformation behavior and processing maps of Mg-Zn-Cu-Zr magnesium alloy ［J］. Transactions of Nonferrous Metals Society of China, 2013, 23 （3）: 756-764.

［11］ Yin F, Hua L, Mao H, et al. Constitutive modeling for flow behavior of GCr15 steel under hot compression experiments ［J］. Materials and Design, 2013, 43: 393-401.

［12］ Zhao J W, Ding H, Zhao W J, et al. Modelling of the hot deformation behaviour of a titanium alloy using constitutive equations and artificial neural network ［J］. Computational Materials Science, 2014, 92: 47-56.

［13］ Prasad Y V R K, Seshacharyulu T. Modelling of hot deformation for microstructural control ［J］. International Materials Reviews, 1998, 43 （6）: 243-258.

［14］ Taleghani M A J, Torralba J M. Hot deformation behavior and work abliliy of AZ91 magnesium alloy powder compacts-A study using processing map ［J］. Materials Science and Engineering A, 2013, 580: 142-149.

［15］ Prasad Y V R K. Processing maps: A status report ［J］. Journal of Materials Engineering and Performance, 2003, 12 （6）: 638-645.

［16］ Ramanathan S, Karthikeyan R, Ganasen G. Development of processing maps for 2124Al/SiCp composites ［J］. Materials Science and Engineering A, 2006, 441 （1）: 321-325.

［17］ 黄志刚. 航空整体结构件铣削加工变形的有限元模拟理论及方法研究 ［D］. 杭州: 浙江大学, 2003.

［18］ 梁海成. AZ80 和 ZK60 镁合金热变形行为及热挤压成形工艺研究 ［D］. 沈阳: 东北大学, 2013.

［19］ Sheikh-Ahmad J Y, Bailey J A. A constitutive model for commercially pure titanium ［J］. Journal of Engineering Materials and Technology, 1995, 117 （2）: 139-144.

［20］ 李梁, 孙健科, 孟祥军. 钛合金的应用现状及发展前景 ［J］. 钛工业进展, 2004, 21 （5）: 19-24.

［21］ Pu Z J, Wu K H, Shi J, et al. Development of constitutive relationships for the hot deformation of boron microalloying TiAl-Cr-V alloys ［J］. Materials Science and Engineering A, 1995, 192-193 （94）: 780-787.

［22］ Rao K P. Development of constitutive relationships using compression testing of a medium carbon steel ［J］. Journal of Engineering Materials and Technology, 1992, 114 （1）: 116-123.

［23］ Doherty R D, Hughes D A, Humphreys F J, et al. Current issues in recrystallization: A review ［J］. Materials Science and Engineering A, 1997, 238 （2）: 219-274.

［24］ 邹杰, 彭文飞, 陈镇扬. 大型环形件用 2219 铝合金的动态再结晶行为 ［J］. 机械工程材料, 2021, 45 （8）: 37-44.

［25］ 曹磊. Mg-9Al-1Zn 镁合金热挤压行为研究 ［D］. 上海: 上海交通大学, 2005.

［26］陈学军，赵宪明，王国栋，等．采用动态再结晶临界应变估算静态再结晶动力学方程
［J］．钢铁研究，2002，30（2）：27-29.

［27］王丽君．桥梁钢热压缩变形动态再结晶行为的双尺度模拟［D］．济南：山东大
学，2011.

［28］罗子健，杨旗，姬婉华．考虑变形热效应的本构关系建立方法［J］．中国有色金属学
报，2000，10（6）：804-808.

［29］谭智林，向嵩．Q690 低碳微合金钢热变形行为及动态再结晶临界应变［J］．材料热处理
学报，2013，34（5）：42-46.

［30］Zhang K，Wu H B，Tang D. High temperature deformation behavior of Fe－9Ni－C
alloy［J］. Journal of Iron and Steel Research International，2012，19（5）：58-62.

［31］Zeng S W，Zhao A M，Jiang H T，et al. High-temperature deformation behavior of titanium
clad steel plate［J］. Rare Metals，2014，34（11）：1-6.

［32］Doherty R D，Hughes D A，Humphreys F J，et al. Current issues in recrystallization：A
review［J］. Materials Science and Engineering A，1997，238：219-274.

［33］李俊鹏，沈健，许小静，等．7050 高强铝合金高温塑性变形的流变应力研究［J］．稀有
金属，2009，33（3）：318-322.

［34］周海涛．Mg-6Al-1Zn 镁合金高温塑性变形行为及管材热挤压研究［D］．上海：上海交
通大学，2004.

［35］Cahn R W. 金属与合金工艺［M］. 雷霆权译．北京：科学出版社，1999.

［36］Siamak S，Taheri A K. An investigation into the effect of carbon on the kinetics of dynamic
restoration and low behavior of carbon steels［J］. Mechanics of Materials，2003，35：653-660.

［37］McQueen H J，Celliers O C. Application of hot workability studies to extrusion processing［J］.
Metal Quart Cans，1996，35：305-319.

［38］Mohri T，Mabuchib M，Nakamura M，et al. Microstructural evolution and superplasticity of
rolled Mg-9Al-1Zn［J］. Materials Science and Engineering A，2000，290：139-144.

［39］Ryan N D，McQueen H J，Evangelism E. Metallurgy and Materials Science［M］. Hansen N，
et al，Edited. National Laboratory，Roskilde，Denmark，1986：527-534.

［40］Lee C H，Kobayashi S. New solution to rigid plastic deformation problems using a matrix method
［J］. Journal of Engineering for Industry-Transactions of the ASME，1973，95：865-878.

［41］Tang J，Wu W T，Waiters J. Recent development and applications of finite element method in
metal forming［J］. Journal of Materials Processing Technology，1994，46（2）：117-126.

［42］Yang D Y，Lee C M，Yoon J H. Finite element analysis of steady-state three-dimension
extrusion of sections through curved dies［J］. International Journal of Mechanical Sciences，
1989，31（2）：145.

［43］Zhou J，Li L X，Liu B，et al. Deformation microstructures of Mg-3Al-1Zn magnesium alloy
compressed over wide regions of temperature and strain rate［J］. Journal of Materials
Engineering and Performance，2011，20（1）：133-138.

[44] Jeong H G, Yoo S J, Kim W J. Micro–forming of $Zr_{65}Al_{10}Ni_{10}Cu_{15}$ metallic glasses under superplastic condition [J]. Journal of Alloys and Compounds, 2009, 483 (1–2): 283–285.

[45] Valle J A D, Ruano O A. Influence of texture on dynamic recrystallization and deformation mechanisms in rolled or ECAPed AZ31 magnesium alloy [J]. Materials Science and Engineering A, 2008, 487: 473–480.

[46] Niu J G, Zhang X, Zhang Z M, et al. Influence on the microstructure and properties of AZ61 magnesium alloy at warm deformation [J]. Journal of Materials Processing Technology, 2007, 187–188: 780–782.

[47] Sellars C M, Mctegart W J. On the mechanism of hot deformation [J]. Acta Metallurgica, 1966, 14 (9): 1136–1138.

[48] Duan Y H. Hot Deformation and processing map of Pb–Mg–10Al–1B alloy [J]. Journal of Materials Engineering and Performance, 2013, 22 (10): 3049–3054.

[49] Duan Y, Ma L, Qi H, et al. Developed constitutive models, processing maps and microstructural evolution of Pb–Mg–10Al–0.5B alloy [J]. Materials Characterization, 2017, 129: 353–366.

[50] Lin Y C, Chen X M. A critical review of experimental results and constitutive descriptions for metals and alloys in hot working [J]. Materials and Design, 2011, 32 (4): 1733–1759.

[51] Mandal S, Rakesh V, Sivaprasad P V, et al. Constitutive equations to predict high temperature flow stress in a Ti–modified austenitic stainless steel [J]. Materials Science and Engineering A, 2009, 500 (1–2): 114–121.

[52] Li W, Li H, Wang Z, et al. Constitutive equations for high temperature flow stress prediction of Al–14Cu–7Ce alloy [J]. Materials Science and Engineering A, 2011, 528 (12): 4098–4103.

[53] Samantaray D, Phaniraj C, Mandal S, et al. Strain dependent rate equation to predict elevated temperature flow behavior of modified 9Cr–1Mo (P91) steel [J]. Materials Science and Engineering A, 2011, 528 (3): 1071–1077.